全国高职高专规划教材

环境保护概论

（第二版）

主　编　李党生

副主编　陈　文　杨春和　冯　涛

主　审　胥树凡

中国环境出版集团·北京

图书在版编目（CIP）数据

环境保护概论/李党生主编．—2版．—北京：中国环境出版集团，2013.6（2022.1重印）
ISBN 978-7-5111-1445-7

Ⅰ．①环…　Ⅱ．①李…　Ⅲ．①环境保护—概论
Ⅳ．X

中国版本图书馆CIP数据核字（2013）第096859号

出 版 人　武德凯
责任编辑　黄晓燕
文字编辑　王宇洲
责任校对　任　丽
封面设计　宋　瑞

出版发行　中国环境出版集团
（100062　北京市东城区广渠门内大街16号）
网　　址：http://www.cesp.com.cn
电子邮箱：bjgl@cesp.com.cn
联系电话：010-67112765（总编室）
010-67112735（第一分社）
发行热线：010-67125803，010-67113405（传真）
印　　刷　北京中科印刷有限公司
经　　销　各地新华书店
版　　次　2007年7月第1版　2013年6月第2版
印　　次　2022年1月第4次印刷
开　　本　787×960　1/16
印　　张　22
字　　数　420千字
定　　价　33.00元

编 审 人 员

主　编　李党生
黄河水利职业技术学院

副主编　陈　文
四川广播电视大学

杨春和
南通农业职业技术学院

冯　涛
黄河水利职业技术学院

主　审　胥树凡
环境保护部

参　编　唐建军
深圳职业技术学院

林帼秀
广东省环保职业技术学院

袁永军
徐州建筑职业技术学院

崔丽娜
郑州经济管理干部学院

许　镭
黄河水利职业技术学院

第二版说明

本书的第一版出版于2007年，作为教育部高等学校高职高专环保与气象类专业教学指导委员会推荐教材，广泛应用于全国高职高专环境类专业学生的教学，同时也用于其他专业选修课做参考教材。近年来，我国环境保护在理念、管理、技术等方面都有新的进展，诸如绿色发展、生态文明、环境安全、节能减排等；在我国经济和社会快速发展的同时，环境问题在一些方面也显得越来越突出，影响和损害群众健康的环境问题越来越引起人们的关注；全国第一次污染普查的开展，一批新的环境标准、法规的颁布实施，第七次全国环保大会的召开，中国坚持在发展中保护、在保护中发展，积极探索环境保护新道路。在这种背景下，本教材在原有基础上进行修订。

此次修订对原教材的内容做了增减和更新，如增加第七次全国环保大会有关精神、节能减排、生态文明、环境与健康、环境空气质量指数（AQI）、$PM_{2.5}$等内容；对部分内容次序进行了调整，如将“可持续发展战略与循环经济”一章提至第三章，更便于教学过程的实施；新标准替代老标准等。环境教育不能止于书本，为适应高职教学方法改革要求，增加了训练专题，便于项目化教学实施；将原来的“复习与思考”“阅读材料”改为“思考与讨论”和“阅读与咨询”，以引导学生“做中学”，让学生通过查阅网站、讨论专题、观看视频、分析案例等学习活动，增加环保信息、接受环保理念，培养学生自主学习、持续发展的能力。

本次修订仍由黄河水利职业技术学院李党生任主编，第一版其他编写人员不变。新增黄河水利职业技术学院冯涛编写环境与健康、阅读与咨询等内容，并担任副主编；新增黄河水利职业技术学院许镭编写专题活动及实践。特此说明。

（如需使用本课程教学课件，可与 lidangsheng2002@163.com）联系获取。

编　者

2013 年 2 月

第一版前言

自 1973 年第一次全国环境保护会议以来，中国的环境保护已走过了三十多年的历程。回顾这三十多年，中国在环境保护方面已经和正在发生的巨大变化：从浓度控制到总量控制和浓度控制相结合；从末端治理到源头和全过程控制；从点源治理到流域和区域综合治理；从简单的企业治理到调整产业结构、促进清洁生产；从传统的线性经济到大力发展循环经济；从只认同传统 GDP 到开始构建绿色 GDP 核算体系，提倡人与自然的和谐，建设资源节约型、环境友好型社会。无论在理论上还是在实践上，中国的环境保护都已受到越来越多国内外人士的关注和参与。本书根据近年来我国环境保护发展的新情况，比较全面地介绍了有关环境保护的基本知识。主要内容包括：环境和环境问题等基本概念、生态系统与资源保护、大气污染及其防治、水污染及其防治、土壤污染及其修复、固体废物的处理与资源化、噪声及其他物理污染与控制、环境监测与评价、环境管理、可持续发展与循环经济等。

本书是“第六次全国环境保护大会”以后的一本新教材，编写中力求反映环境保护的新概念、新思想、新成果，因此增加了许多阅读材料。同时注重简明、实用、突出重点，既考虑内容的系统性，又注意各章节的相对独立，方便专题讲授。本书可供高职高专环境类专业学生使用，也可作为其他专业普及环境教育的参考教材。

根据高等职业教育的特点，本书安排了一定的专题实践题目，目的在于培养学生的思考能力和实践能力。需要说明的是：这种学习形式目前还只是一种探索，有待于在实践中总结和完善。至于题目的选择，教学时不要受本书的限制。书中还推荐了一些环保网站，以培养学生的兴趣，引导学生自主学习。

本书由黄河水利职业技术学院李党生主编，并编写第一章、第九章；四川广播电视大学陈文编写第八章；南通农业职业技术学院杨春和编写第二章、第五章；深圳职业技术学院唐建军编写第三章；广东省环保职业技术学校林帼秀编写第四章；徐州建筑职业技术学院袁永军编写第六章、第七章；郑州经济管理干部学院崔丽娜编写第十章。全书由李党生统稿，陈文、杨春和担任副主编，国家环境保护总局胥树凡主审。

全书编写在教育部高等学校高职高专环保与气象类专业教学指导委员会指导下进行。在编写的过程中，参阅了大量的相关书籍和文献（参考文献名录列于书后），并得到了中国环境科学出版社有关部门和上述学校的大力支持，在此表示衷心的感谢！

由于编者水平有限，时间仓促，错误和疏漏之处敬请读者批评指正。

编　者

2007 年 4 月

目 录

第一章　绪　论

20 世纪 70 年代末期以来，随着中国经济持续快速发展，发达国家上百年工业化过程中分阶段出现的环境问题在中国集中出现了，环境与发展的矛盾日益突出。资源相对短缺、生态环境脆弱、环境容量不足，逐渐成为中国发展中的重大问题。实践证明，以大量消耗资源、粗放经营为特征的传统经济发展模式经济效益低，排污量大，不但会使环境质量不断恶化，损害人民的身体健康，而且经济也难以持续发展。我国的国情决定了我们必须坚持发展，但发展不是一味地追求 GDP 的增长，而是应把环境保护与经济建设问题一起考虑，经济、社会和环境协调发展。我们要追求持续的发展，就要正确认识人类与自然环境的对立统一关系，顺应自然规律，从自然生态的角度出发，把自己当作自然中的一员，建立起与大自然和谐相处的生态文明。为此，我们有必要对我们所处的环境及其相关的问题进行学习和了解。

第一节　环境及其组成

一、什么是“环境”

环境是一个相对的概念，它总是相对于某一中心事物而言，作为某一中心事物的对立面而存在。它因中心事物的不同而不同，随中心事物的变化而变化。因此可以认为，与某一中心事物有关的周围事物，就是这个中心事物的环境。

作为一个专门术语，环境也有它具体的科学定义。因为不同的学科有着不同的研究对象和研究内容，所以在不同的学科中，“环境”的定义是不同的。对于环境科学来说，它所研究的环境，中心事物是人类，所以其定义是，以人类为主体的外部世界，即人类生存、繁衍所必需的、相适应的环境，或物质条件的综合体，可分为自然环境和人工环境两种（图 1-1）。

自然环境是人类目前赖以生存、生活和生产所必需的自然条件和自然资源的总称，即阳光、温度、气候、地磁力、空气、水、岩石、土壤、动植物、微生物以及地壳的稳定性等自然因素的总和，用一句话概括就是“直接或间接影响到人类的一切自然形成的物质、能量和自然现象的总体”，有时简称环境。

- 环境
  - 自然环境
    - 物质：空气、水、岩石、土壤、动植物、微生物等
    - 能量：气温、阳光、引力、地磁力等
    - 自然现象：太阳稳定性、地壳稳定性、大气运动、水循环等
  - 人工环境
    - 人工构筑物、人工产品、科学技术、综合生产力
    - 政治体制、社会行为、宗教信仰、文化与地域因素等

图 1-1　自然环境和人工环境

人工环境是指由于人类的活动而形成的环境要素，它包括由人工形成的物质、能量和精神产品，以及人类活动中所形成的人与人之间的关系。

不同的国家，在各自颁布的环境保护法规中，对“环境”都有具体的定义。《中华人民共和国环境保护法》指出：“本法所称环境，是指影响人类生存和发展的各种天然的和经过人工改造的自然因素的总体，包括大气、水、海洋、土地、矿藏、森林、草原、野生生物、自然遗迹、人文遗迹、自然保护区、风景名胜区、城市和乡村等。”这是一种把环境中应当保护的要素或对象界定为环境的一种工作定义，是从实际工作需要出发，对环境一词的法律适用对象或适用范围所做的规定，其目的是保证法律的准确实施。

二、环境质量与环境容量

1．环境要素

环境要素，又称环境基质，是指构成人类环境整体的各个独立的、性质不同的而又服从整体演化规律的基本物质组分。它分为自然环境要素和人工环境要素。目前研究较多的是自然环境要素，故环境要素通常指自然环境要素。它主要包括：水、大气、土壤、生物、阳光、岩石等。

环境要素组成环境结构单元，环境结构单元又组成环境整体或环境系统。例如，由水组成水体，全部水体总称为水圈；由大气组成大气层，整个大气层总称为大气圈；由生物体组成生物群落，全部生物群落构成生物圈等等。

2．环境质量

环境质量，一般是指在一个特定的环境中，环境的总体或环境的要素对人群的生存和繁衍以及社会经济发展的适宜程度，是反映人群的具体要求而形成的对环境评定的一种概念。环境质量通常要通过选择一定的指标（环境指标）并对其量化来表达。经常用到的环境质量概念包括环境综合质量和各种环境要素的质量，如大气环境质量、水环境质量、土壤环境质量、生物环境质量、城市环境质量、生产环境

质量、文化环境质量等。

早在20世纪60年代，由于环境问题的日趋严重，人们常用“环境质量”的好坏来表示环境遭受污染的程度。但这种表示并不是科学的定义，因为环境质量是对环境状况的一种描述，这种状况的形成，有自然的原因，也有人为的原因，而且从某种意义上说，后者是更重要的原因。例如，污染可以改变环境质量；资源利用得合理与否，同样可以改变环境质量；此外，人群的文化状态、认识水平也影响着环境质量。

3．环境容量

环境容量是指某一环境对污染物的最大承受限度，在这一限度内，环境质量不会降低到有害于人类生活、生产和生存的水平，环境具有自我修复外界污染物所致损伤的能力。环境容量由静态容量和动态容量组成。静态容量指在一定环境质量目标下，一个区域内各环境要素所能容纳某种污染物的静态最大量（最大负荷量）；动态容量是指区域内各要素在确定时段内对该种污染物的动态自净能力。

一般的环境系统都具有一定的自净能力。如一条流量较大的河流接受了排入一定数量的污染物，由于河中各种物理、化学和生物因素作用，进入河中的污染物浓度可迅速降低，保持在环境标准以下。这就是环境（河流）的自净作用使污染物稀释或转化为非污染物的过程。环境的自净作用越强，环境容量就越大。

一个特定环境的环境容量的大小，取决于环境本身的状况。如流量大的河流比流量小的河流环境容量大一些。污染物不同，环境对它的净化能力也不同。如同样数量的重金属和有机污染物排入河流，重金属容易在河底积累，有机污染物可很快被分解，河流所能容纳的重金属和有机污染物的数量不同，这表明环境容量因物而异。

研究环境容量对控制环境污染很有用处。由于环境有一定的自净能力，经过严格测算，可允许一部分污染物稍加处理后排入环境，让环境将这些污染物消化。排放污染物的时间、地点、方式要合适，排放的数量不得超过环境容量。因为环境容量总是有限的，如果超出它的限度，环境就会被污染。了解某一环境对各种污染物的环境容量很重要，根据环境容量可以制订出经济有效的污染控制方案，确定哪些污染物由环境去净化，哪些必须先进行处理，以及处理到何种程度为宜。

三、环境的分类

对于环境的分类，目前尚无统一规定的标准。常用的方法是按照研究对象的范围、特性和从属关系而划分为以下三个层次。

1．全球环境

随着科学技术的发展、生产力的提高和生产规模的扩大，人类的许多活动已对地球环境系统产生了影响，如工业化以来大气中二氧化碳浓度的增加、人类生产排放到大气对流层并不断向同温层扩散的会破坏臭氧层的 CFCs 类物质、化石燃料消耗不断增长所造成的二氧化硫不断增加等，都对全球的热量平衡和环境稳定产生了深刻影响。因此，地球环境系统的质量变化已成为现代环境科学研究的重要对象和领域。

2. 区域环境

由于社会因素和自然因素的不同，某一地区与另一地区的环境条件往往有着明显差别。这种差异使人类与环境间的关系也随之不同，人类对环境利用和改造的方式、程度、规模、性质及后果也有所区别，因而造成的“环境问题”和解决对策也就不同。区域空间范围的具体划分可依据行政区划，也可依据自然区划，但通常是两者交替并用。

3. 聚落环境

聚落环境是人类有目的、有计划地创造出来的以人工环境为主的环境，它既是人类聚居的地方，也是人类生产活动的中心。这类环境又可细分为院落环境、村落环境、社区环境和城市环境。聚落环境具有两个明显的特点，一是有明显的时代特征和地域特征；二是许多“环境问题”产生的根源，一些重大“公害”都发生在聚落环境中。因此，它是环境科学十分关注的研究领域。

人与环境之间的关系涉及许多不同性质和层次的问题或矛盾，既有宏观和大范围的，如全球性环境问题或区域性环境问题；也有微观或小范围的，如村落环境、院落环境、社区环境、居室环境等，这是从研究的空间范围对环境进行的分类。还有许多学者从不同部门的研究角度对环境进行分类，如工业环境、乡村环境、农业环境、旅游环境、交通环境等。所以，环境的分类可根据研究的具体内容来划分和确定。

四、环境的功能

1. 提供人类生存所需要的资源

例如岩石圈，一方面，为人类提供大量的矿产资源，另一方面，地表的土壤又为人类所需食物农作物的生产提供了必需的营养条件；生物圈不仅提供了食物、药材和大量的工业原料，同时，生物圈的生物多样性又为保护人类生存环境的质量提供着各种服务；水和空气是人类生存的必需资源。

2. 具有调节功能

自然环境的各要素中，无论是生物圈、水圈还是大气圈或岩石圈，都是变化着的动态系统和开放系统，各系统间都存在着物质和能量的变化及交换，都有外部物质的输入和内部物质的输出。在一定的时空尺度内，环境中的输入和输出是相等的，是一个动态的平衡过程，称之为环境平衡或生态平衡。当外部的输入大于输出时，在一定的强度下，系统可通过自我调节的能力使环境的正常功能不被破坏，这就是环境系统调节功能的作用，或称为环境的自净作用。

3．环境的服务功能

实际上，自然资源和自然生态环境的具体表现形式是各类生态系统，所以，它们都是生命的支持系统，如森林、草地、海洋、河流、湖泊等。它们对人类的贡献不仅仅是提供大量的食物、药材、各类生产和生活资料，而且还为人类提供许多服务，如调节气候、净化环境、减缓灾害，为人们提供休闲娱乐的场所等，生态系统的这些服务功能是人类自身所不能替代的。人类社会的正常生活，是生态系统许多间接功能即生态系统的服务所提供的。

4．环境的文化功能

人类的文化、艺术素质是对自然环境生态美的感受和反应。优美的自然环境是艺术家们进行艺术创作的源泉，蕴含着科学和艺术的真谛，给人们带来无穷无尽的文化艺术灵感和科学奉献。然而，从时间序列看，自然美比人类存在得更早，它是自然界长期协同进化的结果。秀丽的名山大川、众多的物种及其和谐而奥妙的内在联系，使人们领悟到了自然界中充满着美的艺术和无限的科学规律。所以，自古以来对自然美的欣赏，一直是人类生活的重要内容，是自然使人类在整体和人格上得到发展与升华，而各地独特的自然环境塑造了各民族的特定性格、习俗和民族文化。

五、环境的基本特征

1．整体性

地球环境是一个整体。地球的任何一个部分或任何一个要素，都是环境的组成部分，各组成部分之间紧密联系、相互制约。局部地区的环境污染或破坏，总会对其他地区造成影响和危害。例如，河流上游的污染就威胁着下游居民的安全；人类虽然没有在南极生产或使用农药，却发现南极的企鹅体内也有 DDT 的积累。

2．有限性

环境中的自然资源可分为非再生资源和再生资源两大类，前者指一些矿产资源，如铁、煤炭等，这类资源是不可再生的，随着人类的开采其储量不断减少。生物属可再生的资源，如森林生态系统的树木被砍伐后还可以再生，水域生态系统中只要捕获量适度和生存环境不被破坏，鱼类等水生生物就可以源源不断地向人类提供各种水产品。但由于受各种因素（如生存条件、繁衍速度、人类获取的强度等）所制约，在具体时空范围内，对人类来说各类资源都不可能是无限的。水是可以循环的，也属可再生资源，但因其大部分的循环更替周期太长加之区域分布不均匀和季节降水差异性大，淡水资源已出现危机。

3．区域性

区域性是自然环境的基本特征。由于纬度的差异，地球接收的太阳辐射能不同，热量从赤道向两极递减，形成了不同的气候带。即使是同一纬度，因地形高度的不同，也会出现垂直地带性差异。一般说来，地形每升高 100 m，气温下降 0.5～0.6℃。

经度也有地带性，这是由地球内在因素造成的，如受海、陆分布格局和大气环流特点的影响，我国就形成了自东南沿海的湿润地区向西北内陆的半湿润地区、半干旱和干旱地区的有规律的变化。不同区域自然环境的这种多样性和差异性具有特别重要的生态学意义，它是自然资源多样性的基础和保证。

4．潜在性

自然环境一旦被破坏或被污染，许多影响的后果是潜在、深刻和长期的。例如，一片森林被砍伐后，对区域气候的明显影响能被人们立即和直接感受到，而对于由此而引发的其他许多影响，一是不能很快反映出来，如水土流失将会加剧；二是对其影响的范围和放大程度还很难认识清楚，如生物多样性的改变等；三是恢复时间较长。污染的危害也是如此，日本汞污染引发的水俣病，是污染排放20年后才显现出来的。污染危害的这种潜在性，一是由于污染物在生态系统各类生物中的吸收、转化、迁移和积累需要时间；二是与污染物的化学性质有关，如半衰期的长短、化学物质的寿命等。人类用作制冷剂的 CFCs 类化学合成物质，是能破坏臭氧层的“温室气体”，它们的存留期平均在90年左右。这意味着，即使人类现在停止使用，这些污染物还将在大气层中存在很长一段时间，并将继续对臭氧层构成破坏。

5．变动性和稳定性（动态平衡）

变动性是指环境要素的状态和功能始终处于不断的变化中，如从大的尺度看，今天人类的生存环境与早期人类的生存环境就有很大差别。从小的尺度看，我们生活的区域环境的变化更是明显可见。因此，环境的变动性就是自然的、人为的或两者共同作用的结果。但在一定的时间尺度或条件下，环境又有相对稳定的特性。

所谓稳定性，其实质就是环境系统对超出一定强度干扰的自我调节，使环境在结构或功能上基本无变化或变化后得以恢复。环境的稳定性和变动性是相辅相成的，变动是绝对的，稳定是相对的。没有变动性，环境系统的功能就无法实现，生物的进化和生物的多样性就不会存在，社会的进步就不能实现。但没有环境的稳定性，环境的结构和功能就不会存在，环境的整体功能就无法实现。

第二节　环境问题和环境科学

一、环境问题及其分类

所谓环境问题是指由于人类活动作用于人们周围的环境所引起的环境质量变化，以及这种变化反过来对人类的生产、生活和健康的影响问题。环境问题主要是由于人类生产和生活的迅速发展而引起的。环境问题的分类方法很多，如果按引起环境问题的根源考虑，可分为原生环境问题和次生环境问题。

1．原生环境问题

原生环境问题也叫第一环境问题，它是由自然环境自身变化引起的，没有人为因素或很少有人为因素参与。这一类环境问题包括地震、火山活动、滑坡、泥石流、台风、洪水、干旱等。对于这类环境问题，目前人类的抵御能力还很薄弱。

2．次生环境问题

次生环境问题，是人类活动作用于周围环境引起的环境问题，也称第二环境问题。环境科学与环境保护所研究的环境问题主要不是自然灾害问题（原生或第一环境问题），而是人为因素所引起的环境问题（次生或第二环境问题）。这种人为环境问题一般可分为两类：一是环境污染，二是环境破坏。

环境污染是指人类活动的副产品和废弃物进入物理环境后，对生态系统产生的一系列扰乱和侵害，特别是指由此引起的环境质量的恶化反过来又影响人类自己的生活质量。环境污染不仅包括物质造成的直接污染，如工业“三废”和生活“三废”，也包括由物质的物理性质和运动性质引起的污染，如热污染、噪声污染、电磁污染和放射性污染。由环境污染还会衍生出许多环境效应，例如二氧化硫造成的大气污染，除了使大气环境质量下降，还会造成酸雨。

环境破坏也称生态破坏，是指人类活动直接作用于自然生态系统，造成生态系统的生产能力显著降低和结构显著改变，从而引起的环境问题，如过度放牧引起草原退化，乱采滥捕使珍稀物种灭绝和生态系统生产力下降，植被破坏引起水土流失，等等。

应该注意，原生和次生环境问题，往往难以截然分开，它们常常相互影响、相互作用。

二、环境问题的发生与发展

从人类诞生开始就存在着人与环境的对立统一关系，就出现了环境问题。从古至今随着社会生产力的发展变化，在人类社会不同历史时期，环境问题经历了三个阶段。

1．生态环境的早期破坏

此阶段从人类出现开始直到产业革命，跟后两个阶段相比，是一个漫长的时期。在该阶段，人类经历了从以采集狩猎为生的游牧生活到以耕种和养殖为生的定居生活的转变。随着种植、养殖和渔业的发展，人类社会开始有了劳动分工，从完全依赖大自然的恩赐转变到自觉利用土地、生物、陆地水体和海洋等自然资源。人类的生活资料有了较以前稳定得多的来源，种群开始迅速扩大。人类社会需要更多的资源来扩大物质生产规模，便开始出现烧荒、垦荒、兴修水利工程等改造活动，引起严重的水土流失、土壤盐渍化或沼泽化等问题。但此时的人类还意识不到这样做的长远后果，一些地区因而发生了严重的环境问题，主要是生态退化。较突出的例子是：古代经济发达的美索不达米亚地区，由于不合理地开垦和灌溉，后来变成了不毛之地；中国的黄河流域，曾经森林广布，土地肥沃，是文明的发源地，可是由于大规模开垦，森林骤减，水源得不到涵养，造成水旱灾害频繁，水土流失严重，沟壑纵横，土地日益贫瘠，给后代造成了不可弥补的损失。但总的说来，这一阶段的人类活动对环境的影响还是局部的，没有达到影响整个生物圈的程度。

2. 近代城市环境问题

此阶段从工业革命（从农业占优势的经济向工业占优势的经济的迅速过渡被称为工业革命）开始到 20 世纪 80 年代发现南极上空的臭氧空洞为止。工业革命是世界史上一个新时期的起点，此后的环境问题也开始出现新的特点并日益复杂化和全球化。18 世纪后期欧洲的一系列发明和技术革新大大提高了人类社会的生产力，人类开始插上技术的翅膀，以空前的规模和速度开采和消耗能源与其他自然资源。新技术使英国、欧洲和美国等地在不到一个世纪的时间里先后进入工业化社会，并迅速向全世界蔓延，在世界范围内形成发达国家和发展中国家的差别。工业化社会的特点是高度城市化。这一阶段的环境问题跟工业和城市同步发展。先是由于人口和工业密集，燃煤量和燃油量剧增，发达国家的城市饱受空气污染之苦，后来这些国家的城市周围又出现了日益严重的水污染和垃圾污染，工业“三废”、汽车尾气更是加剧了这些污染公害的程度（如世界著名的八大公害事件见表 1-1）。在后来的 20 世纪 60—70 年代，发达国家普遍花大力气治理这些城市的环境问题，并把污染严重的工业搬到发展中国家，解决了国内的环境污染问题。而随着发达国家环境状况的改善，许多发展中国家却开始步发达国家的后尘，重走工业化和城市化的老路，在发展经济的同时，环境污染越来越严重，1984 年 12 月印度的“博帕尔惨案”即是一个典型的例子。

3. 当代环境问题阶段

从 1984 年英国科学家发现到 1985 年美国科学家证实南极上空出现的“臭氧空洞”开始，人类环境问题发展到当代环境问题阶段。这一阶段环境问题的特征是：在全球范围内出现了不利于人类生存和发展的征兆，目前这些征兆集中在酸雨、臭氧层破坏和全球气候变暖三大全球性大气环境问题上。与此同时，发展中国家的城市环境问题和生态破坏及一些国家的贫困化愈演愈烈，水资源短缺在全球范围内普遍发生，其他资源（包括能源）也相继出现将要耗竭的信号。这一切表明：生物圈这一生命支持系统对人类社会的支撑已接近它的极限。这还表明环境问题的复杂性和长远性。图 1-2 概括了当代全球的主要环境问题。

表 1-1 世界八大公害事件

八大公害名称	发生时间	发生地点	中毒情况	致害原因
马斯河谷烟雾事件	1930 年 12 月	比利时马斯河谷	几千人中毒，60 人死亡	硫化物和金属氧化物颗粒进入肺部深处
洛杉矶光化学烟雾事件	1943 年 5—10 月	美国洛杉矶市	多数居民患病，65 岁以上老人死亡 400 人	石油工业和汽车废气在紫外线作用下生成光化学烟雾
多诺拉烟雾事件	1948 年 10 月	美国宾夕法尼亚州多诺拉镇	4 天 43%的居民患病，20 人死亡	硫化物和烟尘生成硫酸盐气溶胶被吸入肺部
伦敦烟雾事件	1952 年 12 月	英国伦敦市	4 天内死亡约 4 000 人	二氧化硫在金属颗粒物催化下生成三氧化硫、硫酸和硫酸盐，附着在烟尘上，被吸入肺部
水俣事件	1953—1956 年	日本九州南部熊本县水俣镇	截至 1972 年，有 180 多人患病，50 多人死亡，22 个婴儿生下来神经受损	海鱼中富含甲基汞，当地居民食用含毒的鱼而中毒
四日市事件（哮喘病）	1961 年	日本四日市，并蔓延至几十个城市	1972 年该市共确认哮喘病患者达 817 人，死亡 10 多人	重金属粉尘和二氧化硫随烟尘进入肺部
米糠油事件	1968 年	日本九州爱知县等 23 个府县	5 000 多人患病，死亡 6 人，实际受害者超过 1 万人	食用含多氯联苯的米糠油
富山事件（痛痛病）	1955—1972 年	日本富士县通川流域，蔓延到群马县等 7 条河的流域	截至 1968 年 5 月确诊患者 258 例，其中死亡 128 例，至 1977 年 12 月又死亡 79 例	食用含镉的米和水

三、环境问题的性质和实质

环境问题就其性质而言，首先，具有不断发展和不可根除性。它与人的欲望、经济的发展、科技的进步同时产生、同时发展。其次，环境问题的范围广泛而全面，它存在于生产、生活、政治、工业、农业和科技等各个领域。再次，环境对人类行为具有反作用，迫使人类在生产方式、生活方式、思维方式等一系列问题上进行改变。最后，环境问题具有可控性，即人们可以通过宣传教育提高环境意识，充分发挥人的智慧和创造力，借助法律的、经济的、技术的手段把环境问题控制在影响最小的范围内。环境问题是由于人类活动而产生的，也就可以由人类去阻止它的发生和扩大。

从环境问题的发展历程可以看出，人为的环境问题是随人类的产生而产生，并随着人类社会的发展而发展。造成环境问题的根本原因是人们对环境的价值认识不足，缺乏妥善的经济发展规划和环境规划。环境是人类生存发展的物质基础和制约因素。随着人口增长，从环境中取得的食物、资源和能源的数量必然要增长。也就是说，由环境向人类社会输入的总资源量增大，其中一部分供人类直接消费，有的经人体代谢变为“废物”排入环境，有的经使用后降低了质量；总资源中相当大一部分进入人类的生产过程，人口的增长要求工农业迅速发展，为人类提供越来越多的工农业产品，再经过人类的消费过程（生活消费与生产消费），变为“废物”排入环境，或降低了环境资源的质量。环境的承载能力和环境容量是有限的，如果人口的增长、生产的发展不考虑环境条件的制约作用，超出了环境的容许极限，那就会导致环境的污染与破坏，造成资源的枯竭和人类健康的损害。国际和国内的事实充分说明了上述论点。所以，环境问题的实质是盲目发展、不合理开发利用资源而造成的环境质量恶化和资源浪费，甚至枯竭和破坏问题。

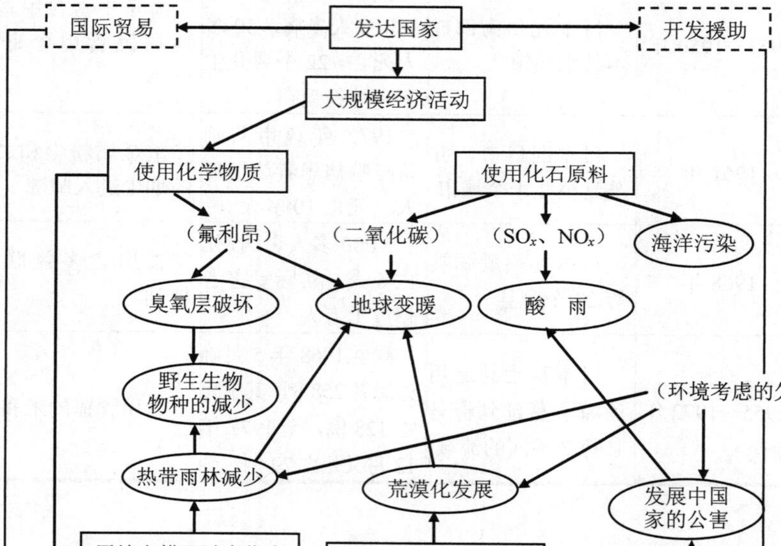

图 1-2　全球环境问题

四、环境科学的内容和分科

环境科学是在解决环境问题的社会需要的推动下形成和发展起来的，是一门正在迅速发展的新科学。

1．一门新兴的综合性科学

在人类社会长期的发展过程中，随着社会生产力的发展、生产方式的演变和工艺技术的提高，人类的环境问题越来越严重，人类和环境之间的矛盾越来越显著，从而人们对自然现象和规律的认识也日益深化，环境科学正是在这样的发展过程中应运而生的。它经过 20 世纪 60 年代的酝酿，到 20 世纪 70 年代初期便从零星而不系统的环境保护和研究工作发展成一门独立的、内容丰富的、领域广泛的新兴学科。尤其是最近二三十年，环境科学的发展异常迅速，自然科学和工程技术都向它渗透并赋予它新的内容。它的产生可以说是 20 世纪 70 年代初自然科学、社会科学、技术科学向广度和深度发展的一个重要标志。

如果把社会科学、自然科学和技术科学看作是人类早已确立的三大科学领域，则环境科学便是在这三大领域的交接带上（图 1-3），即通过三个圆的切点所作的圆。

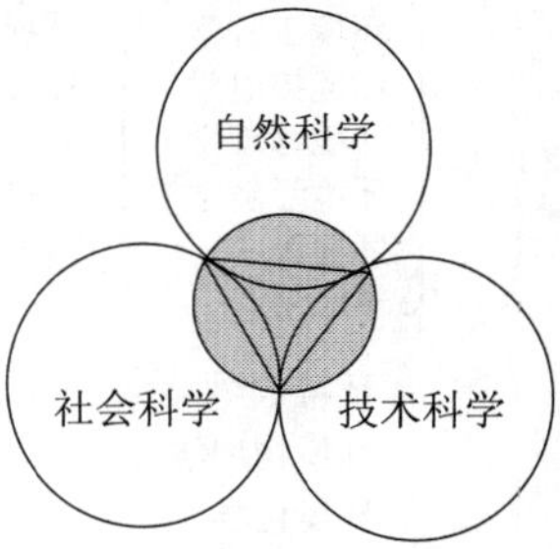

图 1-3　环境科学与三大科学领域的关系

2．环境科学的研究对象与任务

从环境科学的建立和发展来看，环境科学的研究对象是“人类与环境”这对矛盾之间的关系，研究它们对立统一关系的发展、调节与控制、利用与改造。

从广义上说，环境科学是对人类生活的自然环境进行综合研究的科学，是研究人类周围空气、大气、土地、水、能源、矿物资源、生物和辐射等所有环境因素及其与人类的关系以及人类活动如何改变这种关系的科学，并对原生和次生环境问题进行研究。从狭义上说，它是只研究由人类活动所引起的环境质量的变化以及保护和改进环境质量的科学，只限于次生环境问题。

环境科学不是纯粹的自然科学，它兼有社会科学和技术科学的内容和性质。它不仅要研究和认识环境中自然因素及其变化规律，而且还要认识和了解社会经济因素和技术因素与规律，以及人和环境的辩证关系等。

环境科学所研究的内容大体可概括如下：① 人类和环境的关系；② 污染物在自然环境中的迁移、转化、循环和积累的过程和规律；③ 环境污染的危害；④ 环境状况的调查、评价和环境预测；⑤ 环境污染的控制和防治；⑥ 自然资源的保护和合理使用；⑦ 环境监测、分析技术和预报；⑧ 环境区域规划和环境规划；⑨ 环境管理。

环境科学的基本任务就是揭示“人类与环境”这对矛盾的实质，研究和掌握它的发展规律，调控它们之间的物质和能量交换过程，寻求解决矛盾的途径和方法，以改善环境质量、造福人类，防止人类与环境关系的失调，促进人类社会可持续地向前发展。

3．环境科学的分科

环境系统是一个多层次相互交错的网络结构系统，每个子系统都可能自成一门环境学科。环境科学是新兴的一门科学，目前对环境科学的分科体系还没有成熟一致的看法。不同的学者从不同的角度提出各种不同的分科方法，图 1-4 是其中一种分科体系。由图可见，环境科学可分为三大部分，每部分又由许多学科组成：

- 环境科学
  - 环境学
  - 应用环境学
    - 环境工程学
      - 大气污染控制工程
      - 水污染控制工程
      - 固体废物治理与利用工程
      - 噪声及振动控制工程
      - 环境系统工程
      - 环境影响评价
      - 清洁生产
      - 污染修复技术
      - 放射性废物处理
    - 环境控制学
    - 环境管理学
    - 环境经济学
    - 环境医学
    - 环境法学
  - 基础环境学
    - 环境数学
    - 环境物理学
    - 环境化学
    - 环境污染生态学
    - 环境毒理学
    - 环境地理学
    - 环境地质学

图 1-4　环境科学分科体系

环境学：这是环境科学的核心，它着重于对环境科学基本理论和方法论的研究。

基础环境学：它是环境科学发展过程中所形成的基础学科，包括环境数学、环境物理学、环境化学、环境污染生态学、环境毒理学、环境地理学和环境地质学等。

应用环境学：它是环境科学中实践应用的学科，包括环境控制学、环境工程学、环境经济学、环境医学、环境管理学和环境法学等。

每一个分支学科还可能由若干个次级分支学科组成。如环境工程学的分支学科情况，包括大气污染控制工程、水污染控制工程、固体废物治理与利用工程、噪声及其他物理污染控制工程等。

总之，环境科学所涉及的学科范围非常广泛，各个学科领域多边缘互相交叉渗透；同时，不同地区的环境条件、生产布局和经济结构千差万别，而人与环境间的具体矛盾也各有差异，污染物运动的过程又很复杂，结果使环境科学具有强烈的综合性和鲜明的区域性。因此，在环保工作实践中必须组织多学科、多专业的协同作战，而在环境工程中控制和消除污染危害时，也必须采取多途径的综合防治措施，因地制宜，选择最优方案，沿着经济合理和技术先进的途径，走中国自己的环境保护道路。

第三节 环境与健康

一、人与环境的关系

1. 人体物质组成和自然环境中元素含量的相关性

自然环境和生活环境是人类生存的必要条件，其组成和质量好坏与人体健康的关系极为密切。

人类和环境都是由物质组成的。物质的基本单元是化学元素，它是人体和环境相互联系的基础。地球化学家们分析，人体血液和地壳岩石中化学元素的含量具有相关性，有 60 多种化学元素在人体血液中和地壳中的平均含量非常相似，见图 1-5。这种人体化学元素与环境化学元素高度统一的现象表明了人与环境的统一关系。

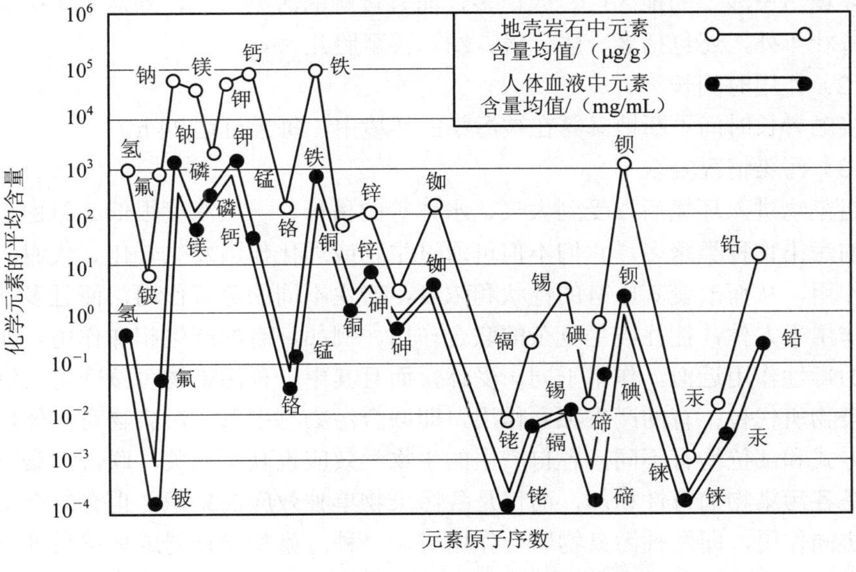

图 1-5 人体血液和地壳岩石中化学元素含量的相关性

2. 人体与环境之间的物质交换和能量传递

人与环境间的密切关系还表现在机体的新陈代谢上，即机体与环境不断进行物质交换和能量传递，使机体与周围环境之间保持着动态平衡。机体从空气、水、食物等环境中摄取生命必需的物质，如蛋白质、脂肪、糖、无机盐、维生素、氧气等，通过一系列复杂的同化过程合成细胞和组织的各种成分，并释放出热量，保障生命活动的需要。机体通过异化过程进行分解代谢，经各种途径如汗、尿、粪便等排泄到外部环境（如空气、水和土壤等）中，被生态系统的其他生物作为营养成分吸收利用，并通过食物链作用逐级传递给更高级的生物，形成了生态系统中的物质循环、能量流动和信息传递。一旦机体内的某些微量元素含量偏高或偏低，就打破了人类机体与自然环境的动态平衡，人体就会生病。例如，脾虚患者血液中铜含量显著升高；肾虚患者血液铁含量显著降低；氟含量过少会发生龋齿病，过多又会发生氟斑牙。

二、环境污染对人体健康的影响

1. 环境污染的特征

影响人体健康的环境污染物种类繁多，大致可分为三类：化学性因素、物理性因素及生物性因素。其中以化学性因素最为重要。当这些有害因素进入大气、水、土壤中，并且种类和数量超过了正常变动范围时，就可以对人体产生危害。从影响人体健康的角度来看，环境污染一般具有以下一些特征。

（1）影响范围大

环境污染涉及的地区广、人口多，而且接触的污染对象，除从事工矿企业的健康的青壮年外，还包括老、弱、病、幼，甚至胎儿。

（2）作用时间长

接触者长时间不断地暴露在被污染的环境中，每天可达 24 h。

（3）污染情况复杂

污染物进入环境后，受到大气、水体等的稀释，一般浓度很低。但由于环境中存在的污染物种类繁多，它们不但可通过生物或理化作用发生转化、代谢、降解和富集作用，从而改变其原有的性状和浓度，产生不同的危害作用，而且多种污染物同时作用于人体，往往产生复杂的联合作用。例如，有的产生相加作用，即两种污染物的毒性作用近似，作用于同一受体，而且其中一种污染物可按一定比例为另一种污染物所代替；有的产生独立作用，即联合污染物中每一污染物对机体作用的途径、方式和部位均有不同，各自产生的生物学效应也互不相关，联合污染物的总效应不是各污染物的毒性相加，而仅是各污染物单独效应的累积；也有的产生拮抗作用或协同作用，即两种污染物联合作用时，一种污染物能减弱或加强另外一种污染物的毒性。

（4）污染容易治理难

环境一旦被污染，要想恢复原状，不但费力，代价高，而且难以奏效，甚至还有重新污染的可能。有些污染物，如重金属和难以降解的有机氯农药，污染土壤后，能在土壤中长期残留，短期内很难消除，处理起来十分困难。

2. 环境污染物在人体内的转化

环境污染对人体健康的影响是极其复杂的。以环境污染中最常见的化学污染物为例，其在人体内的转化（图1-6）主要包括以下几个过程。

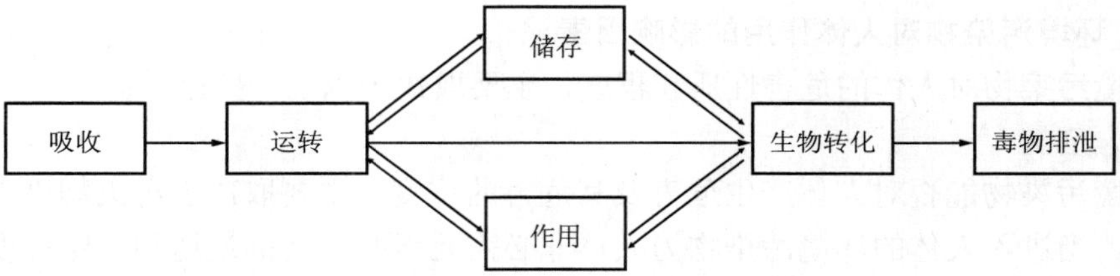

图 1-6 环境化学污染物在人体内的转化

（1）毒物的侵入和吸收

毒物主要经呼吸道和消化道侵入人体，也可经皮肤或其他途径侵入。空气中的气态毒物或悬浮的颗粒物质，可经呼吸道进入人体。由于人类从鼻咽腔至肺泡，呼吸道各部分的结构不同，对毒物的吸收也不同。肺部富有毛细血管，人肺泡总面积达 90 m^2。毒物由肺部吸收速度极快，仅次于静脉注射，环境毒物能否随空气进入肺泡，这和它的颗粒大小及水溶性有关。能达到肺泡的颗粒物质，其直径一般不超过 3 μm，而直径大于 10 μm 的颗粒物质，大部分被黏附在呼吸道、气管和支气管黏膜上。水溶性较大的气态毒物，如氯气、二氧化硫，为上呼吸道黏膜所溶解而刺激上呼吸道，极少进入肺泡。而水溶性较小的气态毒物，如二氧化氮，则绝大部分能达到肺泡。

水和土壤中的有毒物质，主要是通过饮用水和食物经消化道被人体吸收。

（2）毒物的分布和蓄积

毒物经上述途径吸收后，由血液分布到人体各组织，不同的毒物在人体各组织的分布情况不同。毒物长期隐藏在组织内，其量又可逐渐积累，这种现象叫作蓄积。

（3）毒物的生物转化

除很少一部分水溶性强、分子量极小的毒物可以原形被排出人体外，绝大部分毒物都要经过某些酶的代谢（或转化），从而改变其毒性。毒物在体内的这种代谢转化过程，叫生物转化作用。肝脏、肾脏、胃肠等器官对各种毒物都有生物转化功能，其中以肝脏最为重要。毒物在体内的代谢过程可分为两步：第一步是氧化还原和水解反应，这一代谢过程主要与混合功能氧化酶有关系，它具有对多种外源性物质（包括化学致癌物、药物、杀虫剂）和内源性物质（激素、脂肪酸）的催化作用，能使这些物质羟化、去甲基化、脱氨基化、氧化等，所以又称非特异性药物代谢酶系；第二步是结合反应，一般通过一步或两步反应，原属活性的物质就可以转化为惰性物质，从而使其毒性减轻，但也有因惰性物质转化为活性物质而增加其毒性的。

（4）毒物的排泄

毒物的排泄途径主要经过肾脏、消化道和呼吸道，少量可随汗液、乳汁、唾液等各种分泌液排出，也有的在皮肤的新陈代谢过程中到达毛发而离开机体。

3．环境污染物对人体作用的影响因素

环境污染物对人体的危害性质和程度，主要取决于以下一些因素。

（1）剂量

环境污染物能否对人体产生危害及其危害的程度，主要取决于污染物进入人体的剂量。当进入人体的环境污染物为人体非必需元素时，其剂量达到一定程度，即可引起异常反应，甚至进一步发展成疾病。对于这一类元素主要是研究制定其最高允许限量的问题（环境中的最高允许浓度，人体的最高允许负荷量等）。当进入人体的环境污染物为人体必需的元素，则关系较为复杂。一方面，当环境中这种必需元素的含量过少，不能满足人体的生理需要时，会使人体的某些功能发生障碍，形成一系列病理变化；另一方面，如果由于某种原因，使环境中这类元素的含量增加过多，也会作用于人体，引起程度不同的中毒性病变。因此，对这类元素不仅要研究环境中最高允许浓度，而且还要研究最低供应量的问题。

（2）作用时间

很多环境污染物具有蓄积性，只有在体内蓄积达到中毒阈值时，才会产生危害。因此，随着作用时间的延长，毒物的蓄积量将加大。污染物在体内的蓄积是受摄入量、污染物的生物半衰期（污染物在生物体内浓度减低一半所需的时间）和作用时间三个因素影响的。

（3）多种因素的联合作用

环境污染物常常不是单一的，而是经常与其他物理、化学因素同时作用于人体的，因此，必须考虑这些因素的联合作用和综合影响。如，锌能拮抗铅对δ-氨基乙酰丙酸脱氢酶（ALD-D）的抑制作用，拮抗镉对肾小管的损害；而一氧化碳与硫化氢则可相互促进中毒的发展。因此，我们应当认真考察多种因素同时存在时对人体的综合影响。

（4）个体敏感性

机体的健康状况、生理状态、遗传因素等，均可影响人体对环境异常变化的反应强度和性质。

三、环境污染对人体健康的危害

环境污染对人体健康的危害，是一个十分复杂的问题。有的污染物在短期内通过空气、水、食物链等多种介质侵入人体，或几种污染物联合大量侵入人体，造成急性危害。也有些污染物，以小剂量持续不断地侵入人体，经过相当长时间才显露出对人体的慢性危害或远期危害，甚至影响到子孙后代的健康。

1. 急性危害

自 20 世纪 30 年代以来，许多国家相继出现了不少污染事件，引起人群中毒死亡。例如马斯河谷烟雾事件、多诺拉烟雾事件、伦敦烟雾事件均是由于烧煤排出的飘尘和 SO_2 造成的急性烟雾事件。此外，光化学烟雾，也是经常发生的一种急性危害。这是汽车排气中的氮氧化物和碳氢化物在阳光紫外线照射下，形成光化学氧化剂［O_3、NO_2、NO 和过氧乙酰硝酸酯（PAN）等］，当大气中光化学氧化剂达到一定浓度时，便会刺激呼吸道黏膜和眼结膜，从而引起眼结膜炎、流泪、眼睛疼、嗓子疼、胸疼。

进入 20 世纪 80 年代以来，环境问题出现了第二次高潮，突发性严重污染事故迭起，有大气污染事故，水污染事故，也有放射性污染事故，对人体健康造成了严重的急性危害。如 1984 年 12 月 3 日，美国联合碳化物公司设在博帕尔市的农药厂因管理混乱，使贮罐内剧毒的甲基异氰酸酯压力升高而爆裂外泄，受害面积达 40 km^2，死亡人数（0.6 万～2 万人，受害人数为 10 万～20 万人；1986 年 11 月 1 日，瑞士巴塞尔赞多兹化学公司的仓库起火，大量有毒化学品随灭火用水流进入莱茵河，使靠近事故地段的河流变成了“死河”，生物绝迹；1986 年 4 月 26 日，位于苏联基辅地区的切尔诺贝利核电站 4 号反应堆发生爆炸，泄漏了大量放射性物质，造成环境严重污染，使周围人群健康受到损害。

2. 慢性危害

（1）大气污染对人体造成的慢性危害

大气污染主要是对人体的呼吸系统造成危害，大气污染物会使人体上呼吸道慢性炎症的发病率升高，同时在飘尘、SO_2、NO_2 等污染物不断刺激腐蚀下，呼吸道和肺部的各种防御功能相继遭到破坏，抵抗力逐渐下降，从而提高了对感染的敏感性，呼吸系统在大气污染物和空气中微生物联合侵袭下，危害逐渐向深部的细支气管和肺泡发展，继而诱发慢性阻塞性肺部疾患（慢支、喘支、支喘和肺气肿）及其继发感染症。这一发展过程，又会不断增加心肺的负担，使肺泡换气功能下降，进而导致肺心病。

（2）水体和土壤污染对人体造成的慢性危害

汞对人体的危害 1956 年发生在日本熊本县水俣湾地区的汞中毒事件，也称水俣病，是一种典型的中枢神经受损害的中毒症。经日本熊本大学医学院等有关单位

研究证明，这种病是建立在水俣湾地区的水俣工厂排出的含汞污染物造成的。工厂在生产乙醛时，用硫酸汞作催化剂，在硫酸汞催化乙炔的反应过程中，副产品甲基汞随废水排入水俣湾海域。同时也有无机汞排出，无机汞在水体中经微生物作用也可甲基化。甲基汞在水中被鱼类吸入体内，并不断富集。大量吃这种含甲基汞的鱼的居民即可患此病。病情的轻重取决于摄入的甲基汞剂量，短期内进入体内的甲基汞量大，发病就急，出现的症状典型。长期小量地进入人体，发病就慢，症状也不典型。总之，吃含甲基汞鱼的人，都遭到程度不同的危害。

铬对人体的慢性危害 我国某地区的铁合金厂，因排出含铬废水而污染附近的地下水，使有的井水含铬量最高超过我国生活饮用水卫生标准达 400 倍。该厂附近的居民，由于长期饮用被铬污染的井水，发生口角糜烂、腹泻、腹痛和消化道机能紊乱等病症。

铅污染对人体的危害 在采矿、冶炼、铅制品制造和使用过程中，铅随着废气、废水、废渣排入环境而造成大气、土壤、蔬菜等污染；此外，汽车尾气的排放，也是铅污染的原因之一。被铅污染了的大气、蔬菜等食物，经呼吸道或口腔侵入体内，再由血液输送到脑、骨骼及骨髓等各个器官。铅损害骨髓造血系统，能引起贫血；铅对神经系统也能造成损害；另外，铅对幼儿大脑也会造成损害，从而影响儿童智力发育。

此外，环境污染引起的慢性危害还有镉中毒、砷中毒等。

环境污染对人体的急性和慢性危害的划分，只是相对而言，主要取决于剂量-反应关系。

3. 远期危害

所谓远期危害是指这种危害作用不是在短期表现出来的（如癌症的潜伏期一般在 15 年以上），甚至有的不是在当代表现出来（如遗传变异）。这就是通常所说的“三致”问题，即致癌、致畸、致突变。

（1）致癌危害

近几十年来，各国的流行病学调查资料表明，许多传染病的发病率和死亡率在不断下降，有些传染病先后被控制。与此相反，癌症的发病率和死亡率却在不断上升。

致癌作用是指环境有害因素引起或增进正常细胞发生恶性转化并发展成为肿瘤的过程。据一些研究资料分析，人类癌症由病毒等生物因素引起的不超过 5%；由放射线等物理因素引起的也在 5%以下；由化学物质引起的约占 90%。国际癌症研究中心（IARC）对癌症文献进行了系统的审查和评价，证明由流行病学调查确定对人致癌的化学物质有 26 种，经实验室研究确定致癌的化学物质有 221 种。在 26 种对人致癌的化学物质中，有 8 种是药物［氯霉素、己烯雌酚、环磷酰胺、4-双氯乙胺-L-苯丙氨酸、睾丸甾酮、非那西丁、苯妥英和 *N,N*-双（2-氯乙基）-2-苯胺］。有些是由于经常的职业接触致癌的，如联苯胺、苯、双氯甲醚、异丙油、芥子气、镍、氯乙烯、铬（铬酸盐工业）、氧化镉等。经常随着工业污染物进入城乡居住环境的致癌物有石棉、砷化合物、煤烟等。

（2）致畸危害

致畸危害是针对婴儿而言的，主要由一些孕妇服用的某些药物引起。药物虽然在孕妇身上，但它可以通过母亲的血液循环经胎盘进入胎儿体内。一般情况下，母亲的肝脏和肾脏具有一定的解毒功能，能将药物及时分解和排出，进入胎盘的只是极少的部分。同时胎盘具有一定的选择能力，可以拒绝输送有害物质，也可以将有害物质转为无害物质，因此，胎儿不一定致病。但是如果药物的毒性作用超过了母体的解毒能力，药物就可能进入胎儿体内，从而影响胎儿的生长发育，甚至造成胎儿畸形。表 1-2 列出了人类常见畸形及其发生率的情况。

致畸因素有物理、生物学和化学因素。物理因素如放射性物质，可引起眼白内障、小头症等畸形。现已证实，生物学因素对母体怀孕早期感染的风疹等病毒，能引起胎儿畸形。化学因素是近 30 年来研究比较多的。1959—1961 年，西德生产的 Thalidomide 是一种非苯巴比妥安眠药，俗称“反应停”，孕妇在妊娠反应时服用后，能引起胎儿“海豹症”畸形，这件事震动了世界。此后，各国对农药、医药、食品添加剂、职业接触毒物和环境化学污染物，都在进行着广泛的致畸研究。已经查明，有些污染物对人有致畸作用，如甲基汞能引起胎儿性水俣病，多氯联苯（PCB）能引起皮肤色素沉着的“油症儿”等。此外，农药由于种类多，使用量大，在使用过程中对环境的污染和食物上的残留问题都较大，且多具有胚胎毒性，因此，国内外对农药致畸作用的研究也较多。动物实验证明致畸作用的农药有敌枯双、螟蛉畏、有机磷杀菌丹、灭菌丹、敌菌丹、五氯酚钠等。

表 1-2　人类常见畸形类型及发生率

系统	畸形	在人群中的发生率/%
心血管系统	先天性幽门缺陷	1.20
中枢神经系统	脊柱裂	0.30
	无脑畸形	0.20
消化系统	腹股沟疝	1.00
	肥大性幽门狭窄	0.30
	脊柱后侧凸	0.20
	唇、腭裂（或合并）	0.15
	畸形足，并趾（指）	0.12
	先天性髋节脱臼	0.10
	巨结肠	0.02

（3）致突变危害

能引起生物体细胞的遗传信息和遗传物质发生突然改变的作用，称为致突变作用。致突变作用引起变化的遗传信息或遗传物质，能够在细胞分裂繁殖过程中，传递给子细胞，使其具有新的遗传特性。具有致突变作用的物质称为致突变物。

突变本是生物界的一种自然现象，是生物进化的基础。然而对大多数生物个体来说，则往往是有害的。如果哺乳动物的生殖细胞发生突变，可能影响妊娠过程，导致不孕或胚胎早死等；如果体细胞发生突变，则可能是形成癌肿的基础。

生物细胞内的遗传物质主要是染色体，它是一种复杂的核蛋白结构，主要成分是脱氧核糖核酸（DNA）与核糖核酸（RNA）。染色体上排列着成千上万个基因，即在染色体上占有一定位置的遗传单位。污染物中的致突变物进入人体，在一定条件下可能改变 DNA 上由 4 个碱基（C、G、T、A）中任意 3 个所组成的“遗传密码”，导致遗传变异，不但可使个人的遗传基因发生不良变化，而且可能导致人类社会“基因库”的不良变化，造成人类社会整体素质的下降。

近年来，各国为了及早发现环境污染物、食品添加剂、农药、医药中的致突变物采用了快速筛检办法。常用的方法有染色体畸变分析方法，如外周血细胞体外培养染色体分析、姊妹染色体单体互换分析，以及动物骨髓细胞和睾丸细胞染色体畸变分析；致突变试验方法有 Ames 试验等。每种方法各有其优点与局限性，染色体畸变分析，可检出体细胞和生殖细胞的畸变，结果正确可靠，但工作量大；姊妹染色体单体互换分析，灵敏简便，应用较多；Ames 试验简便、快速，是一种较好的初筛法。

四、环境与健康关系研究

1．环境流行病学

环境流行病学是环境医学的一个分支，它应用流行病学的理论和方法，研究环境中自然因素和污染因素危害人类健康的规律，尤其是研究环境因素和人体健康之间的相互关系。环境流行病学起源于对自然因素引起的疾病的研究，如地方性甲状腺肿、地方性氟中毒等。自 20 世纪 50 年代以来，环境污染引起的公害病相继出现，为了查明病因，各国广泛开展了环境流行病学的调查。其目的不仅要阐明环境污染与健康之间的因果关系，还要揭示环境污染对人群健康潜在的和远期的危害。

2．环境毒理学

环境毒理学是利用毒理学方法研究环境污染物对人体健康的影响及其机理的学科，是环境医学的一个组成部分，也是毒理学的一个分支。它主要通过动物实验来研究环境污染物的毒作用，其主要任务是研究环境污染物及其在环境中的降解和转化产物对机体造成的损害和作用机理；探索环境污染物对人体健康损害的早期观察指标，即用最灵敏的探测手段，找出环境污染物作用于机体后最初出现的生物学变化，以便及早发现并设法排除；定量评定有毒环境污染物对机体的影响，确定其剂量-效应或剂量-反应关系。主要研究的内容是：研究环境污染物及其在环境中的降解和转化产物在人体内的吸收、分布、排泄等生物转运过程和代谢转化等生物转化过程，阐明环境污染物对人体毒作用的发生、发展和消除的各种条件和机理。

3．建立环境污染与健康保障体系

环境污染危害了人类健康，建立与此相适应的健康保障体系，可以缓解社会矛盾，解决受害人群在日常生活与看病就医时的资金不足与短缺问题，有利于和谐社会的共建。

（1）环境污染健康保障体系框架

环境污染健康保障体系可作为基本健康保障体系的一个组成部分，也可以作为一个单独的体系。该体系的建立要与生产力水平相适应，要经过科学的论证，要经历一个相对较长的时间加以充实和完善。在建立初期，可以采取“低水平、低投入”的模式，边走边摸索，随着经济的发展逐步提高保障水平，由初级逐步向高级过渡。环境污染健康保障体系包括环境保护、健康保障基金和社会救助等方面，其中健康保障基金的建立是关键。该体系是一套完整、综合的健康保障体系，是多部门合作、协调、互动的机制。

（2）健康保障基金

① 健康保障基金的组成。健康保障基金主要由政府投资中用于环境污染防治的部分、社会保障税中健康保障部分、环境保护税、其他社会资金等部分组成。政府投资——在市场经济条件下，政府对卫生领域的投资项目应向公共卫生和环境保护、环境污染治理倾斜，以加强基础设施建设，完善公共卫生保健体系。社会保障税——在进行税费改革时，可以国税的形式征收“社会保障税”，列入中央收入支出专项基金，社会保障税作为一种特殊形式的所得税，其税收收入专门用于社会福利、保障等支出。环境保护税——在我国现行税收体制中并没有专门的环境税规定，更没有形成以环保为目标的环境税收法律制度。目前，中国主要实行的还是环境排放收费制度，监管体系和处罚力度都不够大，收费的使用方向也缺乏科学性和统一管理。因此，在进行费改税改时，可以开征环境污染税，参照国际通行的做法，对直接污染环境的行为和在消费过程中会造成环境污染的产品予以课税，而不仅仅是收费，比如开设水污染税、二氧化硫排放税、垃圾税等，以增强人们的环保意识，不仅可以转变目前的生产结构，税收的收入还可用来解决一些社会问题。污染税收是国库收入，可由政府有效地集中起来，从全社会整体利益和长远利益出发，用于环境综合整治项目、污染集中控制项目、大中型环境保护示范工程、建立环境污染健康保障基金等，从而促进环境基础设施的建设，提高综合防治污染的能力。可用复式预算、财政监督等措施使地方财政支出的安排兑现，以确保污染税开征目标得以实现。其他社会资金——中央政府应鼓励地方及民间力量融资，比如社会互助基金、捐赠、

福利彩票等多种形式筹资。

② 健康保障基金的设计原则。通过开征社会保障税、环境保护税及设立健康保障基金，可以迅速建立由国税部门和环保部门负责征收，社保机构负责保障政策、保障范围和程度的制定及费用支付，财政部门直接监管资金使用的新型健康保障运行机制。健康保障基金的设计应遵循以下原则：在精算的基础上，在社会保障税和环境保护税的实施范围、征收区域等方面通盘考虑，循序渐进、分步实施；低起点、低标准。开始时税率不宜过高，保障范围和水平应只限于提供基本需要；国家、企业和个人共同负担。个人和企业通过纳税，国家通过转移支付和其他形式分担部分费用；负担与受益相对应，权利与义务相统一。符合条件的个人和企业均有义务缴纳社会保障税和环境保护税；在实施范围以内，力求公平、合理；建立规范的征管制度。

（3）相关政策及措施

① 加快相关法律法规的制定。尽快制定和完善社会保障法和环境保护法，为开征社会保障税和环境保护税提供法律依据。由于没有相应的法律法规，通过开征社会保障税、环境保护税及设立健康保障基金将会出现政出多门、管理混乱、各地收费标准不一、统筹范围小等问题，难以建立统一的保障体系。我国目前最高级别的社会保障法规只有国务院条例，没有一部关于社会保障的基本法律，这与社会保障的强制性、统一性要求极不相称。为此，应尽快制定社会保障的基本法律，同时，对环境保护法也要有明确的法律规范，用以明确参与者的权利义务以及各管理部门的职责范围，不仅使我国社会保障事业健康发展，同时也使设立健康保障基金有法可依。

② 理顺各方权责范围。尽快理顺财政、税务、社保、审计等各部门之间的关系，使健康保障形成相互协调、相互配合、相互制约的新机制。社会保险经办机构与税务部门要密切配合，并逐步建立起资料信息共享制度。财政部在完善社会保障基金财政专户管理制度的同时，要着手研究建立预算和结余基金运营体制问题。通过对社会保障税和环境保护税进行深入细致的宣传，使全民都来关注这一税种的开征，进而支持健康保障的实施。

③ 加强监督机构的监管。加强健康保障基金的规范管理。加强行政监督和社会监督，明确相关机构的职能定位与合理分工，强化对政策执行情况和各级保障基金收、支、管、投的全过程监管，严格依法运作，向社会公布基金财务状况，确保公开、透明、安全和高效，使监督制约机制规范化和制度化。

第四节 环境保护的发展历程

一、环境保护的概念

环境保护的概念有一个形成过程。在 20 世纪 50 年代以前，人类虽然对环境污染也采取过治理措施，并以法律、行政等手段限制污染物的排放，但还未明确提出环境保护的概念。20 世纪 50 年代以后，由于污染日趋严重，在一些经济发达的国家中出现了反污染运动，人类初步建立起了环境保护的概念，并有了一些粗浅的理解。当时大多数人认为，环境保护只是对大气污染、水污染等进行治理，对固体废弃物进行处理和利用，即所谓“三废”治理，以及排除噪声干扰等技术措施和管理工作，目的是消除公害，使人体健康不受损害。

20 世纪 70 年代初，联合国根据 40 多个国家提供的资料，由经济学家巴巴拉·沃德和科学家雷内·杜博斯执笔，在为联合国 1972 年 6 月斯德哥尔摩人类环境会议提供的实际背景材料和概念性的基础意见《只有一个地球》一书中提出：环境问题不仅是工程技术问题，更主要的是社会经济问题；不是局部问题，而是全球性问题。于是，“环境保护”成为科学技术与社会经济相结合的问题，“环境保护”这一术语随之被广泛采用。

20 世纪 70 年代中期，人们逐渐从发展与环境的对立统一关系来认识环境保护的含义，认为环境保护不仅是控制污染，更重要的是合理开发利用资源，经济发展不能超出环境允许的极限。20 世纪 70 年代末，有的环境专家提出，环境保护从某种意义上来说，是对人类的总资源进行最佳利用的管理工作。所以，环境保护不仅是治理污染的技术问题及保护人群的福利问题，更是一个关系长期发展的经济问题以及人民安居、社会安定的政治问题。

20 世纪 80 年代中期以后，环境保护的广泛含义已为越来越多的人所接受。20 世纪 80 年代末，有些发达国家的政府首脑大声疾呼：保护环境是人类面临的重大挑战，是当务之急，健康的经济和健康的环境是完全相互依赖的。越来越多的发展中国家也认识到环境保护与经济相关的重要性。如拉美 7 个发展中国家在 20 世纪 80 年代末举行的首脑会议上发表的联合声明中说：“经济、科学和技术进步必须和环境保护、恢复生产相协调。”

1992 年联合国在巴西举行的环境与发展大会，是人类对环境保护认识发展的又一个重要里程碑，与 1972 年旨在唤醒人们环境意识的斯德哥尔摩人类环境会议相比，这次会议一方面提高了人们对环境问题认识的深度和广度，而且把环境问题与经济、社会发展结合起来，确立了环境与发展相互协调的观点，找到了在发展中解决环境问题的正确道路，即“可持续发展道路”。

概括地说，环境保护就是在合理开发利用自然资源的同时，深入认识并掌握污染和破坏环境的根源与危害，预防环境质量的恶化，控制环境污染和破坏，保护人体健康，促进经济与环境的协调发展，造福人民和子孙后代。

二、中国环境保护起步阶段（1973—1978 年）

1972 年，中国发生了几件较大的环境污染事件，引起了国家的重视。同年，中国派代表团参加了 1972 年 6 月 5 日在斯德哥尔摩召开的人类环境会议。通过这次会议，使中国代表团的成员比较深刻地了解到环境问题对经济社会发展的重大影响。高层次的决策者开始认识到中国也存在着严重的环境问题，需要认真对待。

1973 年 8 月 5—20 日，在北京召开了第一次全国环境保护会议。这次会议标志着中国环境保护事业的开端，为中国的环保事业作出了应有的历史贡献。它向全国人民，也向全世界表明了中国不仅认识到存在环境污染，且已到了比较严重的程度，并有决心去治理污染。会议做出了环境问题“现在就抓，为时不晚”的明确结论，通过了“全面规划、合理布局，综合利用、化害为利，依靠群众、大家动手，保护环境、造福人民”的 32 字环境保护方针，通过了中国第一个全国性环境保护文件《关于保护和改善环境的若干规定（试行）》。该文件明确规定：“一切新建、扩建和改建企业，防治污染项目，必须和主体工程同时设计，同时施工，同时投产”，即“三同时”。

根据该文件的规定，“各地区、各部门要设立精干的环境保护机构，给他们以监督、检查的职权”。1974 年 10 月，经国务院批准正式成立了国务院环境保护领导小组。随后，各省、自治区、直辖市和国务院有关部、委、局也相应设立了环境保护管理机构。

这一时期的环境保护工作主要有以下四个方面：

一是开展了全国重点区域的污染源调查、环境质量评价及污染防治途径的研究；

二是开展了以水、气污染治理和“三废”综合利用为重点的环保工作；

三是制订环境保护规划和计划；

四是逐步形成一些环境管理制度，制定了“三废”排放标准。1973 年 11 月 17 日，由国家计委、国家建委、卫生部联合颁布了中国第一个环境标准——《工业“三废”排放试行标准》（GBJ 4—73）。

三、中国环境保护发展阶段（1979—1992 年）

1978 年 12 月 31 日，中共中央批准了国务院环境保护领导小组的《环境保护工作汇报要点》，指出：“消除污染，保护环境，是进行社会主义建设，实现四个现代化的一个重要组成部分，……我们决不能走先建设、后治理的弯路。我们要在建设的同时就解决环境污染的问题。”这是我国第一次以党中央的名义对环境保护做出的指示，它引起了各级党组织的重视，推动了中国环保事业的发展。

1983年12月31日—1984年1月7日，在北京召开了第二次全国环境保护会议。这次会议是中国环境保护工作的一个转折点，为中国的环境保护事业作出了重要的历史贡献。主要有以下四方面：

一是会议宣布：环境保护是中国现代化建设中的一项战略任务，是一项基本国策，确定了环境保护在社会主义现代化建设中的重要地位；

二是制定了环境保护工作的重要战略方针，提出“经济建设、城乡建设和环境建设同步规划、同步实施、同步发展”，实现“经济效益、社会效益与环境效益的统一”；

三是确定了符合国情的三大环境政策，即“预防为主、防治结合、综合治理”“谁污染，谁治理”“强化环境管理”；

四是提出了到20世纪末的环保战略目标：到2000年，力争全国环境污染问题基本得到解决，自然生态基本达到良性循环，城乡生产生活环境优美、安静，全国环境状况基本上同国民经济和人民物质文化生活水平的提高相适应。

根据上述三大环保政策的基本精神，我国制定了许多相应的环保政策和法规，如1979年9月13日《中华人民共和国环境保护法（试行）》颁布实行，1989年12月26日公布实施的《中华人民共和国环境保护法》，1984年颁布的《中华人民共和国水污染防治法》等。该阶段我国环保政策、法规体系初步形成。

1989年4月底至5月初在北京召开了第三次全国环境保护会议。会议明确提出“努力开拓有中国特色的环境保护道路”，并且总结确定了八项有中国特色的环境管理制度，主要包括环境影响评价及“三同时”制度；排污收费、排污申报登记及排污许可证制度；污染集中控制以及限期治理制度；环境目标责任制、城市环境综合整治定量考核制度。

四、可持续发展时代的中国环境保护（1992年以后）

1992年在里约热内卢召开了联合国环境与发展大会，实施可持续发展战略已成为全世界各国的共识，世界已进入可持续发展时代，以下三项环境原则已成为经济活动中的重要原则。

（1）国际贸易中的环境原则

这项原则是指投放到市场的商品（各类产品），必须达到国际规定的环境指标。发达国家的政府实行环境标志制度（环发大会后我国也已开始实行），对达到环境指标要求的产品颁发环境标志。在国际贸易中将采取限制数量、压低价格甚至禁止进入市场等方法控制无环境标志的产品进口。

（2）工业生产发展的环境原则

1989 年联合国环境规划署决定在全世界范围内推广清洁生产。1991 年 10 月在丹麦举行了生态可承受的（生态可持续性）工业发展部长级会议。因而，推行清洁生产，实现生态可持续工业生产成为工业生产发展的环境原则。生态可持续性工业发展，要求经济增长方式进行根本转变，由粗放型向集约型转变，这是控制工业污染的最佳途径。

（3）经济决策中的环境原则

实行可持续发展战略，就必须推行环境与发展综合决策（环境经济综合决策）。在整个经济决策的过程中都要考虑生态要求，控制开发建设强度不超出资源环境的承载力，使经济与环境协调发展。

世界进入可持续发展时代，环境原则已不但成为经济活动的重要原则，也已成为人类社会行为的重要原则。

1996 年 7 月在北京召开了第四次全国环境保护会议。这次会议对于部署落实跨世纪的环境保护目标和任务，实施可持续发展战略，具有十分重要的意义。会议明确提出“保护环境的实质就是保护生产力”，把实施主要污染物排放总量控制作为确保环境安全的重要措施，开展重点流域、区域污染治理。这次会议提出了两项重大举措，对于实施可持续发展战略和实现跨世纪环境目标，具有十分重要的作用。

其一是提出了“九五”期间全国主要污染物排放总量控制计划。这项举措实质上是对 12 种主要污染物（烟尘、粉尘、SO_2、COD、石油类、汞、镉、六价铬、铅、砷、氰化物及工业固体废物）的排放量进行总量控制，要求到 2000 年其排放总量控制在国家批准的水平内。

其二是提出了中国跨世纪绿色工程规划。这项举措是《国家环境保护“九五”计划和 2010 年远景目标》的重要组成部分，也是《“九五”环保计划》的具体化。它有项目、有重点、有措施，在一定意义上可以说是对“六五”“七五”“八五”历次环保五年计划的创新和突破，也是同国际接轨的做法。

第四次全国环境保护会议后，国务院发布了《国务院关于环境保护若干问题的决定》，要求到 2000 年，全国所有工业污染源排放污染物要达到国家或地方规定的标准；各省、自治区、直辖市要使本辖区主要污染物排放总量控制在国家规定的排放总量指标内，环境污染和生态破坏的趋势得到基本控制；直辖市及省会城市、经济特区城市、沿海开放城市和重点旅游城市的环境空气、地面水环境质量，按功能区分分别达到国家规定的有关标准（概括为“一控双达标”）。

污染防治的重点是控制工业污染；要重点保护好饮用水源，水域污染防治的重点是三湖（太湖、巢湖、滇池）和三河（淮河、海河、辽河）；重点防治燃煤产生的大气污染，控制二氧化硫和酸雨加重的趋势（依法尽快划定酸雨控制区和二氧化硫污染控制区）。

2002 年 1 月 8 日，第五次全国环境保护会议在北京召开。会议要求把环境保护工作摆到同发展生产力同样重要的位置，按照经济规律发展环保事业，走市场化和产业化的路子。会议提出了三项环保目标：

一是减轻环境污染，到 2005 年全国主要污染物的排放总量比 2000 年减少 10%；二是“两控区”二氧化硫排放量减少 20%，环境污染有所减轻；三是加强生态保护，坚持“预防为主，保护优先”的方针，正确处理资源开发与生态环境保护的关系，加大资源开发和重大建设项目的生态环境保护力度，遏制生态环境恶化的趋势。

为了实现这些目标，国家采取了积极的措施，环境保护取得了积极进展，环境污染和生态破坏加剧的趋势减缓，部分流域区域污染治理取得初步成效，部分城市和地区环境质量有所改善，工业产品的污染排放强度有所下降。但是，全国的环境形势依然十分严峻。“十五”时期我国经济发展的各项指标大多超额完成（GDP 年平均增长速度 8.8%），但环境保护的主要指标没有完成。一些长期积累的环境问题尚未解决，新的环境问题又在不断产生，一些地区环境污染和生态恶化已经到了相当严重的程度。环境保护已成为经济社会发展中的一个薄弱环节。

2005 年 12 月，国务院发布了《关于落实科学发展观加强环境保护的决定》（以下简称《决定》），下决心切实解决突出的环境问题。《决定》确定了七项重点任务：以饮水安全和重点流域治理为重点，加强水污染防治；以强化污染防治为重点，加强城市环境保护；以降低二氧化硫排放总量为重点，推进大气污染防治；以防治土壤污染为重点，加强农村环境保护；以促进人与自然和谐为重点，强化生态保护；以核设施和放射源监管为重点，确保核与辐射环境安全；以实施国家环保工程为重点，推动解决当前突出的环境问题。

第六次全国环境保护会议于 2006 年 4 月 17—18 日在北京召开。大会总结了“十五”期间的环保工作，分析了“十五”期间环境保护的主要指标没有完成的原因：

一是对环境保护重视不够。主要是没有正确认识和处理好经济发展与环境保护的关系，当前与长远的关系，局部与全局的关系。二是产业结构不合理，经济增长方式粗放。新中国成立以来，特别是改革开放以来，我国经济建设取得了巨大成就，经济总量已经位居世界前列。但是，我国还是一个发展中国家，产业水平总体上比较低，能源资源消耗比较高，在加快发展的过程中付出了比较大的环境代价。三是环境保护执法不严，监管不力。近些年来，我们重视环境法制建设，加强了环境管理，但是，环境保护中有法不依、执法不严、违法不究的现象还比较普遍，对环境违法处罚力度不够，违法成本低、守法成本高。会议强调，要做好新形势下的环保工作，关键是要加快实现三个转变：

一是从重经济增长轻环境保护转变为保护环境与经济增长并重，把加强环境保护作为调整经济结构、转变经济增长方式的重要手段，在保护环境中求发展。

二是从环境保护滞后于经济发展转变为环境保护和经济发展同步，做到“不欠新账，多还旧账”，改变“先污染后治理、边治理边破坏”的状况。

三是从主要用行政办法保护环境转变为综合运用法律、经济、技术和必要的行政办法解决环境问题，自觉遵循经济规律和自然规律，提高环境保护工作水平。

2006 年 9 月 7 日，国家统计局和国家环保总局在京联合召开发布会，发布了我国第一份经环境污染和资源消耗调整的 GDP 核算研究报告——《中国绿色国民经济核算研究报告 2004》(以下简称《报告》)。《报告》公布了中国首创的两大绿色 GDP 指标——2004 年全国环境退化成本为 5 118 亿元，占当年 GDP 的 3.05%；虚拟治理成本为 2 874 亿元，占当年 GDP 的 1.80%。

2007 年 1 月 10 日，国家环保总局首次启动“区域限批”政策来遏制高污染、高耗能产业的迅速扩张趋势。被列入“区域限批”黑名单的有大唐国际、华能、华电、国电四大电力集团，以及河北省唐山市、山西省吕梁市、贵州省六盘水市、山东省莱芜市 4 个高耗能、高污染产业行政区域。根据《国务院关于落实科学发展观加强环境保护的决定》第 13 条和第 21 条，环保总局首次动用“区域限批”政策来惩罚严重违规的行政区域、行业和大型企业，即停止审批其境内或所属的除循环经济类项目外的所有项目，直到他们的违规项目彻底整改为止。

这是环保部门成立近 30 年来首次启用这一行政惩罚手段。这些地区大多本身已无环境容量却仍然盲目发展高耗能高污染产业，比如唐山市，在没有环境容量的情况下，全市依然建设了 70 家钢铁企业，且 80%没有经过环评，近几年钢产量已达到全国的 1/10，但钢铁企业的平均产量仅在 65 万 t 以下，规模小且布局分散，造成严重污染。

2007 年 6 月 3 日国务院下发了《关于印发〈节能减排综合性工作方案〉的通知》。“节能减排”就是节约能源、降低能源消耗、减少污染物排放，早期出自我国“十一五”规划纲要。我国“十一五”规划纲要提出，“十一五”期间单位国内生产总值能耗降低 20%左右，主要污染物排放总量减少 10%。我国“十二五”规划进一步强化了节能减排的目标，即到 2015 年，单位 GDP 二氧化碳排放降低 17%；单位 GDP 能耗下降 16%；主要污染物排放总量减少 8%～10%；“十二五”规划中明确了主要污染物控制总类，在“十一五”化学需氧量、二氧化碳这两个类别基础上，增加了氨氮和氮氧化物两个类别的污染物控制指标。

2011 年 12 月第七次全国环境保护会议在北京召开。此次会议充分肯定了“十一五”环保工作取得的显著成绩，系统分析了当前环境保护中存在的突出问题和深层次矛盾，明确提出要坚持在发展中保护、在保护中发展，积极探索代价小、效益好、排放低、可持续的环境保护新道路，切实解决影响科学发展和损害群众健康的突出环境问题，全面开创环境保护工作新局面。

可以看出，每一次会议都极大地推动了环保事业的发展。

思考与讨论

1. 如何理解人类环境概念？环境有哪些基本特征？
2. 环境问题的实质是什么？
3. 环境科学主要研究哪些内容？
4. 环境问题及其根源。
5. 人与环境的关系。

阅读与咨询

1. 蕾切尔·卡逊与《寂静的春天》

蕾切尔·卡逊（1907—1964）是美国海洋生物学家。1958 年，卡逊把全部注意力转到了危害日益增强的杀虫剂（农药）使用问题上。她花了 4 年时间阅读美国官方和民间关于杀虫剂使用和危害情况的报告，并于 1962 年推出《寂静的春天》。

这是一个震撼人心的科学寓言：一个美丽而充满生机的美国中部城镇，由于一批携带杀虫剂的居民的到来，开始了不祥的变化。

“神秘莫测的疾病袭击了成群的小鸡；牛羊病倒和死亡。到处是死神的幽灵。农夫们述说着他们家庭的多病。城里的医生也愈来愈为他们病人中出现的新病感到困惑莫解。不仅在成人中，而且在孩子中出现了一些突然的、不可解释的死亡现象，这些孩子在玩耍时突然倒下了，并在几小时内死去。”“一种奇怪的寂静笼罩了这个地方。”

卡逊的科学素养，使无数读者突然意识到：“这个想象中的悲剧可能会很容易地变成一个我们大家都将知道的活生生的现实。”

卡逊告诉人们，正是人类颇为得意的化学杀虫剂的滥用，使人类自己受害，他们不明白“地球上生命的历史一直是生物及其周围环境相互作用的历史，……只有在人类出现后，生命才具有了改造其周围的大自然的异常能力。在人对环境的所有袭击中，最令人震惊的是空气、土地、河流以及大海受到各种致命化学物质的污染。这种污染是难以恢复的，因为这种污染不仅进入了生命赖以生存的世界，而且进入了生物组织内。”她进而指出：“由于设计和使用化学控制时未曾考虑到复杂的生物系统，化学控制方法已被盲目地投入到了反对生物系统的战斗，人们可以预测化学物质对付少数个别昆虫的效果（其实昆虫也可以发生应变以抵抗化学药物），但无法预测化学物质袭击对整个生物群落的后果。”

在《寂静的春天》最后一章，卡逊提出了“另外的道路”。她认为我们现在正站在两条道路的交叉口上。我们长期以来一直行驶的这条道路使人容易错认为是一条舒适的、平坦的超级公路，我们能在上面高速前进。实际上，在这条路的终点却有灾难在等待着。这条路的另一个岔路——一条“很少有人走过的”岔路——为我们提供了最后唯一的机会让我们保住我们的地球。

《寂静的春天》的发表，立即在美国和国际社会中引起震动，争论激烈。一些人过于凭“常理”在判断新事物，未能意识到DDT这类农药是人类历史上第一次大规模使用的原本自然界不存在的合成化合物这一事实的含义，对这本划时代的著作错误地采取了反对的态度（包括诺曼·布劳格这样的诺贝尔奖获得者和著名的农业科学家）。更有一批人，例如美国一些农药垄断企业家，曾对卡逊进行疯狂的谩骂，甚至进行人身攻击。此后，有关常规现代化高投入农业造成问题的“坏消息”越来越多，由相关利益集团（化肥、抗生素）雇用专唱反调的“好新闻产业”也应运而生，声称“地球安然无恙，如果我们能够就此醒悟，并且不要让政府（通过环保局）去干预公司的话，情况将会变得更好”……

当然，我们知道，卡逊的思想赢得了胜利。卡逊，作为环境保护的先知先觉者，永远为世人怀念。

资料来源：《寂静的春天》，蕾切尔·卡逊著，吕端兰译，吉林人民出版社，1997。

2. 相关网站

中华人民共和国生态环境部 http://www.mee.gov.cn/

中国环境网 http://www.cenews.com.cn/

中国环境保护产业协会 http://www.caepi.org.cn/

3. 网上咨询

中国的环境保护之路

历年“六·五”世界环境日主题

第二章　生态系统与资源保护

环境科学是以“人类与环境”为特定的研究对象。人类环境系统即人类环境所构成的统一体，是一个以人类为中心的生态系统。因此，研究环境科学，全面开展环境保护工作，必须了解一些生态学知识，必须对生态系统及其规律、特征有一个比较全面的认识。

第一节　生态系统及其功能

一、生态系统的概念

1．物种

物种（Species）是指具有一定的形态特征和生理特性，完全相似的生物个体的总和。

地球是个生机勃勃的世界，到处都有生物存在。据统计，目前人们已知的现存生物有 200 万～300 万种，加上已灭绝和尚未定名的生物，总数大约有 1 400 万种。地球上的生物都是从简单到复杂、从低级到高级逐渐发展而来的，各种各样的生物种类都是地球历史发展的产物，且各种生物之间都有着或远或近的亲缘关系。

2．种群的概念

种群（Population）是指在一定时期内，占有一定的空间的同种生物个体所组成的群体。种群的基本构成成分是具有潜在互配能力的个体。种群是物种的具体存在单位、繁殖单位和进化单位。一个物种可以包括许多种群，不同种群之间存在明显的地理隔离。

种群是物种在自然界中存在的基本单位。因为组成种群的个体是会随时间推移而死亡和消失的，所以物种在自然界能否持续存在的关键问题，就在于种群能不能不断地产生新的个体以代替那些消失了的个体。种群不仅是物种存在的基本单位，也是构成群落的基本单位。任何一个种群在自然界都不能孤立存在，而是与其他物种的种群一起形成群落。

3．群落

群落（Community）是指在一定时间内，居住在一定区域或生境内的各种生物种群相互联系、相互影响的有规律的结构单元。简单地说，群落是占有一定空间的多种生物种群的有规律的集合体。这个集合体包括植物、动物和微生物等各个分类单元的种群，它们相互依赖，共同生活在一起。群落的概念有时也可狭隘地指某一分类单元物种的总和，如植物群落、动物群落、鸟类群落和昆虫群落等。

群落虽然是一个完整的生态功能单位，但它在自然界也不是独立存在的，群落之间或多或少都存在一定的联系。群落有大有小，大的如南美亚马孙河谷的热带雨林，小的如森林中的一根倒木、树洞中的一点积水。

4．生态系统

（1）生态系统的概念

生态系统（Ecosystem）是指在一定空间内生物与非生物成分通过物质循环和能量流动，互相作用、互相制约而构成的一个生态学功能单位，也可以简单概括为生物群落与其生存环境组成的综合体。生态系统是客观存在的实体，有时间、空间方面的特征，由生物成分和非生物成分组成，以生物为主体，系统各成员间有机地组织在一起，具有统一的整体功能。

生态系统的大小不等，一个复杂的大生态系统中又包含无数个小的生态系统，湖泊、河流、海洋、森林、高山、平原、城市、矿区等，都可以构成不同的生态系统。生态系统虽然有大和小、简单和复杂之分，但其结构和功能都相似，都是自然界的一个基本活动单元。如果我们把地球上所有生存的生物和周围环境条件看作一个整体，那么这个整体就称为生物圈。可以说，生物圈是地球上最大的生态系统，其余的生态系统都是构成生物圈的基本功能单元。

（2）生态系统的基本特征

① 具有能量流动、物质循环和信息传递三大功能。生态系统内能量的流动是单向的、不可逆的，但物质的流动是循环式的，系统内的信息传递有物理信息、化学信息、行为信息等多种形式。

② 具有自我调节能力。生态系统受到外力的胁迫或破坏，在一定限度内可以自行调节和恢复。系统内物种数目越多，结构越复杂，自我调节的能力越强。

③ 是一种动态系统。任何生态系统都有其发生和发展的过程，经历着由简单到复杂，从幼年到成熟的过程。

二、生态系统的组成和结构

1．生态系统的组成

生态系统的组成成分是指系统内部所含有的若干相互联系的各种要素。地球上虽然生态系统的类型很多，但不论是陆地还是水域，大还是小，生态系统都是由两大部分、四个基本成分组成。两大部分就是生物群体和非生物环境，或称为生命系统和环境系统。四个基本成分为非生物环境、生产者、消费者和分解者（图2-1）。

- 生态系统
  - I. 非生物部分（生命支持系统）
    - 1. 非生物环境
    - ①能源——太阳能、其他能源
    - ②气候——光照、温度、降水、风等
    - ③基质和介质——岩石、土壤、水、空气等
    - ④物质代谢原料
      - CO_2、H_2O、O_2、N_2
      - 无机盐（矿物质原料）
      - 腐殖质、脂肪、蛋白质、碳水化合物
  - II. 生物部分
    - 2. 生产者——绿色植物、光合细菌、化能细菌等
    - 3. 消费者（动物）
      - 环境物理学
      - 环境化学
      - 环境毒理学
      - 环境地理学
    - 4. 分解者（还原者）——微生物（细菌、真菌等）

图 2-1 生态系统的组成成分

（1）非生物环境

非生物环境（Abiotic Environment）部分是生态系统中生物赖以生存的物质、能量及其生活场所。包括驱动整个生态系统运转的太阳能、热量等能源，生物生命活动的基质和媒介及生物新陈代谢的材料三方面。

（2）生产者

生产者（Producer）主要是自养型的绿色植物和一些光合细菌。它们在生态系统中的作用是进行初级生产，即光合作用，利用太阳能把二氧化碳和水合成有机物，同时也把太阳能转化为化学能。生产者生产的有机物及储存的化学能，一方面，供给生产者自身生长发育的需要；另一方面，也用来维持其他生物全部生命活动的需要，是其他生物类群物质和能源的供应者。生产者决定着生态系统中生产力的高低，所以，生产者在生态系统中居于最重要的基础地位。

（3）消费者

消费者（Consumer）属异养生物，主要是指动物。以生产者生产的有机物为营养来维持自己的生命活动。消费者在生态系统中的作用之一，是实现物质与能量的传递，如草原生态系统中的草、野兔与狼；其中，野兔就起着把草生产的有机物和储存的能量传递给狼的作用。消费者的另一个作用就是进行再生产，或称次级生产。

如食草动物可以把草本植物的植物性蛋白再生产为动物性蛋白，所以，消费者又可称为次级生产者。

（4）分解者

分解者（Decomposer）又称为还原者，属异养生物，主要是指细菌和真菌等微生物。在土壤生态系统中，原生动物和一些小型无脊椎动物也对有机体的分解有着重要影响。分解者的作用，就在于把生产者和消费者的残体转化为简单的物质，再供给生产者。所以，分解者对生态系统中的物质循环和能量流动具有非常重要的作用。大约 90%的陆地初级生产者都需要经过分解者的分解归还土壤，再输送给绿色植物进行光合作用。

不同的生态系统，其具体的组成成分也会各不相同。如陆生生态系统的生产者是各种陆生植物，消费者是各种陆生动物，分解者主要是土壤微生物（图 2-2）；而水生生态系统，其生产者则是各种水生植物，消费者是各种水生动物，分解者是各种水生微生物（图 2-3）。不同生态系统的非生物成分，也存在着一定的差异。

2．生态系统的结构

生态系统的结构是指生态系统各组成成分相互联系的方式，包括物种的种类、数目、营养关系和空间关系等。生态系统中不论生物成分和非生物成分如何复杂，其所处的位置和作用如何不同，但它们却彼此紧密相连，构成一个统一的整体。生态系统的基本结构可分为物种结构、时空结构和营养结构。

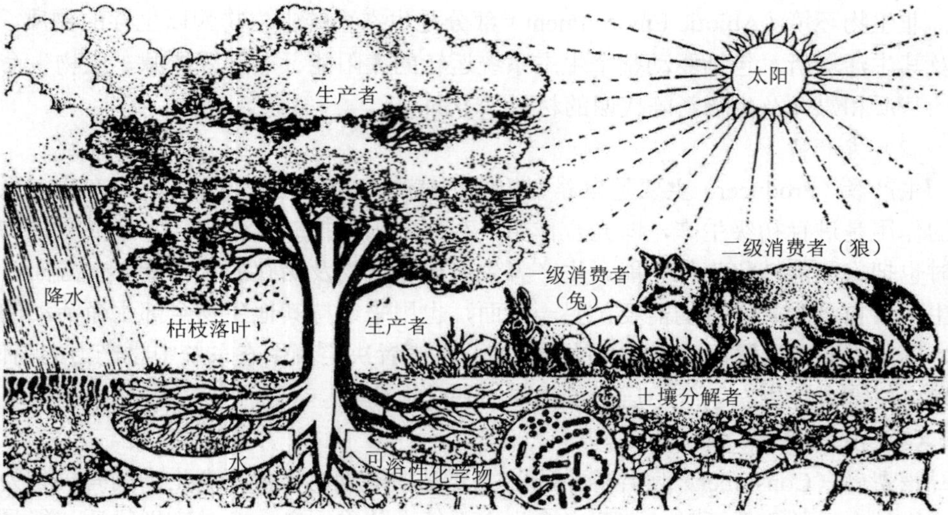

图 2-2　一个简化的陆地生态系统

（1）物种结构

物种结构指生态系统中物种的组成，是描述生态系统结构和群落结构的方法之一。物种多样性与生境的特点和生态系统的稳定性有关。生态系统组成成分之间存在一定的数量关系，这种关系是各成分之间相互作用的结果。例如，自然生态系统中乔木、灌木和草本植物都有不同的数量和比例关系。只由一个树种组成的森林是单纯林，若无乔木则成为灌木林，若草本植物占优势则成为草原。森林生态系统中，如果乔木数量多、森林中乔木树冠遮蔽地面的程度大，那么，灌木和草本植物种类数量所占比例就小。

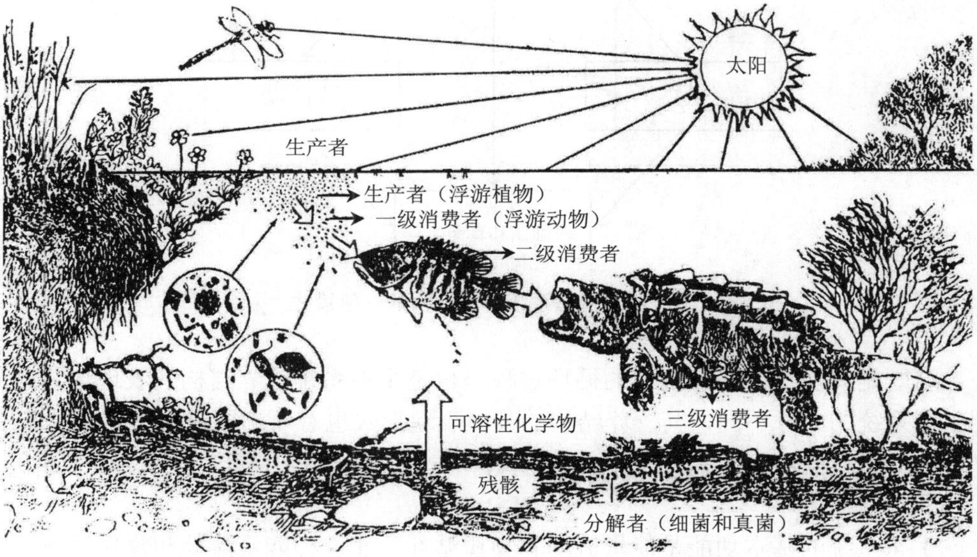

图 2-3　一个简化的池塘生态系统

（2）时空结构

空间结构是生态系统各组成成分的空间分布或配置。由于生态系统中的生物成分与其环境条件有密切的关系，且同类生物具有相同或相近的生态要求，从而形成生物群体在空间上有明显的垂直层次和水平分异现象。如森林中不同生物在空间分布上具有明显的成层现象，自上而下有乔木层、灌木层、草本植物层和苔藓地衣层；在地下部分，有浅根系、深根系及其根际微生物；多数鸟类在林冠上层，兽类在林地上；昆虫有的在林上，有的在林下，有的则在土壤中。生物在水平方向上的分布也有着一定规律，如森林中，林缘、林内植物和动物的分布也有明显不同。

生态系统的结构随时间变化而改变。同一个生态系统，在不同时期或不同季节，生物群落的形态和结构也不同。如长白山森林生态系统，冬季满山白雪覆盖，到处是一片林海雪原；春季冰雪融化，绿草如茵；夏季鲜花遍野，五彩缤纷；秋季又是果实累累，气象万千。生态系统不仅在不同季节有着不同的季相变化，就是昼夜之间，其形态也会表现出明显的差异。

（3）营养结构

生态系统各组成部分之间建立起来的营养关系就是生态系统的营养结构。生产者可向消费者和分解者分别提供营养，消费者也可向分解者提供营养，分解者又可把营养物质输送给环境，由环境再供给生产者（图 2-4）。

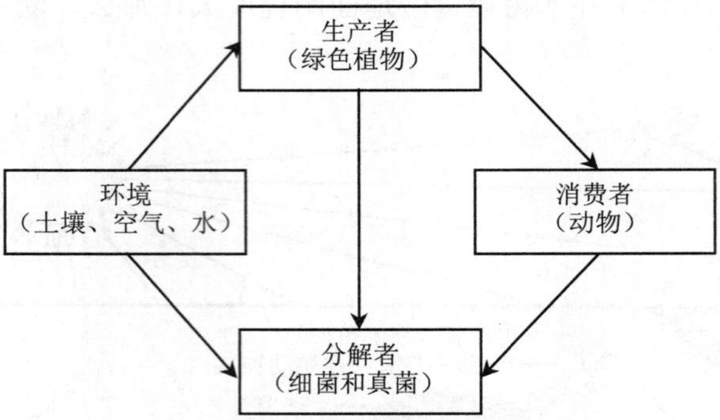

图 2-4 生态系统营养结构的一般模式

这既是物质在生态系统中的循环过程，也是生态系统营养结构的表现形式。不同生态系统的成分不同，其营养结构的具体表现形式也有所不同。

三、生态系统中的能量流动

生态系统的基本功能是能量流动和物质循环，而这种能量流动和物质循环，在很大程度上，受信息联系的调控。在各种信息的调控下，通过能量流动和物质循环，生态系统中的生物和非生物成分组成了复杂的统一整体。

生态系统中，环境与生物之间、生物与生物之间的能量传递和转化过程，称为生态系统的能量流动。生态系统中的绿色植物利用太阳辐射能进行光合作用，制造有机物质，积累生物能。这种能量通过食物链首先转移给草食动物，然后再转移给肉食动物。动植物死亡后其有机残体被分解者分解，将复杂的有机物转变为简单的无机物，同时又将有机物质储存的能量返回到环境中。生产者、消费者和分解者的呼吸作用，又消耗部分能量，并返回环境之中。通过这种能量的流动，维持整个生态系统的平衡与发展（图 2-5）。

1. 生态系统的能量来源

生态系统的能量来源包括地球组成物质中的放射性元素蜕变时所产生的能量，土壤中各种化学过程所释放的能量，银河系的宇宙能及太阳辐射能。但太阳能占绝对地位，其他所有能量与太阳能相比微不足道。实际上，太阳辐射能也是地球表面最主要的热量来源。

在地球大气层上界，垂直于太阳光的平面上所接受的太阳辐射强度为 8.12 J/($cm^2 \cdot min$)，通常称为太阳常数。地球上各类生态系统对光能的利用率都比较低，所谓光能利用率是指植物光合作用积累的有机物质所含的能量与照射到单位面积上的太阳能总量的比率。理论上绿色植物的光能利用率可达 5%，而实际上对全球生态系统而言，很多学者认为总利用率还不足 0.5%。即使是现代农田人工生态系统，其光能利用率也只有 1.3%。

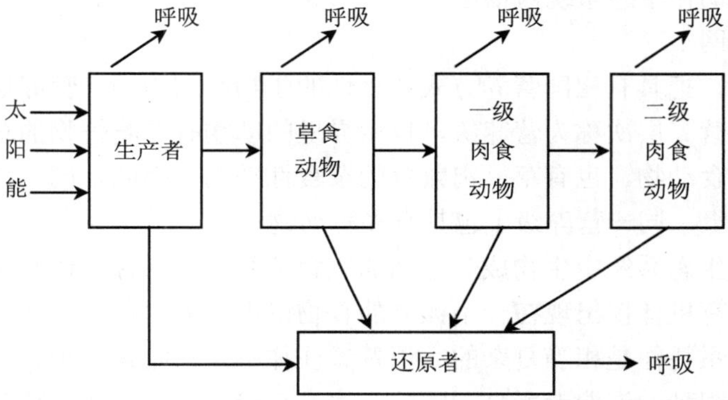

图 2-5　生态系统能量流动

2. 生态系统能量流动的渠道——食物链与食物网

能量流动是生态学上的术语，一个生态系统内的能量并不能流动，而是通过食物关系使能量在生物间发生转移。或者说，生态系统中的能量流动，是在“食物链”和“食物网”渠道中进行的。

（1）食物链

食物链和食物网这两个术语，最早是由美国林德曼（R. L. Lindeman）于 1942 年在研究凯多湖营养流动时提出来的，他在中国民间流传的谚语“大鱼吃小鱼，小鱼吃虾米，虾米吃泥巴”的思想启发下提出了食物链的概念，并以此概念来研究生物有机体之间食物能量的关系。在生态系统中，绿色植物吸收了太阳光制造了初级食物能源，并通过食物关系把多种有机体联系起来，一种有机体以另一种有机体为食，另一种有机体再以第三种有机体为食，依此类推，形成一个以食物联系起来的链锁关系。因此，可以说食物链（Food Chain）是指生态系统中不同生物之间通过取食关系而形成的一种链锁式联系。

按生物间的相互关系，一般食物链可分为下述三种类型。

① 牧食性食物链　以绿色植物为基础，然后是草食动物、一级肉食动物、二级肉食动物等，也称捕食链。如在草原上，青草—野兔—狐狸—狼；在湖泊中，

藻类—甲壳类—小鱼—大鱼。

② 腐食性食物链　以死的动植物残体为基础，从真菌、细菌和某些土壤动物开始的，也叫分解链。如植物残体—蚯蚓—线虫类—节肢动物。在这种食物链中，分解者起主要作用，故也称为分解链。如森林生态系统等以腐食链为主。

③ 寄生性食物链　以活的动植物有机体为基础，寄生以寄生生物，前者为后者的寄主。这是食物链中一种特殊的类型。如黄鼠—跳蚤—鼠疫病菌。

在各种类型的生态系统中，三种食物链几乎同时存在，各种食物链相互配合，保证了能量流动在生态系统内畅通。

（2）食物网

生态学上，把具有相同营养方式和食性的生物统归为同一营养层次，并把食物链中的每一个营养层次称为营养级。自然界里的动物有专吃植物的草食动物，有专门吃动物的肉食动物，也有草、肉兼食的杂食性动物。因此，同一种动物可能不位于一个营养级上，同一营养级上也具有多种动物。

事实上，生态系统中生物成分之间的取食关系，并不像上述几个链那么简单。不可能每一种有机体仅出现在一个孤立的食物链上，而也可能出现在其他的食物链上，食物的关系往往是相当复杂的，消费者往往不是只吃某一种食物，而同一种食物又可能被不同种的消费者所食。因此，生态系统中各种食物链彼此交错、相互联系，而形成复杂的网格状结构，称为“食物网”（Food Web）（图 2-6、图 2-7）。

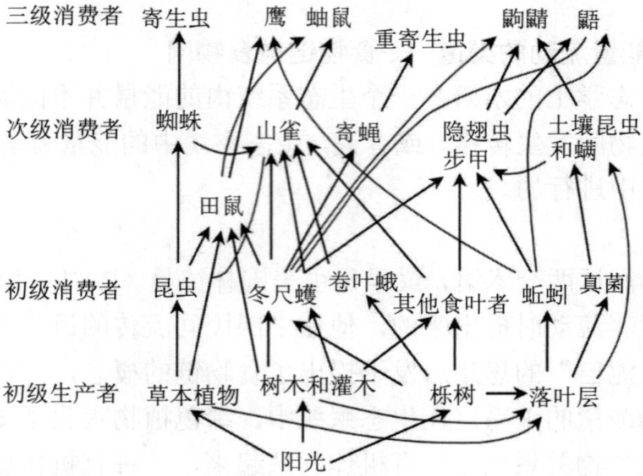

图 2-6　一个简化的森林生态系统食物网

食物网使生态系统中各种生物成分建立了直接的和间接的联系，因而增加了生态系统的稳定性。假如，由于流行鼠疫，草原上的野鼠大量死亡，但一般认为以鼠为食的猫头鹰，并未因鼠类减少而发生食物危机。研究发现，鼠类减少后，草类的繁殖条件改善了，繁茂的草类为野兔的生长和繁育打下了良好的基础，野兔的数量开始增多，猫头鹰通过捕食野兔而维持自身的规模。

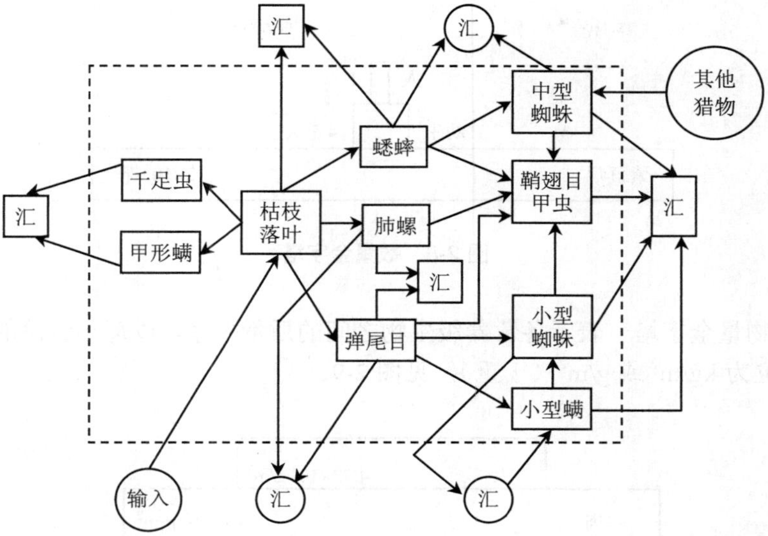

图 2-7 森林落叶层中的部分食物网

3. 生态系统能量传递的效率与生态金字塔

能量在生态系统的各营养级间传递过程中是逐级减少的。以牧食链为例，一方面，前一营养级的生物不可能被下一级生物全部吃掉，比如草原上的草只有很少一部分被食草动物所采食。另一方面，动物取食的部分也不能全部被同化吸收，还有一部分被排泄，此外吸收的能量中又有相当一部分用于自身的呼吸消耗。因而能量每传递一次，就要损失一大部分。1942 年，生态学家林德曼提出。各营养层次间能量转化效率平均为 10%，即所谓“十分之一定律”。实际上各生态系统的能量转化效率有很大差别，就消费者层次而言，变化范围在 4.5%～20%，一般为 10%～20%。

根据这一规律，可以推论，生态系统中的食物链营养级不能无限增加，实际情况下一般为四级（或称四个环节）；整个生态系统中能量的传递是不可逆的，如食草动物所获得的能量不能返回给初级生产者。初级生产者积累的太阳能在传递过程中，最终转化为热能散失于环境中。因此，如果切断了一个生态系统的能源，该系统就将崩溃。

生态系统中，沿着营养级逐级上升，能量越来越少，能流越流越细，即营养级越高，营养级内的能量越少，有机体的数目也越少。形成了底部宽而顶部尖的营养结构，形状如金字塔，被称为营养级金字塔，或“生态金字塔”。

营养级金字塔根据表示的形式有以下三种：

① 数量金字塔　表示各营养级生物之间的数量关系，用生物个体数目来表示，见图 2-8。

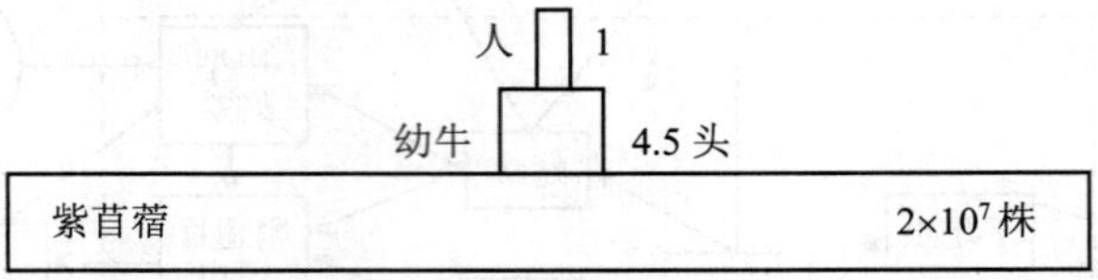

图 2-8　数量金字塔

② 生物量金字塔　表示各营养级生物之间的质量关系，以每一级总的生物量来表示，单位为 kg/m^2 或 g/m^2（干重），见图 2-9。

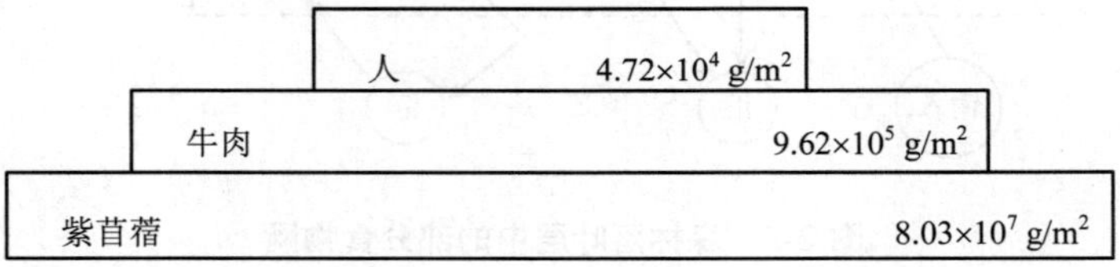

图 2-9　生物量金字塔

③ 能量金字塔　表示各营养级生物之间的能量关系，一般用 kJ/（m^2 • a）或 J/（m^2 • a）表示，见图 2-10。

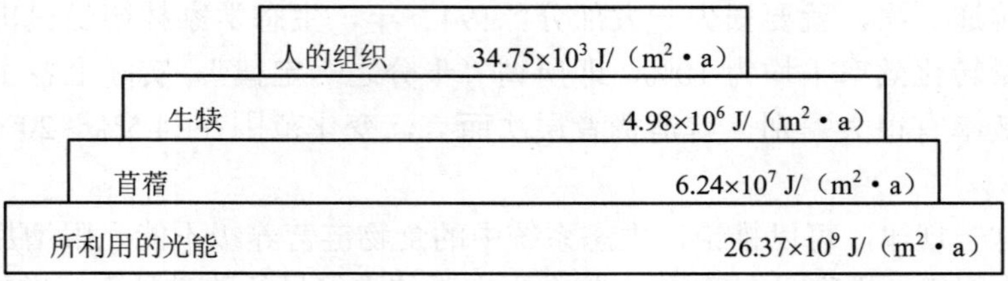

图 2-10　能量金字塔

由于生物有机体个体的大小因种类的不同，差别很大，所以第一种表示方法显然不太合理。通常采用第三种表示方法，因为能量金字塔可在不同的生态系统和不同的营养级之间用同一能量单位进行对比，因而它是表示生态系统营养结构和能量流传递效率较好的方法。

四、生态系统中的物质循环

生态系统中的生命活动，除需要能量外，还必须有营养物质，物质循环和能量流动二者密切相关不可分割。物质是能量的载体，没有物质在食物链中的传递运动，就没有能量的流动。但生态系统中物质的运动是一个循环过程，而能量流动则是单方向的，不能构成再循环。

生态系统中的物质，主要指生物体生命活动所需要的各种化学元素，一般认为有30～40种。基本元素有O、H、C、N，它们占生物体总量的99%以上；含量较多的元素有Ca、Mg、P、K、S、Na等；微量元素有Cu、Zn、B、Mn、Mo、Fe等。这些物质通过食物链各营养级传递和转化，从而构成了生态系统的物质流动。但物质流动不是单方向的，生态系统中各种有机物质经过分解者分解成可被生产者利用的形式归还环境中重复利用，周而复始地循环，这个过程称为物质循环。

参与生命活动的各种元素的循环，可在三个水平上进行：第一级水平是个体水平，即生物个体通过新陈代谢，与环境不断进行物质交换，如植物从土壤中吸收养分，死亡分解后重新返回土壤，这种循环又称为生物小循环；第二级水平是在生态系统中进行的，即在生产者、消费者、分解者及环境之间进行的物质循环，这种循环也称为营养循环或生物循环；第三级水平是在生物圈中进行的，即在生物圈范围内的各个层圈中进行的物质循环，这种循环又称为生物地球化学循环。几种循环过程相互联系，有着不可分割的密切关系。下面简要讨论对生态系统的生命活动过程影响较大的几种物质的循环。

1. 水循环

水是生物体中氢元素的重要来源，也是地球上一切生命有机体的最主要的组成成分，同时水还是生态系统中能量流动和物质循环的基础，所以任何一个生态系统都离不开水。此外水对调节气候、净化环境都起着非常重要的作用。

水分循环的推动力是太阳能。照射到地球表面的太阳能除了很少一部分供植物光合作用外，约有1/4用于蒸发水分。各种地表水分通过蒸发，进入大气；植物吸收到体内的大部分水分通过蒸发和蒸腾作用，也进入大气。大气中的水汽遇冷凝结成云，再以降水的形式重新返回地表，一部分直接落入海洋、河流和湖泊等水域中；一部分落到陆地表面，渗入地下，形成地下水，供植物根系吸收；另一部分在地表形成径流，再流入河流、湖泊和海洋，从而使生物圈中的水得到循环（图2-11）。海洋的蒸发量大于降水量，而陆地则相反，这也是形成地表径流的原因，但对全球而言，总降水量和总蒸发量是相等的，从而使水循环得以稳定地进行。人类活动可能改变局部地区水的循环过程，甚至引发灾害。

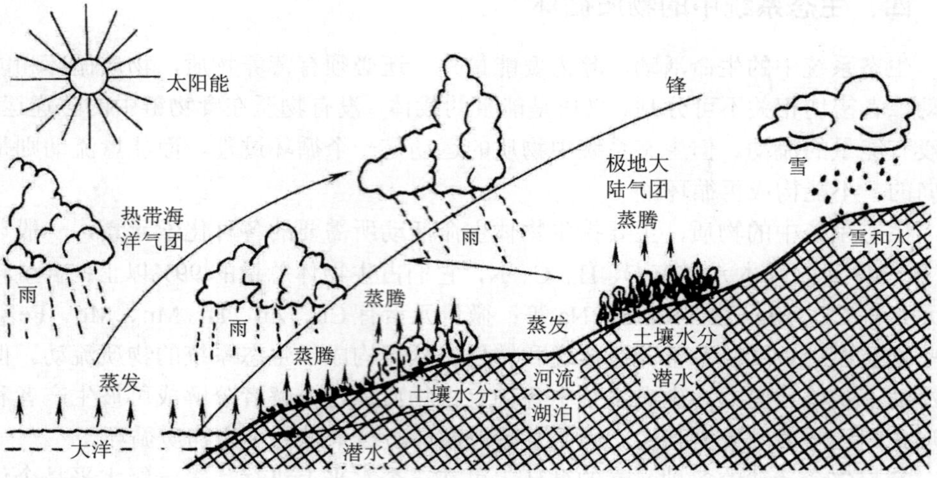

图 2-11 水循环

2. 碳循环

碳是构成生物有机体的主要元素之一，约占生物物质的 25%。地球上碳的总量约为 2.6×10^{16} t，绝大多数以无机物形式存在于岩石圈中，有机碳只占 0.05%，其中多以化石形态（煤、石油等）埋藏于地下，活的有机体中的碳只占有机形态碳的 4%。大气中的碳储量约为 7 000 亿 t，生物有机体中的碳主要来源于大气中的 CO_2。

绿色植物在碳循环中起着重要作用。大气中的 CO_2 被生物利用的唯一途径是绿色植物的光合作用，每年光合作用固定的 CO_2 有 200 亿～300 亿 t。绿色植物固定的碳以有机物的形式供消费者利用，这些有机碳最终通过生物呼吸和分解者的作用等又被释放回大气中，完成了大气碳与有机碳的交换循环。此外，岩石圈与大气圈、大气圈与水圈、水圈与岩石圈之间，也存在着碳的转换和平衡（图 2-12）。在自然条件下，各圈层中碳的储量是基本稳定的。但由于人们燃烧化石燃料，向大气中输入了过多的 CO_2，而森林面积又在缩小，也就是大气中被植物固定的 CO_2 量在减少，结果使大气中的 CO_2 的浓度有了显著增加，导致“温室效应”加剧，成为全球气候变暖的重要原因。

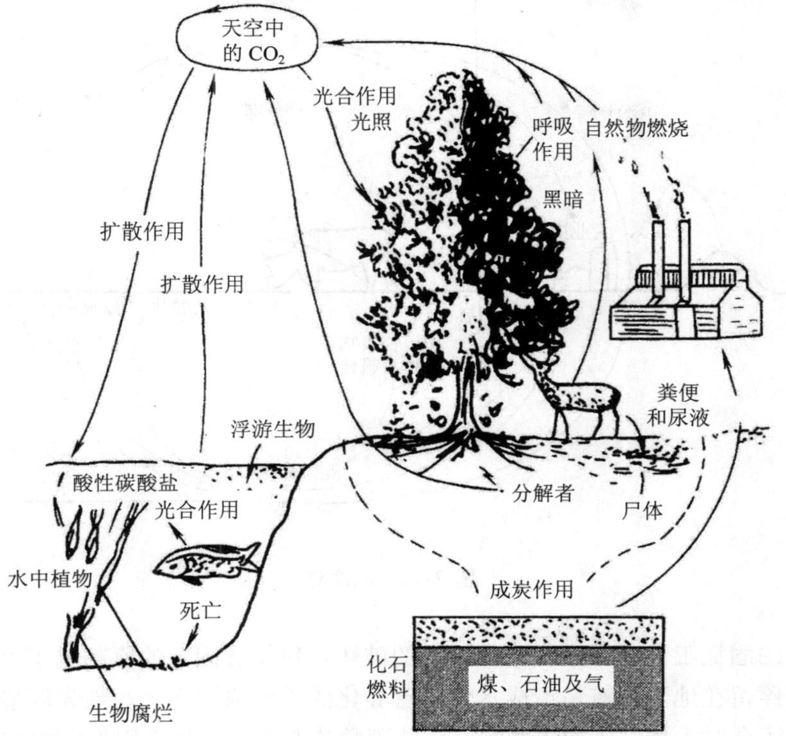

图 2-12　碳循环

3. 氮循环

氮存在于生物体、大气和矿物质中，它是生物的必需元素，参与蛋白质的组成。氮在大气中占有 79%的比例，但氮气是一种惰性气体，不能直接被大多数生物利用。大气中的氮进入生物有机体主要有四种途径：一是生物固氮，豆科植物和其他少数高等植物能通过根瘤的固氮菌固定大气中的氮，供植物利用，某些固氮蓝绿藻和固氮细菌也具有生物固氮能力；二是工业固氮，即人工合成氮肥；三是岩浆固氮，火山爆发时喷出的岩浆，可以固定一部分氮；四是大气固氮，雷雨天气发生的闪电现象而产生的电离作用，可以使大气中的氮氧化成硝酸盐，经雨水淋洗带入土壤。

植物可以从土壤中吸收硝酸盐和铵盐等形态的氮，并在体内制成氨基酸，由氨基酸再合成蛋白质。动物只能利用有机态氮，作为自己蛋白质组成的来源。动植物死后有机氮被微生物分解形成硝酸盐、铵盐而返回土壤中。土壤中的部分硝酸盐可通过反硝化作用转变成氮气而返回到大气中，完成了氮的循环（图 2-13）。

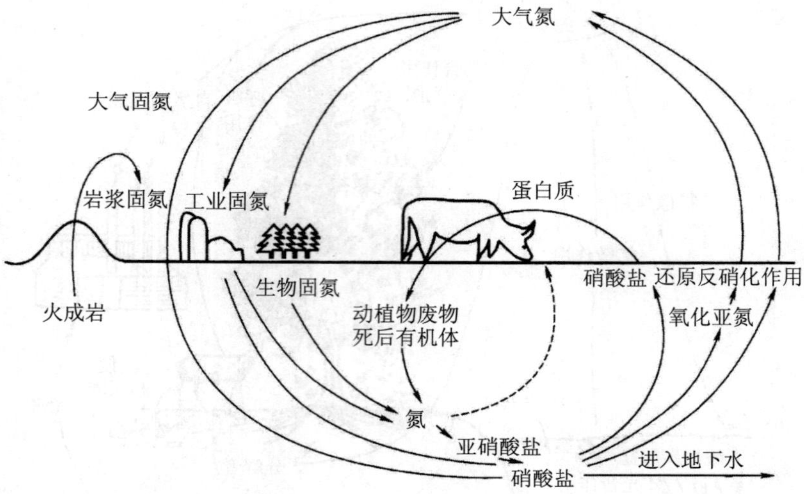

图 2-13　氮循环

人类的固氮工业会带来氮循环平衡的破坏，每年被固定的氮超过了返回大气的氮。这些停留在地表的氮是造成水体富营养化的重要原因之一，地表环境中的硝酸盐过多，还会对人体健康构成影响，这些硝酸盐发生反硝化作用形成的NO_2等，又会引起臭氧层破坏。

4．磷循环

磷是维持生命所必需的另一重要元素，生物在新陈代谢过程中都需要磷。生态系统中的磷不同于氢、氧、碳、氮等元素，它不进行大气迁移，全部来源于岩石矿物的风化，但由于地球上含磷矿物不多，且磷酸盐难溶于水，因而土壤和水体中常常缺乏磷元素，成为植物生长的限制因子。

土壤或水中的可溶性磷被植物吸收，进而进入食物链被一系列消费者利用，其排泄物和遗体腐解后，磷酸盐又回到土壤或水中，完成小循环。岩石风化产生的可溶性磷，会随水迁移，最终在海底成为含磷沉积岩，经过漫长的地质作用海底抬升为陆地，完成磷的大循环（图 2-14）。海鸟粪也是磷由海洋转移至陆地的一个途径，但其影响很小。

人类活动对磷的循环也有较大的影响。由于人们对磷矿石及海鸟粪的大规模开采，并作为肥料而利用，使得进入自然循环的可溶性磷的含量大大增加，引起了水体富营养化。水中磷原来作为生物生长限制因子的作用被削弱，乃至消失，造成水中藻类和水生生物暴发性生长。

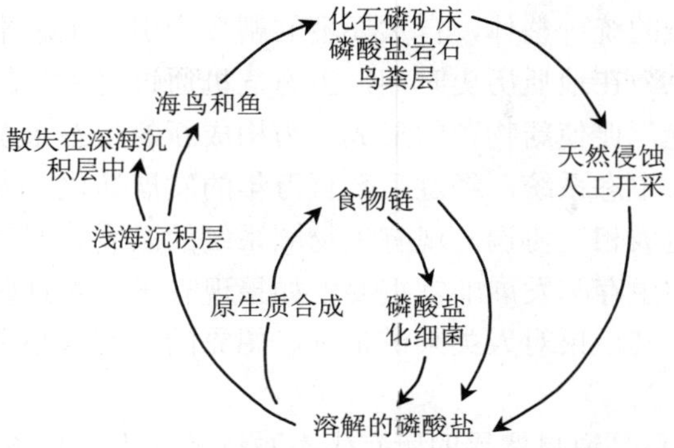

图 2-14　磷循环

第二节　生态平衡

一、生态平衡的概念

生态平衡是指在一定时间和相对稳定的条件下，生态系统内各部分的结构和功能均处于相互适应与协调的状态。

任何一个生态系统都和自然界中的一切生命现象一样，有其发生、发展和演化的过程。在其过程中，生物有机体与其所存在的环境之间，经过长期的相互作用，逐渐形成了一个复杂的统一整体。有机体与其作用的环境之间存在着互相依存、互相制约的关系，这种复杂的关系称为生态关系。生态关系维持生物有机体与环境之间，以及生物各种群之间的某种协调，并由生态系统内的调节机制，使能量流动、物质循环和信息传递达到并保持一种相对的稳定性，这种稳定性即表示系统达到了平衡状态。

生态平衡是动态的平衡，而非静止的平衡。生态系统处于平衡状态，并不意味着系统的各组成部分一成不变。运动变化是事物的根本属性，生态系统这个复杂的自然体，当然也处于不断的变化之中。生态系统中的生物与生物之间、生物与环境之间，以及各环境因子之间，不停地进行着物质的循环与能量的流动。生态系统的某一个部分或某一个环节，经常在允许限度内有所变化，只是由于生物对环境的适应性，以及整个系统的自我调节机制，才使系统保持相对稳定状态。当环境条件的变化超过了系统的调节能力，平衡就会被打破，生态系统的组成和结构就会发生改变。

任何生态系统中的生物有机体与环境条件之间经过互相渗透、互相影响、互相制约，形成一个复杂的统一整体，自然环境的剧变会引起生态平衡的破坏，这就是通常所说的生态危机。在地质历史时期，生态危机通过对生物的自然选择，导致某些物种的衰变或灭绝，促使新物种的形成，为构成新的生态系统创造条件。人类所处的生物圈是一个大生态系统，经过了数百万年的发展演化，人类已经与这一系统中的生物和非生物达成相互协调。现有生物圈系统的温度、湿度条件，以及生物种类和结构，对人类的生存和发展非常重要。如果现有平衡被打破，环境条件及生物群落结构发生变化，其后果对人类来讲是难以想象的。所以必须保持和维护生物圈系统的平衡。

应注意的是，并不是说自然界的所有生态系统及其平衡状态对人类总是有利的，如荒漠生态就是一种不利于人类生存的系统。这样的生态系统就应当加以改造，通过改善环境条件，改变生物种群的构成，逐步建立起草原生态或森林生态等新的平衡系统。实质上，人类的农业发展史，从狩猎到刀耕火种，从垦荒到现代化的农业，就是一部不断打破原有平衡、建立新平衡的历史。显然，在人类历史进程中，人类参与部分自然生态系统的改造与更新是必要的，但问题在于，这种参与必须保证对人类的持续发展有利。

二、生态平衡的基本特征

处于成熟、平衡状态的生态系统具有以下特征。

1. 生态系统的组成与结构稳定

生物群落在环境因素的长期作用和选择之下，使其形成一定规律的空间分布，生物的种类成分和数量保持相对协调，并被控制于环境条件所允许的范围内。生态系统中各种生物之间、各种群落之间保持相对稳定，食物链各营养级组成相对稳定，彼此协调，使得生态系统的结构处于稳定状态。生态系统的发展总是趋向于结构和组成更加复杂、多样和稳定，并成为系统中物质循环和能量流动所体现的整体功能的基础。

2. 物质和能量的输入与输出基本相等，流动与循环稳定

对于一个生态系统，如物质和能量的输入大于输出，则系统有能量的积累，生物量增加；反之，生物量减少。对于成熟的生态系统而言，总生产量和群落的呼吸量的比值接近于 1，或者说固定的能量与消耗的能量趋向平衡，且能量在系统各部分的分配与流动保持均衡。成熟的系统具有更大的网络和保持住营养物质的功能，营养物质丧失量少，输入量和输出量接近平衡，营养物质在生态系统各个环节的移动速度大致均衡，物质的储存相对恒定。

3. 信息传递畅通

生态系统的环境与生物之间、生物与生物之间，存在着丰富的信息联系。这些信息对调节生态系统各种生物组分的功能有重要作用。随着系统的发展与成熟，物理信息、化学信息、营养信息及行为信息等传递流畅，从而使有机体与环境处于相互适应与协调的动态平衡之中。

4. 具有良好的自调能力

一个成熟稳定的生态系统能够不断进行自我调控，当系统受外界因素影响而导致其结构与功能产生变化时，系统能及时对这种影响作出反应，对其内部进行调控，使其恢复到原有的平衡状态。生态系统的这种调节能力有赖于组成成分和结构的多样性、能量流动和物质循环的复杂性。生态系统的成分结构愈多，能量流动和物质循环的途径愈复杂，一般愈易保持其稳定；相反，成分愈单纯、结构愈简单的生态系统，其内部调节能力一般就愈小。一个不够成熟的系统对剧烈的生态变化的承受能力，通常是比较脆弱的。如干旱荒漠地区的土壤生态系统，结构很简单，如果荒漠植被一旦遭到破坏，土壤会发生沙漠化，整个生态系统就会崩溃。

三、生态平衡失调的标志

当外界施加的压力超过了生态系统自身的调节能力，将造成其结构破坏、功能受阻，生态系统趋向衰退甚至崩溃，这就是生态平衡的失调。生态平衡失调的主要标志有以下两方面。

1. 结构上的标志

生态平衡的失调首先表现在结构上，包括一级结构缺损和二级结构变化。生态系统的一级结构指由四个组成成分即生产者、消费者、分解者、非生物成分组成的结构；二级结构指上述各成分自身的组成情况。当外部压力持续作用于生态系统，首先造成二级结构的改变，如水体污染会导致水生生物种群发生改变，适宜在清水中生长的藻类会逐渐转变成耐污品种，也就是生产者成分发生了改变。再如一个草原生态系统经过长期超载放牧，会使优质草类大大减少，有毒的、带刺的劣质草类增加等。大规模的人类活动甚至会造成组成生态系统的生产者、消费者、分解者的缺损，如大面积毁林开荒，使原来的生产者从系统内消失，各级消费者因得不到食物而迁移或死亡，分解者随水土流失而被冲走，最后导致岩石或母质裸露或沙化，森林生态系统崩溃。

因此，生态系统中的生物种类和数量及食物链、食物网结构的明显变化往往是生态平衡失调的标志。

2. 功能上的标志

生态平衡失调表现在生态系统功能上，主要为能量流动受阻和物质循环中断。能量流动受阻是指能量流动在某一营养级上受到阻碍。如森林生态系统的森林遭到破坏后，生产者对太阳能的利用会大大减少，能量流动在第一营养级上受到阻碍，初级生产量减少，继而影响消费者的能量来源。物质循环中断是指由于环境因素的变化，导致生态系统物质的输入和输出失衡，物质循环不能正常进行。如由于人类对土地资源的不合理利用，引起植被破坏，造成水土流失，矿质养分不断减少，使自然条件下的养分循环不能正常进行，原有植被再也难以恢复。

生态系统物质循环、能量流动等功能的受损，最终也导致系统的组成成分和结构的变化。

四、引起生态平衡失调的因素

生态系统遭受破坏而使平衡失调的因素很多，但可归纳为自然因素和人为因素两大类。

1. 自然因素

生态系统遭受破坏的自然因素，主要包括地壳运动、海陆变迁、火山爆发、山崩、泥石流、冰川活动、水旱灾害、海啸、暴风侵袭和沙漠迁移等，都会使生态系统在短时间内遭到破坏甚至毁灭。

例如厄尔尼诺现象对生态的影响。在秘鲁海域，每隔 6～7 年就会发生异常的海洋现象，结果使来自寒流系的鲤鱼大量死亡，鱼类死亡又使以鱼为食的海鸟失去食物来源而无法生存，1965 年发生的死鱼事件，就使得 1 200 多万只海鸟饿死，由于海鸟死亡使鸟粪锐减，又引起以鸟粪为肥料的农田因缺肥而减产。近年来厄尔尼诺现象在世界各地引起的气候异常，使得干旱和洪灾不断发生。

这类由于自然界因素造成的生态系统平衡失调，往往是区域性的或局部性的。目前要进行预测、预报、控制和防止仍有相当大的困难，但随着科学技术的发展，可逐步做到这一点。在这些因素中有些与人类活动有一定的联系，如沙漠扩大、泥石流等。

2. 人为因素

人类是生态系统中最活跃、最积极的因素。随着人类社会科学技术的发展和生产力水平的提高，对自然生态系统的平衡产生愈来愈强烈的干扰和影响，甚至使某种生态系统或其局部地区遭受严重的破坏。人类的影响可分为以下两类。

（1）不合理地开发利用自然资源的影响

① 破坏植被引起生态平衡失调　大面积毁坏森林、草原和其他植被，会打乱生态平衡，引起连锁反应。破坏了生态系统的初级生产，不仅减少了固定太阳辐射能的总能量，而且系统中的次级生产必将随之受损，甚至灭绝。大规模严重地破坏生物群落，也会直接导致系统内部环境条件的改变，如森林植被的破坏，将导致系统内部光照、温度、湿度改变，并会造成水土流失、气候干旱等，从而使整个生态系统的生物及非生物成分均引起改变。我国因不合理开发利用自然资源带来的森林、

草原退化，土壤沙化等方面的例子不胜枚举。

② 改变环境条件引起生态破坏　生态系统中环境因子和生物成分之间相互联系、相互影响，如果人为改变环境条件，必然会对整个系统带来不利影响。如我国20世纪60年代和70年代围湖造田，大片湿地消失，不仅破坏了原有生物的生境，造成生物多样性减少，且由于减少了湖泊的库容量，导致水旱灾害加剧。目前由于人类活动使大气中温室气体含量增加，导致全球气候变化，将会给全球生态平衡带来严重的影响。

③ 物种改变引起生态平衡失调　引进或消灭某些生物种群会引起生态平衡的破坏。在一个生态系统中增加一个物种，有可能影响生态平衡。如美国在1929年开凿的韦兰运河，把内陆水系与海洋沟通，八目鳗进入内陆水系，使鳟鱼年产量大幅度下降，严重破坏了水产资源。又如，澳大利亚引进的兔子，由于没有天敌而快速增殖，导致植被严重破坏，造成畜牧业和农业生产的重大损失。人为减少食物链某一营养级上的生物数量，也会引起生态破坏。如我国曾一度大量捕杀麻雀，减少了害虫的天敌，结果农作物虫害严重发生，造成农业损失。此外，大量捕杀青蛙，破坏农田生态平衡，也会引起同样的后果。

（2）环境污染物对生态系统的影响

① 改变环境因子引起生态平衡失调　某些污染物会引起生态系统的环境因子的改变，从而对整个生态系统带来影响。如大气酸沉降引起土壤和水体酸化，带来土壤和水生生态平衡的失调。酸雨进入土壤，会引起钙、镁、钾等营养元素的淋失，干扰和影响固氮微生物的活动，改变了土壤生态系统中作为分解者的土壤微生物种类的组成。土壤中的氮、磷等元素进入水体后，又引起水生生物生长的营养条件的改变，导致水体富营养化，造成水生生态平衡的破坏。

② 污染物质的毒害引起的生态破坏　在人为排放进入环境的污染物质中，相当一部分是生物毒性物质，阻碍生物的生长发育，甚至造成死亡，从而对生态系统产生很大的破坏作用。如水体污染造成某些天然水域鱼虾绝迹就是典型的例子。农业生产中大量喷洒杀虫剂和除草剂，毒物沿着食物链转移并富集，给动植物生长和人类健康带来极大的威胁。很多污染物还会导致遗传变异，这会给生态系统带来难以预料的影响。

③ 信息系统的破坏影响生态平衡　生物种群依靠彼此之间的信息联系，才能保持集群性和正常的繁殖活动。人为排入环境的化学物质可能会造成信息系统的紊乱和破坏，就有可能使生态平衡遭受破坏。有些雌性昆虫在繁殖时将一种体外激素——性激素，排放于大气中，有引诱雄性昆虫的作用。如果人们向大气中排放的污染物与这种激素发生化学反应，性激素失去引诱雄性的作用，昆虫的繁殖就会受到影响，种群数量会下降，甚至消失。

五、维持生态平衡的途径

当代人们开发利用自然资源，总带有一定的经济目的，片面追求眼前经济利益是导致生态平衡失调的原因。因此这就要求人们在生产生活中，应遵循生态学原理，合理开发利用自然资源，重视研究资源开发的环境影响及其长远的经济效果，研究不同生态系统对于大区域或全球生物圈系统的贡献，主动调节生态系统的各种关系。同时也要敢于打破旧的平衡，并积极建立新的生态平衡，使新的平衡向有利于人类生存、有利于整个生物圈系统稳定的方向发展。从生态学角度，维护和保持生态系统的平衡应做到以下几点。

1. 保持生态系统能量和物质的收支平衡

生物资源作为可更新资源，是可以永续利用的，但只有生态系统的物质和能量达到供需平衡，才能保持一定的生产力水平，如果长期背离这个原则，将不可避免地出现质量退化和资源枯竭的现象。比如对林木的采伐，采伐量要小于净生产量，以保持生物的基本数量及适宜的群体结构，否则森林面积日益缩小，并逆向演替为灌丛和草地，会使气候、土壤也发生一定的变化。另外在农业生产中，通过施肥以补充土壤养分的消耗，也是维持土壤生态系统物质收支平衡的重要措施。

2. 重视生物与生物之间的食物链网关系

食物链是生态系统能量流动与物质循环的通道，通道是否畅通，对保持与协调生态系统的平衡具有重要的作用。例如，森林和草原土壤生态系统中害鼠的数量，在一般情况下，大致维持在相对较低的水平，捕食害鼠的鸟类和动物的存在，使害鼠的繁殖受到抑制，而不致数量过多造成灾害。如果人们大量施用农药杀虫和过度捕杀有益的鸟兽，使害虫、害鼠的天敌大量减少，它们会乘机大量繁殖，森林和草原生态系统将受到严重危害。

3. 根据不同生物的生态特征，合理调整和干预生态系统的种群结构

对生态系统的合理调控，应建立在对生态系统进行全面研究、充分掌握其规律的基础上，这样有利于系统的稳定。澳大利亚在其草原生态系统中引入能消化家畜粪便的蜣螂就是一个成功的例子。20 世纪以来澳大利亚畜牧业发展很快，随之在牛粪上产卵并繁殖后代的牛蝇也迅速滋生蔓延起来，到 20 世纪 60 年代已十分猖獗，大批牛蝇吸吮牛的血液，危害牛的健康，导致畜产品质量与数量的下降。与此同时，牛群每天排到草地上的大量牛粪难以分解，使遮压的牧草黄化枯死、草场退化，严重影响了畜牧业的发展。为解决这一问题，生态学家在对草原生态系统进行充分研究的基础上，从系统外引入一种大力气蜣螂，它能在短时间内将牛粪滚成粪球并埋入地下供其幼虫食用，这样使牛粪上的蝇卵不能孵化为幼虫，间接地消灭了牛蝇。与此同时，粪球埋入地下还改善了土壤结构，增加了土壤养分，对牧草生长十分有利，促进了畜牧业的发展。

4. 发挥大型工程在改造自然、维护生态平衡方面的作用

为了防止自然灾害对人类和生态系统的危害，人类需要有意识地改造自然界，控制自然灾害的发生。例如我国的长江三峡水库的建设、三北防护林体系的建设等。但在进行这些大型生态工程建设时，必须充分研究、论证，谨慎实施，以免对区域甚至全球生态环境产生不利影响。

5. 创造生产力更高的生态系统

生态系统是长期发展形成的，每个生态系统在其发展过程中通过内部的自我调节，不断适应外界环境。只要有足够的时间和稳定的环境，都可能发展成具有一定结构和功能，充分发挥出该环境生产潜力的生态系统。随着人类社会经济和科技的发展、在深入认识和掌握生态平衡规律的基础上，人类必将改变生态系统的面貌，创造出生物生产力高，又能持续发展的人工生态系统。

第三节 生态学一般规律及其应用

一、生态学一般规律

认识和掌握生态学规律，对于维持生态平衡，解决当前全球所面临的资源与环境问题具有重要意义。根据我国生态学家马世骏的总结，生态学的一般规律可归纳为以下几方面。

1. 相互依存与相互制约规律

生态系统中生物与生物、生物和环境间相互依存、相互制约，是构成生态系统或生物群落的基础。

相互依存与相互制约规律表现在两方面，一是普遍的依存与相互制约关系，亦称“物物相关”规律。二是通过食物链而相互依赖与制约的关系，亦称“相生相克”规律。生态系统中不仅同种生物，而且异种生物间也存在相互依存、相互制约的关系；不同群落或系统之间，也同样存在相互依存和制约的关系；物种间既有竞争关系，也有互利共生关系。每一种生物在食物链或食物网中，都占有一定的位置，并具有特定的作用。各生物之间相互依赖、彼此制约、协同进化。被食者为捕食者提供生存条件，为捕食者所控制；反过来，捕食者又受制于被食者，使整个生态系统成为协调的整体。食物链和食物网是生态系统中相互依存与相互制约规律最形象的表现形式。

这一规律说明，改变生态系统中的某一组分，必然会对其他组分产生影响，以致影响整个系统。比如当引入外来物种时，往往会由于该系统缺乏能控制它的物种，而造成其爆发性生长，并带来灾害。

2. 物质循环与再生规律

生态系统中植物、动物、微生物等生物组分，一方面借助能量流不断从自然界摄入物质并合成新物质，另一方面又随着死亡、腐烂分解成为原来的简单物质，重新被植物吸收，进行着不停的物质循环。

这一规律要求人们在改造自然的过程中必须注意物质循环的规律，要严格防止有害物质进入生态系统，以免在循环过程中形成富集，而对生物体或人类产生危害。另外，生态系统的物质可以循环，但能量不能循环利用，所以要充分利用能量，设计出能量利用率高的系统。因此合理的生态农业模式，必须能做到生物能的有效利用。

3. 物质输入与输出动态平衡规律

物质输入与输出平衡又称协调稳定规律。它涉及生物、环境和生态系统三个方面。生物体一方面从周围环境摄取物质，另一方面又向环境排放物质，以补偿环境损失。当自然生态系统未受到人类活动干扰时，其生物与环境间的物质输入/输出是相对平衡的。人类活动的干预往往会打破这种平衡，造成某些物质的贫乏或过量。例如，农业生产会使土壤中的养分不断减少，如不通过肥料给予补充，农作物产量就会下降。反之，对环境系统而言，如果营养物质输入过多，打破了原来的输入/输出平衡，也会破坏原来的生态系统。如我国普遍存在的水体富营养化现象。

4. 相互适应与补偿的协同进化规律

生物影响改造环境，反过来环境也会影响生物。生物进化就是生物与环境交互作用的产物。例如，最初生长在岩石表面的地衣，无法获得足够的水分及营养元素，但其生长过程中的分泌物和自身的分解，不但把水和营养元素归还给环境，而且促进了岩石风化并逐渐形成土壤。这样，环境保存水分的能力增强，可供的营养元素也逐渐增加，为较高级植物苔藓的生长创造了条件。如此周而复始，环境中便逐渐出现了草本植物、灌木和乔木。生物与环境之间如此相互适应和补偿，形成了协同进化。协同进化规律使生物从无到有，从低级到高级发展，而环境由岩石向土壤变化，并向适于高等植物和各种动物生存的环境演变。

协同进化规律告诉我们，生物与环境之间存在着密切的联系。任何生物都只能在一定的环境中生存，如果环境条件改变，就可能给其繁衍带来威胁。可见人类的活动应时刻注意其环境影响，如果大量的污染物进入环境势必会危害人类自身安全。

5. 环境资源的有效极限规律

任何生态系统中的各种环境资源，在质量、数量、空间和时间等方面，都有其一定的限度，不会无限制地供给，因而其生物生产力通常都有一个大致的上限。也正因为如此，每一个生态系统对外来干扰都有一定的忍耐极限，当外来干扰超过此极限时，生态系统就会被损伤、破坏以至瓦解。所以放牧强度不应超过草场的允许承载量；采伐森林、捕鱼、狩猎和采集药材的量都不应超过能使各种资源永续利用的产量；保护某一物种时，必须要留有足够它生存、繁殖的空间。

二、生态学在环境保护中的应用

当今，人类社会的生产力发展水平已经足以影响全球生态平衡，人类正通过自身的活动向所有生物的生活环境施加影响。生态学是环境科学的重要理论基础之一，要维护全球生态系统的平衡，必须自觉地遵循自然规律。现在生态学在环境保护中的运用主要有以下几方面。

1．全面评价人类活动对环境的影响

处于一定时空范围内的生态系统，都按照一定规律进行着能量流动和物质循环。只有顺从并利用这些自然规律来改造自然，人们才能持续地取得丰富的资源以发展生产，又能保持生态环境的最佳状态。因此，人类必须利用生态系统的规律，充分评价各项活动对环境可能产生的影响，并决定应采取的对策，以防患于未然。生态学的一个中心思想就是整体性和全局性观念，不仅考虑现在，还要考虑将来；不仅考虑本地区，还要考虑有关的其他地区。也就是说，要在时间和空间上全面考虑，统筹兼顾。按照生态学的原则，对自然生态系统采取一项措施时，该措施的性质和强度不应超过生态系统的忍耐限度，否则就会导致生态平衡的破坏，产生不利的影响。

如三峡工程建设，建成后能将长江荆江段的防洪标准由目前的约10年一遇提高到100年一遇，年利用清洁的水电资源7亿kW·h，此外还具有航运、养殖、旅游等方面的效益。但该项目也会对自然生态环境产生很多不利影响，包括水质、环境地质、陆生动植物、珍稀和特有物种、河口生态环境等方面。因而在工程建设的同时，应根据评价结果采取相应的对策，使其对生态环境的影响降到最低限度。

2．充分利用生态系统的自调能力

生态系统受到外界因素干扰时，系统具有保持其自身相对稳定的能力。在环境污染的防治中，生态系统的这种调节能力称为自净能力。合理应用生态系统的自净能力，一方面可以减轻环境污染，另一方面可节省人工治理的费用，因而有着重要的意义。

生态系统自净作用的最主要的一点是利用生物对环境污染物的吸收与分解。目前主要应用的有大气污染的生物防治、水体污染的生物自净及污水的土地处理等。大气污染的生物净化包括利用植物吸收大气中的污染物质、滞尘、削减噪声和杀菌等几个方面；水体污染的自净作用应用较为广泛，比较典型的是利用菌、藻类共生的氧化塘来净化有机污染物；土地处理系统则是利用土壤及其中微生物和植物根系对污染物的综合净化能力来处理污水，同时又利用其中的水分和养分来促进植物生长。

3. 制订城市或地区生态规划

目前城市的住房、交通、能源、污染等方面的问题突出，从本质上讲，都是人们违背了生态规律造成的，人们逐渐意识到用生态学原理规划自己行为的重要性。因而一些生态学家或环境学家提出了编制生态规划和进行城市生态系统研究的倡议。

生态规划是按生态学原理，对某一地区的社会、经济和环境制订的综合规划，目的在于科学地利用资源，促进生态系统的良性循环，使社会经济持续发展。虽然社会、经济和自然是三个不同性质的系统，都有各自的结构、功能及其发展规律，但它们各自的存在和发展又受其他系统结构和功能的制约。故三个系统实际是彼此交织在一起，相互依存、相互影响、相互制约，构成了一个社会-经济-自然的复合生态系统。一切环境问题的产生都是这一复合生态系统失调的表现，所以，环境问题的防治，也必须从合理规划这一复合生态系统着手。

4. 综合利用资源和能源

传统的工农业生产大多是单一的过程，很少考虑物质的循环利用，以及能源的最大限度的利用问题。这一方面造成资源的浪费，另一方面大量的废物又引起了环境污染。运用生态系统的物质循环原理，建立闭路循环工艺，实现资源和能源的综合利用，可以杜绝浪费与无谓的损耗。所谓闭路循环工艺，就是要求把两个以上的流程组合成一个闭路体系，使一个过程中产生的废料或副产品成为另一个加工过程的原料，从而使废弃物减少到生态系统的自净能力限度以内。这种闭路循环工艺在工业和农业中的具体应用，就是生态工业（清洁生产）和生态农业。

生态农业是根据生态学原理建立起来的新型农业生产模式，是一种多层次、多结构、多功能的集约经营管理的综合农业生产体系，它可以因地制宜地利用不同的技术来提高太阳能的转化率、生物能的利用率和废弃物的再循环率。生态农业强调施用有机肥和豆科作物轮作，化肥只作为辅助肥料；强调利用综合防治与生物防治技术来控制病虫害，尽量减少化学农药的使用。这些措施大大减少了化肥和农药污染，基本可以达到在最大限度地保护土地资源、水资源和能源的基础上，获取高产的目的。菲律宾的马雅农场被视为生态农业的一个典范，如图 2-15 所示。马雅农场把农田、林地、鱼塘、畜牧场、加工厂和沼气池巧妙地连接成一个有机整体，使能源和物质得到充分利用，把整个农场建成了一个高效、和谐的农业生态系统。

生态工业就是根据生态学原理，不仅要求在生产过程中输入的物质和能量获得最大限度的利用，使资源和能源的浪费最少，排出的废弃物最少，而且力争使废弃物完全能被自然界的动植物所分解、吸收或利用，求得整个系统的最优化，即清洁生产，这是社会经济效益最大的生产模式。

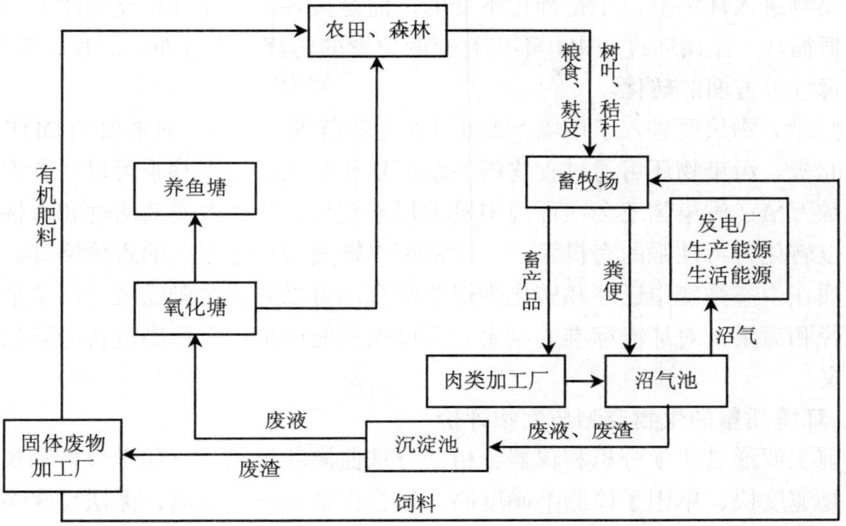

图 2-15 马雅农场生态农业模式

图 2-16 所示是造纸工业闭路循环工艺流程图，该工艺包括火力发电、造纸和废弃物的回收利用三大部分。各分系统中产生的余热和高低压蒸汽、排烟中的 SO_2 以及造纸废液中的无机盐类都能回收利用。这样既使资源和能源得到综合利用，又减少了污染，保护了环境。

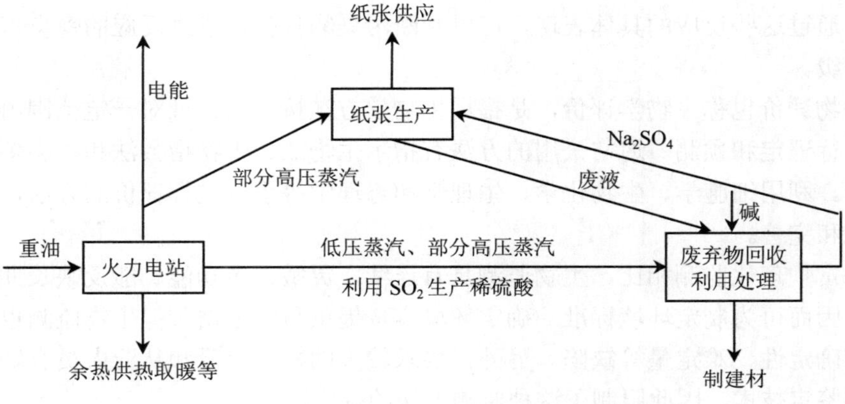

图 2-16 造纸工业闭路循环工艺流程

5．阐明污染物质在环境中的迁移转化规律

污染物进入环境后，不是静止不变的，而是按各自的迁移转化规律参与生态系统的物质循环。在循环过程中，不仅有空间位置的转移和再分布，而且会发生形态、活性、毒性等方面的转化。

一些污染物只要进入了环境，就可以在全球范围内传播。如杀虫剂DDT能够迁移到南北极。污染物还可通过食物链不断积累和富集，如甲基汞可以在食肉鱼体内富集到数万倍；污染物还会在环境中发生形态变化，从而改变其活性和毒性，如无机汞可以转化为毒性强的有机汞，三价铬可以转变为毒性更大的六价铬等。通过对污染物质在生态系统中迁移和转化规律的研究，可以弄清污染物质对环境危害的范围、途径和后果，对环境标准的制定、环境质量的评价以及污染危害的防治都具有重要意义。

6．环境质量的生物监测与生物评价

目前主要通过化学分析和仪器分析的方法监测环境质量。化学分析和仪器分析的优点是速度快、单因子检测准确度高。但存在很难连续监测、无法反映多因子综合污染危害等缺点。

生物监测也称生物学监测，指利用生物对环境中污染物质的反应，即利用生物在各种污染环境下所发出的各种信息，来判断环境污染状况的一种手段。凡对污染物敏感的生物种类，都可作为监测生物，如地衣、苔藓和一些敏感的种子植物可监测大气污染；一些藻类、浮游动物、大型底栖无脊椎动物和一些鱼类，可监测水体污染；土壤藻类和螨类可监测土壤污染。生物所发出的信息，即生物对各种污染物的反应，包括受害症状、生长发育受阻、生理机能改变、形态解剖学变化，以及种群结构和数量变化等。所以，生物对污染物的反应包括个体反应、种群反应和群落反应。通过这些反应的具体表现，可以判断污染物种类，通过反应的受害程度确定污染等级。

生物评价也称生物学评价，是指用生物学方法按一定标准对一定范围内的环境质量进行评定和预测。通常采用的方法有指示生物法、生物指数法和种类多样性指数法等。利用细胞学、生物化学、生理学和毒理学等手段进行评价的方法，也在逐渐推广和完善。

与常规理化监测相比，生物监测具有连续、灵敏、多功能、能反映长期影响等优点，因而可为制定环境标准、确定环境容量提供科学依据。但生物监测也有不稳定、不确定性、难定量等缺陷。另外，要求较大的样本容量和从业人员有娴熟的生物种类鉴定技术，因此限制了这种监测方法的推广。

第四节 自然资源保护

自然资源是指自然界中能被人类利用的物质和能量的总称。一般将其分为可再生资源、不可再生资源和恒定资源三类，自然资源是人类生存和发展的物质条件。中国虽然地大物博，但人口众多且不断增长，一些基本资源的人均占有量较少。随着经济的发展和人民生活水平的提高，需要消耗的自然资源也越来越多。但由于长期以来对自然保护工作重视不够，资源和环境受到了不同程度的破坏。因此，合理利用自然资源、保护自然环境，已成为我国经济和社会发展的一项紧迫的战略性任务。

一、自然保护区建设

世界各国划出一定的范围来保护珍贵的动植物及其栖息地已有很长的历史渊源，但国际上一般都把1872年经美国政府批准建立的第一个国家公园——黄石公园看作是世界上最早的自然保护区。20世纪以来自然保护区事业发展很快，特别是第二次世界大战后，在世界范围内成立了许多国际机构，从事自然保护区的宣传、协调和科研等工作，如“国际自然及自然资源保护联盟”、联合国教科文组织的“人与生物圈计划”等。目前全世界自然保护区的数量和面积不断增加，并成为一个国家文明与进步的象征之一。

1. 自然保护区的定义和意义

（1）自然保护区的定义

自然保护区是指为保护特定的自然环境和自然资源，把包含保护对象的一定面积的陆地或水体划分出来，进行特殊的保护和管理的区域。

我国的自然保护区一般划分为核心区、缓冲区和实验区三个功能区，不同区域具有不同的功能。根据保护对象的不同，又可分为以保护典型自然环境和生态系统为目的的自然保护区；以保护珍贵动植物为主的自然保护区；以保护自然历史遗迹为主的自然环境与文物古迹综合保护的自然保护区等。

（2）自然保护区的意义

① 保护自然本底　自然保护区保留了一定面积的各种类型的生态系统，可以为子孙后代留下天然的“本底”。这个天然的“本底”，为人们提供了评价环境质量状况的依据。

② 物种基因库　自然界的野生物种是宝贵的种质资源。人类在发展、改造和利用自然财富的实践中，要不断地提高生物品种的产量和质量，选育优良品种，就必须从自然界中找到它们野外的原生种或近亲种，而自然保护区能为保存野生物种和

它们的遗传基因提供有效的保证。

③ 开辟科研、教育基地　自然保护区是进行科学研究理想的天然实验室，是研究各类生态系统自然过程的基本规律和物种的生态特性的重要基地，也是环境保护工作中观察生态系统动态平衡、取得监测基准的地方。当然它也是为广大公众普及自然科学知识的重要场所。

④ 保留自然界的美学、艺术价值　自然保护区丰富的物种资源、优美的自然景观，还可满足人类精神文化生活的需求。有条件的自然保护区可划出特定旅游区域，供人们参观游览。同时对从事音乐、美术等艺术的工作者来说，自然保护区常常是进行艺术创作的重要场地和触发艺术灵感的源泉。

2．我国自然保护区存在的问题及相关对策

中国古代就有朴素的自然保护思想，例如，《逸周书·大聚篇》就有“春三月，山林不登斧，以成草木之长。夏三月，川泽不入网罟，以成鱼鳖之长”的记载。中华人民共和国成立后，在建立自然保护区方面得到了长足发展。截至 2011 年年底，我国已经建立 2 640 处自然保护区（不含港澳台地区），总面积为 149 万 km^2，陆地自然保护区面积约占国土面积的 14.93%，初步形成了类型比较齐全、布局比较合理的全国自然保护区网络。泰山、黄山、峨眉山—乐山、武夷山、庐山、武陵源、九寨沟、黄龙、青城山—都江堰、三江源等国家重点风景名胜区和一批自然保护区，分别被列入联合国教科文组织《世界遗产名录》或《国际人与生物圈保护区网络》《国际重要湿地名录》。

然而，我国的自然保护区也存在一些问题，如保护区类型单调、布局不尽合理、管理体制不够完善、应有的功能还未充分发挥、自然保护区的重要性宣传不够等。为此，应采取相应的对策和措施，包括做好全国自然保护区规划，加强自然保护区建设和管理，加强自然保护区的科学研究和科普教育，将自然保护区建设纳入国家和地方计划，加大对自然保护区建设的意义和作用进行宣传的力度等。

二、土地资源保护

土地是最基本的资源，是人类活动的主要场所。土地是矿物质的储存所，它能生长草木和粮食，也是野生动物和家畜等的栖息地。它是极其宝贵的自然资源，是人类赖以生存和发展的物质基础和环境条件，是重要的生命支持系统。因此，土地资源的合理利用与保护是各种资源保护的中心。

1．我国的土地资源

（1）我国土地资源概况及特点

我国地域辽阔，总面积达 960 万 km^2。我国以占全球 1/14 的土地养活着占全球 1/5 的人口，无疑人口与土地的矛盾较世界大多数国家更为尖锐。概括起来我国土地资源主要有如下特点：

① 土地类型多样　南北向，北起寒温带，南至热带，南北长达 5 500 km，跨越 49 个纬度。其中中温带至热带的面积约占总土地面积的 72%，热量条件良好。东西向，东起太平洋西岸，西达欧亚大陆中部，东西长达 5 200 km，跨越 62 个经度，其中湿润、半湿润区土地面积占 52.6%。从地形高度看，从平均海拔 50 m 以下的东部平原，逐级上升到西部海拔 4 000 m 以上的青藏高原。由于地域辽阔，水热条件的不同和复杂的地形、地质条件组合的差异，形成了多种多样的土地类型，这为农林牧副渔和其他各业利用土地提供了多样化的条件。

② 山地面积大　我国山地面积约 633.7 万 km^2，占土地总面积的 66%，其中西北、西南地区的山地还是主要的牧场。山地资源丰富，开发潜力大，但是山地土层薄，坡度大，如利用不当，生态环境易遭破坏。

③ 农用土地资源比重小　虽然我国土地总面积很大，居世界第三位。但按现有技术经济条件，可以被农林牧副渔各业和城乡建设利用的土地资源仅 627 万 km^2，占总面积的 2/3，其余 1/3 的土地是难以被农业利用的沙漠、戈壁、冰川、石山、高寒荒漠地带。

④ 后备耕地资源不足　据估计，我国在天然草地、灌木林地和滩涂中，尚有适宜于开垦种植农作物、发展人工牧草和经济林木的土地约 3 530 万 hm^2，其中 40% 开发后可主要用于种植粮食和经济作物，但是这些为数不多的后备土地大多在边远地区，开垦难度较大。

（2）我国耕地现状

我国耕地面积排世界第 4 位，仅次于美国、俄罗斯和印度。但由于我国人口众多，人均耕地面积排在 126 位以后，仅为 1.4 亩，还不到世界人均耕地面积的一半。

我国的耕地浪费和损失十分惊人。每年有 500 000 hm^2 的耕地被国家、乡镇和农村三项建设占用，特别是城市规模膨胀，以征用农村土地减少耕地为代价获得发展。

2. 土地资源的合理利用和保护

我国土地资源开发利用中存在的主要问题是土地利用不当，农林牧布局不合理，耕地不断减少，土壤肥力下降，水土流失严重；超载过牧，草地严重退化；土地沙漠化、盐渍化加剧；土壤污染严重等。

（1）我国土地资源的合理利用

针对我国特点，要实现土地资源的合理利用，主要可采取以下措施：控制人口增长，缓解人地矛盾；提高土地利用集约化水平，发展以节地为中心的土地利用模式；改造中低产田，努力提高单位面积产量；增加投入，改善土地生态系统；合理开发宜农荒地资源，提高土地利用率。

（2）我国耕地资源的保护

面对日趋减少的耕地，我们要做好以下几点工作：加强全民珍惜土地、保护耕地的意识；健全法制，强化土地管理，加强土地执法力度；严格保护基本农田；充分利用经济手段，制止耕地被侵占；用养结合、防治污染，保护和提高耕地质量。

（3）我国草地资源的保护

草地具有巨大的生产力、经济价值和重要的生态意义，而我国草地资源存在生产力水平低下、草原退化严重等突出问题。保护草地资源，必须加强草地资源的管理，科学确定草地载畜量，合理确定草地资源利用率，实行划区轮牧，大力发展季节畜牧业。同时要加快草地退化、沙化、盐碱化的治理，做好草原火灾预防、牧草病虫害及鼠害防治工作。

三、矿产资源保护

矿产资源主要指由地质作用所形成的，埋藏于地下或分布于地表的，在现在和将来的技术经济条件下能为人类所利用的自然资源。矿产资源也是人类赖以生存的重要资源，当今世界，95%左右的能源、80%以上的工业原料和 75%以上的农业生产资料都来自矿产资源。随着人类社会的不断发展，近 200 年来，特别是近几十年来，世界矿产资源消耗急剧增加，其中消耗最大的是能源矿物和金属矿物。矿产资源是不可再生的自然资源，其大量消耗就必然会使人类面临资源逐渐减少以致枯竭的威胁，同时也带来一系列的环境污染问题。

1. 我国矿产资源概况

矿产资源是在地壳形成后，经过几千万年、几亿年甚至几十亿年的地质作用而形成的。人类从石器时代就开始利用矿产，到目前为止被利用的矿产资源至少已超过 150 种。我国的矿产种类很多，是世界上矿产品种比较齐全的少数几个国家之一。我国在已探明储量的矿产中，钨、锑、稀土、锌、萤石、重晶石、锡、汞、钼、石棉、菱镁矿、石膏、石墨、滑石、铅等矿产的储量在世界上居于前列，占有重要地位。但有些矿的储量很少，如铂、铬、金刚石、钾盐等远不能满足国内的需要。

我国已发现 168 种矿产，探明储量的矿产有 157 种，其中能源矿产 9 种，金属矿产 54 种，非金属矿产 91 种，水气矿产 3 种。已发现矿床、矿点 20 多万处。我国是世界上矿产资源总量丰富、矿种比较齐全的少数几个资源大国之一。已探明的矿产资源总量约占世界总量的 12%，仅次于美国和俄罗斯，居世界第 3 位。但人均资源占有量仅为世界人均占有量的 58%，列世界第 53 位。

矿物资源的利用与生活水平有关，世界各国对矿产资源的消耗存在巨大的差别，美国主要矿物的消耗量是世界其他发达国家平均消耗量的两倍，是不发达国家的几十倍。占世界人口 30%的发达国家消耗掉的各种矿物约占世界总消耗量的 90%。随着经济的发展和人口增长，今后世界对矿产资源的需求仍将大大增加，因而人类将面临矿产资源枯竭的问题。

2．矿产资源开发对环境的影响

矿产资源的开采给人类创造了巨大的物质财富，人类开发矿产资源每年多达上百亿吨。然而不合理开采矿产资源不仅造成资源的损失和浪费，而且极易导致生态环境的破坏，威胁人们的健康。

（1）破坏土地资源

矿产的露天采掘和废石的大量堆放都要占用大量土地，会造成生态环境的严重破坏，特别是在采矿结束后，如不进行回填复垦及恢复植被工作，带来的危害更大。

（2）污染大气

露天采矿及地下开采工作面的穿孔、爆破以及矿石、废石的装载运输过程中产生的粉尘、废石场废石的氧化和自燃释放出的大量有害气体，废石风化形成的粉尘在干燥大风作用下会产生的尘暴，矿物冶炼排放的大量烟气、化石燃料的燃烧，特别是含硫多的燃料燃烧，均会造成严重的区域环境大气污染。

（3）污染地表水及地下水

由于采矿和选矿活动，固体废物的日晒雨淋及风化作用，地表水或地下水呈酸性、含重金属和有毒元素，这种被污染的矿山水通称为矿山污水，矿山污水危及矿山周围河道、土壤，甚至破坏整个水系，影响生活用水及工农业用水。由采矿造成的植被破坏可能加速侵蚀作用，使泥沙入河而淤塞河道。

（4）污染海洋

海上采油、运油、油井的漏油、喷油必然会造成海洋污染，目前海底油田的产量在世界石油总产量中的比重迅速增长。此外，从海底开采锰矿等其他矿物也会造成海洋污染。

3．我国矿产资源合理开发利用与保护的对策

我国在矿产资源的开发利用中，采矿、选矿、冶炼的回收率较低，不少矿山采出率只有 50%，有的甚至还不到 50%。许多未被利用的矿物被带到环境中，不但污染了环境而且威胁人们的健康。因此有效地抑制矿产资源的不合理开发，减少矿产资源开采中的环境代价，是我国矿产资源可持续利用中的紧迫任务。

实现矿产资源的合理利用与保护，需做到以下几点：① 加强矿产资源开发利用与保护的管理；② 认真做好矿产资源开发利用的规划；③ 加强矿山企业建设，提高采、选、冶水平；④ 努力提高矿产资源的综合利用水平；⑤ 大力开展矿产资源的再生和二次利用；⑥ 尽量减少资源消耗，适当进口部分短缺资源；⑦ 积极开发替代性资源，进行资源产品的优化处理；⑧ 切实防治矿产资源开发利用带来的环境灾害。

四、生物多样性减少与保护

生物多样性是地球上近 40 亿年来生物进化的结果。它既为人类提供了优美的生活环境，也为人类贡献了丰富的生活资料。多种多样的生物是人类食品、木材、药

物和各种工业原料的重要源泉。维持生物多样性是人类拯救自己、保护生态环境和合理开发利用生物资源的首要任务，也是工农业生产维持发展必不可少的重要环节。生物多样性保护和永续开发利用，已成当今国际社会普遍关注的问题。

1. 生物多样性的含义

生物多样性（Biological Diversity，或缩写为 Biodiversity）是指地球上所有生物（动物、植物、微生物），它们所包含的基因以及由这些生物与环境相互作用所构成的生态系统的多样化程度。也可简单定义为，生物的多样化和复杂性及其物种生境的生态复杂性。

生物多样性是一个概括性的术语，它可以分成许多层次，从完整的生态系统到组成遗传分子的化学结构，从生物的表现型到控制它的基因型。因此，生物多样性通常可分为遗传多样性、物种多样性和生态系统多样性三个水平。

2. 生物多样性的价值

生物多样性的价值由可利用价值和不可利用价值（潜在价值）两部分组成。目前讨论较多的是其可利用价值，包括以下四个方面。

（1）生物多样性的直接利用价值

直接利用价值主要是为人类提供食物、药材和多种多样的工业原料等。目前人们仅仅利用了生物界的一部分，以食品为例，据统计地球上有 7 万～8 万种植物可以食用，其中可供大规模栽培的有 150 多种，而迄今为止被人类广泛利用的只有 20 多种，却已占世界粮食总产量的 90%。

（2）生物多样性的生态价值

包括调节气候、减少水土流失、增加生态系统稳定性等作用。如森林林内的温度变化小于林外裸地，林内空气湿度明显高于林外，森林还能促进大气降水等。森林和草地具有截留降水、减少雨水冲刷、减缓地表径流等作用。根据生态学原理，生态系统中的生物种类越多、结构越复杂，越有利于系统的稳定，所以生物多样性直接影响到生态平衡。

（3）生物多样性的科研价值

现有的生物多样性包含着丰富的信息，具有科学研究的价值。许多发明创造来自生物的启示，如雷达、红外线追踪、声呐、振动陀螺仪等先进技术的发明，均得益于生物机制的启迪。此外，动物作为医药等科学研究的实验模型，也对科技的发展起着极为重要的作用。

（4）生物多样性的美学价值

许多生态系统都具有美学价值，森林、草原、湿地、高山、荒漠等生态系统各自形成了独特的自然景观。许多动植物具有令人陶醉的美学欣赏价值，大熊猫、金丝猴、丹顶鹤等鸟类，热带鱼、蝴蝶和观赏植物等都具有很高的美学价值。生物不但有华丽的外表，给人以美的享受，而且其精美的内部结构，也令人惊叹。自然界动植物复杂的生活方式以及与其他生物间错综复杂的关系，吸引了无数的人去研究和探索。

3．我国生物多样性受威胁的现状

（1）我国生物多样性概况

我国气候带的多样性、地域的广阔性和地质地貌的复杂性，为生物的生长繁殖创造了良好的自然条件。

① 我国生态系统的多样性　我国生态系统多样性极其丰富。据统计，热带雨林和季雨林生态系统为 19 类，亚热带常绿阔叶林约有 34 类，其他亚热带生态系统还有 51 类，这是我国生物多样性极其丰富的地区。温带森林生态系统 57 类，荒漠 79 类，草原 56 类。还有寒温带和其他特殊生态系统，全国共有生态系统 460 多类。各种各样的生态系统是物种多样性和遗传多样性存在的重要条件。

② 我国的物种多样性　我国植物多样性极其丰富，仅次于马来西亚和巴西，居世界第三位，名列北半球之首。全国共有高等植物 30 000 多种，占全世界高等植物种类的 10%以上。其中苔藓 2 200 多种，占世界总数的 13.3%；蕨类植物 2 600 多种，占世界总数的 26%；裸子植物 200 多种，占世界总数的 26.67%；被子植物 5 000 多种，占世界总数的 4.4%。其中有许多是在北半球其他地区早已灭绝的古老孑遗植物，单种（型）属和少种（型）属有 120 余属，尤其是特有属较多，共有 200 多个特有属，10 000 多个特有种，例如，大豆、水稻、大麦、茶叶等，具有非常丰富的种质资源，仅西双版纳就有 100 多种栽培植物的近缘野生种，这些都是我国的宝贵财富。我国还有 7 000 多种药用植物，是极为丰富的药物资源宝库。

我国动物多样性也十分丰富，特产种类多，是世界上拥有野生动物种类最多的国家之一。我国共有野生脊椎动物 5 144 种，占世界总数的 12.08%，其中兽类 499 种，鸟类 1 186 种，两栖类 279 种，爬行类 376 种，淡水鱼类近 800 种，海洋鱼类约 2 000 种，很多种类在世界上居重要地位。例如，我国有鹤 9 种，占世界（15 种）总数的 60%；雁类 56 种，占世界（148 种）总数的 31%；食肉类 54 种，占世界（257 种）总数的 21%。我国还有很多特有种或主要分布在我国的物种，如大熊猫、金丝猴、白唇鹿、鸳鸯、相思鸟、褐马鸡、锦鸡等为我国特有；丹顶鹤和黑鹤主要分布于我国。

（2）我国生物多样性受威胁的现状

无疑我国是世界上生物多样性最丰富的国家之一，但近几年来由于我国的自然环境总体上仍在恶化，生态破坏的范围仍在扩大，程度在加重。如我国的水土流失严重；沙漠面积不断扩大；草原生态呈衰退趋势，草地在不断地退化、沙化和盐碱化；天然林正在减少、衰败；内陆水域不断萎缩，淡水资源日渐匮乏；以城市为中心的环境污染仍在发展，并向农村蔓延；海洋污染日趋严重等。生态环境的严重失衡、恶化和自然资源过度开发甚至掠夺式利用已使众多生物的生存岌岌可危，并以前所未有的速度锐减，有些物种可能在人们还没有认识和发现其经济科学价值之前就已经绝迹了。据估计，我国近 3 万种高等植物中，至少有 4 600 多种处于受威胁或濒临绝灭的境地（多数属于单种属和少种属种类）；200 种高等植物已经灭绝；野生动物有 400 多种处于濒危状态。在《濒危野生动植物物种国际贸易公约》中列出的 640 个世界性的濒危物种中，我国有 156 种，约占其总数的 1/4。

4．保护生物多样性的途径

对生物多样性造成威胁的因素是多种多样、极其复杂的。因此，保护生物多样性的途径也不尽相同。根据世界自然保护联盟（IUCN）及其物种生存委员会（SSC）有关文件和一些国家保护生物多样性的经验，目前可采用以下措施或途径保护生物多样性。

（1）政策和法律途径

世界环境与发展委员会（WCED）1992 年在巴西会议上明确指出：如果想要永续利用生物资源，保护生物多样性，各国政府必须制定一套完整的保护生物多样性的政策和法律条文。国际社会有关组织（IUCN、SSC 等）也必须制定与“国际保护生物多样性公约”相应的国际法规，并由联合国负责监督执行。由此可见，这些政策和法规包括国际的、国家的和地方的。各国在制定有关政策法规之前，必须制定一部符合本国国情的“自然保护战略”（NCS），为保护生物多样性的工作长期稳定均衡发展，奠定一个良好的基础。国家自然保护战略的制定，通过对包括生物多样性在内的政策和行动措施的明确规定，帮助各行各业及全体人民充分认识建立永续开发利用生物多样性的潜在价值和保护生物多样性的战略目标。我国在生物多样性保护方面已做了大量工作，但仍需继续努力，也急需制订 NCS 计划，确保我国生物资源永续开发利用，缓解人口增长与资源枯竭的矛盾。

（2）宣传教育途径

生物多样性保护是全社会行动，只有全社会的广泛参与，才能取得良好的效果，要充分利用广播、电影、电视、报纸等宣传媒介，开展大量丰富多彩的有关生物多样性的宣传教育活动。要举办多种形式的展览和青少年夏令营，并利用“环境日”“爱鸟周”“植树节”等，进行宣传教育，普及生物多样性保护知识，提高公众的生物多样性保护意识。

（3）科学研究途径

在保护生物多样性的工作中，采用科学研究途径，探索现存野生生物的分布、栖息地、种群数量、繁殖状况、濒危原因、开发利用现状、已采取的保护措施和存在的问题等。在此基础上，根据 IUCN 濒危等级标准划定等级，制订相应的保护计划和措施等。目前，应开展以下工作：生物多样性现状分析、特殊生物资源的研究、生物多样性保护与开发利用关系研究、生物种质资源的就地保护、生物种质资源的迁地保护、建立种质资源基因库及环境污染对生物多样性影响的研究等。

（4）国际合作途径

生物多样性保护关系到实施可持续发展战略、协调人与自然的关系、维护生态平衡、造福子孙后代，需要世界各国协调一致，共同行动，加强合作。生物多样性保护的国际合作不仅包括科研、技术转让，还包括保护措施上的合作。如边境地区跨国自然保护区的建立、跨国迁徙动物的保护研究，以及野生动植物的贸易调查和有关的信息交流等。

五、生物入侵和生物安全

1．生物入侵

20 世纪 50 年代，人们意识到了化学污染对环境的巨大影响及其对人类健康的巨大威胁。时隔 40 年，人们又感受到自身所面对的另一潜在威胁——生物入侵。目前，生物入侵已遍及世界每一角落，即便是人类干扰较小的南极洲也未能幸免。生物入侵引起公众和媒体广泛关注的首要原因是它带来的巨额经济损失。美国康奈尔大学的 Pimentel 等研究人员从经济学的角度得出生物入侵给美国造成的经济损失是每年 1 366 亿美元。我国因外来物种入侵造成的损失同样惊人，据农业农村部的初步统计，目前我国每年因外来物种入侵造成的经济损失高达 1 200 亿元人民币。其次是生物入侵对生态和环境的破坏。生物入侵可在个体、遗传、种群、群落、生态系统等各方面产生影响，造成物种濒危、灭绝及生物多样性丧失，并严重影响原有生态系统的结构和功能。生物入侵造成了到目前为止最难以恢复的生态系统变异，这些改变是导致全球生物多样性丧失的主要原因，仅次于生境破坏，且极有可能会上升到第一位。

外来物种的引入也不是全部有害的，从另一意义上讲是增加了一个地区的生物多样性。历史上很多无害的生物通过人的努力而扩大了分布范围，一些驯化的作物或动物已经成了人类的朋友，如我们食物中的马铃薯、西红柿、芝麻、南瓜、白薯、芹菜等；树木中的洋槐、英国梧桐、火炬树；动物饲料中的苜蓿；动物中的虹鳟鱼、海湾扇贝等，这些物种进入到异国他乡带来的利益是大于危害的。

然而，对于生态平衡和生物多样性来讲，生物的入侵毕竟是个扰乱生态平衡的过程。因为，任何地区的生态平衡和生物多样性是经过了几十亿年演化的结果，这种平衡一旦被打乱，就会失去控制而造成危害。

人们最初引进物种时，仅是引进了原产地生态系统的一个组分，食物网中的一些天敌或者它所控制的物种是没有办法引进的。这样，控制不好成灾难就不可避免，而成灾的一个直接后果是对于当地的生态多样性造成危害，甚至是灭顶之灾。

目前，我国已查明的外来入侵物种有 300 余种，包括哺乳类、鸟类、两栖爬行类、鱼类、昆虫、甲壳类、植物、微生物。其中以外来杂草种类最多，其次是陆生和水生无脊椎动物。发生面积广、危害严重的外来入侵物种有紫茎泽兰、飞机草、豚草、水葫芦、水花生、美洲斑潜蝇、松材线虫、美国白蛾等。

例 1：水葫芦（凤眼莲），20 世纪 70 年代作为猪饲料引进我国，后又被证明该物种具有明显的吸收污染物的功能，是水污染净化的优良种类。因此，国内大部分水域开始引种，没有想到，它的侵占能力是如此巨大，引进数株水葫芦，几个月后就会密布水面，且分布的区域从我国南方的热带亚热带地区，直到北方的温带寒温带地区，许多湖泊如滇池、洞庭湖、微山湖深受其害。国家曾投资 40 亿元人民币处理滇池的水葫芦污染，收效却不大，可见生物入侵的危害有多大。

例 2：为了保护海岸带免受海水的侵蚀，1963 年南京大学钟崇信教授从英国和丹麦引进大米草，经过几十年的努力，引种成功了 50 多万亩，而且使大米草的分布范围从温带向南扩大到了北纬 21° 27′，并证明大米草具有明显的生态效应与经济效应。然而，不幸的事还是发生了，由于大米草的强烈扩张性，很快影响了贝类等的养殖，使贝类产量急剧下降。而再除去大米草，则是十分困难的事情。目前，人们逐步认识到了引种大米草对中国自然海滩生态系统的负面影响，连引种大米草的钟教授本人也认为需要开展进一步的研究。

例 3：美国白蛾又称秋幕毛虫、秋幕蛾，原产北美洲，1940 年传入欧洲，1945 年传入日本，1958 年传入朝鲜，1979 年传入我国辽宁丹东一带，1984 年在陕西发现，现分布于辽宁、河北、山东、陕西、天津等省市。它是目前对我国农林业造成毁灭性灾害的最为严重的入侵性害虫。它以蛹在树皮下或地面枯枝落叶处越冬，幼虫孵化后吐丝结网，群集网中取食叶片，叶片被食尽后，幼虫移至枝杈和嫩枝的另一部分织一新网。1～4 龄幼虫多结网危害，网幕为乳黄色，可达 50 cm。5 龄后的幼虫开始脱离网幕，分散危害，达到暴食阶段。美国白蛾在辽宁等地，每年发生 2 代。

例 4：食人鲳的故乡在南美洲的亚马孙，它有着美丽的外衣，其实是一种很有威胁的物种，一旦进入到自然环境，由于缺乏天敌的控制，会无限泛滥，对其他物种造成致命的危害，已经影响到城市水域、鱼塘、河流等。鉴于这种严重问题，中国有关部门于 2002 年 12 月 18 日下达了紧急通知，对食人鲳实行“捕杀令”，虽对大部分公众场所内的食人鲳实行了消灭，但分散在中国个人家庭的该物种仍然得不到控制。

2．生物安全

生物安全相对于生物入侵是一个更广泛的概念。它是指对由现代生物技术的开发和应用可能产生的负面影响，所采取的有效预防和控制措施，目的是保护生物多样性、生态环境和人体健康。

近年来，特别是美国“炭疽感染事件”后，生物安全问题备受国内外关注。生物安全术语也经常见诸政府或非政府组织文件，见诸各类媒体，但对生物安全有不同的理解，大多从某个专业或某个侧面定义生物安全概念，阐述生物安全问题。事实上，生物安全是一个综合性的问题，它对于人类社会的深远影响已经超过人们的预期，原来那种希望仅仅依靠科学技术的完善来解决人们对生物安全的疑虑和不安的想法已经显得过于简单。生物安全是国家安全的组成部分，它是指与生物有关的各种因素对国家社会、经济、人民健康及生态环境所产生的危害或潜在风险。

在生物安全概念中，与生物有关的因素是生物安全问题的主体，主要指自然界天然的生物因子、转基因生物和生物技术。

自然界天然的生物因子主要包括动物、植物、微生物。由微生物特别是致病性微生物所导致的安全问题，如生物武器、生物恐怖、重大传染病的暴发流行等，是人类社会所面临的最重要和最现实的生物安全问题。

转基因生物主要包括转基因动物、转基因植物和转基因微生物。随着生物技术的广泛应用，转基因生物安全问题正日益受到国际社会的广泛关注。

生物技术在被人类所利用的同时，也可能带来意想不到的安全问题（如转基因食品、基因治疗技术等），特别是生物技术的滥用对人类健康、生态环境以及社会、经济有可能造成严重危害，已经成为国际社会一个重大的安全问题。生物安全问题已备受国内外关注，图 2-17 为中国标志网上公布的生物危险标志。

图 2-17　生物危险标志

目前，生物安全问题已表现在以下几个方面：

① 传染病的巨大危害。传染病包括人、动物、植物传染病，尤其是人类传染病是最重要的生物安全问题。目前，传染病仍是全球死亡病因的首位。一方面，原有病原体不断变异，或产生抗药性，或增加毒性，或重新流行。另一方面，新传染病不断发现。据统计，近 20 年来全世界新发现了 39 种传染病，其中半数为病毒病。

② 生物技术的非和平应用。近年来，国际社会普遍认为生物武器的潜在威胁已大大增加，其主要原因：一是一些国家和地区可能仍在继续研究发展生物武器；二是生物技术的迅速发展大大增强了生物武器的潜在威胁；三是生物恐怖对国际安全已经构成了现实威胁。生物武器相对于核、化武器而言，它技术要求低，投入少，

杀伤力大，施放简便，难以侦检，更易于被恐怖主义者利用。另外，生物技术的非和平应用，将可能使基因武器成为现实。

③ 生物资源及生物多样性面临的威胁。从生物安全的角度看，这种威胁主要来自三个方面：一是外来物种的入侵。据报道，外来物种入侵使我国许多地方生物多样性遭到严重破坏，每年造成的经济损失高达 574 亿元。二是生物资源的流失有可能给国家利益造成巨大损害。我国野生大豆资源的流失就是突出例证。三是转基因活生物体环境释放所致的安全问题。

④ 微生物学实验室的安全隐患。微生物实验室管理上的疏漏和意外事故不仅可以导致实验室工作人员的感染，也可造成环境污染和大面积人群感染。国内外实验室意外感染的事故并不少见，严重者不得不宰杀成千上万只实验动物，甚至导致实验室工作人员死亡。管理愈不规范，防护条件愈差，发生意外事故的可能性就愈大。

⑤ 生物技术的负面作用。生物技术的负面作用主要表现为：一是人们在开发利用生物技术时，有可能出现意想不到的安全问题。正如目前广受关注的各类转基因活生物体环境释放后对生物多样性所构成的危害。此外，基因工程药物、疫苗、转基因食品和基因治疗等都可能存在类似问题。二是生物技术的误用也可能带来很大的安全隐患。三是生物技术的非道德应用，如体细胞克隆人的研究。

如何应对生物安全问题？为预先防范和控制转基因生物可能产生的各种风险，保护全球的生物多样性和人类健康，联合国环境规划署和《生物多样性公约》秘书处从 1994 年开始组织制定“生物安全议定书”，共组织了 10 轮工作组会议和政府间谈判。我国政府十分重视“议定书”的谈判。环保部牵头编制的《中国国家生物安全框架》，提出了我国生物安全管理体制、法规建设和能力建设方案，受到联合国有关部门的高度评价。2000 年 8 月，我国政府正式签署《卡塔赫纳生物安全议定书》。联合国环境开发计划署（UNDP）《2001 年人类发展报告》（以下简称《报告》）呼吁，人们应对基因改良生物的长期影响做进一步研究，并提倡对基因改良产品做标记，以便使顾客做出知情的选择。《报告》中指出，生物技术和食品安全问题往往是政策欠妥、法规不当和缺乏透明度的结果。2001 年 5 月 23 日国务院总理签署第 304 号中华人民共和国国务院令，公布了《农业转基因生物安全管理条例》（以下简称《条例》），规定了国务院农业行政主管部门负责全国农业转基因生物安全的监督管理工作，并建立农业转基因生物安全部际联席会议制度；还规定列入农业转基因生物目录的农业转基因生物，由生产、分装单位和个人负责标志，未标识的不得销售。农业转基因生物标识应当载明产品中含有转基因成分的主要原料名称等。《条例》的颁布，为转基因作物及其产品的安全使用打下了重要的基础。2005 年 5 月 30 日—6 月 3 日，《卡塔赫纳生物安全议定书》第二次缔约方大会在加拿大蒙特利尔举行。我国政府于 2005 年 4 月 27 日正式批准了《卡塔赫纳生物安全议定书》。

生态安全和所有的个人相关，应该说生态安全是人类最基本的生存保障，人的生存环境和周围的生物群落都应该是安全的，人类本身的生物性代谢也应是正常的；任何人都要遵守有关法规，同时也要知道自己的生态安全的权利；对一些产品安全与否还没有定论的情况（如转基因生物产品），个人至少应该有知道事情真相的权利。而这有赖于基本生态安全知识的普及，需要加强这些方面的宣传。

思考与讨论

1. 解释物种、种群、群落、生态系统的概念，说明生态系统的组成成分及其相互关系。
2. 试述生态平衡的概念及其主要特征。
3. 破坏生态平衡的因素有哪些？试列举你熟知的破坏生态平衡的例子。
4. 生态系统的能量是如何流动的？有何规律？如何将这一规律运用于社会经济活动之中？
5. 如何根据生态系统物质循环的原理做好生态平衡的保护工作？
6. 结合你所学的知识，举例说明生态学在环境保护中的应用。
7. 分析说明人类活动可能对全球碳循环带来的影响。
8. 解释生物多样性的含义，说明生物多样性的价值。
9. 保护生态环境的重要意义。
10. 怎样处理开发与保护的关系？

阅读与咨询

1. 物种灭绝

生物物种与其他任何事物一样，都有一个产生、发展到灭亡的过程。在自然状态下，一种物种消亡了，新的物种又产生发展了，从而使地球保持生物物种的多样性。但是，由于人为的干预，物种消失的速度会大大加快。

自工业化革命以来，特别是近 200 年里，野生动植物的种类和数量在以惊人的速度减少。1600—1800 年，地球上的鸟类和兽类物种灭绝 25 种；1800—1950 年地球上的鸟类和兽类物种灭绝了 78 种。曾经生活在地球上的冰岛大海雀、北美旅鸽、南非斑驴、印尼巴厘虎、澳洲袋狼、直隶猕猴、高鼻羚羊、普氏野马、台湾云豹、麋鹿等物种已不复存在。这种由于自然或人为原因，生物种群数量逐渐减少，生物物种最终从地球上消失的现象我们称之为物种灭绝。

据联合国有关组织统计，目前在世界范围内每年至少有 6 万个物种灭绝。国际鸟类联盟发表的《2004 年世界鸟类状况》报告指出：全球鸟类有 1/8 濒临灭绝。世界自然保护联盟发布的《受威胁物种红色名录》表明，世界上有 1/4 的哺乳动物、1 200 多种鸟类以及 3 万多种植物面临灭绝的危险。其中包括金刚鹦鹉、南美秃鹫、西非鸵鸟、阿鲁巴岛响尾蛇、中国扬子鳄、鳟鱼、红豆杉、西伯利亚红松、银杏树等。从寒冷的北加拿大与阿拉斯加到热带的亚洲岛屿，生活在20个地区的1 500多种野生动物面临灭绝的命运，其中大型哺乳动物灭绝的概率尤其大。

由于人类活动的强烈干扰，物种消失的速度大大加快。近代物种的消失速度比自然灭绝速度快1 000倍，比形成速度快100万倍。如果这种大量无声死亡的趋势继续下去，物种的消失速度将加快到每天24种，即每小时一个种。

物种灭绝是生物基因库的巨大损失，直接影响人类的生产、生活和自然界的生态平衡。物种灭绝的原因，主要是由于生态环境的破坏、人类不合理的开发利用、环境的污染和外来物种的引入。因此，防止物种灭绝不仅是人类的责任，而且已成为人类的紧迫任务。

2. 城市生态系统

城市是一个地域的经济、文化中心，随着人类社会的发展，城市化趋势越来越明显，目前我国也进入了城市化加速发展的时期。城市作为一种人口高度集中、物质和能量高度密集的生态系统，一方面极大地推动了人类经济和社会的发展，同时也对城市及其周围的生态环境产生了许多不利的影响，甚至殃及整个生物圈的结构和功能。因此，研究城市生态系统的特点，对于协调人与自然的关系，实现人类经济和社会的可持续发展，具有非常重要的现实意义。

（1）城市生态系统的组成

城市生态系统是城市这一特定地域内的人口、资源、环境（包括生物的和物理的、社会的和经济的、政治的和文化的）通过各种关系建立起来的自然复合体。城市生态系统包括自然、经济与社会三个子系统，是一个以人为中心的复合生态系统。城市中的自然系统包括城市居民赖以生存的基本物质环境，如阳光、空气、淡水、土地、动物、植物、微生物等；经济系统包括生产、分配、流通和消费的各个环节；社会系统涉及城市居民社会、经济及文化活动的各个方面。组成城市生态系统的各部分相互联系、相互制约，形成一个不可分割的有机整体。城市生态系统内仍有植物和动物，生态系统的基本功能仍然存在，并与周围的自然生态系统发生着各种联系。但另一方面，也应看到城市生态系统发生了本质变化，具有许多不同于自然生态系统的特点。

（2）城市生态系统的特点

与自然生态系统相比，城市生态系统具有以下特点：

第一，城市生态系统是一个人工化的系统。城市中的一切设施都是人制造的，在城市生态系统中，人口高度密集，比重极大，人为作用对它的存在与发展有着决定性的影响，不仅使原来的自然生态系统结构和组成发生了根本的变化，而且城市生态系统中大量的人工技术物质完全改变了原有的自然生态系统的物理结构。

第二，城市生态系统是一个不稳定的系统。城市生态系统中能量与物质要靠其他生态系统人工输入，同时城市生活所排放的大量废弃物，远超过城市的自然净化能力，也要输出到其他生态系统。如果这个系统中任何一个环节发生故障，将会立即影响城市的正常功能和居民的生活，从这个意义上说，城市生态系统是一个十分脆弱的系统。由于城市所消耗的大量物质和能量大部分来源于城市以外的生态系统，因此，它是一个不能完全实现自我稳定的生态系统。

第三，城市生态系统是一个不完整性的系统。城市生态系统缺乏分解者或分解者功能微乎其微，城市生态系统中的废弃物不可能由分解者就地分解，几乎全部需送往污水处理厂、垃圾处理厂由人工设施进行处理。城市生态系统的生产者数量少且作用也已改变，城市中的绿色植物总量有限，而且其作用已由生物生产变为美化景观、消除污染和净化空气等。城市生态系统中的主要生产者实际上已从绿色植物转化为从事经济生产的人类，而消费者也是人类，城市生态系统本身无法自给自足其植物产量，而必须靠外部提供粮食以满足城市生态系统中消费者的需求。

（3）城市生态环境的保护

城市化是人类社会发展不可避免的趋势。在城市化进程中，人类将大多数野生生物限制在越来越狭小的范围内，同时也将自己圈在钢筋水泥、环境容量低的人工环境中，远离了人类祖先所拥有的野趣盎然的生活环境，产生了种种文明病。因此，改善和保护城市生态环境，是人类在城市建设和发展过程中应当高度重视的重要课题。

城市生态环境的保护包括许多方面的内容。第一，要强化城市和区域生态规划，合理调整产业结构和土地利用布局，大力发展低能耗、高效益、低污染的工业，污染较严重的企业应当远离人口密集的居住区。第二，应当改进城市工业的生产工艺和管理体制，加强对污染物的回收利用，严格控制污染物的排放。第三，应当大力促进城市的绿化和美化，提高城市的植被覆盖率，增加生物多样性，提高城市生态系统的净化能力，并为城市居民创造舒适优美的生活环境，促进人们的身心健康。第四，提高城市居民的环境意识，倡导健康的生活方式，使广大居民能够自觉地保护环境，美化环境。

3. 西藏铁路的环境保护

西藏铁路全线投入20亿元用于环保工程建设，它主要用于途经地区的草甸、灌木丛地带的植被移植养护，修建30处野生动物的通道，以及进行冻土区植被恢复试验研究。投入如此巨资从事铁路建设环保工作，这在中国铁路建设史上还是首次。环保部等部门对西藏铁路建设的环保工作调查表明，西藏铁路自2001年6月底开工建设以来，青藏高原的水环境没有发生明显变化，生态植被和野生动物也得到了有效保护。这要归功于西藏铁路的建设者们采取了以下有利于环保的工程措施。

（1）高原植被的保护与恢复

线路所经多为高原草甸地区，受严酷的气候条件控制，植被生长非常缓慢。施工中因取、弃土，路基占压不可避免地要破坏部分高原植被，对植被难以生长的地段，采用分段施工、逐段移植的方法，将每段路基划分为若干个施工段，将本段取土坑及路基基底草皮铲下后，及时移植到已先期施工完毕的路基边坡和取土完成后的取土场地表，使其对地表植被的破坏减少到最小程度。

对昆仑山以南自然条件稍好的地段，进行人工培植草皮的试验，精选适合高原生长的草种，辅以喷播、覆膜等技术，恢复地表植被，将铁路沿线建成绿色长廊。

（2）冻土环境的保护

多年冻土，特别是高含冰量冻土对地表的扰动十分敏感。地表一些不大的改变都可能引起多年冻土不可逆的变化，因此在冻土地区筑路要特别注意保护环境。从工程的角度看，保护环境对保护冻土、保护路基稳定也是十分必要的。要合理选择取、弃土位置，取土点应选择离开线路的低矮丘包，取土深度应不大于上限。

（3）严格控制“三废”排放

对线路所经的可可西里、三江源、羌塘等自然保护区，应严格控制废弃物排放。列车采用密闭设计，既克服了高原缺氧，又防止了废弃物污染沿线环境。对高原各中心站的取暖可使用燃油锅炉、电暖炉或利用太阳能等环保型能源，垃圾在指定车站定点排放，集中处理。各中心站的生活污水经处理达标排放。

（4）加强对野生动物的保护

在施工及运营中对职工进行野生动植物保护的法制教育，严禁捕杀并严格禁止参与任何有关野生动物及标本的买卖行为。

（5）精心设计，严格施工管理

鉴于西藏铁路所经的生态环境非常脆弱，植被一旦破坏很难恢复，为把破坏范围减到最低程度，此次设计中除规定了专门的取、弃土地点外，还详细设计、指定了施工便道及从公路通往工地的道口等，要求各施工单位必须严格遵守。随意开辟施工便道，任意就近取、弃土，铲草皮，甚至用推土机直接在路基两侧推土填筑等做法是严格禁止的。同时，在整个施工当中，要严格执行设计程序，严禁破坏冻土的热平衡；甚至对施工的季节，也要按照设计要求进行：冻土地区有必要在冬季开展施工的，必须严格在冬季进行，以免破坏冻土的热平衡和稳定性。

4. 湿地——地球之肾

湿地与森林、农田、草地等生态环境一样，广泛地分布于世界各地，是地球上生物多样性丰富、生产力很高的生态系统。它对一个地区、一个国家乃至全球的经济发展和人类生存环境都具有非常重要的影响。因此，对湿地的保护与持续利用已成为当今国际社会关注的热点。1971 年，一部全球性政府间的湿地保护公约——《关于特别作为水禽栖息地的国际重要湿地公约》（以下简称《湿地公约》）诞生，我国于 1992 年正式成为缔约国，迄今为止已有 96 个国家和地区正式加入了《湿地公约》。

《湿地公约》中对“湿地”是这样定义的：湿地系指不问其天然或人工、长久或暂时之沼泽地、湿原、泥炭地或水域地带，带有静止或流动、咸水、半咸水或淡水水体者，包括低潮时水深不超过 6 m 的水域。因此，湿地不仅仅是我们传统认识上的沼泽、泥炭地、滩涂等，还包括河流、湖泊、水库、稻田以及退潮时水深不超过 6 m 的海水区。湿地含有丰富的有机物并支持生物多样性，被称为“生物超市”，同时又提供给人类巨大的生态功能和环境效益，被称为“大地之肾”。

（1）湿地的功能

湿地作为一种资源，在保护环境方面起着极其重要的作用。湿地可以调节降水量不均带来的洪涝与干旱，将过多的降雨和来水存储、缓冲，然后逐步放出，发挥着蓄洪抗旱的功能；湖泊、江河、水库等大量水面及其水生植物可以调节气候，水体的热量调节和蒸发作用可以使周围地区的酷热降温，空气湿度增加；湿地植被的自然特性可以防止和减轻对海岸线，河口湾的江河、湖岸的侵蚀，使植被根系及堆积的植物体稳固基地，海浪和水流的冲力削弱，沉积物沉降，促淤造陆速度是裸地的 3～5 倍；在地热较低的沿海地区，下层基底是可以渗透的，淡水一般位于较深的咸水层上面，通常由沿海的淡水湿地保持，因此，湿地可以防止海水入侵，保证生态群落和居民的用水供应，防止土地盐碱化；从湿地流入到蓄水层的水，可以成为浅层地下水系统的一部分，使之得以保存和补充；湿地生态系统大量介于水陆之间，具有丰富的动植物物种，如我国 40 多种一级保护珍稀鸟类中，约有一半生活在湿地中，我国著名的杂交水稻所利用的野生稻也来源于湿地，所以湿地保持生物多样性的功能是其他任何生态系统无法代替的。另外，湿地中还有许多挺水、浮水和沉水植物，它们能够在其组织中富集金属及一些有害物质，很多植物还能参与解毒过程，对污染物质进行吸收、代谢、分解、积累及水体净化，起到降解环境污染的作用。如同肾能够帮助人体排泄废物、维持新陈代谢一样，湿地对于地球的重要作用是显而易见的。

（2）中国湿地状况

根据气候区域差异、生物区系的相似和生物多样性的丰富程度，中国湿地可分为 8 个主要区域，即东北湿地，华北湿地，长江中下游湿地，杭州湾北滨海湿地，杭州湾以南沿海湿地，云贵高原湿地，蒙新干旱、半干旱湿地和青藏高原高寒湿地。据初步统计，我国的沼泽约 1 100 万 hm^2，湖泊 1 200 万 hm^2，滩涂和盐沼地 210 万 hm^2，稻田 3 800 万 hm^2，共计 6 310 万 hm^2。因为没有包括江河、水库、池塘以及退潮时水深不超过 6 m 的浅海水域，因此 6 310 万 hm^2 只是一个保守的数字。

资料表明，目前全世界约有湿地 5.14 亿 hm^2，加拿大湿地面积居世界之首，约 1.27 亿 hm^2，约占全世界湿地面积的 25%，美国 1.11 亿 hm^2，其次为俄罗斯、中国、印度等。我国湿地面积约占世界湿地面积的 11.9%，居亚洲第一位，世界第四位。可以这样说，无论是从类型还是从数量来讲，湿地对于我国的人民生活及经济发展都具有极为重要的意义。

（3）国际合作及协议

为了保护全球湿地及湿地生物资源，实现经济可持续发展，我国和国际社会之间开展了广泛的交流与合作，并与许多国家和地区签订了一系列有关的协议或协定。1980年中国正式加入《濒危野生动植物种国际贸易公约》，1992年签署了《湿地公约》和《生物多样性公约》。我国与世界自然基金会（WWF）、联合国开发署（UNDP）及世界自然保护联盟（IUCN）等国际机构与组织在湿地野生动物保护、湿地调查及湿地自然保护区建设和人才培训等方面也进行了合作。此外，林业部分别与湿地国际亚太组织和世界自然基金会达成合作谅解备忘录，农业部与美国政府就水生野生动物保护签订了《中美自然保护协定书》，为保护湿地，保护我们人类共有的家园——地球做出了最大的努力。

5. 转基因食品

我们知道，基因（DNA）是控制生物性状遗传的结构和功能单位。DNA是脱氧核糖核酸的英文缩写，它编码各种遗传信息，产生不同的蛋白质。转基因技术主要是指利用重组DNA技术和物理、化学和生物学等方法把重组DNA分子导入生物体的技术。应用转基因技术构建的生物称为转基因生物，包括转基因植物、转基因动物和转基因微生物。因此，通俗地讲，转基因食品就是用转基因生物生产和加工的食品。

转基因食品目前分为转基因植物食品、动物食品和微生物食品3类，其中，发展最快的是转基因植物食品。虽然中国、美国和加拿大对于快速生长的转基因鱼已经取得了突破性进展，但是，迄今为止，全世界还没有转基因动物食品批准上市。在国外，将转基因细菌和真菌生产的酶用于食品生产和加工已经比较普遍了，但是用于面包、啤酒、酸奶等食品和饮料的转基因酵母菌和其他微生物还没有获准进入市场应用。因此，目前市场上的转基因食品基本上只有转基因植物食品。

转基因食品的安全性是全球社会普遍关注的一个问题。虽然每一种食品的安全性都与所用转基因生物中转基因本身的结构、功能、安全特性及其应用环境有密切关系，不能一概而论，但是，总体上讲，到目前为止，凡是经过科学评价和政府部门严格审批获准上市的转基因食品都是安全的。应当指出，包括常规育种技术生产的食品在内，没有一个食品是百分之百安全的。例如目前还有麦角中毒、黄曲霉毒素、细菌性食品污染等。同时，食品安全是一个相对和动态的概念，随着科学技术的进步，今天认为是安全的食品，明天可能发现有不安全的因素；同样，今天认为是不安全的食品成分，明天可以用新的技术将其去除或变为安全。我们日常食用的食品大家感到比较放心，是因为人类的祖先在长期实践中逐渐认识到许多食品的不安全因素，掌握了保证安全的种植、养殖、生产、加工技术。事实上，与常规育种技术相比，转基因育种的后果应比前者更能精确地预测。目前转基因技术通常只转了一两个结构和功能非常明确的基因，因此该基因所提供的性状是可以预料的，而常规有性杂交，特别是远缘物种之间的杂交，转移的则是成千上万个基因。因此，只要假以时日，对于转基因食品，我们同样可以掌握安全使用的技术。据报道，科学家目前已在发展去除常规食品中过敏性蛋白的技术。

6. 相关网站

生态网 http://www.stchina.org/

中国生物多样性信息系统 http://cbis.brim.ac.cn/

湿地中国 http://www.shidi.org/

7. 网上咨询

生态文明

生态工业

生态补偿

第三章　可持续发展战略与循环经济

第一节　可持续发展的提出

发展是人类社会不断进步的永恒主题。人类经过了对自然顶礼膜拜、唯唯诺诺的漫长历史阶段之后，通过工业革命，铸就了驾驭和征服自然的现代科学技术之剑从而一跃成为大自然的主宰。可就在人类为科学技术和经济发展的累累硕果津津乐道之时，却不知不觉地走进了自身挖掘的陷阱。种种始料不及的环境问题击破了单纯追求经济增长的美好神话，固有的思想观念和思维方式受到强大冲击，传统的发展模式面临严峻挑战。历史把人类推到了必须从工业文明走向现代新文明的发展阶段。可持续发展思想在环境与发展理念的不断更新中逐步形成。

一、关于可持续发展的重要会议和报告

20 世纪 70 年代后，由于工业发展带来的环境污染、生态平衡、资源匮乏等问题日趋严重，人们越来越感到这样发展下去必将严重威胁地球和人类的未来，其后果将不堪设想。面对严峻的现实，人们不得不重新审视自己的社会经济行为，深刻反思传统的发展观、价值观、环境观和资源观，试图冲破昔日牺牲生态环境、盲目追求经济增长的樊笼，寻求一条既能保证经济增长和社会发展又能维护生态良性循环的全新发展道路。

1．可持续发展概念的形成背景

20 世纪 60—70 年代形成的“未来学”对于人类发展方向的三种观点。

其一是“零增长理论”。持这种观点者主要是罗马俱乐部研究报告《增长的极限》和美国政府的研究报告《公元 2000 年环境》。他们认为，由于人口倍增必然要引起对粮食需求的倍增，进而引起自然资源消耗速度和环境污染程度的倍增，发展下去必然会达到“危机水平”“世界末日来临”。因此，他们认为，要避免这样的恶果，必须实行人口和经济的“零增长”，建立“稳定的世界模式”。

其二是“大过渡理论”。这是一种乐观理论。他们认为，从工业革命开始到 22 世纪止的 400 年间是工业革命扩张时期，是人类现代化时期，是“大过渡”时期，在这个时期经济增长不是走向灾难，而是走向繁荣，经济增长过程中出现的环境污

染、生态平衡、资源耗费等问题都能在经济增长中得到解决，不必杞人忧天。

其三是所谓的“巴里洛克模式”。他们不同意“零增长”观点，但也不赞成不发达国家重走发达国家高消费和无节制增长的老路。他们认为，世界面临的主要问题不是物质问题，而是社会政治问题，其根源是国际间和一国内部权力不均衡所造成的剥削和压迫。当今世界要避免灾难，其出路是建立全球性世界社会新秩序。

“零增长”方案，无论是对亟须摆脱贫困的发展中国家，还是对仍想增加财富的发达国家，都是难以接受的。因此，更多的人在寻找和探索一种在环境和自然资源可承受基础上的发展模式，并提出了“协调发展”“有机增长”“同步发展”“全面发展”等许多设想。在此情况下，1980 年联合国向全世界呼吁，必须研究自然的、社会的、生态的、经济的以及利用自然资源过程中的基本关系，确保全球持续发展。

未来学各派观点反复争论的结果，逐渐形成这样的共识：人类不是要不要发展，而是应该如何发展的问题。这就为“可持续发展”概念的提出提供了认识基础；而世界环境的发展态势则是导致可持续发展概念产生的现实基础。

2. 可持续发展的提出

1972 年，联合国人类环境会议在斯德哥尔摩召开，来自世界 113 个国家和地区的代表会聚一堂，共同讨论环境对人类的影响问题。这是人类第一次将环境问题纳入世界各国政府和国际政治的事务议程。大会通过的《人类环境宣言》宣布了 37 个共同观点和 26 项共同原则。它向全球呼吁：“现在已经到达历史上这样一个时刻，我们在决定世界各地的行动时，必须更加审慎地考虑它们对环境产生的后果。由于无知或不关心，我们可能给生活和幸福所依靠的地球环境造成巨大的、无法挽回的损失。因此，保护和改善人类环境是关系到全世界各国人民的幸福和经济发展的重要问题，是全世界各国人民的迫切希望和各国政府的责任，也是人类的紧迫目标。各国政府和人民必须为着全体人民和自身后代的利益而做出共同的努力。”

作为探讨保护全球环境战略的第一次国际会议，联合国人类环境大会的意义在于唤起了各国政府共同对环境问题，特别是对环境污染的觉醒和关注。尽管大会对整个环境问题认识比较粗浅，对解决环境问题的途径尚未确定，尤其是没能找出问题的根源和责任，但是，它正式吹响了人类共同向环境问题挑战的进军号。各国政府和公众的环境意识，无论是在广度上还是在深度上都向前迈进了一步。

1987 年由挪威前首相布伦特兰夫人（G. H. Brunland）任主席，由 21 个国家的环境与发展问题著名专家组成的联合国世界环境与发展委员会（WECD）在其长篇调查报告《我们共同的未来》中指出：“以前我们感到国家之间在经济方面联系的重要性，而现在我们则感到在生态学方面相互依赖。生态和经济从来没有像现在这样紧密地联系在一个互为因果的网络之中”，并正式提出了“可持续发展”的概念。布伦特兰鲜明创新的科学观点，把人们从单纯考虑环境保护引导到把环境保护与人类发展切实结合起来，实现了人类发展观、文化观上革命性的进步。

1989 年 5 月联合国召开的联合国环境规划署第 15 届理事会取得共识：“可持续发展，就是既满足当代人的各种需要，又保护生态环境，不对后代的生存和发展构成危害的发展。”这一共识包含了广泛的内容：既包含当代人的需要，又包含后代人的需要；既包含国家主权、国际公平，又包含自然资源、生态抗压力，环保与发展相结合。

1992 年 6 月在巴西里约热内卢召开了联合国环境与发展大会。会议通过了《里约环境与发展宣言》，以“可持续发展”为指导方针，并建立联合国“可持续发展委员会”，表明了世界各国都赞同这个促进经济和社会各方面持续、健康发展的崭新的发展观念。此外，各国政府代表还签署了联合国《气候变化框架公约》等国际文件及有关国际公约，可持续发展得到世界最广泛和最高级别的政治承诺。

二、可持续发展的定义和原则

“可持续发展”的定义有许多种表述，世界环境和发展委员会于 1987 年发表的《我们共同的未来》的报告中定义的可持续发展是：“既满足当代人的需求又不危及后代人满足其需求的发展。”这个概念得到了广泛的接受和认可，并在 1992 年联合国环境与发展大会上得到了共识。这个定义明确地表达了两个观点：一是人类要发展；二是发展要有限度，不危及后代人的发展。当代人不应该凭借手中的技术和投资，以耗竭自然资源、污染环境、破坏生态的方式剥夺或破坏后代人应当合理享有的同等发展与消费的权利。也就是说，既要考虑当前发展的需要，又要考虑未来发展的需要，不要以牺牲后代人的利益为代价来满足当代人的利益。

可持续发展是从环境与自然资源角度提出的关于人类长期发展的战略与模式，它不是一般意义上所指的一个发展进程要在时间上的连续运行、不被中断，而是强调环境与自然资源的长期承载力对发展的重要性，以及发展对改善生活质量的重要性。它强调的是环境与经济的协调，追求的是人与自然的和谐。其核心思想就是经济的健康发展应该建立在生态持续能力、社会公正和人民积极参与自身发展决策的基础之上。它的目标是不仅满足人类的各种需求，做到人尽其才、物尽其用、地尽其利，而且还需要关注各种经济活动的生态合理性，保护生态资源，不对后代的生存和发展构成威胁。在发展指标上与传统发展模式不同的是，不再把国民生产总值作为衡量发展的唯一标准，而是用社会、经济、文化、环境、生活等各个方面的指标来衡量发展。可持续发展是指导人类走向新的繁荣、新的文明的重要指南。

可持续发展具有十分丰富的内涵：就其社会观而言，主张公平分配，既满足当代人又满足后代人的基本需求；就其经济观而言，主张建立在保护地球自然系统基础上的持续经济发展；就其自然观而言，主张人类与自然和谐相处。

从中所体现的基本原则包括以下三个。

1．公平性原则

所谓公平是指机会选择的平等性。可持续发展的公平性原则包括两个方面：一是本代人的公平即代内之间的横向公平。可持续发展要满足所有人的基本需求，给他们机会以满足他们要求过美好生活的愿望。当今世界贫富悬殊、两极分化的状况完全不符合可持续发展的原则。因此，要给世界各国以公平的发展权、公平的资源使用权，要在可持续发展的进程中消除贫困。各国拥有按其本国的环境与发展政策开发本国自然资源的主权，并负有确保在其管辖范围内或在其控制下的活动，不致损害其他国家或在各国管理范围以外地区的环境责任。二是代际间的公平即世代的纵向公平。人类赖以生存的自然资源是有限的，当代人不能因为自己的发展与需求而损害后代人满足其发展需求的条件——自然资源与环境，要给后代人以公平利用自然资源的权利。

2．持续性原则

可持续发展有着许多制约因素，其主要限制因素是资源与环境。资源与环境是人类生存与发展的基础和条件，离开了这一基础和条件，人类的生存和发展就无从谈起。因此，资源的永续利用和生态环境的可持续性是可持续发展的重要保证。人类发展必须以不损害支持地球生命的大气、水、土壤、生物等自然条件为前提，必须充分考虑资源的临界性，必须适应资源与环境的承载能力。换言之，人类在经济社会的发展进程中，需要根据持续性原则调整自己的生活方式，确定自身的消耗标准，而不是盲目地、过度地生产、消费。

3．共同性原则

可持续发展关系到全球的发展。尽管不同国家的历史、经济、文化和发展水平不同，可持续发展的具体目标、政策和实施步骤也各有差异，但是，公平性和可持续性则是一致的。要实现可持续发展的总目标，必须争取全球共同的配合行动，这是由地球整体性和相互依存性所决定的。因此，致力于达成既尊重各方的利益，又保护全球环境与发展体系的国际协定至关重要。正如《我们共同的未来》中写的“今天我们最紧迫的任务也许是要说服各国，认识回到多边主义的必要性”，“进一步发展共同的认识和共同的责任感，是这个分裂的世界十分需要的”，这就是说，实现可持续发展就是人类要共同促进自身之间、自身与自然之间的协调，这是人类共同的道义和责任。

第二节　可持续发展战略的实施

一、可持续发展的内涵

总的来说，可持续发展包含两大方面的内容：一是对传统发展方式的反思和批判；二是对规范的可持续发展模式的理性设计。就理性设计而言，可持续发展具体表现在：工业应当是高产低耗，能源应当是被清洁利用，食品需要保障长期供给，人口与资源应当保持相对平衡等许多方面。

可持续发展把发展与环境作为一个有机整体，其基本内涵如下：

可持续发展不否认经济增长，尤其是穷国的经济增长，但需要重新审视如何推动和实现经济增长。必须将生产方式从粗放型转变为集约型，减少每单位经济活动造成的环境压力，研究并解决经济上的扭曲和误区。环境退化的原因既然存在于经济过程之中，其解决答案也应从经济过程中去寻找。

可持续发展要求以自然资源为基础，同环境承载力相协调。“可持续性”可以通过适当的经济手段、技术措施和政府干预得以实现。要力求降低自然资产的耗竭速度，使之低于资源的再生速度或代替品的开发速度。要鼓励采用清洁生产和可持续发展消费方式，使每个单位经济活动所产生的废物数量尽量减少。

可持续发展以提高生活质量为目标，同社会进步相适应。“经济发展”的概念远比“经济增长”的含义广泛。经济增长一般被定义为人均国民生产总值的提高。经济发展则必须是社会和经济结构发生变化，使一系列社会发展目标得以实现。

可持续发展承认并要求体现自然资源的价值。这种价值不仅体现在对经济系统的支撑和服务价值上，也体现在环境对生命支持系统的存在价值上。应当把生产中的环境资源的投入和服务计入生产成本和产品价格之中，并逐步修改和改善国民经济核算体系。

可持续发展的实施以适宜的政策和法律体系为条件，强调“综合决策”与“公众参与”。需要改变过去各部门封闭的、单一的制定和实施经济、社会、环境政策的做法，提倡根据周密的经济、社会、环境科学的原则、全面的信息和综合的要求来制定政策并予以实施。可持续发展的原则要纳入人口、环境、经济、资源、社会等各项立法及重大决策之中。

二、可持续发展指标体系

目前，尽管可持续发展在很大程度上被人们所接受，但是，如何从一个概念进入可操作的管理层次仍需要进行很多实际的探讨。其中一个至关重要的问题就是如何测定和评价可持续发展的状态和程度。从前面的叙述我们知道，可持续发展是经济系统、社会系统以及环境系统和谐发展的象征，它所涵盖的范围包括经济发展与经济效率的实现、自然资源的有效配置和永续利用、环境质量的改善和社会公平与适宜的社会组织形式，等等。因此，可持续发展指标体系几乎涉及人类社会经济生活以及生态环境的各个方面。

1．指标的定义和特征

指标是综合反映社会某一方面情况绝对数、相对数或平均数的定量化信息，具有揭示、指明、宣布或者使公众了解等含义。所有指标都必须具备两个要素：一是要尽可能地把信息定量化，使得这些信息清楚和明了；二是要能够简化那些反映复杂现象的信息，既使所表征的信息具有代表性，又便于人们了解和掌握。

根据指标的表现形式和作用的不同，指标可以分为数量指标和质量指标两种。一种是用于反映总体单位数目和标志总量的指标，统称为数量指标。例如，人口总数、企业总数、产品产量、排污总量等。由于它反映的是现象的总量，因此也被称为总量指标。从指标数值的表现形式来看，总量指标总是用绝对数表示，并且要有计量单位。另一种是把相应的数量指标进行对比，可以得到一定的派生指标，以反映现象达到的平均水平或相对水平，这就是质量指标。例如，将企业的工资总额同该企业的职工总数对比，可以得到该企业的平均工资。此外，如人口密度、出生率、死亡率、单位产品成本、单位能耗、单位物耗、劳动生产率、资源综合利用率、单位产品排污系数等都属于质量指标。质量指标可以反映现象之间的内在联系和比例关系。由于它总是两个有联系的数量指标的对比，在计算时，就需要仔细审查两个指标的口径、范围是否一致。

2．建立可持续发展指标体系的目标与原则

（1）建立指标体系的目标

通过建立可持续发展指标体系，构建评估信息系统，监测和揭示区域发展过程中的社会经济问题和环境问题，分析各种结果的原因，评价可持续发展水平，引导政府更好地贯彻可持续发展战略。同时，为区域发展趋势的研究和分析及发展战略和发展规划的制订提供科学依据。

（2）建立指标体系的原则

① 科学性原则　指标体系要能较客观地反映系统发展的内涵、各个子系统和指标间的相互联系，并能较好地度量区域可持续发展目标实现的程度。指标体系覆盖面要广，能综合地反映影响区域可持续发展的各种因素（如自然资源利用是否合理、经济系统是否高效、社会系统是否健康、生态环境系统是否向良性循环方向发展）以及决策、管理水平等。

② 层次性原则　由于区域可持续发展是一个复杂的系统，它可分为若干子系统，加之指标体系主要是为各级政府的决策提供信息，并且解决可持续发展问题必

须由政府在各个层次上进行调控和管理。因此，衡量社会的发展行为与发展状况是否具有可持续性，应在不同层次上采用不同的指标。

③ 相关性原则　可持续发展实质上要求在任何一个时期，经济的发展水平或自然资源的消耗水平、环境质量和环境承载状况以及人类的社会组织形式之间处于协调状态。因此，从可持续发展的角度看，不管是表征哪一方面水平和状态的指标，相互间都有着密切的关联，也就是说，对可持续发展的任何指标都必须体现与其他指标之间的内在联系。

④ 简明性原则　指标体系中的指标内容应简单明了、具有较强的可比性并容易获取。指标不同于统计数据和监测数据，必须经过加工和处理使之能够清晰、明了地反映问题。

3. 联合国可持续发展的指标体系

自 1992 年世界环境与发展大会以来，许多国家按大会要求，纷纷研究自己的可持续发展指标体系，目的是检验和评估国家的发展趋向是否可持续，并以此进一步促进可持续发展战略的实施。作为全球实施可持续发展战略的重大举措，联合国也成立了可持续发展委员会，其任务是审议各国执行“21 世纪议程”的情况，并对联合国有关环境与发展的项目和计划在高层次进行协调。为了对各国在可持续发展方面的成绩与问题有一个较为客观的衡量标准，该委员会制定了联合国可持续发展指标体系。

联合国可持续发展指标体系由驱动力指标、状态指标、响应指标构成。驱动力指标主要包括就业率，人口净增长率，成人识字率，可安全饮水的人口占总人口的比率，运输燃料的人均消费量，人均实际 GDP 增长率，GDP 用于投资的份额，矿藏储量的消耗，人均能源消费量，人均水消费量，排入海域的氮、磷量，土地利用的变化，农药和化肥的使用，人均可耕地面积，温室气体等大气污染物排放量等。状态指标主要包括贫困度，人口密度，人均居住面积，已探明矿产资源储量，原材料使用强度，水中的 BOD 和 COD 含量，土地条件的变化，植被指数，受荒漠化、盐碱和洪涝灾害影响的土地面积和森林面积，濒危物种占本国全部物种的比率，二氧化硫等主要大气污染物浓度，人均垃圾处理量，每百万人中拥有的科学家和工程师人数，每百户居民拥有的电话数量等。响应指标主要包括人口出生率、教育投资占 GDP 的比率、再生能源的消费量与非再生能源消费量的比率、环保投资占 GDP 的比率、污染处理范围、垃圾处理的支出、科学研究费用占 GDP 的比率等。

必须说明的是，这个指标体系虽然经过国际专家多次讨论修改，但是，由于不同国家之间的差异，整个指标体系要涵盖各国的情况，难免挂一漏万，甚至以偏盖全，从而有可能与具体国家的实际情况相差甚远。其次，由于可持续发展的内容涉及面广且非常复杂，人们对它的认识还在不断加深，要建立一套无论从理论上还是从实践上都比较科学的指标体系，尚需要进行深入的研究和探讨。因此该指标体系只能为我们提供参考。

三、可持续发展战略的实施

为了推进可持续发展战略的实施，不少国家积极采取行动，相继制定出适合本国国情的规划和政策，有的制定了本国的21世纪议程，并成立了专门的可持续发展委员会，几乎所有的国际组织都对可持续发展做出了反应。这一切充分体现了国际社会对可持续发展的重视。从目前各国推行可持续发展战略的实际情况看，发展水平不同的国家，其贯彻可持续发展的侧重点和追求的目标均不一样，但是他们在设立机构、制定政策等方面都取得了相当的进展，在执行可持续发展的法律法规、公众参与等方面也做出了积极努力。

1. 实施可持续发展的世界动向

联合国于1993年选举了50个成员国（定期分批改选）成立了可持续发展委员会（UNCSD），以作为联合国环境与发展大会的后续行动。该委员会每年举行会议，审议世界各国执行《全球21世纪议程》的情况，可持续发展委员会的具体职能包括：

- 监督联合国系统在落实《全球21世纪议程》方面所做的工作。
- 监测发达国家把国民生产总值的0.7%用作对发展中国家援助所取得的进展。
- 审议《里约热内卢会议宣言》《气候变化框架条约》和《保护生物多样性条例》的执行情况。
- 考虑各国提供的关于实施《全球21世纪议程》的情况信息，包括各国面临的资金和技术转让问题。
- 通过联合国经济组织向联合国大会提出有关可持续发展的报告。在世界银行、联合国开发计划署（UNDP）和联合国环境规划署（UNEP）的管理下，已对包括保护生物多样性在内的可持续发展多个领域投入了大量的资金。

（1）可持续发展的经济政策体系

这里所涉及的经济政策，特指以促进可持续发展为目标的经济政策工具。国际上过去对于环境和生态问题一般也都是采取“命令控制”的方式，但通过实践发现在很多场合下收效甚微。因此，近年来很多国家开始转向积极地利用市场机制的作用，更多地依靠经济政策，常见的有环境税、可贸易排污许可证、废除或应用补贴等。

① 环境税　对排放污染物征税，是使环境成本内部化、纠正在环境问题上“市场失灵”的重要手段。如果把排污费视作广义的环境税，全世界现有环境税的数量已达数百种。

② 可贸易排污许可证　可贸易排污许可证是运用市场机制抑制污染排放的又一种制度设计。例如，新加坡政府为了实现分阶段停止使用氟利昂的目标，每

个季度都对生产和进口的氟利昂的许可证进行拍卖。许可证的数量有限，且逐渐递减。

③ 补贴的废除和应用　众多的实例表明，从可持续发展的角度来评价，补贴这一政策手段具有很大的两面性。迄今为止的大多数补贴由于扭曲了资源的市场价格，造成了资源的浪费和不合理使用，这种补贴应该予以废除。而对于环境保护科研和技术普及等方面的补贴，则可以有效地促进环境保护目标的实现。

④ 押金返还制度　所谓押金返还制度，是指对有可能污染环境的制品征收押金，当该制品返回到资源回收利用部门时再返还押金。这一制度能促使污染产品的生产者和消费者将废品回收并用于再生处理或安全存放。

（2）世界银行提出的可持续发展政策工具

世界银行于 1997 年 6 月提出了一份题为《里约之后的五年——环境政策的创新》的报告，该报告对以资源管理和污染控制为目的的政策工具，按照“运用市场”“创造市场”“应用环境规章”“动员公众”等政策出发点进行分类，其各自的作用如下：

① 运用市场　运用市场和价格信号来实现资源的合理配置是最为有效的环境管理政策工具。例如，取消或减少在资源利用上的价格补贴，可以减少资源的价格扭曲；环境税可以用来反映外部成本；对使用者收费可以减少对环境资源的过分使用；押金返还制度有利于环境保护和节约资源目标的实现。

② 创造市场　环境资源不能自动通过市场来进行有效配置，这对可持续发展是一个很不利的因素。对此，可以通过人为努力创造市场来求得问题的解决。例如，明确产权、推进分权化、实行可交易的排污许可证等都是创造市场的方法。

③ 运用环境规章　规章是处理环境问题最常用的方法，采用的方法有“标准”“禁令”“许可”“配额”等。

④ 动员公众　“公众参与”指的是动员公众关心环境问题；“信息公开”指的是使消费者获得更多的信息以便选择“对环境友好”的产品，“生态标识”就是一个例子。

（3）美国实施可持续发展战略的概况

1996 年美国出台了《美国国家可持续发展战略——可持续的美国和新的共识》。这份报告分别介绍了美国的可持续发展国家目标、信息和教育、加强社区建设、自然资源管理、人口与可持续发展，以及美国的国际领导地位等。在克林顿总统接受这份战略报告的同时，宣布由两个机构负责实施可持续发展的战略计划，一是总统可持续发展理事会（PCSD）；二是可持续社区联合中心（JCSC）。

JCSC 是由美国市长大会和美国县联盟共同创建的，其任务是帮助各社区达到自给自足和实现可持续发展。该中心主要通过实施可持续社区发展计划（包括领导培训、信息交换与制订实施行动计划的方法和技术等）、开展有关社区政策分析和教育论坛活动（包括政策分析和全国性的教育等）、向地方官员提供咨询、信息和财政支持，促进各社区的可持续发展。

PCSD 就美国的可持续发展，提出了十个相互依存的国家目标。

① 健康与环境：确保每个公民在家里、在工作和娱乐场所享有清洁的空气、清洁的水和健康的环境。

② 经济繁荣：保持美国经济的健康和充分发展，创造富有意义的工作机会，在日趋激烈的世界竞争氛围中，向所有的美国公民提供通往高质量生活的机会。

③ 平等：确保所有的美国公民得到公平对待，拥有为实现幸福目标奋斗的机会。

④ 自然保护：运用有益于社会、经济和环境长远利益的方法，恢复、保护和利用自然资源（土地、空气、水和生物等）。

⑤ 服务管理：广泛树立这样一种服务管理道德规范，即能够激励个人、社会公共机构和私人公司就其行为对经济、环境和社会造成的后果全面负责的服务管理道德。

⑥ 可持续发展社区：鼓励人们携手合作，共同创建健康的社区，包括保护社区的自然和历史资源、创造就业机会、控制社区无计划的扩展、保护社区内四邻的安全等，以及向所有的公民提供为改善其生活质量的各种机会。

⑦ 市民支持参与：创造机会，鼓励市民、工商企业和社区参与有关自然资源、环境和经济的决策活动。

⑧ 人口：促使美国的人口趋于稳定。

⑨ 国际义务：美国在制定和执行有关全球可持续发展政策、行为标准，以及贸易和对外政策方面应起表率作用。

⑩ 教育：确保所有的美国公民在教育方面机会均等，并且终生能够获得学习的机会，从而为参加有意义的工作、提高生活质量和参与可持续发展做好准备。

美国总统持续发展理事会（PCSD）认为，为了促进未来的进步与发展，美国必须就环境保护（包括可持续发展的基本组成部分：环境健康、经济繁荣、社会平等与幸福）承担更多的义务，这就意味着必须根据目前的实际情况改革税收和补贴政策，采用市场激励手段等因素改革目前的环境管理体制，并确立新的、有效的政策框架。同时，PCSD 在资源保护、社区建设、人口与可持续发展方向采取了一系列整体措施。此外，美国政府还以制定“国家环境技术战略”为主线，通过实施项目计划，开发新的环保技术，推动环境技术的出口和转让。

2．中国推行可持续发展的努力

中国作为一个发展中国家，深受人口、资源、环境、贫困等全球性问题的困扰。“控制人口，节约资源，保护环境，实现可持续发展”，这是中国政府针对国情为解决全球性问题而提出的一个极为科学而鲜明的行动纲领。联合国环境与发展大会之后，中国政府重视自身承担的国际义务，积极参与全球可持续发展理论的建设和健全工作。中国制定的第一份环境与发展方面的纲领性文件就是1992年8月党中央、国务院批准转发的《环境与发展大对策》。

（1）实行可持续发展战略

① 人口战略　中国要严格控制人口数量，加强人力资源开发、提高人口素质，充分发挥人们的积极性和创造性，合理地利用自然资源，减轻人口对资源与环境的压力，为可持续发展创造一个宽松的环境。

② 资源战略　实行保护、合理开发利用、增值并重的政策，依靠科技进步挖掘资源潜力，动用市场机制和经济手段促进资源的合理配制，建立资源节约型的国民经济体制。

③ 环境战略　中国要实现社会主义现代化就必须把国民经济的发展放在第一位，各项工作都要以经济建设为中心来进行。但是，生态环境恶化已经严重地影响着中国经济和社会的持续发展。因为防治环境污染和公害，保障公众身体健康，促进经济社会发展，建立与发展阶段相适应的环保体制是实现可持续发展的基本对策之一。

④ 稳定战略　社会可持续发展的内容包括：人口、消费与社会服务；消除贫困；卫生与健康；人类居住区可持续发展；防灾减灾。

经济可持续发展的内容包括：可持续发展的经济政策；工业与交通、通信业的可持续发展；可持续的能源生产和消费；农业与农村的可持续发展。坚持社会和经济稳定协调发展。

（2）可持续发展的重点战略任务

① 采取有效措施，防治工业污染　坚持“预防为主，防治结合，综合治理”等指导原则，严格控制新污染，积极治理老污染，推行清洁生产，主要措施如下。

- 预防为主，防治结合　严格按照法律规定，对初建、扩建、改建的工业项目要先评、后建设，严格执行“三同时”制度，技术起点要高。对现有工业结合产业和产品结构调整，加强技术改造，提高资源利用率，最大限度地实现“三废”资源化。积极引导和依法管理，防治乡镇企业污染，严禁对资源乱挖滥采。
- 集中控制和综合管理　这是提高污染防治的规模效益，实行社会化控制的必由之路。综合治理要做到：合理利用环境自净能力与人为措施相结合；集中控制与分散治理相结合；生态工程与环境工程相结合；技术措施与管理措施相结合。
- 转变经济增长方式，推行清洁生产　走资源节约型、科技先导型、质量效益型工业道路，防治工业污染。大力推行清洁生产，全过程控制工业污染。

② 加强城市环境综合整治，认真治理城市“四害”　城市环境综合整治包括加

强城市基础设施建设，合理开发利用城市的水资源、土地资源以及生活资源，防治工业污染、生活污染和交通污染，建立城市绿化系统，改善城市生态结构和功能，促进经济与环境协调发展，全面改善城市环境质量。当前主要任务是通过工程设施和管理措施，有重点地减轻和逐步消除废气、废水、废渣和噪声这城市“四害”的污染。

③ 提高能源利用率，改善能源结构　通过电厂节煤、严格控制热效率低、浪费能源的小工业锅炉的发展、推广民用型煤、发展城市煤气化和集中供热方式、逐步改变能源价格体系等措施，提高能源利用率，大力节约能源。调整能源结构，增加清洁能源比重，降低煤炭在中国能源结构中的比重，因地制宜地开发和推广太阳能等清洁能源。

④ 推广生态农业，坚持植树造林，加强生物多样性保护　推广生态农业，提高粮食产量，改善生态环境。植树造林，确保森林资源的合理利用，通过扩大自然保护区面积，有计划地建设野生珍稀物种及优良家禽、家畜、农作物和动物的保护及繁育中心，加强对生物多样性的保护。

（3）可持续发展的战略措施

① 大力推进科技进步，加强环境科学研究，积极发展环保产业　解决环境与发展问题的根本出路在于依靠科技进步。加强可持续发展的理论和方法研究，总量控制及过程控制理论和方法的研究，生态设计和生态建设的研究，开发和推广清洁生产技术的研究，提高环境保护技术水平。正确引导和大力扶持环保产业的发展，尽快把科技成果转化为防治污染的能力，提高环保产品质量。

② 运用经济手段保护环境　应用经济手段保护环境，做到排污收费；资源有偿使用；资源核算和资源计价；环境成本核算。

③ 加强环境教育，提高全民环境意识　加强环境教育，提高全民环境意识，特别是提高决策层的环保意识和环境开发综合决策能力，是实施可持续发展的重要战略措施。

④ 健全环保法制，强化环境管理　中国的实践表明，在经济发展水平低、环境保护投入有限的情况下，健全管理机构、依法强化管理是控制环境污染和生态破坏的有效手段。建立健全使经济、社会与环境协调发展的法规政策体系，是强化环境管理和实现可持续发展战略的基础。

⑤ 实施循环经济　发展知识经济和循环经济，是21世纪国际社会的两大发展趋势。知识经济就是在经济运行过程中智力资源对物质资源的替代，实现经济活动的知识化转向。自从20世纪90年代确立可持续发展战略以来，发达国家正在把发展循环经济、建立循环型社会看作是实施可持续发展战略的重要途径和实现方式。

第三节 循环经济及其特征

一、循环经济的产生及其特征

1. 循环经济的产生

早在20世纪60年代，美国经济学家鲍尔丁提出了循环经济的思想。他的“宇宙飞船理论”可以看作是循环经济最早的雏形。在国际环境运动兴起的初期，鲍尔丁就敏锐地认识到必须进入经济过程思考环境问题产生的根源。他认为，地球就像在太空中飞行的宇宙飞船（当时正在实施阿波罗登月计划），这艘飞船靠不断消耗自身有限的资源而生存。如果人们的经济像过去那样不合理地开发资源和破坏环境，超过了地球的承载能力，就会像宇宙飞船那样走向毁灭。因此，“宇宙飞船经济”要求以新的“循环式经济”代替旧的“单程式经济”。鲍尔丁的“宇宙飞船经济”在当时看来有相当的超前性，它意味着人类社会的经济活动应该从效法以线性为特征的机械论规律，转向服从以反馈为特征的生态学规律。

直到20世纪70年代，世界各国关心的问题仍然是末端治理方式。20世纪70—80年代，大多数国家的环境保护运动主要关注的仍然是经济活动造成的生态后果，而经济运行机制本身始终在他们的研究视野之外。到了20世纪90年代，循环经济快速崛起，人们提出了一系列诸如“零排放工厂”“产品生命周期”“为环境而设计（DFE）”等体现循环经济思想的理念，特别是在经济活动的三个重要层次形成了物质闭环型经济的三种关键性思路。

（1）生态经济效益（Eco-efficiency）的理念和实践

这是1992年世界工商企业可持续发展理事会（WBCSD）在向里约会议提交的报告《变革中的历程》中提出的新概念。生态经济效益理念的本质是要求组织企业生产层次上物料和能源的循环，从而达到污染排放的最小量化。WBCSD提出注重生态经济效益的企业应该做到：① 减少产品和服务的物料使用量；② 减少产品和服务的能源使用量；③ 减少有毒物质的排放；④ 加强物质的循环使用能力；⑤ 最大限度可持续地利用可再生资源；⑥ 提高产品的耐用性；⑦ 提高产品与服务的服务强度。WBCSD是一个由120个国际著名企业组成的联盟，其成员来自33个国家和20多个主要产业部门，在共同的生态经济效益理念下，他们有力地推动了循环经济在企业层次上的实践。

（2）工业生态系统（Industrial Ecology）的理念和实践

工业生态系统理念的提出被认为与当时在通用汽车公司研究部任职的福罗什和加劳布斯有关。1989年他们在《科学美国人》杂志发表题为《可持续发展工业发展战略》的文章，提出了生态工业园区的新概念，要求在企业与企业之间形成废弃物的输出输入关系，其实质是运用循环经济思想组织企业共生层次上的物质和能源的循环。1993 年起生态工业园区建设逐渐在各国推开。美国可持续发展委员会专门组建了生态工业园区特别工作组，到 1997 年已经有 15 个左右的生态工业园区建设规划分布在全美各地。此外除了早期的丹麦（卡伦堡），在加拿大（哈利法克斯）、荷兰（鹿特丹）、奥地利（格拉兹）等地也出现了类似的计划。

（3）废弃物的减量化、资源化的理念和实践

20 世纪 90 年代起以德国为龙头，发达国家生活垃圾处理的工作重点开始从无害化转向减量化和资源化，这实际上是要在更广阔的社会范围内或在消费过程中和消费过程后各个层次上组织物质和能源的循环。1991 年德国首次按照循环经济思路制定了《包装条例》，要求德国生产商和零售商对于用过的包装，首先要避免其产生，其次要对其回收利用，以大幅度减少包装废物填埋与焚烧的数量。1996 年德国制定了更为系统的《循环经济和废物管理法》，把物质闭路循环的思想从包装问题推广到所有的生活废物。20 世纪 90 年代以来，德国的生活垃圾处理哲学对世界产生了很大的影响。欧盟诸国和美国、日本、澳大利亚、加拿大等国家都已经先后按照资源闭路循环、避免废物产生的思想重新制定了各国的废物管理法规。1995 年美国世界观察所在《世界状况》上发表重要文章《建立一个可持续的物质经济》，从理论高度提出 21 世纪应该以再利用和再循环为基础，建立一个以再生资源为主导的世界经济。

2．循环经济的特征

循环经济就是在人、自然资源和科学技术的大系统内，在资源投入、企业生产、产品消费及其废弃的全过程中，不断提高资源利用效率；把传统的、依赖资源净消耗线性增加的发展，转变为依靠生态型资源循环来发展的经济。

与工业经济从劳力、土地和资本的系统分析问题相比较，循环经济从人、自然资源和科学技术的更大的系统来分析经济问题。与工业经济对资源的一次性使用、生产增长依赖资源净消耗的线性增加相比较，循环经济是对同一资源多次使用、提高资源利用效率、变废为宝、循环使用，依靠这种新的生产方式来增加生产。因此，循环经济从宏观讲，在经济结构、产业政策方面；从微观讲，在企业管理和工业流程方面都与其他经济有很大不同。

循环经济与农业经济和工业经济的最大不同在于理念，在于经济理论、目标体系、价值观和对经济要素的认识。

农业经济的特征是听命于自然，指导理论是宿命论；目标体系是个体温饱和整个社会稳定；价值观是节俭、服从；经济要素是劳力、土地、资源、宗教；资源状况是农业资源循环与过度垦殖并存，自然资源开发能力低。

工业经济的特征是征服自然，指导理论是社会财富论；目标体系是高增长、高

消费，最大限度地创造社会财富；价值观是金钱至上、竞争；经济要素是劳力、土地、资本；资源状况是掠夺性地开发自然资源。

循环经济的特征是自然资源的节约、保护和循环利用，指导理论是系统论和生态学；目标体系是全面建成小康社会；价值观是经济效益、社会效益与生态效益统一，人与自然和谐；经济要素是劳力、资源、资本、环境、科学技术智力资本；资源状况是逐步提高资源循环利用率。

循环经济的理念是在全球人口剧增、资源短缺、环境污染和生态蜕变的严峻形势下，人类重新认识自然界、尊重客观规律、探索新经济规律的产物。其主要观念变化是新的系统观、新的经济观、新的价值观、新的生产观、新的消费观。本质上是一种生态经济，它要求运用生态学规律来指导人类社会的经济活动，倡导的是一种建立在物质不断循环利用基础上的经济发展模式，它要求经济活动按照自然生态系统的模式，组成一个“资源—产品—再生资源”的物质反复循环流动的过程，使得整个经济系统以及生产和消费的过程不产生或者少产生废物。

二、循环经济的原则

传统工业经济的生产观念是最大限度地开发自然资源，最大限度地创造社会财富，最大限度地获取利润；而循环经济的生产观念是要充分考虑自然生态系统的承载能力，尽可能地节约自然资源，不断提高自然资源的利用效率，循环使用资源，创造良性的社会财富。

循环经济的基本规律可以总结为八大原则：

① 大系统分析原则　循环经济是较前更全面地分析投入与产出的经济。在人口、资源、环境、经济、社会与科学技术的大系统中，研究符合客观规律的经济原则，均衡经济效益、社会效益和生态效益。

② 生态成本总量控制的原则　人们在向自然界索取资源时，必须考虑生态系统有多大的承载能力，如果透支，也要考虑它有多大的自我修复能力，要有一个生态成本总量控制的概念。

③ “3R”原则和无害化原则　传统经济是把生态系统当作取料场和垃圾场的一种不合理的线性经济，如把河流既当做“自来水管”，又当成“下水道”，如下图：

开发资源 ⟶ 制造产品 ⟶ 排放废物

而循环经济是一种生态型的闭环经济，形成合理的封闭循环，如取水、用水、污水处理和中水回用的循环，如下图：

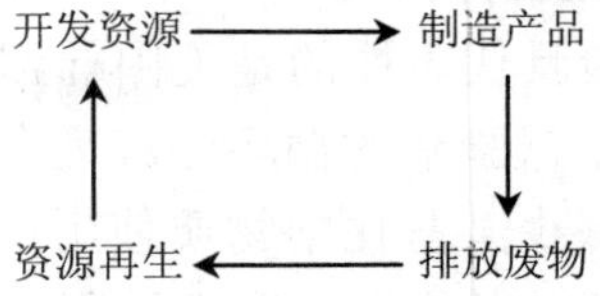

“3R”原则是：a）资源利用的减量化原则 在投入端实施资源利用的减量化，主要通过综合利用和循环使用，尽可能节约自然资源；b）产品生产的再使用原则 在保证服务的前提下，产品在尽可能多的场合下，用尽可能长的时间而不废弃；c）废弃物的再循环原则 在材料选取、产品设计、工艺流程、产品使用到废弃物处理的全过程，实行清洁生产，最大限度地减少废弃物排放，力争做到排放的无害化和资源化，实现再循环。“3R”原则使生产成为生态良性循环的一部分。

因为实际生产中不可能实现百分之百的废物循环，对不能循环利用的废物必须无害化处理，才能充分体现循环经济的特征，既是节约高效的，又是无害的。

④ 尽可能利用可再生资源原则 循环经济要求尽可能利用自然界的可再生资源替代不可再生资源，使生产循环与生态循环耦合，合理地依托在自然生态循环之上。

⑤ 尽可能利用高科技原则 国外目前提倡生产的“非物质化”，即尽可能以知识投入来替代物质投入。就我国目前发展水平来看，即“以信息化带动工业化”。

⑥ 把生态系统建设作为基础设施建设的原则 传统经济只重视电力、热力、公路、铁路、水坝和堤防等基础设施建设。循环经济认为生态系统建设也是基础设施建设，如狠抓“退田还湖”“退耕还林”“退牧还草”和“退用还流”等生态系统建设。通过这些基础设施的建设来提高生态系统对经济发展的承载能力。

⑦ 建立绿色国内生产总值统计与核算体系的原则 应建立企业污染的负国民生产总值统计指标体系，并以循环经济的观点来核算。如果企业只赚钱，治污国家承包，就难以实现循环经济。

⑧ 建立绿色消费制度的原则 以税收和行政等手段，限制以不可再生资源为原料的一次性产品的生产与消费，促进一次性产品和包装容器的再利用。

三、实现循环经济的实例

一些发达国家已经从20世纪80年代就开始了循环经济积极有效的尝试，取得了一定的实践经验。从总体上看，我国在发展循环经济方面也已具有一定的基础。改革开放以后，特别是中央提出加快两个根本性转变、实施可持续发展战略以来，我国在推动资源节约和综合利用、推行清洁生产、探索循环经济发展模式等方面，也取得了明显成效，为加快发展循环经济奠定了基础。

1. 企业内部循环——美国杜邦模式

企业内部的循环经济，最具代表性的是美国杜邦化学公司模式。他们早在 20 世纪 80 年代末就把工厂当做试验新的循环经济理念的实验室，通过放弃使用某些环境有害型的化学物质、减少某些化学物质使用以及发明回收本公司产品的新工艺等措施，到 1994 年已经取得使生产造成的塑料废物减少 25%、空气污染物排放减少 70%的显著成果。同时，通过企业内各工艺之间的物料循环，从废塑料中回收化学物质，开发出用途广泛的乙烯产品，通过使用生产全过程控制法、热解法和节能效率法等方法和技术，减少了相当于 6 100 万 t 二氧化碳的温室气体排放。

循环经济的最微观层次是厂内的物质循环，一般说来，厂内废物再生循环包括将流失的物料回收后作为原料返回原来的工序之中或者将生产过程中产生的废料经过适当处理后作为原料或替代物返回生产流程中，如从人造纸废水中回收纸浆，处理回收铜电解精炼的废电解液中的铜，返回到电解精炼流程中等。

2. 生态工业园区——贵港国家生态工业园区

贵港国家生态工业园区是我国建立的第一个国家生态工业示范园区。制糖工业及其辐射带动的产业产值在全市 GDP 中约占 33.8%，是贵港市的支柱产业。该生态工业示范园区包括了广西几乎所有的糖厂，园区内各生产系统间通过中间产品和废物的相互交换而互相衔接，从而形成一个比较完整闭合的生态工业网络，园区内资源得到最佳配置，废物得到有效利用，环境污染减少到最低水平，具体见图 3-1。

示范园区的发展产生了显著的环境效益和社会效益。

环境效益方面主要为：① 变废为宝，节约资源　用废糖蜜每年可生产能源酒精 2×10^5 t，节约玉米 6×10^5 t；2×10^5 t 蔗渣造纸每年节约 6×10^5～6.6×10^5 m^3 木材；造纸脉冲水的回用每年减少新鲜水 1.6×10^7 t 的消耗和污染；② 减少污染排放　将酒精废液用于生产复合肥料，阻止了广西壮族自治区内 93%的酒精废液向环境排放，即减少 1.34×10^5 t 的有机物对水体的污染；③ 发展生态农业　现代化甘蔗园的建设必然会促进甘蔗种植的可持续发展，对保护和恢复农业生态环境作出贡献。

社会效益方面主要为：① 为全国制糖工业发展探索绿色经济发展道路；② 提高了贵港市在广西乃至全国的科技和经济地位；③ 促进贵港市社会经济的全面发展，提高了人民生活水平；④ 为我国能源安全问题提供一条经济上可行且来源可靠的解决途径。

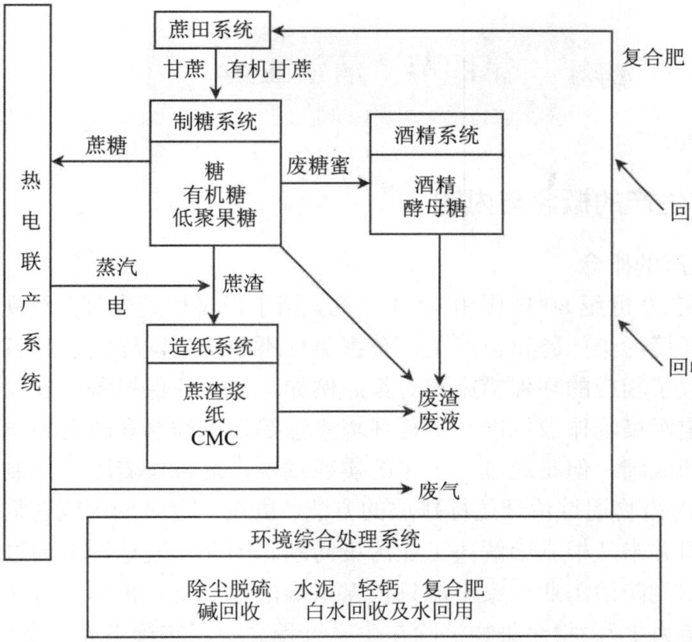

图 3-1　生态工业（制糖）示范区总体结构

3. 城市区域循环——德国双元系统（DSD）模式

城市区域循环经济的典型代表是德国双元系统模式，从社会整体循环的角度，大力发展旧物调剂和资源回收产业（日本称为社会静脉产业），在整个社会的范围内形成“自然资源—产品—再生资源”的循环经济环路。在这方面，德国 DSD 双轨制回收系统起了很好的示范作用。DSD 是一个专门组织对包装废弃物进行回收利用的非政府组织，它接受企业的委托，组织收运者对他们的包装废弃物进行回收和分类，然后送至相应的资源再利用厂家进行循环利用，能直接回用的包装废弃物则直接返送制造商。DSD 系统的建立促进了德国包装废弃物的回收利用，德国成为欧洲国家中循环经济发展水平最高的国家之一。例如，玻璃、塑料、纸箱等包装物，政府曾规定其回收利用率为 72%，1997 年已达到 86%；废弃物作为再生材料利用，1994 年为 52 万 t，1997 年达到 359 万 t；包装垃圾已从过去每年 1 300 万 t 下降到 500 万 t。

第四节 清洁生产

一、清洁生产的概念与内容

1. 清洁生产的概念

发达国家在20世纪60年代和70年代初，由于经济快速发展，忽视对工业污染的防治，致使环境污染问题日益严重，公害事件不断发生，逐渐引起各国政府的极大关注，并采取了相应的环保措施和对策。例如，增大环保投资、建设污染控制和处理设施、制定污染物排放标准、实行环境立法等，以控制和改善环境污染问题，并取得了一定的成绩。但是通过十多年的实践发现，这种仅着眼于控制排污口（末端），使排放的污染物通过治理达标排放的方法，虽在一定时期内或在局部地区起到一定的作用，但并未从根本上解决工业污染问题。因此，发达国家通过治理污染的实践，逐步认识到防治工业污染不能只依靠末端治理，要从根本上解决工业污染问题，必须“预防为主”，将污染物消除在生产过程之中，实行工业生产全过程控制，清洁生产的思想由此产生。

“清洁生产”或称“无废工艺”“废物减量化”“污染预防”，作为一种新的创造性的思想，这是一个相对的、抽象的概念，没有统一的标准。1996年联合国环境规划署定义为：清洁生产是指将“整体预防”的环境战略持续应用于生产过程、产品和服务中，以期增加生态效率并减少对人类和环境的风险。对生产，要求节约原材料和能源，淘汰有毒原材料，减少和降低所有废弃物的数量和毒性；对产品，要求减少从原材料提炼到产品最终处置的全生命周期的不利影响；对服务，要求将环境因素纳入设计和所提供的服务中。《中国21世纪议程》的定义是：清洁生产是指既可满足人们的需要又可合理使用自然资源和能源并保护环境的实用生产方法和措施，其实质是一种物料和能耗最少的人类生产活动的规划和管理，将废物减量化、资源化和无害化，或消灭于生产过程之中。在《中华人民共和国清洁生产促进法》中规定：所谓清洁生产，是指不断采取改进设计，使用清洁的能源和原料，采用先进的工艺技术与设备，改善管理、综合利用，从源头削减污染、提高资源利用效率，减少或者避免生产、服务和使用过程中污染物的产生和排放，以减轻或者消除对人类健康和环境的危害。

2. 清洁生产的内容

清洁生产的内容可归纳为“三清一控制”，即清洁的原料与能源、清洁的生产过程、清洁的产品以及贯穿于清洁生产的全过程控制。

（1）清洁的原料与能源

清洁的原料与能源指产品生产中能被充分利用而极少产生废物和污染的原材料和能源。选择清洁的原料与能源是清洁生产的一个重要条件。

清洁的原料与能源的第一个要求是能在生产中被充分利用。生产所用的大量原材料中，通常只有部分物质是生产中需用的，其余部分则成为所谓的“杂质”，在生产的物质转换中，常作为废物而弃掉，原材料不能被充分利用。能源则不仅存在“杂质”含量多少的问题，而且还存在转换比率、废物排放量大小的问题。若选用较纯的原材料和较清洁的能源，则杂质少、转换率高、废物排放少，资源利用率相应提高。

清洁的原料与能源的第二个要求是不含有毒物质。通过用无毒或低毒材料代替有毒原材料、用高纯物料代替充配粗料和提纯净化原材料等措施，使原材料不含有毒物质，淘汰在使用过程中产生毒害和污染的能源。

目前在开发利用清洁能源方面主要的措施是常规能源的清洁利用（采用清洁煤技术，逐步提高液体燃料、天然气的使用比例）、可再生能源的利用（水力资源的充分开发和利用）、新能源的开发和利用、各种节能技术和措施等。

常规能源的清洁利用即提高能源效率，减少能源在开采、加工转换、储运和终端利用过程中的损失和浪费。资料表明，即使欧美发达国家，20 世纪 90 年代的能效系统总效率也只有 20%左右，而我国还不及发达国家的一半。因此，能源的清洁利用存在着巨大潜力，应贯穿于能源利用的全过程。

可再生能源，即连续性能源，利用后不会耗竭，只要利用得当，会不断得到补充、再生，可反复利用。据统计，1989 年全世界消耗的可再生能源占 17.5%，而消耗不可再生能源占到 82.5%。所以，为了能源的永续利用，人们应该调整能源的消费结构，从不可再生能源转向可再生能源，尽量不用或少用不可再生能源，最大限度地节约不可再生能源，合理地利用太阳能、生物质能、水能、风能、海洋热能以及海浪、海流、潮汐和地热等可利用的可再生能源，为人类提供取之不尽的能源。

新能源，即尚处于研究开发之中只有少量利用的能源。要利用科学技术的进步，积极开发核燃料、太阳能、风能、地热能、海洋能、潮汐能以及电力氢能等新能源，扩大和发展可利用的能源资源量。

节能是指在能源利用全过程的各个环节，通过采取一切合理的措施减少能源的损失和浪费，并且在现有技术条件下回收那些可以利用的能量损失；采取管理和技术的手段，通过加强能源管理调整产业结构和产品结构，依靠技术进步和技术改造，采用新工艺、新技术和新设备达到节能的效果。

（2）清洁的生产过程

在工艺设计中充分考虑尽量少用或不用有毒有害的原料；消除无毒、无害的中间产品；减少或消除生产过程的各种危险性因素，如高温、高压、低温、低压、易燃、易爆、强噪声、强震动等；采用少废、无废的生产工艺；选择高效的设备加强物料的再循环（厂内、厂外）；简便、可靠的操作和控制；完善的管理等。

清洁的生产工艺可以将生产过程中可能产生的废物减量化、资源化、无害化，甚至将废物消灭在生产过程中。废物的减量化，就是改善生产技术和工艺，采用先进设备，提高原料利用率，使原材料尽可能转化为产品，废物达到最小量；废物资源化是将生产环节中的废物综合利用，变废为宝；废物无害化就是减少或消除将要离开生产过程的废物的毒性，使之不危害环境和人类。

（3）清洁的产品

清洁的产品就是有利于资源的有效利用，在生产、使用和处置全过程中不产生有害影响的产品。清洁产品又叫绿色产品、环境友好产品、可持续产品等。清洁产品设计工艺应使产品功能性强，既满足人民需要又省料耐用。设计清洁产品应遵循三个原则：产品生产周期的环境影响最小，争取实现零排放；产品对生产人员和消费者无害；最终废弃物易于分解成无害物。在实际生产中，要尽量用无害、低毒的产品取代有害产品。

（4）贯穿于清洁生产中的全过程控制

清洁生产的全过程控制包括两方面的内容：生产原料或物料转化的全过程控制和生产组织的全过程控制。

生产原料或物料转化的全过程控制，也常称为产品的生命周期的全过程控制。它是指从原材料的价格、提炼到产出产品、产品的使用直到报废处置的各个环节所采取的必要的污染预防控制措施。

生产组织的全过程控制，也就是工业生产的全过程控制。它是指从产品的开发、规划、设计、建设到运营管理，所采取的防止污染发生的必要措施。

应该指出，清洁生产是一个相对的、动态的概念，所谓清洁生产的工艺和产品是和现有的工业相比较而言的。清洁是一个相对的概念，推行清洁生产的本身也是一个不断完善的过程，随着社会经济的发展和科学技术的进步，需要适时地提出更新的目标，不断采取新的方法和手段，争取达到更高的水平。

二、实施清洁生产的基本途径

开发清洁生产技术是一个十分复杂的综合性问题，必须贯彻全过程控制和综合防治的原则。推行清洁生产的主体是企业，但不能停留在企业层次上，也不能只是解决单纯技术的问题，而是实施以工业生态学为指针，从环境-经济一体化出发，从削减废料、预防污染的角度，在生产过程的每一步骤找到合适的替代方案，谋求社会和自然的和谐、技术圈和生物圈兼容的工业发展新战略。同时，一项清洁生产技术要能够实施，首先必须技术上可行；其次要达到节能、降耗、减污的目标，满足环境保护法规的要求；最后在经济上能够获利，充分体现经济效益、环境效益、社会效益的高度统一。具体的实施办法有以下七个方向：

1．资源的综合利用

资源的综合利用是推行清洁生产的首要方向。通过原料的综合利用可直接降低产品成本、提高经济效益，同时也减少了废物的产生和排放。要对原料进行正确的鉴别，对原料中的每个组分都应建立物料平衡，列出目前和将来有用的组分，制订将其转变成产品的方案，并积极组织实施。

2．改变工艺和设备

简化流程中的工艺和设备，实现过程连续操作，减少因开车、停车造成的不稳定状态；在原有工艺基础上，适当改变工艺条件，如温度、流量、压力、停留时间、搅拌强度、必要的预处理等。

装置大型化，配备自动控制装置，实现过程的优化控制；改变原料配方，采用精料、替代原料、原料预处理；原料的质量管理；换用高效设备，改善设备布局和管线；开发利用最新科学技术成果的全新的工艺，如生化技术、高效催化技术、电化学有机合成、膜分离技术、光化学过程、等离子体化学过程等。

工艺的组合，如化工-冶金流程、动力-工艺流程等。

3．组织厂内物料循环

将流失的物料回收后作为原料返回流程中；将生产过程产生的废物经适当处理后作为原料或原料的替代物返回生产流程中；或者作为原料用于本厂其他产品的生产。在厂内物料再循环中，应特别强调生产过程中气和水的再循环，以减少废气和废水的排放。

4．改进产品体系

在传统模式中，产品的设计往往从单纯的经济考虑出发，根据经济效益采集原料，选择加工工艺和设备，确定产品的规格和性能，产品的使用常常以一次为限。按照清洁生产的概念，对于工业产品要进行整体生命周期的环境影响分析（Life Cycle Assessment of Product，LCA）。这一过程是指一种产品从设计、生产、流通、消费到报废后处置几个阶段（所谓从“摇篮”到“坟墓”）所构成的整个过程。具体包括目标与范围的确定、清单分析、影响评价和结果解释四个阶段。

5．加强管理

从着重于末端处理向全过程控制倾斜，使环境管理落实到企业中的各个层次，分解到生产过程的各个环节，贯穿于企业的全部经济活动之中。强化企业管理是推行清洁生产优先考虑的措施，因为管理措施一般不涉及基本的工艺过程，花费又较少。例如安装必要的检测仪表，加强计量监督；消除跑、冒、滴、漏；将环境目标分解到企业的各个层次，考核指标落实到各个岗位，实行岗位责任制；完备可靠的统计和审核；产品的质量保证；有效地指挥调度，合理安排批量生产的日程；减少设备清洗的次数，改进清洗方法；原料和成品妥善存放，保持合理的原料库存量；公平的奖惩制度；组织安全文明生产。

6. 必要的末端处理

在全过程控制中的末端处理只是一种采取其他措施之后的最后把关措施。厂内的这种末端处理，往往作为送往集中处理前的预处理措施，它的目标不再是达标排放，而是只需处理到集中处理设施可接纳的程度。

7. 组织区域内的清洁生产

创建清洁生产的基本原理是按照生态原则组织生产，实现物料的闭合循环。也就是地域性地将各个专业化生产（群落）有机地联合成一个综合生产体系（生态系统）；针对当地资源条件，跨行业、跨地区共同协作，在不同的生产层次上扩大物料闭合循环的范围，在地域范围内削减和消除废料，实现清洁生产的目的。

三、清洁生产的评价指标与审核

1. 清洁生产的评价指标

清洁生产指标具有标杆的功能，它提供了一个清洁生产绩效的比较标准。清洁生产评价指标是对清洁生产技术方案进行筛选的客观依据，清洁生产技术方案的评价是清洁生产审核活动中最为关键的环节。

（1）评价指标的选取原则

一般地说，评价指标既是管理科学水平的标志，也是进行定量比较的尺度。清洁生产的评价指标，是指国家、地区、部门和企业，根据一定的科学、技术、经济条件，在一定时期内规定的清洁生产所必须达到的具体目标和水平。为此，可以确定，指标制定的基本原则是：

① 全过程评价原则　全过程评价原则就是借助生命周期评价（LCA）方法确定清洁生产指标的范围，不但对整个生产过程实行全分析，即对原材料、能源、污染物产生及其毒性进行分析评价，还要对产品本身的清洁程度和环境经济效果进行评价，充分体现“节能、降耗、减污、增效”的宗旨。

② 污染预防的原则　指标范围不需要涵盖所有的环境、社会、经济等指标，主要反映出项目实施过程中所使用的资源量及产生的废物量，包括使用能源、水或其他资源的情况。

③ 定量原则　由于指标涉及面较广，为了使所确定的清洁生产指标反映目标项目的主要情况，又简便易行，在设计时要充分考虑指标体系的可操作性，为清洁生产指标的评价提供有力的依据。

④ 明确目标原则　规定实现指标的时间，可以是长远的规划目标，也可是短期目标；规定执行指标的具体地区、行业、企业和车间等。每项指标必须与经济责任制挂钩，指标值可以分解落实，从地区到企业、车间、班组都有与其责任相应的目标值，容易获得较全面、较客观的数据支持。

⑤ 规范性原则　指标必须有统一规范、例行性和程序化的管理。

（2）国外常用的清洁生产指标

国外清洁生产进行得较早，因此发达国家相继开发出许多清洁生产指标，表 3-1 所示为当前国外常用的清洁生产指标。

表 3-1 国外常用的清洁生产指标

指标名称	内容简述	备注
生态指标（Eco-indicator）	从生态周期评估的观点出发，将所排放的污染物质对环境的影响进行量化评估，并建立量化的 Eco-indicator，共建立 100 个指标	由荷兰 National Rerse of Waste Resdarch Programm 完成
气候变化指标（Climate Change Indicator）	污染物的排放量，所选择的标准物质，包括 CO_2、CH_4、N_2O 的排放量以及氟氯烃（CFCs）、哈龙（Halons）的使用量，以上均转为 CO_2 当量。逐年记录以评估对气候变化的影响	由荷兰开发应用
环境绩效指标[EPI（Environmental Performance Indicators）]	针对铝冶炼业、油与气勘探与制造业、石油精炼、石化、造纸等行业，开发出能源指标、空气排放指标、废水排放指标、废弃物指标以及意外事故指标	挪威和荷兰环保局委托非营利机构（European Green Table）开发
环境负荷因子[ELF（Environmental Load Factor）]	$ELF=\dfrac{废弃物重量}{产品重量}$ 产品重量：产品销售量	美国 ICI 公司开发
废弃物产生率[WR（Waste Ratio）]	$WR=\dfrac{废弃物重量}{产出量}$ 产出量：所有原副产品产量	
减废情况交换所[PPIC（Pollution Prevention Information Clearinghouse）]	比较使用清洁生产工艺前后的废弃物产生量、原材料消耗量、用水量以及能源消耗量，来判断是否属于清洁生产（相对原来工艺而言）	美国环保局

（3）国内常用的清洁生产指标

自 1993 年我国开始清洁生产试点、示范和相关研究以来，相继制定和颁布了一系列规范和推动清洁生产的法律法规和行业规范，各行各业、各个不同地区和部门进行了不断的探索和努力，在清洁生产评价指标方面也进行了大量的探索和尝试，形成了初步规范。下面就介绍一下在我国建设工程和生产过程中最常用的清洁生产指标。

我国的清洁生产评价指标依据生命周期分析的原则，分为四大类：原材料指标、产品指标、资源指标和污染物产生指标。

① 原材料指标　原材料指标体现了原材料的获取、加工、使用等各方面对环境的综合影响，从毒性、生态影响、可再生性、能源强度以及可回收利用性五个方面建立指标。

a. 毒性：原材料所含毒性成分对环境造成的影响程度。

b. 生态影响：原材料取得过程中的生态影响程度。

c. 可再生性：原材料可再生或再生的程度。

d. 能源强度：原材料在采掘和生产过程中消耗能源的程度。

e. 可回收利用性：原材料的可回收利用程度。

② 产品指标　产品指标应涉及销售、使用过程、报废后的处置以及寿命优化问题四个方面。

a. 销售　产品的销售过程中，即从工厂运送至零售商和用户的过程中对环境造成的影响程度。

b. 使用　产品在使用期内使用的消耗品和其他相关产品可能对环境造成的影响程度。

c. 报废　产品报废后对环境的影响程度。

d. 寿命优化　在多数情况下产品的寿命是越长越好，但并不尽然。寿命优化就是要使产品的技术寿命（指产品的功能保持良好的时间）、美学寿命（指产品对用户具有吸引力的时间）和初设寿命处于优化状态。

③ 资源指标　在正常操作情况下，生产单位产品对资源的消耗程度可以部分地反映一个企业的技术工艺和管理水平，即反映生产过程的状况。从清洁生产的角度看，资源指标的高低同时也反映企业的生产过程在宏观上对生态系统的影响程度，在同等条件下，资源消耗量越高，对环境的影响越大。资源指标可以由单位产品的耗水量、能耗和物耗来表示。

a. 单位产品新鲜水耗量　在正常的操作情况下，生产单位产品整个工艺使用的新鲜水量（不包括回用水）。

b. 单位产品的能耗　在正常的操作情况下，生产单位产品的电耗、油耗和煤耗等。

c. 单位产品的物耗　在正常的操作情况下，生产单位产品消耗的构成产品的主要原料和对产品起决定性作用的辅料的量。

④ 污染物产生指标　污染物产生指标是除资源（消耗）指标外，另一类反映生产过程状况的指标。污染物产生指标代表着生产工艺的先进性和管理水平的高低。基于对一般的污染问题的考虑，污染物产生指标分为三类，即废水、废气和固体废物。

a. 废水产生指标　废水产生指标反映废水产生的总体情况。为了更准确地反映生产过程状况，将废水指标分为单位产品废水产生量和单位产品主要水污染物产生量两项指标。

b. 废气产生指标　废气产生指标也分为单位产品废气产生量和主要大气污染物产生量两项指标。

c. 固体废物产生指标　由于国内还没有像废水、废气那样的具体的排放标准，固体废物指标指的就是单位产品主要固体废物产生量。

2. 清洁生产的审核

在 1989 年联合国环境规划署正式推行清洁生产以前，一些发达国家就提出了清洁生产思想并进行了清洁生产实践。美国、英国、荷兰、德国、丹麦等国家都从清洁生产的各个角度开展了废物削减、污染预防、无废低废工艺等工作。他们将废物定义为“被其所有者丢弃、处置或去除的；或者其所有者打算丢弃、处置或去除的；或者法规要求其所有者丢弃、处置或去除的任何一种物质”。通过废物审计，即何种物流（废物流）从何处生成（来自工厂的哪一部分），即可从物料平衡追踪上确定每一种废物是如何产生的，仔细计量输入和输出的流量（其差即为流失量），之后便开始确定废物减量化方案。实施废物减量化项目后，提高了环境效益，减少了开支，降低了风险，产生了更好的工艺和产品，改善了公共关系。

进入 20 世纪 90 年代，清洁生产日渐成熟，其内涵也日臻完善。美国、荷兰等发达国家在清洁生产立法、组织机构建设、科学研究、信息交换、示范项目和推广等领域取得了显著成就。清洁生产审核的规范、技能等也随着清洁生产的不断发展、示范项目的广泛启动而不断充实和提高。

中国自 1993 年开始，由世界银行贷款，由巴黎工业与环境活动中心派专家来中国推进清洁生产示范项目（B_4 项目）；在一些省、市地区，由环保局、经委等组织在工业企业中先进行排污审计。由环保部门发放排污审计表，由企业自行核实各自产生的固、液、气废物量，进行排污审报。然后选择一批重点企业进行试点，通过清洁生产审核建立示范企业。在消化吸收国外经验和试验实践的基础上，开创并建立了适合中国国情的清洁生产方法学和环境审核方法，编制了《企业清洁生产审计手册》。

（1）清洁生产审核的定义

清洁生产审核以前亦称为清洁生产审计。清洁生产审核的对象是企业。清洁生产审核是对企业现在的和计划进行的工业生产实行预防污染的分析和评估，是企业实行清洁生产的重要前提。在实行预防污染分析和评估的过程中，应制订并实施减少能源、水和原材料使用，消除或减少产品和生产工艺过程中有毒物质的使用，减少各种废物排放及其毒性的方案。

我国经济长期以来是一种粗放型的发展模式，大多数企业生产工艺和技术设备落后，管理不完善，工业污染严重。要改变这一局面，很有必要大力开展物耗最小化、废物减量化和效益最大化的清洁生产。而清洁生产审核是企业推行清洁生产、进行全过程污染控制的核心。清洁生产审核，要对企业生产全过程的每个环节、每道工序可能产生的污染进行定量的监测，找出高物耗、高能耗、高污染的原因，然后有的放矢地提出对策，制订方案，防止和减少污染的产生。

（2）清洁生产与清洁生产审核

清洁生产是总结了各国防治工业污染经验教训后，提出的一个比较完整、比较科学的新概念，已作为防治工业污染、保护环境、提高工业企业整体素质、实现可持续发展战略的重大举措。它不仅涵盖了过去常说的“清洁工艺”“无废少废工艺”“废物最小化”综合利用、企业管理、产品原材料能源替代、技术更新改造等防治工业污染的全部内容，而且提出了通过产品生命周期评估防治污染的新观点，所以清洁生产的内容是在不断完善的。在清洁生产的推行方面，可从方法研究、政策制定、组织机构建设、科学研究、培训、示范项目的建立、组织推广以及信息交流与国际合作等方面展开。如推进中国清洁生产的 B_4 项目，就大力培训了人员，开创并建立了符合中国国情的清洁生产方法学和环境审核学，通过试点建立了示范企业，进行了有利于推行清洁生产的管理制度和政策研究等。

实施清洁生产可从国家、行业、企业三个层次上进行。国家级要实现物耗和能耗最少的生产活动规划和管理。具体地，要制定相应的特殊政策，完善现有的环境法律，调整和建立优化的产业结构体系，开展各种形式的清洁生产宣传教育，为工业部门提供技术支持等。行业级要以清洁生产推进技术进步，实现全行业的清洁生产技术改造。具体地，改革工艺设备实现生产过程连续操作，实现产品更新和原料替代，进行生态再生设计，实现产品生命周期的闭路循环等。企业级，通过企业清洁生产审核，查明清洁生产的潜力和机会并加以实现。具体地，进行企业清洁生产审核，对生产全过程控制，组织企业内物料循环，减少物耗和污染物的排放量等。

清洁生产是一种跨学科、综合的战略，其目标是实现可持续生产和消费，最终实现可持续发展。而清洁生产审核和环境管理体系是执行这一战略的环境工具。企业是通过清洁生产审核来贯彻清洁生产思想的，所以，把清洁生产简单地理解成企业清洁生产审核，是片面和不完整的。

（3）清洁生产审核的程序

清洁生产审核对污染预防进行分析和评估，也就是判明废物在哪儿产生的（Where）、分析为什么会产生废物（Why）、提出方案如何来消除或削减这些废物（How），这也是清洁生产审核的总体思路。在实际生产过程中，可从原辅材料和能源、技术工艺、设备、过程控制、产品、废物、管理和员工这 8 个方面着手进行调查，分析废物产生的原因，再找出解决影响废物数量、特性问题的途径或设想。

根据这个思路，整个清洁生产审核程序可分解为具有可操作性的以下 7 个步骤，亦称为清洁生产审核的 7 个阶段，见表 3-2。

表 3-2　清洁生产审核的 7 个阶段

阶段	阶段工作	工作内容
阶段 1	策划和组织	主要是进行宣传、发动和准备工作
阶段 2	预评估	主要是选择审核重点和设置清洁生产目标
阶段 3	评估	主要是建立审核重点的物料平衡，并进行废物产生原因分析
阶段 4	方案产生和筛选	主要是针对废物产生原因，产生相应的方案并进行筛选，编制企业清洁生产中期审核报告
阶段 5	可行性分析	主要是对阶段 4 筛选出的中/高费清洁生产方案进行可行性分析，从而确定出可实施的清洁生产方案
阶段 6	方案实施	实施方案并分析、跟踪验证方案的实施效果
阶段 7	持续清洁生产	制订计划、措施在企业中持续推行清洁生产，最后编制企业清洁生产审核报告

阶段 1 是整个审核程序的准备阶段，阶段 2、阶段 3 是整个审核程序的审核阶段，阶段 4、阶段 5 是制订方案阶段，阶段 6 是实施方案阶段，阶段 7 是编写清洁生产报告，是本轮审核的总结以及下一轮审核的输入。7 个阶段的有机结合组成了企业清洁生产审核工作程序。

这套清洁生产审核程序，是从企业的角度出发，通过审核来达到节能、降耗、减污、预防污染的目的；是以生产过程为主体，考虑了从原材料输入到产品输出，对其影响的各个方面，是一套较系统和完善的清洁生产方法学以及环境审核方法学。这套程序把清洁生产的总体思想贯穿于整个审核过程的始终，突出了预防性。同时，又十分强调持续性，审核过程始终贯彻边审核边实施持续改善的原则。此外，这套程序还注重可操作性，对企业进行清洁生产审核起到实实在在的指导作用。企业通过这套程序的运作，可以给企业带来经济效益，国内 10 个行业（钢铁、冶金、石油化工、原料化工、制药、印染、制革、电镀、造纸和啤酒、酒精）51 个企业的审核试点结果也证实了这一点。企业通过清洁生产审核不仅削减了污染物排放，而且提高了企业的生产效率，减少了原材料消耗，降低了生产成本，提高了企业的经济效益。

四、清洁生产与 ISO 14000 管理体系

1. 环境管理体系概述

（1）ISO 14000 系列标准产生的背景

20 世纪 60 年代以来，由于世界范围内对于环境问题及其影响的关注日益增强，环境保护正在成为全人类的共识。自 20 世纪 80 年代开始，英国和西欧的一些公司为减少污染，提高企业在公众中的形象以获得商业经营支持，开始建立各自的环境

管理方式，这就是环境管理体系的雏形。1985 年，荷兰率先提出建立企业环境管理体系的概念，并于 1988 年试行实施。此后，英国及欧洲的其他国家纷纷开展环境认证工作。这些实践活动奠定了 ISO 14000 系列标准产生的基础。

1987 年，世界环境与发展委员会发表了题为《我们共同的未来》的文件。1992 年 6 月，联合国在巴西里约热内卢召开环境与发展大会，通过了《21 世纪议程》和《里约热内卢宣言》等 5 个文件。世界各国的环境保护观念开始由“末端治理”向“污染预防”的方向发展。在这种发展趋势下，ISO 14000 系列标准应运而生。

（2）ISO 14000 的形成

国际标准化组织（ISO）成立于 1947 年 2 月，是世界上最大的非政府性国际标准化组织。它于 1992 年成立了环境问题特别咨询组（ISO/SAGE），并在此基础上，于 1993 年 6 月正式成立了环境管理标准化技术委员会（ISO/TC 207），开始制定 ISO 14000 环境管理系列标准。ISO/TC 207 的宗旨是：通过制定一套环境管理的国际标准，规范企业和社会团体等所有组织的环境表现，使之与社会经济发展相适应，最大限度地合理配置和节约资源，减少人类各项活动所造成的环境影响，维持和持续改善人类生存与发展的环境，促进可持续发展。其职责是：研究、制定、推广实施环境管理系列国际标准，试图从全方位着手，通过标准化手段来有效地改善和保护环境。1996 年 9 月，国际标准化组织正式发布了 ISO 14001 和 ISO 14004 国际标准，随后的几年中，又陆续发布了 ISO 14000 系列其他标准。

ISO 14000 环境管理体系标准的定义是：“一项关于某个组织与实施、维持或完成其涉及大气、水质、土壤、天然资源、生态等环境保护方针有关的包括计划、运营、组织、资源等整个管理体系标准。”在该标准的规范下，组织通过经常和规范化的管理活动，以实现减少污染和环境保护的承诺及应尽的义务。ISO 14000 环境管理体系系列标准的目的在于指导组织建立和保持一个符合要求的环境管理体系，并通过这一体系的建立、运行、审核和改进，以规范人们的行动，通过不断进行环境评价、管理评审和体系审核活动，推动这个体系的有效运行，达到环境保护质量不断改进的目标，促进经济持续健康发展。

（3）实施 ISO 14000 环境管理体系标准的意义

① 有利于实现环境与经济的协调发展　ISO 14000 系列标准的实施强调全过程的环境管理与控制，要求组织对污染预防和环境的持续改进作出承诺，并对重大环境因素制定切实可行的环境目标和指标，因此，实施环境管理体系可以有效地规范组织的行为，有利于控制污染、提高资源利用率、保护生态平衡，对于国民经济的可持续发展战略具有重要作用。

② 有利于提高企业的环境管理水平，改善企业形象　ISO 14000 环境管理体系标准将国家的宏观环境管理与组织微观环境管理有机地结合起来，使环境管理成为组织全面管理的一个重要的组成部分，自觉地将环境保护纳入组织的目标当中，运

用内部审核、管理评审、生命周期分析等手段提高组织自我管理的能力。组织建立了环境管理体系，就可以提高其环境管理的现代化、科学化水平，从而也树立了组织的良好形象，提高了广大企业及其产品在市场竞争中的能力。

③ 有利于消除贸易壁垒，促进国内外贸易的发展　随着现代工业的发展，环境问题已经成为全球关注的焦点，不少发达国家以保护生态环境、自然资源、人类和动物的健康为由，通过颁布复杂多样的环保法规、条例，建立严格的环保技术标准和产品包装要求，建立烦琐的检验、认证和审批程序，利用实施环境标志制度以及苛征环境进口税等方式对进口产品设置贸易障碍，以限制外国产品的进口，从而达到保护本国国内环境和市场的目的。绿色壁垒的问题由此产生。统一了环境管理体系要求之后，使国际市场的产品准入具有公平、稳定、透明、非歧视和平等的特性，因此，它的实施有利于消除和限制贸易壁垒和自我保护主义，使国内外贸易进一步自由化，使广大发展中国家获益匪浅。

2．环境管理体系的内容

（1）ISO 14000 系列标准的构成

ISO 14000 是一个系列环境管理体系标准，有 100 个标准号，从 ISO 14000 到 ISO 14100。ISO 14000 系列标准的构成见表 3-3。

表 3-3　ISO 14000 系列标准的构成

序号	标准号	名称
1	ISO 14000—14009	环境管理体系（EMS）
2	ISO 14010—14019	环境审核（EA）
3	ISO 14020—14029	环境标志（EL）
4	ISO 14030—14039	环境行为评价（EPE）
5	ISO 14040—14049	生命周期评价（LCA）
6	ISO 14050—14059	术语和定义（T&D）
7	ISO 14060	产品标准中的环境指标
8	ISO 14061—14100	预留号

其中，适用于企业组织规范的是环境管理体系（EMS）、环境行为评价（EPE）和环境审核（EA）；适用于产品规范的是环境标志（EL）和生命周期评价（LCA）。EMS 标准是 ISO 14000 系列标准的核心，是系列标准中其他标准得以有效实施的基础。它要求组织在其内部建立并保持一个符合标准的环境管理体系，体系由环境方针、规划、实施与运行、检查和纠正、管理评审五个基本要素构成，通过有计划地评审和持续改进的循环，保持组织内部环境管理体系的不断完善和提高。

此外，ISO 14061—14100 预留号，作为待开发项目编号，其主要工作领域为环境管理工具和体系的标准化。

（2）ISO 14001 标准的主要内容及运行模式

ISO 14001 标准共分为五章，分别为导言、范围、引用标准、术语定义、环境管理体系原则和要素。其中第五章最为重要，占整个标准篇幅的 90%以上。在这一章中，提出了环境管理体系的五大要素，即环境方针与承诺、环境规划、实施与运行、检查与纠正措施、管理评审。这五个要素将环境管理体系紧密地联系在一起，在方针与承诺的引导下组织制订实施方案并监测其运行情况，达到所制定的目标，再通过管理评审形成下一步的改进提高。这五个要素之间连贯一致，步骤上环环相扣、相辅相成，共同保证了体系的有效建立与实施。

这五个要素进一步可以划分为 17 个小要素，分别是：环境方针、环境因素、法律与其他要求、目标与指标、环境管理方案、结构与职责、培训与能力、信息交流、环境管理体系文件编制、文件管理、运行控制、紧急情况准备、监测、纠正与预防、记录、环境管理体系审核、环境管理评审。这 17 个要素是建立、实施、评价环境管理体系的重要的和必要的内容，共同构成了 ISO 14001 标准，其他系列标准则围绕着这 17 个要素展开，组织建立环境管理体系时必须覆盖这 17 个要素。

环境管理体系的运行是典型的 PDCA 系统化管理模式，即计划（Plan）、实施与运行（Do）、检查（Check）、行动或处理（Action），上述 17 个要素分别属于不同的环节，具体的运行模式如图 3-2 所示。

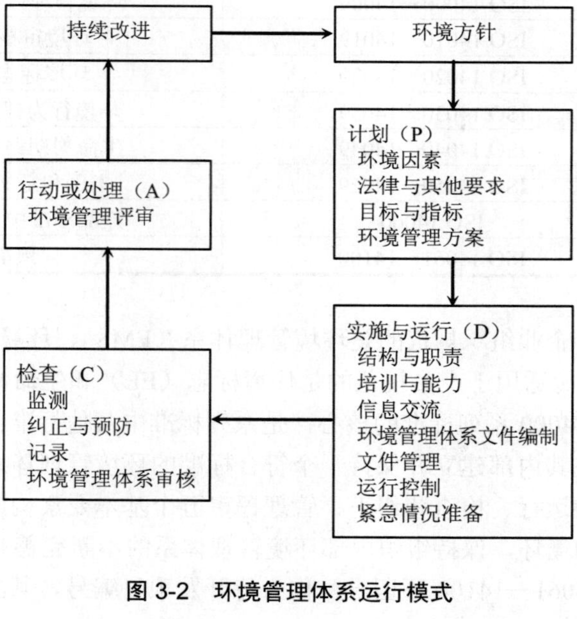

图 3-2　环境管理体系运行模式

（3）ISO 14000 系列标准的主要特点

① 适用范围广　ISO 14000 系列标准适用于任何类型与规模的组织，并适用于各种地理、文化和社会条件。任何组织，无论其规模、性质、所处行业领域都可以建立自己的环境管理体系，并按照标准所要求的内容实施，向认证机构申请认证。

② 强调污染预防和持续改进　污染预防和持续改进是 ISO 14000 系列标准的两个基本点。污染预防是通过对组织的活动、产品和服务的全过程控制，力图使每一个因素对环境的影响最小，它强调全过程的管理，重在污染源头的削减和全过程污染控制，体现了当前国际环保领域的发展趋势。ISO 14000 系列标准没有对最终的运行结果加以规定，这是与以往标准最大的不同点。

③ 自愿性原则　ISO 14000 系列标准强调的是通过非政府的行为，即通过非行政的手段，组织建立环境管理体系。它不要求组织强制实行，组织是否采用标准，完全取决于组织自己的发展战略，取决于组织的自身意愿。从 ISO 14000 系列标准的具体实施内容来看，这一系列标准与现有的环境管理体系并不矛盾，通过 ISO 14000 的认证只会加强现有的环境管理体系。

④ 强调对有关法律、法规的持续符合性　整套标准的宗旨是希望各种类型的组织都能够建立这一体系，而企业所在的国家和地区不同，企业规模和大小不同，会使得其经济技术水平相差很大，不可能用统一的行为标准来衡量，因此在 ISO 14000 中只要求组织承诺遵守所在国家和地区的环境保护法律、法规的要求，并没有提出绝对的环境行为要求。

⑤ 强调系统化、文件化、程序化　系统化的管理就是最优的组合，最优化的结果。最优化的组合并不代表最先进的技术组合，应根据自身实际，充分考虑人员素质、技术水平、经济能力、经济发展等方面因素，在解决环境问题的过程当中，使这些方面能够协调一致，实现最优化的组合。ISO 14000 系列标准要求采用结构化、程序化、文件化的管理手段，强调管理和环境问题的可追溯性，充分体现整体化的特色。

3．环境管理体系与清洁生产的关系

清洁生产和环境管理体系都是从经济与环境协调发展的角度提出的新思想、新措施，都是在环境保护从“末端治理”向实施“污染预防”转移的相同背景下产生和形成的，但两者分属不同的体系，因此两者之间既有共同点，又有许多区别，但总的来说，两者之间是密切联系、相辅相成的。

（1）环境管理体系与清洁生产的共同特征

ISO 14000 环境管理体系标准的总目的是支持环境保护和污染预防，协调它们与社会需求和经济需求的关系。按照标准的要求，组织通过制定环境方针和目标指标、评价重要环境因素与持续改进达到节能、降耗、减少污染的目的。而清洁生产也是强调资源、能源的合理利用，鼓励企业在生产、产品和服务中最大限度地做到节约能源，利用可再生能源和清洁能源，实现各种节能技术和措施；节约原材料，使用无毒、低毒和无害原材料；循环利用物料等。在清洁生产方法上，以加强管理和依靠科技进步为手段，实现源头削减、改进生产工艺和现场回收利用；积极开发原材料替代品，开发新产品，提高产品寿命和可回收利用率；改进生产工艺和流程，提高自动化水平，更新生产设备；总结生产经验，加强职工培训等。这些措施，也正是ISO 14001标准中控制重要环境要素、不断取得新的环境绩效的基本做法和要求，是实现污染预防和持续改进的重要手段。

清洁生产和ISO 14000环境管理体系标准的产生和形成，为人类社会的环境保护提供了具体的指导和手段，为促进工业行业的环境保护提供了管理和技术上的先进模式，为经济和环境的协调发展提供了强有力的工具。它们的最终目标都是为了实现社会的可持续发展。

（2）环境管理体系和清洁生产的区别

① 侧重点不同　ISO 14000标准侧重于管理，是集国内外环境管理经验于一身的先进的环境管理模式，它强调的是标准化的管理，也是组织中总的管理的一个重要的组成部分；清洁生产则着眼于生产本身，以改进生产、减少污染为直接目标，其中强调的是生产模式。

② 依据和标准不同　环境管理体系以ISO 14000系列标准为审核依据，以各国适用的环保法规和标准为基本要求；而清洁生产是以现有的生产技术和经济投入为基础，有较大的不确定性，因而没有最终标准，属于概念性环保策略。

③ 实施手段不同　ISO 14000标准是以国家法律法规为依据，采用优良的管理，促进技术改造；清洁生产则是直接采用技术改造，辅以加强管理，技术内涵比较广泛和丰富。因此，清洁生产有着明显的行业特点，某一清洁生产技术的成熟，即可在本行业内部加以推广。

④ 认证方面不同　ISO 14000环境管理体系存在体系认证，认证周期为2～3年，其认证机构必须得到国家的认可和注册登记，认证人员必须经过培训和考试，并经注册认可方可从事ISO 14000的认证工作；清洁生产不存在体系认证的问题，因而也没有专门的认证机构，多由行业部门指导进行，从事清洁生产审计的人员目前也没有专门的资格认可。

⑤ 审核方法不同　环境管理体系审核侧重于检查企业的自我管理状况，审核对象有企业文件、记录及现场状况等具体内容，其审核周期不定；清洁生产审计以工艺流程分析、物能平衡方法为主，确定最大污染点和最佳改进方法，其审核的周期为5～10年。

⑥ 产生的作用不同　环境管理体系为组织的最高管理者提供了一种先进的环境管理模式，力求把环境管理纳入组织的全面管理之中，让组织中所有成员具有环境保护的意识，明确各自的职责；清洁生产向技术人员和生产管理人员提供了一种

新的环境保护思想，使企业从事环保的人员把环境保护工作的重点转移到生产过程中来。

⑦ 发展趋势不同　环境管理体系通过国际市场发挥作用，通过 ISO 14000 的认证仅能证明组织的环境管理较为完善，符合 ISO 14000 的要求，却不能直接证明产品或技术的环境性能的优劣，其最终将向国际化的方向发展；而清洁生产的工艺、技术和设备的改进都要考虑到其环境性能的优劣，清洁生产的技术一般随着科技进步的发展而发展，最终国际化的趋势并不显著。

（3）环境管理体系和清洁生产的联系

清洁生产的实施为推行 ISO 14000 系列标准创造了条件。ISO 14000 系列标准的发布，提供了系统化、结构化的管理架构，但制度的完善并不意味着环境问题能够完全解决。作为一种标准，ISO 14000 系列本身并不能达到改善环境的目的，其中的各项条款只是为达到这一目的提供了有效的途径和手段。而采用清洁生产是有效预防工业污染的最佳途径，它利用先进的科技手段，实现生产过程的污染物排放最少，能源、资源消耗最少的目的。因此，清洁生产工作是实施环境管理体系的必然要求，只有实施清洁生产，才能有效地达到环境管理体系所要求的各项标准。

同时，环境管理体系是清洁生产得以实施的保证。环境管理体系标准是组织进行环境管理的国际标准性文件。根据清洁生产的全过程控制概念，要求组织必须具备良好的环境管理。因此，应该将 ISO 14000 系列标准贯彻于组织的清洁生产的全过程中，并落实到组织中的各个层次和环节，与组织的全面管理紧密结合起来。推行 ISO 14000 系列标准是实施清洁生产的必要措施和有效手段，往往可以取得花费较少，不涉及具体技术和工艺，而收效明显的经济效益和环境效益。

环境管理体系还为清洁生产的顺利进行提供了组织和制度上的支持。清洁生产是一个相对的概念，是相对于现有的技术水平和环境管理水平而言的，因此，清洁生产的实施需要外部持续的推动力，需要获得各个企业高层领导的支持，要求企业成立相应的清洁生产审计队伍，不断改善企业对环境的不良影响。ISO 14000 要求组织建立自己的环境管理体系，为企业的清洁生产提供体系上的支持，并且为如何明确和完善这种支持提供了相应的标准，因此，环境管理体系的建立在制度上保证了企业有一支推行清洁生产的常规队伍，使清洁生产的实施成为企业日常环境管理和环境行为中一项重要的内容，并且保证了各企业高层领导对清洁生产的参与，保证其对实施清洁生产的承诺。

实施清洁生产不能脱离一个完整的环境管理体系的支持与保护，环境管理体系不断丰富着清洁生产的内涵，同时，实施清洁生产也是环境管理体系的必然要求。清洁生产和环境管理体系两者之间并不矛盾，清洁生产审计和环境管理体系的认证也是相互融合的。将清洁生产的方法体现在环境管理体系的程序要求之中，就可以确保企业运用清洁生产的思想和技术，建立自身的环境管理体系，促进企业自身的可持续发展，最终促进全社会环境与经济的协调发展。

思考与讨论

1. 可持续发展的内涵和实质是什么？
2. 中国可持续发展的战略是什么？
3. 循环经济的特点和原则是什么？
4. 什么是清洁生产？清洁生产的途径有哪些？
5. 环境问题及对策。
6. 可持续发展的内涵及其意义。
7. 为什么要大力发展循环经济？
8. 开展清洁生产的目的和意义。

阅读与咨询

1. 绿色 GDP

在 20 世纪 70 年代以前，传统的西方经济学把增长与发展混为一谈，把国民财富的增加作为人类经济活动的最根本目标。GDP，是指一个国家或地区在一定时期内所生产和提供的最终货物和服务的总价值。该指标已经被广泛用于度量一国的收入或福利情况，成为人们判断一国或一地区经济发展水平的最主要依据。但传统 GDP 的核算不能全面地覆盖经济福利的内容，也不能充分反映当前和将来的福利变化。其局限性至少有两个方面：① 传统 GDP 在衡量经济成果时，没有把自然资源的利用作为经济过程的投入来看待，忽视了支撑经济生产可持续的资源基础。在传统 GDP 中，只有生产资产才能得以明确的测算和考虑，其使用费用反映到中间消耗和固定资本消耗中，而非生产性自然资产，如土地、矿产和森林资源等，其使用成本并未被明确计入生产成本，更没有像人造成本那样计算相应的折旧。② 传统 GDP 没有将人类不合理的生产和消费方式所造成的对环境的破坏以及人类为恢复适宜的环境所做的努力加以适当的考虑，忽视了生产活动和消费活动导致的环境成本，忽视了国民的健康成本和生活质量，如空气、水、原始森林等，传统 GDP 没有体现这一部分使用费用。环境也受经济活动的影响，过度放牧和开垦荒地、乱砍滥伐森林以及向自然系统排放有毒有害废物造成的环境恶化和环境质量退化，会严重影响人类的健康和福利水平。但各国统计 GDP 时不仅把过度利用资源、损坏环境创造的财富纳入 GDP，而且将治理环境、治疗因环境恶化引起的疾病所消耗的“损失成本”和“借用成本”也当作“财富”纳入 GDP。

以上问题导致人们对经济规模和经济增长的过高估计，造成了一种扭曲的、虚假的经济图像，使得 GDP 指标难以真正反映某一国家或地区的国民经济状况和福利水平及其变化。据中国科学院可持续发展战略组组长牛文元初步计算：中国从1985—2000年，GDP年均8.5%的高速增长是用生态赤字换取的。实际上，这期间真实的国民财富只是GDP统计的78.2%，另外的21.8%则是通过“损失成本”和“借用成本”获取的。作为SNA（国民经济核算体系）的核心指标的GDP成了一根有害的“指挥棒”，它鼓励和驱使人们去掠夺地球，自毁人类赖以生存的家园。

20世纪中叶开始，一些经济学家和统计学家们，尝试改革现行的国民经济核算体系，对环境资源进行核算，从现行GDP中扣除环境资源成本和对环境资源的保护服务费用，这便是绿色GDP。绿色GDP是指绿色国内生产总值，是扣除经济活动中投入的环境成本后的国内生产总值。绿色GDP这个指标，实质上代表了国民经济增长的净正效应。绿色GDP占GDP的比重越高，表明国民经济增长的正面效应越高，负面效应越低，反之亦然。

为了把环境因素并入经济分析，联合国在SNA-1993中心框架基础上建立了综合环境经济核算体系（System of Integrated Environmental and Economic Accounting，SEEA）作为SNA的附属账户（又称卫星账户），1993年公布了SEEA临时版本，2000年公布了SEEA操作手册，目前SEEA-2003版本也已正式公布。

SEEA-2003是在SEEA-1993基础上修订完成的，也是对SEEA-1993实践应用的经验总结。SEEA-2003对综合环境经济核算体系进行了全面阐述，详细说明了将资源耗减、环境保护和环境退化等问题纳入国民经济核算体系的概念、方法、分类和基本准则，构建了综合环境经济核算的基本框架。其宗旨在于以环境调整的国民财富、国内生产总值、国内净产出和资本积累等宏观经济指标支持社会、经济和环境综合决策，是衡量可持续发展、为实施可持续发展战略提供信息支持的基本手段。

对于国家统计局和国家环保总局两个部门正在开展的绿色国民经济核算试点工作来说，从科学的意义上讲，最后核算出来的“经环境污染调整后的绿色GDP”，是一个局部的、有诸多限制条件的绿色GDP，是一个仅考虑环境污染扣减的GDP，用虚拟治理成本去调整的GDP，不包括生态破坏治理成本的扣减。完全意义上的绿色GDP只能由国家统计局组织有关资源部门和环保部门经过长期的努力核算得到，是一个理想化的核算目标。

绿色GDP核算引导人们改变，增强环境资源保护意识，自觉地走可持续发展之路。目前，许多国家都在研究GGDP（绿色GDP）的核算方法。GGDP核算是建立在GDP核算的基础之上的，在完善GDP核算和建立起资源环境实物量核算基础之后，逐步建立综合环境和经济核算体系，开展GGDP核算。绿色GDP核算目前有以下两种途径。

途径之一　在传统的国民经济账户表中加入反映自然资源和环境的成本信息，通过调整传统的GDP得到GGDP。联合国统计委员会已构建出环境和经济核算体系（SEEA），作为SNA的附属核算体系。在国内生产总值中扣除自然资本的消耗，得到经过环境调整的GDP，也就是GGDP；在国内生产总值中扣除生产资本的消耗，得到国内生产净值（NDP）。从国内生产总值中同时扣除生产资本消耗和自然资本消耗，得到经环境调整的国内生产净值，也称绿色国内生产净值（EDP），这就是联合国综合环境与经济核算体系的核心指标。

途径之二　利用投入产出技术描述和计算绿色GDP。其基本方法是考虑环保活动（资源恢复和污染处理），在投入产出表中增加资源消耗、污染排放、资源恢复和废物治理四部门。从产出方向看，传统GDP等于各传统产业最终产品产量之和，各部门最终产品产量等于总产品减中间产品产量，然而各部门在生产过程中不仅生产出了满足自身需要的产品（正效应），而且产生了由生产活动外部不经济性所带来的生存环境损害（负效应）。同时，开展环保活动（资源恢复和污染治理）又必须有相应的资源环境消耗，包括进行环保活动而新产生的资源消耗和环境污染等“自然品”的消耗。另外，由环保部门所创造的增加值（新创造价值），应被视为产出新增部分。

因此，绿色GDP可按下列公式计算：GGDP = GDP−资源环境损害+环保部门新创造价值。无论是第一种途径还是第二种途径都存在着一个难题，这就是资源的消耗和环境损失的货币化问题，因为资源耗减和环境污染很难找到一个合适的价格。资源环境的基本核算通过两种手段来实现，一是实物量核算，二是价值量核算。《中国环境报》对中国绿色国民经济核算的实物量核算和价值量核算做了详细的解释：所谓实物量核算，是在国民经济核算框架基础上，运用实物单位（物理量单位）建立不同层次的实物量账户，描述与经济活动对应的各类污染物的产生量、去除量（处理量）、排放量等；所谓价值量核算是在实物量核算的基础上，估算各种环境污染和生态破坏造成的货币价值损失。

对于环境污染价值量核算而言，价值量核算包括污染物虚拟治理成本核算和环境退化成本核算，分别采用治理成本法和污染损失法。主要包括以下方面：各地区的水污染价值量核算、大气污染价值量核算、工业固体废物污染价值量核算、城市生活垃圾污染价值量核算和污染事故经济损失核算；各部门的水污染价值量核算、大气污染价值量核算、工业固体废物污染价值量核算和污染事故经济损失核算。

2. 典型清洁生产案例——中国阜阳酿酒总厂清洁生产案例

（1）企业基本概况

阜阳酿酒总厂建于1949年，占地面积15万m^2，企业职工1 650人，固定资产价值3 600万元。生产原料为甘薯，能源主要是蒸汽和电力。生产1 t酒需要64 t淡水（不包括再循环水），年耗煤2.2万t。车间每年产酒2万t，工业总产值7 200万元。

清洁生产前酒车间的环保情况见表3-4。

表 3-4　清洁生产前酒车间环保情况（1994 年前）

排放项目	发酵釜馏物/（t/t）	COD/（mg/L）	BOD_5/（mg/L）	废水/万 t	固体废物/t	废气/（万 m^3/a）
排放量	14	54 000	26 000	128	煤渣	18 000

由表 3-4 看出，1994 年前的年 COD 和 BOD_5 负荷分别为 54 000 mg/L 和 26 000 mg/L，相当于年产 15 120 t COD 和 7 280 t BOD_5。

（2）末端治理

污染物的末端治理见表 3-5。

表 3-5　污染物的末端治理

管端处理系统	发酵釜馏物		固体废物	废　气
	厌氧发酵生产甲烷	培养生产菌丝蛋白	煤渣	磨盘式水膜装置
投资/万元	122	320	直接销售	10
设计处理能力/（m^3/d）	350	300～400		达标排放
实际处理能力/（m^3/d）	250	尚未正常运行		达标排放
削减 COD 量/（t/a）	3 800			
削减 BOD_5 量/（t/a）	1 736			

由表 3-5 看出，每年削减 COD 3 800 t 和 BOD_5 1 736 t，但 COD 和 BOD_5 仍然非常高，分别为 7 050 mg/L 和 4 680 mg/L。尽管阜阳酿酒总厂花了大量财力、人力进行末端治理，但治理的效果并不是很好，为了进一步减少污染和保护环境，必须采取清洁生产。

（3）清洁生产审计

清洁生产是通过实行清洁生产审计实现的。阜阳酿酒总厂在开展清洁生产之前就已指派专人到北京参加国家清洁生产审计培训班，成立了清洁生产审计组，并确定了预防污染目标。

根据酒厂车间实际情况和污染物的状况，确定出以下几个常用的清洁生产目标，并制定出清洁生产的近期和中期目标，见表 3-6。

表 3-6　清洁生产的近期和中期目标设置

项　目	COD 削减量/%	耗水量削减/%	蒸汽消耗量/%
近期目标	30	25	
中期目标	65		25

通过动员全体职工，清洁生产审计组收集了 102 项建议和方案。在分析了这些方案之后，清洁生产组挑选了 24 个方案作为审计重点，见表 3-7。

表 3-7 清洁生产备选方案

序号	方案类型	清洁生产备选方案名称	要点与原理
01	原材料替代	用玉米作为主要原料	适应作物类型变化，综合利用废物减少污染
02		用沼气替代能源	减少能源用量，减少污染物负荷
03	技术改进	改进研磨系统	减少原材料损失和能耗，提高设备利用率
04		改进二次冷却系统	减少管道阻力，提高冷却效果
05		多安装测量仪表	优化工艺，稳定工艺参数
06		选用特种酵母	稳定产量，提高设备利用率和酒产出比
07		多塔分馏	节能，提高产品质量
08		计算机控制蒸馏系统	优化工艺控制，稳定操作，节能
09		完善工艺操作规程	检查工艺参数，标准操作
10		技术培训	提高职工专业技能和解决问题的能力
11		防止泄漏	节约原材料、能源和水
12		控制洗涤水用量	节水
13	设备管理	经常保养设备	提高设备利用率，减少运转费和维修费
14		保证原材料质量	提高产酒率
15		加强材料保管	减少原材料损失和污染
16		防止发酵罐内部腐蚀	延长罐的服务寿命，节约蒸汽和洗涤水
17		建发酵罐大棚	发送操作条件，节约冷却水
18		使甲烷设备满负荷工作	提高设备利用率，减少污染
19		冷却水再循环	节水，减少废水
20		釜馏物中的水用于生产	节约淡水，减少污染
21	废物回收	回收精馏废热	废热适当重复利用
22		对酒精进行深加工	制饲料，减少污染，废物再利用
23		利用釜馏物生产甲烷，利用甲烷发电	减少污染，利用废物
24		利用发酵釜馏物生产菌丝蛋白	生产饲料，减少废物，回收利用釜馏物

在这些方案中，11 个属于无成本或低成本方案，占方案总数的 45.8%，5 个属于中成本方案，占方案总数的 20.8%，8 个属于高成本方案，占方案总数的 33.3%。在全部 24 个方案中，5 个与能源密切相关，占方案总数的 20.8%。

(4) 实施清洁生产前后的污染物、经济效益与环境效益的比较

① 实施无成本或低成本和中成本清洁生产方案后的经济效益与环境效益

通过对前面备选清洁生产方案的分析，决定先实施无成本或低成本和一些中成

本方案，实施后的经济效益与环境效益见表 3-8。

表 3-8 实施清洁生产方案后的经济效益与环境效益

序号	成本类别	投资/万元	实施时间	环境效益	经济效益
09	低	2.0	1994.4	削减 COD 6%	节煤 1 000 t 节省 20 万元/a
10	低	2.0	1994.5	潜在	潜在
11	低	3.0	1994.4	削减 COD 2%	节省 5 万元/a
12	无	—	1994.4	削减废水	节省 1 万元/a
13	低	2.0	1994.4	潜在	节省 4 万元/a
14	无	—	1994.4	减少杂质	节约原料 900 t 节省 72 万元
15	中	28.0	1994.4—1994.6	减少原料腐烂、损失和污染	节约原料 300 t 节省 24 万元
16	中	10.0	1994.8—1995.3	减少洗涤水	潜在 延长寿命 5 年
17	中	12.0	1994.10—1995.4	削减废水	节水 6 万 t/a 节省 3 万元/a
18	低	2.0	1994.9	削减 COD 10%	节省排污费 12 万元/a
19	低	3.0	1994.10—1995.3	减少用水量 40 万 t/a	节水 40 万 t/a 节省 20 万元/a
20	低	3.0	1994.11—1995.3	削减 COD 14%	节水 4 万 t/a 节省 5 万元/a
21	低	3.0	1994.10—1994.12	减少热系统污染	节煤 250 t/a 节省 5 万元/a
22	低	与 07 一起实施			
03	中	与 02 一起实施			
06	中	与 02 一起实施			

② 清洁生产前后的污染物比较

实施清洁生产前后的污染物比较见表 3-9。

表 3-9 清洁生产前后的污染物比较

污 染 物	原 产 出	清洁生产前	清洁生产后	削 减 量
COD 负荷/%	100	75	6	69
COD/（t/a）	15 120	11 320	1 007	10 313
废水负荷/%	100	100	61	39
废水/（万 t/a）	128	128	78	50
煤渣负荷/%	100	100	73	27
煤渣/（万 t/a）	75	75	55	20

表 3-9 表明，每吨酒的蒸汽和淡水消耗量可以削减 30%以上，而发酵釜馏物的 COD 负荷比原产出量减少 69%，这意味着酒生产的 COD 负荷可以削减 94%，最后的 6%仍留在甲烷消化液中，为了尽可能减少这 6%的污染物，以后将进行专门研究。

清洁生产得到了预期成果，并大幅度提高了经济效益和环境效益，在实施无成本或低成本和一些中成本方案之后，COD 负荷已削减 30%，每吨酒的淡水消耗量已下降 28%，可以带来 168 万元/a 的经济效益。如果实施重要的清洁生产方案（高成本），则 COD 负荷可以再削减 40%，每吨酒的蒸汽消耗量将再降低 30%；同时，将节省大量冷却水，年额外现金流量大约 400 万元，它同时实现了经济增长和环境增长。

3．相关网站

中国可持续发展研究网 http://www.china-sds.org/

中国清洁生产网 http://www.cncpn.org.cn/

4．网上咨询

中国可持续发展国家报告

循环经济促进法

清洁生产促进法

清洁生产标准

第四章　大气污染及其防治

人类生活在空气的海洋里，洁净的空气对生命来说比任何东西都重要。一个健康的成年人每天需从外界摄取 12～15 m^3 的空气，人们可以断食数周、断水数天，但停止呼吸几分钟便会死亡。由此可见，空气对人类是至关重要的。然而由于现代工业的发展，给大气环境造成了很大程度的污染，使得大气质量日益恶化，影响全球的“酸雨”“温室效应”“臭氧空洞”等现象均由于大气污染造成。因此，研究大气污染及其防治措施已受到全人类的高度重视。

第一节　大气的结构与组成

一、大气的结构

1．大气与空气

在研究大气污染及对空气质量进行评价时，为了便于说明问题，大气与空气这两个词常常分别使用。大气与空气两个词从自然科学角度来说并没有实质性差别，一般对于室内或某个特定场所供动植物生存的气体，习惯上称为空气，而在科学研究中，当以大区域或全球性气体作为研究对象时，则常用大气一词。

2．大气的结构

地球的最外层被一层约 5×10^{15} t 的混合气体包围着。由于受地心引力的作用，大气在垂直方向的分布极不均匀，大气的质量主要集中在下部，50%的质量集中在离地面 5 km 以下，75%集中在 10 km 以下，90%集中在 30 km 以下的范围内。距离地面 1 000～1 400 km 的高空，气体已非常稀薄。

根据大气垂直方向分布的特点，在结构上可将大气圈分为 5 层（图 4-1）。

（1）对流层

对流层是大气的最低层，其平均厚度约 12 km，集中了大气中 80%的空气和几乎所有的水蒸气。对流层内具有强烈的对流作用，云、雾、雨、雪等主要天气现象均出现在此层，其对人类的生产生活影响最大，也是大气污染的主要研究对象。

对流层的显著特点之一是气温随高度升高而递减，大约每升高 100 m，温度降低 0.6℃；二是密度大，大气质量约 80%集中在此层。

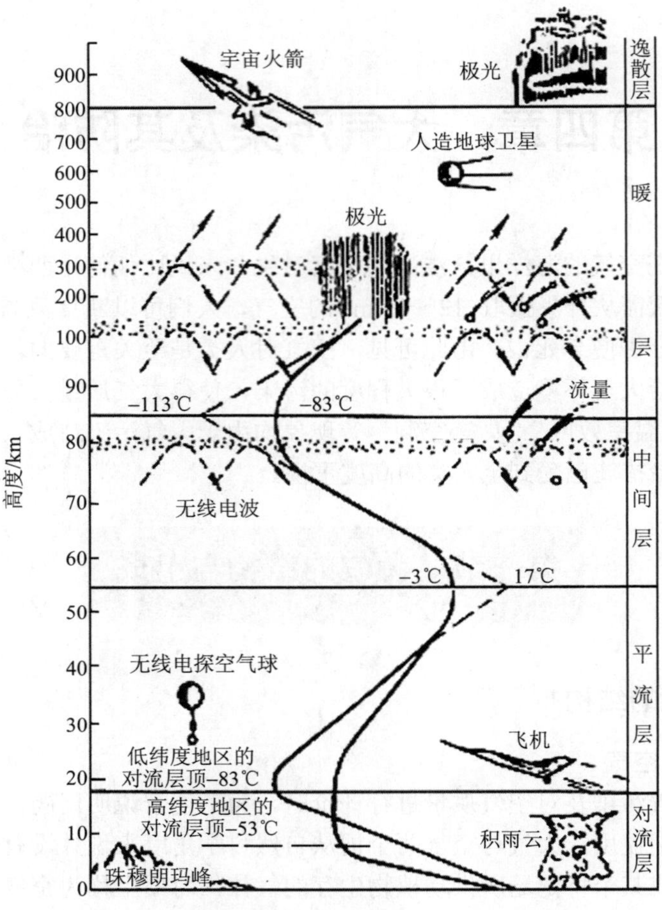

图 4-1 大气圈的结构

（2）平流层

对流层顶到 50 km 的大气层为平流层。平流层中空气没有垂直对流运动，水平运动占显著优势，空气比对流层稀薄干燥，水汽、尘埃等含量甚微，大气透明度好，很难出现云、雨等天气现象，因此是现代超音速飞机飞行的理想场所。

在平流层中，距离地面 15～35 km，有厚约 20 km 的一层臭氧层。臭氧层能大量吸收太阳光中对动植物有害的紫外线，使地球生物免受紫外线的照射，同时还能对地球起保温作用，因此被誉为地球生命的“保护伞”。

（3）中间层

平流层顶至约 80 km 高度范围内的大气称为中间层。该层空气更为稀薄，且由于没有如臭氧这类可吸收太阳辐射能量的物质，使得中间层内出现较强的垂直对流运动。

（4）暖层

从 80 km 到约 500 km 的高空称为暖层。由于太阳和宇宙射线的作用，暖层中的气体大多处于电离状态，其下部基本上是由分子氮所组成，上部由原子氧所组成，因此暖层具有较高密度的带电离子，又称为电离层。由于电离后的氧能强烈吸收太阳的短波辐射，因而该层气体温度很高，并随高度增加而迅速增加。此外，由于电离层能反射地面发射的电磁波，对地面的无线电通信能起到重要作用。

（5）逸散层

暖层之上的大气统称为逸散层。逸散层中空气极为稀薄，其密度几乎与太空密度相同。由于该层空气受地心引力极小，分子运动快，很容易逃逸到宇宙空间。

二、大气的组成

大气是由多种气体混合组成的，按其成分可概括为 3 部分：干洁空气、水汽、悬浮颗粒。

1．干洁空气

干洁空气即干燥清洁的空气，平均分子量是 28.966，在标准状态下（273.15 K，$1.013\ 25\times10^5$ Pa）密度是 1.293 kg/m^3。

表 4-1　干洁空气的基本成分

气体名称	分子式	体积百分含量/%
氮	N_2	78.084
氧	O_2	20.948
氩	Ar	0.934
氖	Ne	0.001 82
氦	He	0.000 52
氪	Kr	0.000 11
二氧化碳	CO_2	0.032 2
一氧化碳	CO	10^{-5}
甲烷	CH_4	10^{-5}
臭氧	O_3	10^{-6}
二氧化硫	SO_2	10^{-7}
一氧化二氮	N_2O	10^{-5}
二氧化氮	NO_2	10^{-7}
氢	H_2	10^{-5}
碘	I_2	10^{-7}
氨	NH_3	10^{-7}

表 4-1 列出了干洁空气的基本组成。干洁空气的常定成分是氮、氧、氩、氖、氦、氪等，其中氮、氧、氩在空气中的总体积约占 99.96%。此外还有少量其他可变

成分，如二氧化碳、甲烷、氮化物、硫氧化物及臭氧等，它们在大气中的含量随时间和地面的变化而变化。一般来说，这些可变成分如含量正常，则对环境和生命有机体是有益而无害的，但含量过多或缺乏则可能造成不良影响。如二氧化碳的正常含量可使植物进行光合作用，但过量过多则会造成“温室效应”。

2．水汽

大气中的水汽含量随时间、地点、气象条件等不同而有较大变化，在正常状态下其变化为 0.02%～6%。大气中的水汽含量虽然很少，但却导致了各种复杂的天气现象，如云、雾、雨、雪、霜、露等；同时，水汽又具有很强的吸收长波辐射的能力，对地面起保温作用。

3．悬浮颗粒

大气中的悬浮微粒，除水汽凝结物如云、雾滴、冰晶等，主要是大气尘埃和悬浮在大气中的其他杂质，它在大气中的含量、种类和化学组成随时间和地点变化。

第二节　大气污染及大气污染物

一、大气污染

大气污染是指由于自然过程或人类活动使大气中一些物质的含量达到有害的程度，以致对人类健康生存和生态环境造成危害的现象。大气污染物则是由人为或天然来源进入大气环境。

大气污染的形成过程由三个环节组成（图 4-2），缺少任何一个环节都构不成大气污染。大气污染物进入大气环境后即参与循环过程，即经过一定的滞留时间，又通过大气中的化学反应、生物活动、物理沉降等从大气中去除。当大气中污染物的输入和输出速度相等时，大气中该污染物可保持平衡，但如果大气污染物的输出速率小于污染物的输入速率时，污染物就要在大气中积累，这样就造成了大气中某种物质浓度的升高，当达到危害人类和动植物、材料的程度时，就发生了大气污染现象。

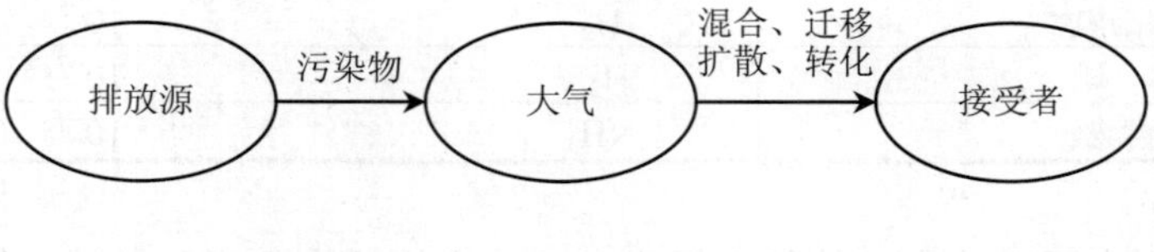

图 4-2　大气污染形成过程

造成大气污染的原因主要是由于人类活动的结果，如工业的发展、城市人口的剧增、人们的生产生活等因素，导致大气中增加多种有害气体和悬浮颗粒，构成大气污染。此外，如森林火灾、火山爆发、海啸、地震等自然现象也能引起大气污染，但由于这种情况占大气污染很小一部分，而且超出人类所能控制的范围，因此我们重点研究的是人为影响造成的大气污染问题。

根据大气污染物产生的分类，可将大气污染源分为工业污染源、民用污染源、交通污染源和农业污染源。

1. 工业污染源

各类工矿企业称为工业污染源，如火力发电厂、钢铁厂、化工厂及水泥厂等。它们的大气污染物排放主要有三个途径，一是能源燃烧过程中排出大量废气和粉尘，特别是燃烧煤为最大的污染来源，如表 4-2 所示；二是由于生产过程复杂落后，而排放的无用有害副产品多，散发着各种怪味的气体，如来源于化纤、农药及染料等工业的硫化氢，来源于磷肥、钢铁等工业的氟或氟化物，来源于造纸、炼油等工业的有机气体等；三是由于生产管理不善造成的跑、冒、滴、漏及固体废物处理过程中排放的大量污染物。

表 4-2　工业企业向大气排放的主要污染物

行业名称	企业名称	向大气排放的污染物
电力	火力发电厂	烟尘、二氧化硫、氮氧化物、一氧化碳
冶金	钢铁厂	烟尘、二氧化碳、一氧化碳、粉尘、锰尘
	炼焦厂	烟尘、二氧化碳、一氧化碳、硫化氢、苯、酚、烃类
	有色金属	烟尘、二氧化硫、汞
化工	石油化工厂	二氧化碳、硫化氢、氰化物、氯化物、氮氧化物、烃类
	氮肥厂	烟尘、氮氧化物、一氧化碳、氨、硫酸气溶胶
	硫肥厂	二氧化硫、氮氧化物、一氧化碳、氨、硫酸气溶胶
	磷肥厂	烟尘、氯化氢、硫酸气溶胶
	农药厂	甲烷、砷、醇、氯、农药
机械	机械加工	烟尘
	仪表厂	汞、氰化物、铬酸
轻工	造纸厂	烟尘、硫酸、硫化氢
	玻璃厂	烟尘
建材	水泥厂	烟尘、水泥尘

2. 民用污染源

人们由于烧饭、取暖、沐浴等生活需要，燃烧燃料向大气排放煤烟等造成大气污染。由于这类污染源具有面积广而分散、排放高度低、排放量大等特点，是造成大气污染不可忽视的污染源。

3. 交通污染源

交通污染源也称流动污染源，是指由汽车、飞机、火车、船舶等交通工具排放尾气所产生的污染源。在交通沿线、船舶集中的码头、大型火车站及飞机场，车、机来往频繁，排放污染物比较集中，不易扩散，可造成严重的局部空气污染。交通污染在现代城市中尤为突出，在发达国家中，汽车成为大气的主要污染源，如美国拥有1亿多辆汽车，汽车排放物占全部大气污染的60%左右。

4. 农业污染源

农药及化肥的使用，对提高农业产量起着重大的作用，但也给环境带来了不利影响，致使施用农药和化肥的农业活动成为大气的重要污染源。

田间施用农药时，一部分农药会以粉尘等颗粒物形式散逸到大气中，残留在作物体上或黏附在作物表面的仍可挥发到大气中。进入大气的农药可以被悬浮的颗粒物吸收并随气流向各地输送，造成大气农药污染。

关于化肥在农业生产中的施用给环境带来的不利因素，正逐渐引起关注。例如，氮肥在土壤中经一系列的变化过程会产生氮氧化物释放到大气中；氮在反硝化作用下可形成氮（N_2）和氧化亚氮（N_2O）释放到空气中，氧化亚氮不易溶于水，可传输到平流层，并与臭氧相互作用，使臭氧层遭到破坏。

此外，为便于分析污染物在大气中的运动，按照污染源性状特点可分为固定式污染源和移动式污染源。固定式污染源是指污染物从固定地点排出，如各种工业生产及家庭炉灶排放源排出的污染物，其位置是固定不变的；移动式污染源是指各种交通工具，如汽车、轮船、飞机等是在运行中排放废气，向周围大气环境散发出的各种有害物质。按照排放污染物的空间分布方式，可分为点污染源，即集中在一点或一个可当作一点的小范围排放污染物；面污染源，即在一个大面积范围内排放污染物。

二、主要大气污染物

大气污染物种类众多，其分类方式也有多种，比较常用的是根据污染物的来源，分为一次污染物及二次污染物。

一次污染物：直接从各种排放源进入大气的污染物质，如颗粒物、硫氧化物、氮氧化物、碳氧化物等。

二次污染物：由一次污染物在大气中相互作用，或与大气中的正常组分发生化学反应或光化学反应，而形成的与一次污染物物理、化学性质完全不同的新的大气污染物，其毒性较一次污染物强。最常见的二次污染物有光化学烟雾及硫酸烟雾。

光化学烟雾形成机制非常复杂，一般认为是汽车、工厂等排入大气中的氮氧化物或碳氢化合物在太阳光照射下，发生一系列光化学反应而形成的有色烟雾，如白色或蓝色等（图 4-3）。光化学烟雾成分复杂，主要有臭氧、醛、酮等，其具有特殊气味和强氧化性，危害也比一次污染物更强烈。

图 4-3 城市上空的光化学烟雾

硫酸烟雾是大气中的 SO_2 等硫氧化物，在有水汽、含重金属的飘尘或氮氧化物存在时，发生一系列化学反应或光化学反应而生成的硫酸雾。硫酸烟雾是强氧化剂，刺激作用和生理反应远比 SO_2 大得多，对生态环境及建筑材料等都有很大的危害。

根据大气污染物存在的状态，可将其分为颗粒污染物及气态污染物两类。

1. 颗粒污染物

颗粒污染物是指包含在大气中的分散的液态或固态物质，按粒径大小分为总悬浮颗粒物（TSP）、降尘、可吸入颗粒物（IP）、$PM_{2.5}$ 等。

（1）总悬浮颗粒物（TSP）

总悬浮颗粒物是指能悬浮在空气中，粒径在 100 μm 以下的颗粒物，记作 TSP，是大气质量评价中的一个通用的重要污染指标。总悬浮颗粒物的浓度以每立方米空气中总悬浮颗粒物的毫克数表示，用标准大容量颗粒采样器在采样效率接近 100%的滤膜上采集已知体积的颗粒物，恒温恒湿条件下，称量采样前后采样膜质量来确定采集到的颗粒物质量，再除以采样体积，得到颗粒物的质量浓度。

（2）降尘

降尘是指在空气环境条件下，短时间内能靠重力而自然沉降的颗粒物，它的粒径在 30 μm 或以上。其测定方法是空气中可沉降的颗粒物，沉降在集尘缸内，以此计算降尘浓度。

（3）可吸入颗粒物（IP）

可吸入颗粒物是指悬浮在空气中，粒径小于 10 μm 能进入人体呼吸系统的颗粒物，

记作 PM_{10}，简写 IP。可吸入颗粒物的浓度以每立方米空气中可吸入颗粒物的毫克数表示。国家环保局 1996 年颁布修订的《环境空气质量标准》（GB 3095—1996）中将飘尘改称为可吸入颗粒物，作为正式的大气环境质量标准。

（4）$PM_{2.5}$

$PM_{2.5}$ 是指大气中直径小于或等于 2.5 μm 的颗粒物，也称为可入肺颗粒物。虽然 $PM_{2.5}$ 只是地球大气成分中含量很少的组分，但它对空气质量和能见度等有重要的影响。$PM_{2.5}$ 粒径小，富含大量的有毒、有害物质且在大气中的停留时间长、输送距离远，因而对人体健康和大气环境质量的影响更大。2012 年 2 月，国务院同意发布新修订的《环境空气质量标准》，增加了 $PM_{2.5}$ 监测指标。我国 $PM_{2.5}$ 的监测将分“四步走”：2012 年，在京津冀、长三角、珠三角等重点区域以及直辖市和省会城市首先开展监测；2013 年在 113 个环境保护重点城市和环保模范城市开展监测；2015 年在所有地级以上城市开展监测；2016 年全国各地都要按照新标准监测和评价环境空气质量状况，并向社会发布监测结果。

另外，颗粒物的直径越小，进入呼吸道的部位越深。10 μm 直径的颗粒物通常沉积在上呼吸道，5 μm 直径的可进入呼吸道的深部，2 μm 以下的可 100%深入到细支气管和肺泡。

2. 气态污染物

大气中的气态污染物是以分子状态存在的，其种类很多，其中既有由污染源直接排入大气的一次污染物，也有由一次污染物经化学反应或光化学反应生成的二次污染物。常见的有五大类，即含硫化合物、含氮化合物、碳氧化物、碳氢化合物及卤族化合物。

（1）含硫化合物

含硫化合物主要指二氧化硫（SO_2）、三氧化硫（SO_3）、硫化氢（H_2S）等，其中又以二氧化硫含量大，危害大，也严重影响大气质量。

二氧化硫无色，有刺激性气味，本身毒性不大，但其在大气中很容易被氧化生成三氧化硫，再与水分子结合形成硫酸或硫酸盐，硫酸和硫酸盐可形成硫酸烟雾和酸性降水，造成较大的危害。全世界每年排入大气中的二氧化硫约 1.5 亿 t，主要来自煤及石油等燃烧。

（2）含氮化合物

其种类很多，包括 NO、N_2O、NO_2、N_2O_3、N_2O_4 等。造成大气污染的含氮化合物主要有 NO、NO_2 以及由它们生成的二次污染物。NO 是无色气体，毒性不大，但在进入大气后，会被氧化成 NO_2 这样一种红棕色的恶臭刺激性气体，毒性也因此大大增强。此外，NO_2 也会参与大气中的光化学反应，形成光化学烟雾，毒性更大。

大气中的含氮氧化物（NO_x）主要是由人为污染源产生的，每年约 500 万 t，如燃料的燃烧、汽车尾气、硝酸工业、氮肥厂、有色及黑色金属的生产过程等。

（3）碳氧化物

碳氧化物主要指的是 CO 及 CO_2。CO 是一种无色无味无刺激性的气体，在吸入人体后，能与血红蛋白结合，损害输氧能力，使机体缺氧，严重时甚至导致人窒息死亡。CO 主要来自燃料的不完全燃烧和汽车尾气。在 CO 排入大气后，由于大气的扩散稀释作用及氧化作用，一般不会造成危害，但如在交通繁忙地区，不利于尾气扩散时，局部地区大气中 CO 的浓度可能达到危害环境的水平。

CO_2 是无毒气体，但在局部区域的空气中浓度过高时，会导致氧含量相对减少而对人体产生不良反应。此外，由于地球上 CO_2 排放量逐年增加，产生“温室效应”，导致全球气候变暖，已引起各国的关注。

（4）碳氢化合物

碳氢化合物指的是由碳、氢两种元素组成的各种有机物的总称。大气受到碳氢化合物的污染，能使人的眼睛、鼻子及呼吸道受刺激，并可能影响生理功能，其更大危害还在于它与氮氧化物共同引起光化学烟雾，危害性也因此增强。大气中的碳氢化合物主要来自煤和石油的燃烧，以及汽车尾气等。

（5）卤族化合物

卤族化合物主要指卤代烃及卤化物等。随着人们生活质量的提高，大量生产使用氟氯烃化合物作为制冷剂、灭火剂或发泡剂，如 $CFCl_3$（氟利昂 11）、CF_2Cl_2（氟利昂 12）等。这类物质在低层大气中一般比较稳定，但一到高空中就会分解，产生氯原子而加速臭氧层中的臭氧分解，导致“臭氧空洞”。

三、区域性和全球性的大气污染

大气环境污染问题由来已久，但大规模、高速度的恶化趋势，只是近一个世纪以来，特别是二战后出现的现象。20 世纪 80 年代以来，区域性和全球性大气环境污染问题更为突出，给人类的生存和发展带来了更加严重的威胁和挑战，因而引起各国政府和全人类的高度重视。在区域性和全球性大气污染问题中，以酸雨、臭氧层破坏及温室效应三大问题最为引人关注。

1. 酸雨

酸雨被称为大气污染造成生态破坏的“空中死神”或“天堂的眼泪”。早在 1852 年，在英国的一家杂志上，首次有关于曼彻斯特附近地区降雨中有硫酸的报道，并由英国科学家史密斯在 1872 年首先在他的著作中提出“酸雨”这一专有名词。

所谓酸雨是指 pH 值小于 5.6 的降水，但广义的酸雨（也称酸沉降）包括干沉降及湿沉降，如图 4-4 所示。干沉降包括各种酸性气体、酸性气溶胶和酸性颗粒，如 SO_2、NO_2、SO_4^{2-}、HF、HCl、NO_3^-等；湿沉降即通常所说的酸雨，包括酸性雨、酸性雾、酸性雪等。根据酸雨的成因，可以将酸雨分为云中致酸和云下致酸。云中致酸指在云的形成过程中，大气的酸性物（如硫氧化物、氮氧化物及酸性颗粒）和一些氧化剂（如臭氧）进入云水，在云水中反应而使云水酸化；云下致酸则指雨水离开云基后冲刷地层大气，吸附大气酸性污染物并不断反应而导致雨水酸化。酸雨的形成是一个十分复杂的过程，但人类生产生活当中燃烧化石燃料而排放大量的硫氧化物和氮氧化物是产生酸雨的根本原因。

酸雨降到地面，一方面使土壤中的营养元素（如钙、镁、钾等）溶出而流失，也可使土壤中的有毒金属元素（如铅、铜、锌、镉等）溶解成水溶液，而被植物吸收，影响植物生长甚至造成死亡。酸雨降到湖泊中，可导致水体酸化鱼类死亡，并促使有毒金属溶入水体而危及自然生态环境。此外，酸雨加速建筑、雕刻、桥梁、供水管网及通信电缆等的腐蚀，对文物古迹等也会造成严重损害。

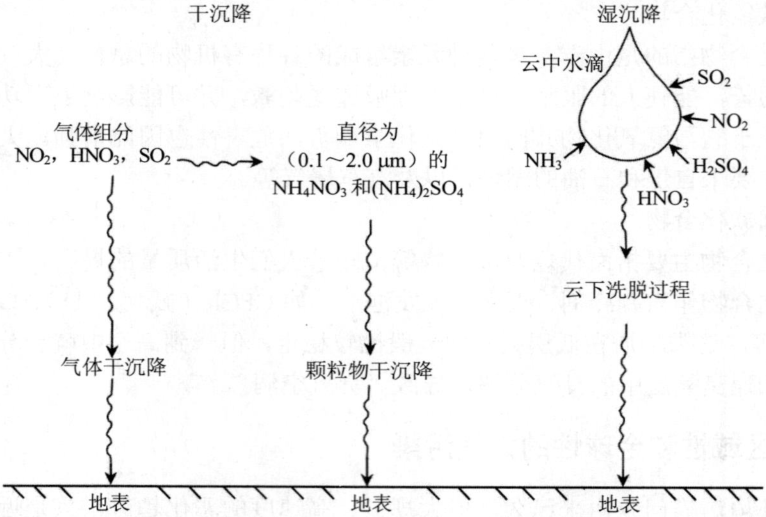

图 4-4 酸雨的形成过程

酸雨的分布区域较广，如在欧洲 15 个国家中，有 700 万 hm^2 森林受酸雨的侵袭，美国纽约州阿第德隆克山区 217 个山区湖泊（海拔 600 m 以上）鱼类基本绝迹，约一半的湖水 pH 值在 5 以下。我国酸雨问题则更显突出，酸雨面积从 1985 年的 175 万 km^2 增加到 1995 年的 380 万 km^2；酸雨出现的频率高、酸度大，据《2011 年中国环境状况公报》显示，我国酸雨区面积占到了国土面积的 12.9%，酸雨分布区域主要集中在长江沿线及以南—青藏高原以东地区。由于大气污染物可以远距离迁移，酸性大气污染物可随着大气运动跨越国界，因此酸雨问题不仅被视为区域性环境污染问题，更被列为全球性环境问题，引起世界各国的高度重视。许多国家正积极采取措施，减少硫氧化物和氮氧化物等酸性污染物的排放，以减少酸雨发生的频率，保护生态环境。

2. 臭氧层破坏

臭氧（O_3）是一种具有刺激性气味的气体，其在大气中含量很少，却给人类健康和气候带来很大影响。大气中约 90%的臭氧集中在距离地面 15～50 km 的大气平流层，尤其在 15～30 km 处为臭氧浓度最高之区域，称为臭氧层。尽管臭氧层中的臭氧浓度也不高（约 5×10^{13} 个分子/cm^3），但臭氧层在保护生态环境方面作用十分重要。它一方面吸收太阳紫外辐射变为热能而增温，使其他生命得以维持，尤为重要的是其吸收太阳光中的大部分紫外线（尤其对人体健康有害的 UV-B 段紫外线），屏蔽地球表面生物，所以被誉为“生命之伞”。

在大气平流层当中，一方面，氧分子因高能量的紫外辐射分解成氧原子而生成臭氧，另一方面，臭氧又会吸收对生态环境有害的紫外线而分解消失。由于这种不断的生成和分解，使大气平流层当中的臭氧量维持均衡，然而由于人为的因素加速了平流层中臭氧的分解，导致出现臭氧空洞。早在 1985 年，英国科学家总结发现自 1975 年以来，南极每年早春臭氧的减少超过正常浓度的 30%；当年美国的“雨云-7”号气象卫星测到了这个“洞”，发现其面积相当于美国国土面积，深度相当于珠穆朗玛峰的高度。据 Science 杂志网站 2006 年 10 月 20 日报道，美国宇航局（NASA）与美国国家海洋和大气局（NOAA）科学家研究发现地球臭氧空洞大小已经达到历史最大。科学家 9 月对南极上空臭氧裂缝的观察发现：臭氧洞大小为 2 740 万 km^2（图 4-5），接近美国陆地面积的 3 倍。

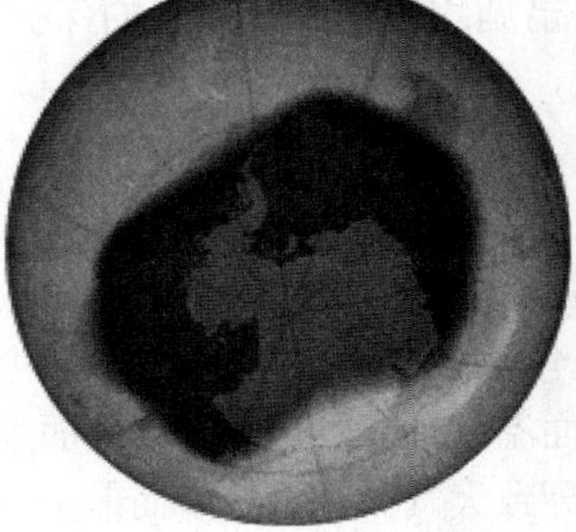

图 4-5　南极上空臭氧层空洞照片

资料来源：中国科技信息网，发布时间：2006 年 10 月 23 日

地球上的动植物长期以来已经适应在紫外线不强的环境中生存。臭氧层被大量损耗后，吸收紫外辐射能力大大减弱，致使抵达地面的 UV-B 段紫外线增强，将引起地球生态系统的严重灾难。臭氧浓度每降低 1%，人类皮肤癌发病率将增加 2%，如果臭氧层中臭氧量下降 2.5%，则世界每年将多增加 1.5 万人死于皮肤癌；此外，还能伤及眼睛，造成白内障，并可能损伤人体的免疫系统而降低抗病能力，臭氧层破坏对人类健康的影响具体列于表 4-3。一般来说，紫外辐射增加使植物叶片变小，

因而减少获取阳光进行光合作用的有效面积，也能使植物的抗病能力下降，导致诸如大豆等植物的产量及质量下降，对世界粮食产量和质量造成影响。臭氧层减少对水生系统的影响也是很明显的，如由于紫外辐射的增加而导致浮游动植物、幼体鱼虾的破坏。此外，臭氧层的破坏将导致平流层温度下降，会对全球气候产生重大影响，进而威胁农业生产和生态系统，形成恶性循环。

对于臭氧层破坏的原因，科学家有多种见解，而多数则认为人类过多地使用氟氯碳类物质是造成臭氧层破坏的一个主要原因。一些氟氯碳类物质被强大的紫外线辐射引起光解而放出氯原子，由于氯原子有强大的破坏臭氧分子能力（1 个氯原子能破坏约 10 万个臭氧分子），它能夺去臭氧中的氧原子，从而使臭氧失去吸收紫外线的性能。

表 4-3　臭氧层破坏对人类健康的影响

急性的	阳光灼伤，皮肤变厚
慢性的	皮肤变化，表皮变薄
致癌的	非黑色素皮肤癌、细胞癌、有毒黑癌
眼的疾病	白内障、雪盲、视网膜伤害、角膜肿瘤
免疫障碍	传染性疾病、自身免疫系统紊乱

由于氟氯碳类物质对臭氧层的破坏最大，因此减少其使用量并降低排放量、改进或替代此类物质的使用等措施均有助于臭氧层的保护。国际上也就臭氧层的保护开展一系列的合作，事实上，通过人们的努力，氟氯碳类物质的排放是完全可以得到控制的。

3．温室效应

地球大气有类似玻璃温室的效应，而其作用的加剧则是当今全球变暖的主导因素。大气当中的众多微量气体，如二氧化碳、臭氧、甲烷、氧化亚氮等，可以让太阳短波辐射通过，使地球表面温度升高，同时吸收地面发出的长波辐射。当此类气体在大气中含量增加时，就会导致大气吸收热量多而散失少，使地球气温升高，形成大气的“温室效应”，能强烈吸收地面辐射产生温室效应的此类气体被称为温室气体。

温室气体在人类出现之前已经存在，而国际社会讨论的全球变暖问题，是指由于人类活动造成的温室气体增加，导致温室效应增强而带来的气候变化。通过对过去 100 年地面大气平均温度的观测和研究，发现其虽在不断变化，但总的趋势是上升的，平均气温每年上升 0.3～0.7℃。联合国环境规划署将“警惕全球变暖”定为 1989 年的“世界环境日”主题，普遍认为人类活动引起的二氧化碳气体在大气中浓度的上升是造成全球气候变暖的主要原因。

全球变暖将引起降水量和风型的变化，暴风雨频率和强度增大，淡水供应减少，海平面上升，而对人类生产生活产生严重影响。如 1991 年 5 月，一场时速达 270 km

的旋风袭击孟加拉国，洪水淹没了该国海岸线平原的大部分地区，估计 14 万人丧生；1992 年至少 5 次毁灭性的热带风暴袭击了中国、巴基斯坦和美国等，造成数十亿美元的损失；1994 年 8 月，中国遭受了一次台风袭击，致使 700 人丧生，损失 16 亿美元。这样一些史无前例的灾难性破坏都证明了其与全球气候变暖有关。

全球气候变暖主要是由于人类生产生活排放过多的二氧化碳引起的，而二氧化碳又是由于燃烧能源产生的，本身与人类的生产生活有着密切的关系，此外，全球气候变暖有很大的不确定性，事实上也有很多没搞清楚的问题。因此人类在防止全球气候变暖方面不易，问题也很多，国际社会也签订了一系列的公约，旨在采取一切手段减少二氧化碳等温室气体的排放。其基本对策有四：一是调整能源战略，通过提高现有能源利用率及向清洁能源转化等方面减少二氧化碳的排放；二是植树造林，利用植物的光合作用吸收二氧化碳，达到阻止大气中二氧化碳浓度增长的目的；三是控制全球人口增长，提高人口素质，严控不发达国家的人口的失控和发达国家的无节制消费方式；四是加强环境意识教育，促进全球合作，让全人类都来认真对待地球变暖问题。

四、大气污染的危害

空气是地球上一切生命物质赖以生存的基本条件，人类能够生存也依赖于空气，如一个成年男子，平均每天消耗 1.5 kg 食物、2.0～2.5 kg 水和 15 kg 空气。没有空气人类无法生存，植物无法进行光合作用。清洁大气被污染后，性质会发生改变，产生有损于人类健康、影响动植物生长及损坏器物等现象。

1. 大气污染与人体健康

大气污染物侵入人体的主要途径有直接呼吸道吸入，附于食物或溶解于水，随饮食或饮水侵入，或接触和刺激皮肤侵入。人每天吸入空气量极大，肺泡面积达 50～70 m^2，且布满毛细血管，在与外界进行气体交换时浓缩作用强，大气污染物从呼吸道侵入是主要途径，危害也最大。人的呼吸道富含水分，对有些物质的黏附、溶解、吸收能力大，感受性强，因此，大气污染对人体的影响，先在感觉上，随后生理出现可逆性反应，进一步则可能出现急性危害症状。

大气被污染后，由于其来源、性质、浓度、持续时间不同，污染地区的气象、地理因素差别，甚至人的年龄、健康状况不同，产生的危害也是不同的。对人的危害大致可分为急性中毒、慢性中毒和致癌作用。

（1）急性中毒

污染物在高浓度、短时间内的突然作用下，或由于外界气象条件突变时，会对人体健康造成严重危害，死亡率较大，如 1952 年伦敦烟雾事件及 1984 年印度博帕尔农药泄漏事件等。1952 年的伦敦烟雾事件中，当时伦敦地区上空受强大的移动性冷空气控制，整个泰晤士河谷与毗邻地区完全处于无风状态，在距地面 60～130 m 的高空形成强逆温层，大雾弥漫，这种天气持续 4 天，在这种天气、地形条件下，从伦敦居民炉灶和工厂烟囱排出的烟尘被逆温层封盖而停滞在低层无法扩散，大气中 SO_2 浓度高达 3.5 mg/m^3，TSP 高达 4.5 mg/m^3。仅在雾期的一周内，伦敦市区死亡人数从 945 人增至 2 484 人，与历年同期相比，多死亡 3 500～4 000 人，年龄多为 45 岁以上，以慢性气管炎、支气管炎及心脏病患者最多。1984 年的印度博帕尔农药泄漏事件中，美国联合碳化物公司的农药厂因管理不善，一个储存 45 t 异氰酸甲酯（MIC）剧毒液体的储气罐因压力升高而爆炸，MIC 溢出，气体和液体的混合物形成大量浓烟进入有 20 万人口的贫民区，使数千居民在睡梦中死去，25 万 km^2 的环境受到破坏，死亡 2 048 人，受害达 20 万人，其中 2 万人受到严重毒害，双目失明或终身残废，20 多万人逃离博帕尔市。

（2）慢性中毒

人体长期连续地吸入低浓度的污染物质会导致患病率上升，SO_2、飘尘、NO_x 等即使是浓度较低也能刺激呼吸系统，诱发呼吸道的各种炎症，包括慢性气管炎、肺气肿、支气管哮喘、肺癌等。呼吸道疾病是大气污染引起的常见疾病，有调查证实，大气污染严重地区的呼吸道疾病发病率和死亡率都较高，如英国 20 世纪 50 年代空气污染严重时期与平时相比，肺气肿的发病率高出 11 倍，支气管炎的发病率高出 7 倍多。

（3）致癌

空气污染危害更严重的是能诱发癌症，因为空气中有不少致癌物，诸如飘尘上吸附的 3,4-苯并芘，汽车废气中的多环芳烃，粉尘中的石棉、镍、铬、铍、砷等重金属。1 kg 煤燃烧可以产生 0.21 mg 的 3,4-苯并芘，汽车行驶 1 h，大约排出 300 μg 3,4-苯并芘。

2．常见污染物的危害

（1）颗粒物

大于 10 μm 的颗粒物能被鼻毛吸留住，一般不会给人体健康造成直接危害；小于 10 μm 的飘尘却可长驱直入侵蚀肺泡，尤其是 0.01～5 μm 的可吸入颗粒物最容易进入人体的肺部组织，这种可吸入微粒多在肺部沉积，且沉积的时间可达数年之久，引起肺部组织的纤维化病变，使肺泡的换气机能下降，导致肺心病、心血管疾病等。此外，颗粒物是多种污染物的“载体”和“催化剂”，它可吸附多种污染物，如硫酸盐、硝酸盐、亚硝酸类、金属等，引起肺癌等病变。

（2）含硫化合物

如 SO_2 主要刺激人的呼吸道和眼睛，1～5 mg/m^3 时开始感觉呼吸道受刺激；到 20 mg/m^3 时，眼睛流泪，咽喉痛，咳嗽；100 mg/m^3 时，有生命的东西死亡。而当其形成硫酸雾时，毒性更大，可引起肺水肿和肺硬化致死。此外，如 H_2S 引起人的急性中毒（炼油、炼焦、造纸、城市下水道、污水处理厂等）。当空气中 H_2S 质量浓度为 0.02 mg/m^3 时，有刺激眼黏膜的感觉，达 0.7 mg/m^3 时，表现为抽搐、痉挛，达 1 mg/m^3 时发生中毒死亡。

（3）碳氧化物

如 CO 的危害主要是阻碍体内氧气的传输，使人体缺氧，CO 进入人体后能和血液中的血色素结合成一氧化碳血色素（COHb），结合力比和氧的亲和力高 200～300 倍，从而使血液为体内各组织输氧的功能降低，出现缺氧的病症。

（4）氮氧化物

NO、NO_2 是重要的大气污染物。危害是对呼吸系统的刺激作用和输氧功能的降低。NO 能与血液中的血红蛋白结合，生成亚硝酸血红蛋白和亚硝酸高铁血红蛋白，血液的输氧功能下降。NO_2 可危害人的呼吸系统，如达 100 mg/m^3 时，可致人死亡。此外，氮氧化物和碳氢化合物可在阳光作用下生成光化学烟雾，刺激人的眼睛、喉咙，危害更大。

3．大气污染对植物的影响和危害

短时期内，高浓度污染物对植物造成的危害有伤斑、叶片逐渐枯萎脱落直至死亡。长时间内，低浓度的污染物造成植物叶片褪绿，影响生长发育（如矮小、变细、脆弱等），或外表生长发育正常，但生理机能受到影响，产量因此下降。如二氧化硫使植物叶片形成褪色斑点，破坏叶绿素，组织脱水坏死、枯萎，植物光合作用强时（白天中午），易出现受害症状。

4．大气污染对器物的危害

大气污染对暴露在大气中的建筑物、金属制品、名胜古迹、铁路桥梁、橡胶制品、纺织品、皮革、纸张等物品的损害是很严重的，对物品影响严重的污染物有 SO_2、H_2S、O_3 和富有刺激性、腐蚀性物质的颗粒物等。这种损害包括沾污性损害和化学性损害两个方面。沾污性损害是污染物颗粒落到器物上，有的可以冲洗掉，有的则很难除掉，如煤焦油等。化学性损害是由于污染物的化学作用，造成了器物的腐蚀变质，如 SO_2 与水汽结合成的酸雾、雾滴使金属物品产生严重的腐蚀，使织物、皮革腐蚀破碎，使纸张褪色变脆、剥蚀，损坏了名胜古迹原貌而失去了艺术价值。如经历 5 000 年的埃及狮身人面像，在近几十年由于开罗上空大气污染而几乎面目全非；我国故宫太和殿台阶的栏杆和栏杆柱，也在近 50 年开始变得模糊，有的已腐蚀成光板。类似上述现象比比皆是，举不胜举，并有日益严重的趋势。

5．大气污染对全球的影响

全球大气环境问题突出表现在酸雨、温室效应及臭氧层破坏三方面。近些年来，人们普遍感觉气候异常，这与大气污染对气候的影响密不可分。

第三节 影响大气污染的气象因素

一个典型的大城市每天向大气中排放几千吨空气污染物，如果没有风、降水等气象因素而引起的大气的自净和扩散作用，该地区局部空气会很快因污染而对人类及动植物造成致命伤害。世界上一些著名的大气污染事件都是在特定气象条件下发生的，实践证明，风向、风速、大气的稳定度、降水情况和雾，是影响大气污染的重要气象因素。

一、风的影响

风是大气的水平运动，它对一个地区的大气污染或大气环境质量的影响是显而易见的，它包括风向和风速两个要素。风向决定污染物扩散的方向，而风速则决定污染物扩散和稀释的快慢和程度。

不同时刻的风速及风向不同，风把污染物从污染源的下风方向输送，风向决定了污染物的迁移方向，污染区总在污染源的下风向。此外，风也同时起着把污染物扩散稀释的作用，随着风速的增大，单位时间从污染源排放出来的污染物很快地被拉长，混入的大气更多，污染物浓度因此减小。一般地说，污染物在大气中的浓度与污染物排放量成正比，与风速成反比，例如风速增大一倍，在下风向区的污染物浓度将减少一半。

为了表示风向、风速对大气污染物的扩散影响，可以采用风向频率和污染系数表示。所谓风向频率是指某方向的风占全年各风向总和的百分率。如果仅考虑按风向频率布局，只能保证居民区受污染的时间最短，但不能确保该区域受到的污染程度最轻，因此在确定污染源与被污染区的相对位置时，定义污染系数 ε 来综合考虑风向频率 f 和平均风速 u 两个因素：

$$\varepsilon = f / u$$

上式表明，某方位的风速大而风向频率小，该方位的污染系数就小，则其下风向的大气污染程度就轻。因此，污染源应该设在使污染地区的污染系数达到最小的方位上风向。表 4-4 为测定某地区各方位风向频率和风速后的污染系数计算实例，表中的相对污染系数为某方位污染系数与各方位污染系数之和的比值。通过对实例的分析可以判断，如仅考虑风向频率，厂址应设置在东边，但从污染系数的大小来看，厂址就应选择在西北方向。可见，污染系数是选择厂址的重要判断依据。

表 4-4　污染系数计算实例

方　　位	N	NE	E	SE	S	SW	W	NW	总计
风向频率/%	14	8	7	12	14	17	15	13	100
平均风速/（m/s）	3	3	3	4	5	6	6	6	—
污染系数	4.7	2.7	2.3	3.0	2.8	2.8	2.5	2.1	—
相对污染系数/%	21	12	10	13	12	12	11	9	100

二、大气的稳定度

大气的稳定度反映的是大气在垂直方向上的运动状况。当一团空气在大气中上升时，它受到周围大气的压力逐渐减小，它的体积随之发生膨胀。根据热力学原理，气体膨胀会降低它的温度。对于干燥空气来说，如果没有外界热量输入的话，它每上升 100 m 温度就会下降约 1℃，而不论其所处的高度是多少。由于空气的热传导作用很弱，当空气团上升时实际发生的膨胀过程近似于绝热膨胀，但是，大气温度随高度的变化率常常不是大于就是小于 1℃/100 m。当大气的有效垂直降温率大于 1℃/100 m 时，大气是不稳定的；反之，大气是稳定的，特别是当出现逆温天气，即气温随高度的增加反而上升时，大气异常稳定。

大气越不稳定，污染物的扩散速率就越快；反之，则越慢。当近地面的大气处于不稳定状态时，由于上部气温低而密度大，下部气温高而密度小，两者之间形成的密度差导致空气在竖直方向产生强烈的对流，使得烟流迅速扩散。大气处于稳定状态时，特别是逆温天气，将抑制空气的上下扩散，此时大气的对流运动很弱，稀释作用很小，使得排向大气的各种污染物在局部地区大量聚积。当污染物的浓度增大到一定程度并在局部地区停留足够长的时间，就可能造成大气污染。

三、降水和雾的影响

各种形式的降水，尤其是降雨，能有效吸收、淋洗空气中的各种污染物。所以，大雨过后的空气格外清新。而雾像一顶盖子，导致大气污染加剧。

第四节　大气污染的综合防治

一、综合防治的原则

如前所述，排放源、大气、接受者是大气污染形成的三个环节。因此，控制大气污染可从三方面着手：一为对排放源进行控制，减少大气污染物的排放量；二为对进入大气中的污染物进行治理；三为对接受者进行防护，如接受者使用防尘防毒面罩等。控制大气污染的最佳途径是阻止或减少进入大气中的污染物的排放量，第一种途径既是可行的又是最实际的。

大气污染控制是一门综合性很强的技术，仅考虑某个污染源的治理技术是不够的，必须视一个城市或特定区域为一个整体，统一规划，以预防为主、防治结合、标本兼治为原则，综合运用管理防治和控制措施。大气污染综合防治的措施可以概括为以下几点。

1．全面规划、合理布局

大气环境质量受各种各样的自然因素和社会因素影响，必须进行全面环境规划并采取综合防治措施，才能获得长期效益。如工业布局应考虑厂址建设地点的气象条件（城市下风向、风速较大）和地理条件（不能在凹地），以有利于污染物扩散；工厂应分散布设，与居民区之间留有绿化空地，以有利于污染物的自然净化；严格划分城市功能区，在居民区、风景游览区、水源地上游不能建污染严重的单位等。

2．加强环境管理

环境管理是运用行政、法律、经济、教育和科技等手段，把社会经济建设和环境保护结合起来。从现实出发，以技术可行性和经济合理性为原则，对造成大气污染的各种行为施加影响，以达到保护大气环境的目的。

为加强大气环境管理，我国在 1987 年通过了《大气污染防治法》，并于 1995 年、2000 年做了修订，1989 年颁布了《环境保护法》等许多环境法规。除此以外，从中央到地方逐步建立起比较完善的大气环境监测系统，为大气环境的科学管理提供了大量资料。

3．加强对大气污染源的防治

采用先进工艺技术，实施清洁生产，努力降低物耗、能耗，减少废气产生。改善能源结构，重点抓好煤炭污染防治，推进煤炭液化、气化，综合利用煤层气。紧密结合国家宏观调控，严格环保准入标准，重点控制重污染行业的盲目发展，淘汰落后的生产工艺和技术，加强污染防治的监管。

我国是以煤为主的能源结构，能耗大、浪费多、污染严重，必须改革能源结构并大力节能，这也是一项根本性的控制和防治大气污染的方法。措施包括对燃料进行预处理，如燃料脱硫、煤的气化或液化等；因地制宜，积极开发水电、地热、风能、海洋能及太阳能等清洁能源；改变供热方式，由分散、低矮的烟囱改为区域采暖、集中供热，并选择有利于污染物扩散的排放方式。

4．控制流动源污染

随着经济的持续高速发展，我国城市汽车持有量急剧增加，因而对城市区域的大气污染日益明显。对汽车尾气综合治理和加强监测、普及无铅汽油、开发环保汽车等，对城市区域大气环境保护是尤其重要的措施。

5．绿化造林

绿化造林不仅可以美化环境、调节大气温度和湿度、保持水土等，而且在净化大气环境及降低噪声方面也有显著成效，因而是大气污染防治的有效措施。绿色植物不仅可以吸收 CO_2 进行光合作用而放出 O_2，且对空气中的粉尘及各种有害气体都有阻挡、过滤及吸收作用。有统计资料表明，若城市居民平均每人有 10 m^2 树林或 50 m^2 草地，即可保持空气清新。因此，城市环境应保持一定比例的绿地面积，以达到既美化城市环境，又净化和缓冲城市区域大气污染的作用。

二、主要污染物控制技术

1．烟尘控制技术

由燃料燃烧或其他能源加热过程产生的烟尘，以及固体物料破碎等机械过程产生的粉尘，在进入大气后都以固态或液态粒子形式存在。减少该类污染物的排放方法一为改变燃料的构成，以减少颗粒物的生成；二为在粉尘排放到大气之前，采用控制设备将其去除。而从废气当中去除粉尘的设备，称为除尘（集尘）装置，或叫除尘（集尘）器。

（1）除尘装置的分类

除尘装置种类繁多。根据除尘主要机理，除尘装置可分为机械除尘器、湿式除尘器、袋式除尘器及静电除尘器四类；根据在除尘过程是否使用水或其他液体，可分为湿式除尘器和干式除尘器两类；根据除尘过程中的粒子分离原理，又可分为重力除尘器、惯心力除尘器、离心力除尘器、洗涤式除尘器、过滤式除尘器、电除尘器等。

（2）典型除尘装置

下面介绍几种典型的除尘器。

① 重力除尘器　使含尘气体中的尘粒借助重力作用而沉降，并将其分离捕集的装置称为重力除尘器，如图 4-6 所示。重力除尘器为各种除尘器中最简单的一种，一般只对直径在 40 μm 或以上的颗粒有去除作用，不适于去除细小尘粒；由于通常控制气体水平流速在 1～2 m/s，除尘过程需要足够的时间，除尘效率为 40%～60%。但重力除尘器构造简单、操作维修方便、造价低，适合于安装在其他除尘器之前，作为预处理装置。

② 过滤式除尘器　使含尘气体通过由棉、毛或人造纤维等材料加工而成的滤料，将尘粒分离捕集的装置称为过滤式除尘器。由于尘粒是在滤料内部进行捕集的，因此清除滤料中的尘粒一般比较困难，当过滤捕集下来的尘粒无经济价值时，常常使用廉价的一次性滤料，而如果使用价格昂贵的滤料时，则这种除尘装置仅适用于含尘极低的气体。

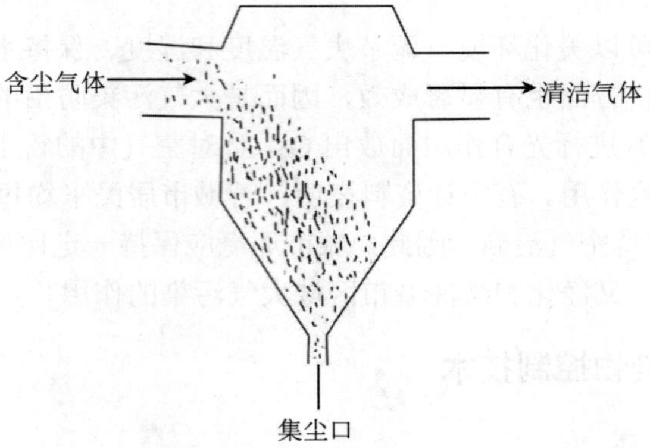

图 4-6　重力除尘器

过滤式除尘器在我国 1 600 多家钢铁企业中应用相当广泛。其操作简单，除尘效率较高，对粒径 1 μm 以下的尘粒过滤效率可达 99%以上，随着除尘的进行，由于捕集下来的粉尘的黏附，过滤效率剧增，但阻力不断增大，过滤式除尘器适合于含尘浓度低的气体。根据所处理的含尘气体的性质，对滤料的耐酸性、耐碱性、耐热性及机械强度有不同要求。

③ 湿式除尘器　采用喷水法将尘粒从气体中洗出来的装置称为湿式除尘器。这种除尘器种类很多，如喷雾式、填料塔式、离心洗涤式、喷射式、文丘里式等，以喷雾塔式最为简单，如图 4-7 所示。在塔内使含尘气体通过喷淋液体所形成的液滴空间时，由于尘粒和液滴之间的碰撞、拦截和凝聚等作用，使尘粒沉降下来而与淋洗液一起从塔底排出。

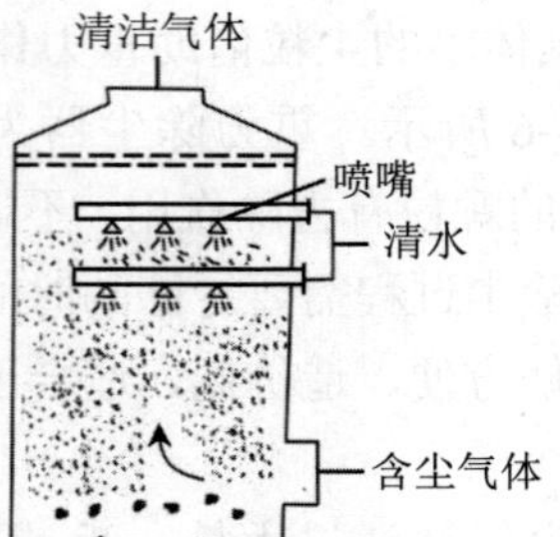

图 4-7　喷雾塔式除尘器

这种除尘器可以减少除尘装置的安装面积，且在去除颗粒物的同时，还能脱除烟气中的部分硫氧化物和氮氧化物。但其除尘效果有一定局限性，通常只能去除粒径在 10 μm 或以上的尘粒，并且压力损耗大，也需用大量水洗涤，洗涤水需要净化处理，否则将存在二次污染。

④ 静电除尘器　利用高压电源产生的静电力的作用实现尘粒与烟气分离的装置称为静电除尘器，如图 4-8 所示。静电除尘器主要由两部分组成，即除尘器本体及高压电源，在电场中带电的尘粒集向集尘极，当形成一定厚度时，振打电极而使尘粒沉落于集尘器中，从而达到除尘的目的。

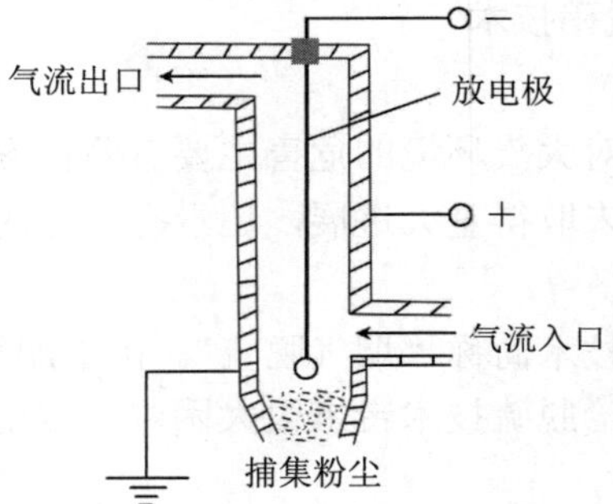

图 4-8　静电除尘器

静电除尘器在我国起步于 20 世纪 70 年代，80 年代比较成熟，目前在水泥、冶金、电力等行业得到广泛应用。其除尘性能好，可捕集细微粉尘和雾状液滴，除尘效率高，对粒径 1 μm 以上的尘粒去除效率达 99%，此外，其处理量大，适用范围广，运行费用低。但静电除尘器造价高，除尘效率受粉尘物理性质影响，不适宜于直接处理含尘浓度较高的气体，此外，对安装、运行要求严格，占地面积较大。

（3）除尘装置的技术性能指标

众多除尘装置的除尘原理及性能不同，各有优缺点，全面评价除尘装置性能包括技术指标和经济指标两项内容。技术指标包括气体处理量、净化效率、压力损失等参数，经济指标则包括设备费、运行费、占地面积等内容。这里主要介绍技术指标。

① 烟尘的浓度表示　烟尘浓度表示可有两种形式。一为计数浓度，单位是个/cm^3，表示单位体积烟气中所含烟尘颗粒的个数，一般用于烟尘浓度极低时；二为质量浓度，单位是 g/cm^3，表示单位体积烟尘中所含尘粒的质量。

② 烟气处理量　表示除尘器单位时间内所能处理的烟气量的大小。此参数反映除尘器处理能力的大小，处理的烟气量体积以标准状态下计量，单位是 m^3/h 或 m^3/s。

③ 除尘效率　表示除尘器捕集粉尘效果的指标，是选择和评价除尘器的重要参数。除尘效率表示方法主要有以下三种：

- 总效率。指在同一时间内除尘器去除粉尘的量与进入除尘器的粉尘量的百分比，常用符号 η 表示。

- 分级效率。除尘装置的总除尘效率的高低，往往与粉尘粒径大小有很大关系。为了表示除尘效率与粒径间的关系，常用分级效率反映。分级效率是指对某一粒径 d 或粒径间隔 d 至 $d_{Pi}+\Delta d$ 内粉尘的除尘效率，以符号 η_d 表示。
- 通过率。指除尘器出口烟气的粉尘量与入口粉尘量的百分比。

④ 压力损失　表示除尘器消耗能量大小的指标，或称压力降。压力损失可用除尘器进出口气流的压差来表示。

2．二氧化硫净化与脱硝技术

（1）二氧化硫净化

消除或降低二氧化硫对大气环境的危害主要有两种方法，即燃料脱硫和烟气脱硫。从燃料中脱硫目前尚未取得重大进展，还没有很好的办法，这里主要介绍烟气脱硫技术。

从排烟中去除 SO_2 的技术简称“烟气脱硫”。由于烟气脱硫具有量大、烟温低、二氧化硫浓度低等特点，给脱硫技术带来很大困难，常用的烟气脱硫方法可分为湿法和干法两类。

① 湿法脱硫　湿法脱硫是把烟气中的 SO_2（或包括 SO_3）转化为液体或固体化合物，从而实现从烟气中分离出来。根据使用的吸收剂的不同，湿法脱硫有氨法、钠法、钙法等。

氨法即用氨水吸收烟气中的 SO_2：

$$2NH_3 \cdot H_2O + SO_2 \longrightarrow (NH_4)_2SO_3 + H_2O$$
$$(NH_4)_2SO_3 + SO_2 + H_2O \longrightarrow 2NH_4HSO_3$$

其中间产物为亚硫酸铵 $(NH_4)_2SO_3$ 及亚硫酸氢铵 NH_4HSO_3，处理中间产物，可回收得到硫酸铵或石膏等副产物。

钠法是用氢氧化钠、碳酸钠或亚硫酸钠水溶液作为吸收剂：

$$2NaOH + SO_2 \longrightarrow Na_2SO_3 + H_2O$$
$$Na_2CO_3 + SO_2 \longrightarrow Na_2SO_3 + CO_2$$
$$Na_2SO_3 + SO_2 + H_2O \longrightarrow 2NaHSO_3$$

生成的亚硫酸钠或亚硫酸氢钠副产物，可经处理得副产物或无害化处理废气。钠法脱硫具有吸收速度快的特点，目前应用比较广泛。

钙法脱硫又称石灰—石膏法，是用生石灰（CaO）或消石灰[$Ca(OH)_2$]的乳浊液作吸收剂吸收烟气中的 SO_2：

$$CaO + 2SO_2 + H_2O \longrightarrow Ca(HSO_3)_2$$
$$2CaSO_3 + O_2 \longrightarrow 2CaSO_4$$

吸收过程生成亚硫酸钙，再经空气氧化可得副产物石膏（$CaSO_4$）。钙法由于吸收剂价廉易得，且回收得到的副产物石膏用途较广泛，因此应用也非常广泛。

② 干法脱硫　湿法脱硫后加大烟气湿度，影响烟气的上升高度，从而难以扩散。干法脱硫正克服这一不足，主要有活性炭吸附法及金属氧化物吸收法。活性炭吸附法是利用活性炭较大的比表面积使烟气中的 SO_2、SO_3 与活性炭表面的 O_2 和水蒸气反应生成硫酸而被吸附；金属氧化物吸收法则利用碱金属氧化物及氧化锰等对 SO_2、SO_3 的吸收能力来脱硫。

③ 生物脱硫技术　生物脱硫技术是 20 世纪 80 年代发展起来的常规脱硫替代新工艺，具有许多优点：无须催化剂和氧化剂（空气除外），无须处理化学污泥，产生的生物污染少，低能耗，回收硫，效率高，无臭味。缺点是过程不易控制，条件要求苛刻等。生物脱硫技术包括生物过滤法、生物吸附法和生物滴滤法，三种系统均属开放系统，其微生物种群随环境改变而变化。在生物脱硫过程中，氧化态的含硫污染物必须先经生物还原作用生成硫化物或 H_2S，然后再经生物氧化过程生成单质硫，才能去除。在大多数生物反应器中，微生物种类以细菌为主，真菌为次，极少有酵母菌。常用的细菌是硫杆菌属的氧化亚铁硫杆菌，脱氮硫杆菌及排硫杆菌。

（2）脱硝技术

从工业企业排出的废气中脱除氮氧化物的方法主要有吸收法和催化还原法两种。吸收法是利用某些溶液（如碱液及硫酸液）或碱金属及碱土金属的熔融盐作为吸收剂吸收废气中的氮氧化物。

催化还原法则根据使用催化剂的不同可分为非选择性催化还原法及选择性催化还原法。非选择性催化还原法是利用铂（或钴、镍、铜等金属氧化物）为催化剂，以氢或甲烷等还原性气体作还原剂，将烟气中的氮氧化物还原成 N_2，从而达到脱除的目的。而选择性催化还原法则以贵重金属（如铂）为催化剂，以氨、硫化氢或一氧化碳为还原剂，选择适当的温度范围进行从烟气中脱除氮氧化物。所选择的温度范围依催化剂、还原剂等而定，一般在 200～500℃。

3. 汽车尾气的催化净化

在城市人口密集区，汽车尾气是造成局部区域大气污染的主要源头之一，如酸雨、光化学烟雾及硫酸烟雾等均与汽车尾气当中的大量污染物有关。

汽车尾气的净化技术可分为机内净化和机外净化两种。所谓机内净化是指减少发动机内有害气体的生成，如提高油料的燃烧效率等。机外净化是指采用铂、钯等贵金属作为催化反应剂，将排气中的污染物，如 CO、碳氢化合物及氮氧化物等，转化为 CO_2 和 H_2O 等无害物。

减少汽车尾气的排放除技术措施外，行政管理也很重要，如淘汰旧车、规定汽车必须安装排气净化装置、规定汽车用油、鼓励使用蒸汽汽车或电瓶车等清洁交通工具等。

思考与讨论

1. 大气污染是如何形成的？试述其主要污染物的分类及其来源。大气污染对人体健康的危害如何？

2. 叙述酸雨、温室效应及臭氧层破坏的原因。

3. 大气污染的综合防治措施有哪些？

4. 除尘器有哪几种？简述各种除尘器的工作原理及其优缺点。

5. 气态污染物的控制方法有哪些？

6. 怎样实现节能减排？

阅读与咨询

1. 室内环境与健康

人的一生有 70%～90%的时间是在室内度过的，因此一定意义上说来，室内环境对人们生活和工作质量，以及身体健康的影响远远超过室外环境。而由于建筑材料的围隔作用，室内空气有别于室外空气，特别是现在建筑物密闭程度不断增大，室内与室外空气交换量减少，室内外环境的差异也就更明显。美国环境保护部门的研究结果表明，人们在室内接受某些污染物的程度超过室外的 100 倍；中国香港环保部门的研究结果表明，约有 1/3 的办公楼内空气质量不符合世界卫生组织及其他相关组织的标准。因此只强调室外空气质量，而忽视室内环境空气质量是不科学的。

从目前的检测分析结果来看，室内空气污染物的主要来源有以下几个方面：建筑及室内装饰材料、室外污染物、燃烧产物和人的活动。各种装饰性材料均含有甲醛、放射性氡、苯、甲苯、氯仿等有机蒸气，以上物质都具有相当的致癌性。

甲醛是不良建筑物综合征明确的危险因素之一，其主要危害表现为对皮肤黏膜的刺激作用。甲醛能与蛋白质结合，高浓度吸入时呼吸道会出现严重的刺激和水肿、眼刺激、头痛。甲醛又是一种环境致敏物。皮肤直接接触甲醛可以引起过敏性皮炎、色斑和坏死。室内的来源主要有几个方面：建筑材料（各种人造板、胶合板、纤维板、刨花板等）、室内装饰材料（脲醛树脂隔热材料）、装饰涂料（含醛类消毒防腐剂的水溶性涂料）和生活用品。室内甲醛的最高允许质量浓度为 0.08 mg/m^3，室内甲醛的释放期一般为 3～15 年。

室内环境放射性污染也应当备受关注，这就是室内的另一无形杀手——氡。氡是由镭衰变而产生的自然界唯一的天然放射性惰性气体，它没有颜色，也没有任何气味。氡在空气中的氡原子的衰变产物被称为氡子体。室内氡的来源主要有以下几个方面：土壤、混凝土、砖沙、水泥、石膏板、花岗岩之类生活环境和建筑材料所含的放射性元素。从 20 世纪 60 年代末期首次发现室内氡的危害至今，科学研究发现，氡对人体的辐射伤害占人体所受到的全部环境辐射中的55%以上，对人体健康威胁极大，其发病潜伏期大多都在15年以上。氡的含量在新建的建筑物中最高允许浓度规定为100 Bg/m^3，已使用的旧建筑物中最高浓度为200 Bg/m^3。由于氡的放射性，它很容易进入人体的呼吸系统，逐步破坏肺部的细胞组织，形成体内放射性辐射，是继吸烟之后的第二大诱发肺癌的因素。室内的氡含量无论高低都会对人体造成危害，但只要注意降低住房里的氡含量就可以减少这种危害。

苯是室内挥发性有机物的一种，无色具有特殊芳香气味。它是一种致癌物质，轻度中毒会造成嗜睡、头痛、头晕、恶心、胸部紧束感等，并可有轻度黏膜刺激症状；重度中毒可出现视物模糊、呼吸浅而快、心律不齐、抽搐和昏迷。它主要来源于合成纤维、油漆、各种油漆涂料的添加剂和稀释剂、各种胶黏剂、防水材料等。国家（卫法监〔2001〕255号）规定苯的最高允许浓度为0.09 mg/m^3。

氨是一种无色有强烈刺激性臭味的气体，国家相关标准规定最高允许浓度为0.5 mg/m^3、标准浓度为0.2 mg/m^3，主要是在建筑施工中使用的混凝土添加剂中含有，短期内吸入大量氨气后会出现流泪、咽痛、声音嘶哑、咳嗽、痰中带血丝、胸闷、呼吸困难，并伴有头晕、头痛、恶心、呕吐、乏力等，严重可发生肺水肿、成人呼吸窘迫综合征。

以上几种物质的含量是影响室内环境的重要因素。除此以外，还有一些已广为人知的物质也在影响着室内环境，它们是一氧化碳、二氧化碳、二氧化硫、氮氧化物及可吸入颗粒物浓度和细菌总数、温湿度、自然采光或人工照明的亮度及通风换气的空气调节方式等。

在评价室内空气质量时，还必须要有室内空气质量标准。我们国家的《室内空气质量标准》已于2002年11月19日发布，并于2003年3月1日起实施。

2. 空气质量指数（AQI）

空气质量指数（Air Quality Index，AQI），是一个用来定量描述空气质量状况的无量纲指数，AQI 取值 0～500。空气质量分指数即单项污染物的空气质量分指数（Individual Air Quality Index，IAQI）。利用空气质量指数可以直观地评价大气环境质量状况并指导空气污染的控制和管理。

AQI 指数只表征污染程度，并非具体污染物的浓度值。环境空气污染物的种类有很多，目前用于AQI评价的6种污染物分别是细颗粒物（$PM_{2.5}$）、可吸入颗粒物（PM_{10}）、二氧化硫（SO_2）、二氧化氮（NO_2）、臭氧（O_3）、一氧化碳（CO）。由于AQI评价的6种污染物浓度限值各有不同，在评价时各污染物都会根据不同的目标浓度限值折算成空气质量分指数AQI。

（1）空气质量分指数与对应污染物项目浓度限值

我国2012年发布的环境空气质量指数（AQI）技术规定明确了空气质量分指数与对应污染物项目的浓度限值，具体情况见表4-5。

表 4-5 空气质量分指数与对应污染物项目的浓度限值

空气质量分指数	污染物项目浓度限值									
	二氧化硫 24 h 平均/($\mu g/m^3$)	二氧化硫 1 h 平均/($\mu g/m^3$)①	二氧化氮 24 h 平均/($\mu g/m^3$)	二氧化氮 1 h 平均/($\mu g/m^3$)①	颗粒物(粒径小于等于 10 μm)24 h 平均/($\mu g/m^3$)	一氧化碳 24 h 平均/(mg/m^3)	一氧化碳 1 h 平均/(mg/m^3)①	臭氧 1 h 平均/($\mu g/m^3$)	臭氧 8 h 滑动平均/($\mu g/m^3$)	颗粒物(粒径小于等于 2.5 μm)24 h 平均/($\mu g/m^3$)
0	0	0	0	0	0	0	0	0	0	0
50	50	150	40	100	50	2	5	160	100	35
100	150	500	80	200	150	4	10	200	160	75
150	475	650	180	700	250	14	35	300	215	115
200	800	800	280	1 200	350	24	60	400	265	150
300	1 600	②	565	2 340	420	36	90	800	800	250
400	2 100	②	750	3 090	500	48	120	1 000	③	350
500	2 620	②	940	3 840	600	60	150	1 200	③	500

注:①二氧化硫、二氧化氮和一氧化碳的 1 h 平均浓度限值仅用于实时报,在日报中需使用相应污染物的 24 h 平均浓度限值。

②二氧化硫 1 h 平均浓度值高于 800 $\mu g/m^3$ 的,不再进行其空气质量分指数计算,二氧化硫空气质量分指数按 24 h 平均浓度计算的分指数报告。

③臭氧 8 h 平均浓度值高于 800 $\mu g/m^3$ 的,不再进行其空气质量分指数计算,臭氧空气质量分指数按 1 h 平均浓度计算的分指数报告。

(2)空气质量指数及相关信息

空气质量按照空气质量指数大小分为六级,对应空气质量的六个类别,指数越大、级别越高说明污染的情况越严重,对人体的健康危害也就越大,见表 4-6。

表 4-6 空气质量指数及相关信息

空气质量指数	空气质量指数级别	空气质量指数类别及表示颜色		对健康影响情况	建议采取的措施
0~50	一级	优	绿色	空气质量令人满意,基本无空气污染	各类人群可正常活动
51~100	二级	良	黄色	空气质量可接受,但某些污染物可能对极少数异常敏感人群健康有较弱影响	极少数异常敏感人群应减少户外活动
101~150	三级	轻度污染	橙色	易感人群症状有轻度加剧,健康人群出现刺激症状	儿童、老年人及心脏病、呼吸系统疾病患者应减少长时间、高强度的户外锻炼

空气质量指数	空气质量指数级别	空气质量指数类别及表示颜色		对健康影响情况	建议采取的措施
151~200	四级	中度污染	红色	进一步加剧易感人群症状，可能对健康人群心脏、呼吸系统有影响	儿童、老年人及心脏病、呼吸系统疾病患者避免长时间、高强度的户外锻炼，一般人群适量减少户外运动
201~300	五级	重度污染	紫色	心脏病和肺病患者症状显著加剧，运动耐受力降低，健康人群普遍出现症状	儿童、老年人和心脏病、肺病患者应停留在室内，停止户外运动，一般人群减少户外运动
>300	六级	严重污染	褐红色	健康人群运动耐受力降低，有明显强烈症状，提前出现某些疾病	儿童、老年人和病人应当留在室内，避免体力消耗，一般人群应避免户外活动

① 空气污染指数在 0~50 之间，级别为一级，对应空气质量的类别为优，表示颜色为绿色。这时的空气基本无污染，不会对人体健康产生危害，可多参加户外活动，多呼吸一下清新的空气。

② 空气污染指数为 51~100 的话，级别为二级，对应空气质量类别为良，表示颜色为黄色。这是可以接受的级别，除了少数对某些污染物特别容易过敏的人群外，也不会对人体健康产生危害，可以正常进行室外活动。

③ 空气污染指数在 101~150 的话，级别为三级，对应空气质量类别为轻度污染，在这种情况下，对污染物比较敏感的人群，比如老人或者小孩、有呼吸道疾病或者心脏病的患者就要多注意了，应尽量减少体力消耗大的户外活动，但对健康人群是没有明显影响的。

④ 空气污染指数在 151~200 之间，级别为四级，对应空气质量类别为中度污染，此时几乎会对每个人的健康都会有危害，而其中以敏感性人群（呼吸道疾病、皮肤敏感）最为显著。

⑤ 空气污染指数高达 201~300，级别为五级，对应空气质量类别为重度污染，会对每个人的健康都产生比较严重的危害，应适当减少此刻的室外活动，特别是老人、小孩、呼吸道疾病和心脏病患者应该尽量留在室内。

⑥ 空气污染指数大于 300 的，对应空气质量类别为严重污染，所有人的健康都会受到严重危害，除了有特殊需要的人群外，都应该不要留在室外。

（3）AQI 的计算

AQI 计算与评价的过程大致可分为三个步骤:

第一步是对照各项污染物的分级浓度限值，以细颗粒物（$PM_{2.5}$）、可吸入颗粒物（PM_{10}）、二氧化硫（SO_2）、二氧化氮（NO_2）、臭氧（O_3）、一氧化碳（CO）等各项污染物的实测浓度值（其中 $PM_{2.5}$、PM_{10} 为 24 h 平均浓度）分别计算得出空气质量分指数。

例如 $PM_{2.5}$ 日均浓度 35 μg/m^3 对应的分指数为 50，75 μg/m^3（就是通常所说的限值）折算为分指数是 100，而 500 μg/m^3 对应的 IAQI 值是 500。

$$\mathrm{IAQI_P} = \frac{\mathrm{IAQI}_{\mathrm{H}_i} - \mathrm{IAQI}_{\mathrm{L}_0}}{\mathrm{BP}_{\mathrm{H}_i} - \mathrm{BP}_{\mathrm{L}_0}}(C_\mathrm{P} - \mathrm{BP}_{\mathrm{L}_0}) + \mathrm{IAQI}_{\mathrm{L}_0}$$

式中，$\mathrm{IAPI_P}$——污染物项目 P 的空气质量分指数;

C_P——污染物项目 P 的质量浓度值;

$\mathrm{BP}_{\mathrm{H}_i}$——表 4-5 中与 C_P 相近的污染物浓度限值的高位值;

$\mathrm{BP}_{\mathrm{L}_0}$——表 4-5 中与 C_P 相近的污染物浓度限值的低位值;

$\mathrm{IAQI}_{\mathrm{H}_i}$——表 4-5 中与 $\mathrm{BP}_{\mathrm{H}_i}$ 对应的空气质量分指数;

$\mathrm{IAQI}_{\mathrm{L}_0}$——表 4-5 中与 $\mathrm{BP}_{\mathrm{L}_0}$ 对应的空气质量分指数。

第二步是从各项污染物的 IAQI 中选择最大值确定为 AQI。

$$\mathrm{AQI} = \max\{\mathrm{IAQI}_1, \mathrm{IAQI}_2, \mathrm{IAQI}_3, \cdots, \mathrm{IAQI}_n\}$$

式中：IAQI 是空气质量分指数，n 是污染物项目。

当 AQI 大于 50 时将 IAQI 最大的污染物确定为首要污染物；若 IAQI 最大的污染物为两项或两项以上时，并列为首要污染物。IAQI 大于 100 的污染物为超标污染物。

第三步是对照 AQI 分级标准，确定空气质量级别、类别及表示颜色、健康影响与建议采取的措施。

3．相关网站

公众环境研究中心——中国空气污染地图 http://www.ipe.org.cn/

重点城市空气质量日报 http://datacenter.mep.gov.cn/

中国室内环境网 http://www.cietc.com/

中国脱硫脱硝行业网 http://www.fgd-china.com/

中国城市低碳经济网 http://www.cusdn.org.cn/

4．网上咨询

低碳技术

大气环境保护标准

大气污染治理工程技术导则

火电厂烟气脱硝工程技术规范

第五章　水污染及其防治

水是人类和一切生物赖以生存及社会发展的物质基础，是地球上有限的不可替代资源，没有水就没有生命。地球上的淡水占全球总水量的比例是相当少的，水资源的地区分布也不平衡，加上近年来城市化进程加快、砍伐森林、过度抽取地下水、严重的水体污染等因素导致了水质的恶化。水资源短缺和水体污染已经成为我们可持续发展的主要制约因素，水污染防治将是我们目前面临的最紧迫的环境问题之一。

第一节　水体环境概述

一、天然水在环境中的循环

1. 地球上的天然水资源

地球上的水主要包括海洋、河流、湖泊、沼泽、土壤水、地下水、冰川水和大气水等，通常以不同的物质形态（气、液、固态）存在于地球的水圈、大气圈、生物圈和岩石圈中。地球上的水总量约为 13.86 亿 km^3，其中咸水约占总水量的 97.47%，包括海洋水、地下咸水和咸水湖，这部分咸水不能直接被人类利用；淡水仅占地球总水量的 2.53%，包括冰川积雪、地下淡水、冻土和地面冰、淡水湖泊、土壤水、大气水、沼泽湿地、河水、生物水，淡水资源中只有 30.4%便于利用，主要分布在 600 m 以内的地下含水层、河流、湖泊和土壤中，其余 69.6%则被封锁在极地冰帽和高山冰川中，无法为人类直接利用。地球上各种水的储量和比例见表 5-1。

通常，我们把地球水中易于被人类利用而且可不断循环更新的淡水资源称为“水资源”（Water Resources）。地球上能够被人类直接利用的淡水资源的比例是相当少的，淡水资源虽然可通过蒸发、降水等形式得到补充和更新，但由于其时间和空间分布的不均匀性，水资源在一定时空范围内是一种十分有限的资源，绝对不是“取之不尽，用之不竭”的。1977 年在阿根廷召开的“联合国世界水会议”上，有人生动地打了一个比方：“如果用 1.5 gal（加仑，1.5 gal≈4.546 L）的瓶子装上地球所有的水，那可利用的淡水只有半茶匙；在这半茶匙的淡水中，河水只相当于一滴，其余大部分都是冰川积雪和地下水。”

表 5-1　地球各种水的储量和比例

水体种类		储量/万 km^3	占总储量比例/%	占淡水储量比例/%
咸水	海洋水	133 800	96.54	—
	地下咸水	1 287	0.93	—
	咸水湖	8.5	0.06	—
	小计	135 095.5	97.47	—
淡水	冰川积雪	2 406.4	1.74	68.7
	地下淡水	1 053	0.76	30.06
	冻土和地面冰	30	0.022	0.86
	淡水湖泊	9.1	0.007	0.26
	土壤水	1.65	0.001	0.05
	大气水	1.29	0.001	0.04
	沼泽、湿地	1.15	0.001	0.03
	河水	0.212	0.000 2	0.006
	生物水	0.112	0.000 1	0.003
	小计	3 502.9	2.53	100
水储量总计		138 598.4	100	—

资料来源：联合国环境规划署《全球环境展望 3》，2002。

我国是一个干旱缺水严重的国家。全国拥有水资源 2.8 万亿 m^3，但人均占有水资源 2 300 m^3，只有世界平均的 1/4。水资源在地区上分布极不均匀，有 80%以上分布在长江流域及以南地区，它与人口、耕地资源的分布不相匹配，南方水多、人口多、耕地少，北方水少、人口多、耕地多，北方有 9 个省（自治区、市）人均水资源占有量少于 500 m^3，水的供需矛盾十分突出。

2．天然水在环境中的循环

地球上的水不是静止不动的，而是在太阳辐射、重力等作用下，以蒸发、降水、渗透、径流等方式周而复始、永无止境地运动和交替，这个过程称为水循环。例如，海洋、湖泊、河流表面以及土壤中植物茎叶上的水，会由于阳光照射而蒸发或蒸腾成水汽，上升到空中凝结成云，又在大气环流——风的推动下迁移到各处，然后以雨、雪、冰雹等形式落到海洋表面或陆地表面；到达地面的水，在重力作用下，部分渗入地下形成地下径流，部分形成地表径流流入江河，回归海洋，还有一部分重新蒸发回空中。此后再经蒸发、输送、凝结、降水、回流和汇流构成一个巨大的、统一的、连续的动态循环系统，就是水的自然循环过程（图 5-1）。

按水循环的范围，我们可将其分为几种不同的水循环类型（图 5-2）。

① 大循环：指海洋与陆地之间的水分循环和交换。

② 小循环：指海洋或陆地内部的水分循环和交换。其中，海洋小循环是指由海洋蒸发的水汽在空中凝结后，直接又以降水形式回落到海洋的水循环过程；陆地小循环是指陆地上的部分降水在陆地表面形成水体，以及植物截留，通过土壤

及植被的蒸腾，使陆地上的水分直接返回大气，再凝结以降水形式返回陆地的水循环过程。

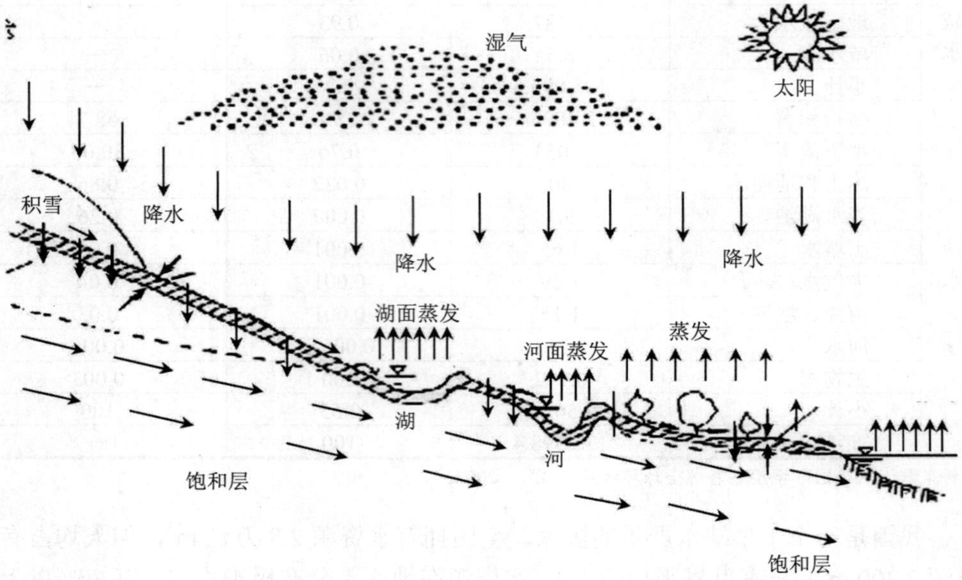

图 5-1　水的自然循环

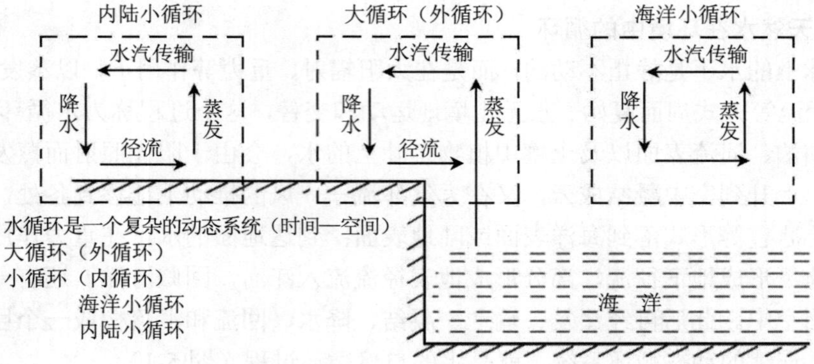

图 5-2　水循环类型

值得注意的是：环境中水的循环往往是大、小循环交织在一起的，并在全球范围内和在地球上各个地区内不停地进行着，而地理位置、气象、地形、地质、土壤、植被和人为活动等成为影响水循环的主要因素。

地球上的水进行不断循环往复的自然循环，在全球范围内蒸发与降水的总量是平衡的。在一定时段、一定空间内，收入水量等于支出水量与蓄水量变量之和，即所谓的“水量平衡”。例如，多年平均的海洋水量平衡方程可表达为：降水量+径流量=蒸发量；多年平均的陆地水量平衡方程表达为：降水量=径流量+蒸发量。具体见表 5-2。图 5-3 是包含了水的自然循环和社会循环的水循环示意图。在水循环系统中，为了确保自然界水的质量不被破坏，还必须建造废水收集、处理、处置等人工系统，即水污染防治工程系统。

表 5-2　地球的水量平衡　　单位：km^3/a

区域	降水量	蒸发量	径流量
海洋	324 000	361 000	−37 000
陆地	99 000	62 000	37 000
全球	423 000	423 000	0

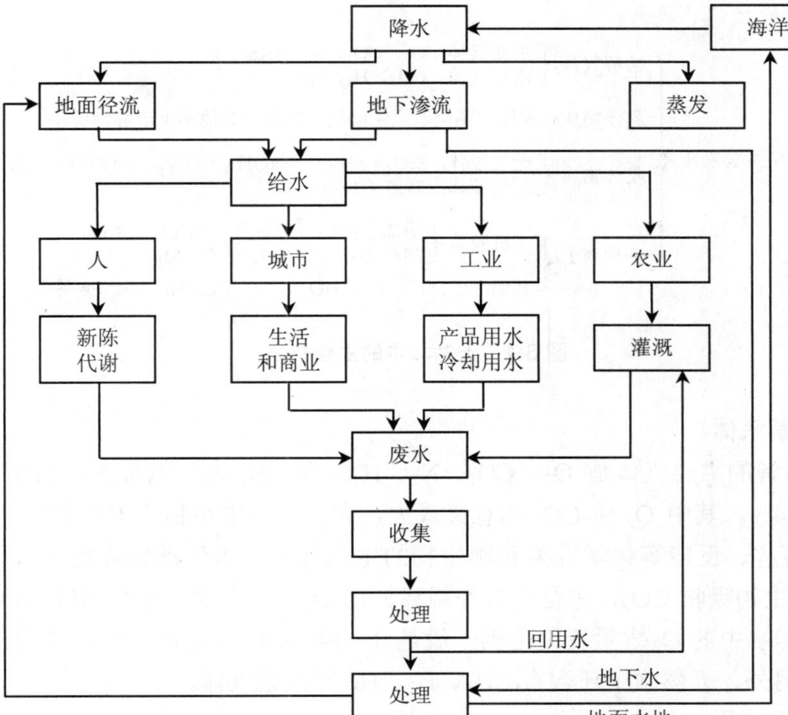

图 5-3　水循环系统

必须看到，除了上述水的自然循环外，水还由于人类的活动形成了水的社会循环。水的社会循环是指人类为了满足生活和生产的需求，不断取用天然水体的水，经使用后一部分天然水被消耗，但绝大部分却变成生活污水和生产废水排放，重新进入天然水环境中。在水的自然循环中，水的性质发生变化。例如，人们的生活用水中，只有很少一部分作为饮用或食品加工（约每人每日 5 L 水），其余大部分则用于卫生目的，如洗涤、冲厕（每人每日 50～300 L 水），排放出来的水会带入大量污染物质；工业用水量很大，除部分用作工业原料外，大部分用于洗涤、冷却或其他目的，排放出的水污染程度会随工业性质、用水方式等因素而不同；农业生产中使用化肥、农药或污水灌溉，降雨后农田径流携带大量化学物质流入水体，形成了所谓的“面污染”。

二、天然水中的主要物质

天然水在循环过程中不断与周围环境接触而发生相互作用，因此天然水中含有多种不同的物质，是一个极其复杂、变化的体系。天然水中的主要物质包括溶解气体、悬浮物质、胶体物质和各种离子四大类（图 5-4）。

水中主要物质
- 溶解气体
  - 主要气体：O_2、CO_2、N_2、H_2S
  - 微量气体：CH_4、H_2、He 等
- 悬浮物质：泥沙、藻类、原生动物、细菌及其他不可溶解物质
- 胶体物质
  - 无机胶体：$SiO_2 \cdot nH_2O$、$Fe(OH)_2 \cdot nH_2O$、$Al_2O_3 \cdot nH_2O$
  - 有机胶体：腐殖质胶体
- 各种离子
  - 无机胶体
    - 阴离子：Cl^-、SO_4^{2-}、HCO_3^-、CO_3^{2-}
    - 阳离子：K^+、Na^+、Ca^{2+}、Mg^{2+}
  - 其他离子：I^-、F^-、BO^-、Fe、Cu、Ni、Ti、Pb 等

图 5-4 天然水中的主要物质

1．溶解气体

水中溶解的主要气体是 O_2、CO_2、N_2、H_2S 等。N_2 占比例最大，约 61%；O_2 次之，占 34%。其中 O_2 和 CO_2 的意义最大，它影响水生生物的生存和繁殖以及水中物质的溶解、反应等化学行为和微生物的生化行为。水生动物吸收 O_2，释放出 CO_2；水生生物吸收 CO_2，进行光合作用释放出 O_2。水中动、植物的残骸腐烂也消耗 O_2。天然水中的 O_2 含量变化范围一般是 0～14 mg/L，CO_2 的含量一般低于 20～30 mg/L。另外，天然水中还含有 CH_4、H_2、He 等微量气体。

2．悬浮物质

水中的悬浮物质是粒径大于 10^{-7}m 的物质，如泥沙、藻类、原生动物、细菌及其他不可溶解物质。这些物质中的沙子等较重的无机物会沉降下来，藻类等较轻的有机物会浮于水面上，它们可以使水浑浊或产生异味。

3．胶体物质

水中的胶体物质主要是指粒径在 10^{-9}～10^{-7} m 的物质，主要包括无机胶体和有机胶体两大类。无机胶体主要是黏土矿物和铁、铝、硅的水合氧化物；有机胶体物质主要是植物或动物的肢体腐烂和分解而生成的腐殖质，常使水呈黄绿色或褐色。

4．各种离子

水体中溶解的主要离子有氯离子（Cl^-）、硫酸根离子（SO_4^{2-}）、碳酸氢根离子（HCO_3^-）、碳酸根离子（CO_3^{2-}）、钾离子（K^+）、钠离子（Na^+）、钙离子（Ca^{2+}）、镁离子（Mg^{2+}）八大离子，粒径小于 10^{-9}m，一般占水中溶解固体总量的95%～99%。海水中 Na^+ 与 Cl^- 占优势，河水中 Ca^{2+} 与 HCO_3^- 占优势，地下水受局部环境地质条件影响，优势离子变化较大。天然水中 H^+ 含量较低，pH 在6.8～8.5。其他离子含量一般较低，各种磷酸根、硅酸根、硝酸盐、亚硝酸盐、铵盐是水生植物的必需养分，微量元素还有溴、碘、氟和含量极为微的铜、镍、铬、砷、汞、钒、锰、锌、钼、银、镉、锶、钡、铝、金、硼、硒、铍等元素及放射性元素如镭、氡等。

第二节　水体污染及危害

一、水体污染与自净

1．水体的概念

水体是江河、湖泊、海洋、地下水、冰川等的总称，是被水覆盖区域的自然综合体，包括水、水中溶解物质、悬浮物、底泥、水生生物等。

水体一般有两种分类方法，一是按“类型”分，可分为海洋水体和陆地水体（地表水体和地下水体），二是按“区域”分，即对某一被水覆盖的地段而言，如太湖、洞庭湖、鄱阳湖是三个不同“区域”的水体，但按“类型”它们同属湖泊这一类地表水体；又如长江、黄河、珠江按“类型”它们同属河流这一类地表水体，但按“区域”则分属于三个流域的三个水系。水体具体的划分方法见图5-5。

水体分类
- 按类型
  - 海洋水体
  - 陆地水体
    - 地表水体：如河流、湖泊
    - 地下水体
- 按区域：如太湖水体、长江水体、黄河水体、珠江水体等

图 5-5　水体划分方法

在环境保护中，水与水体概念的区别十分重要。例如重金属污染易于从水中转

移到底泥中，水中重金属的含量一般不高，若单纯从水的角度看，似乎没有受到污染；但从水体的角度看，则可能已受到较严重的污染，重金属从水沉积到底泥中将成为水体的长期次生污染源，很难治理。

2．水体污染

根据《中华人民共和国水污染防治法》（1984 年颁布，1996 年修正，2008 年修订）的定义，水体污染（Water Pollution）是指：水体因某种物质的介入，导致其化学、物理、生物或者放射性等方面特性的改变，从而影响水的有效利用，危害人体健康或破坏生态环境，造成水质恶化的现象。

3．水体的自然净化

自然环境包括水环境对污杂物质都有一定的承受能力，称为环境容量。水体能够在其环境容量的范围以内，经过物理、化学和生物的作用，使排入水体的污染物质的浓度和毒性随着时间的推移在向下游的流动过程中自然降低，称为水体的自然净化作用（Self-purification of Water Bodies）。

水体的自然净化能力是十分有限的，影响自净的因素很多，如水体的地形和水文条件、水中微生物的种类和数量、水温和水中溶解氧的状况、污染物的性质和浓度等。在一定程度上，水体受到污染后通常能够部分、缓慢地逐渐恢复到原来的状态。

水体自净过程也是十分复杂的，按净化机理可分为三个过程：

① 物理净化：指水体污染物质由于稀释、混合、扩散、挥发、沉淀等作用使其浓度降低的过程。

② 化学净化：指水体污染物质通过中和、氧化、还原、分解、吸附、凝聚等反应使其浓度降低的过程。

③ 生物化学净化：指有机污染物由于水体中生物的吸收、氧化、降解作用而发生消失或浓度降低的过程。例如污染物的生物分解、生物转化和生物富集等作用。

实际上，以上三个净化过程是交织在一起的。以河流的自净过程为例，当一定量的污水流入河流时，污水在河流中首先混合和稀释，并与河中的某些组分发生了化学反应，但大部分有机物由微生物活动氧化分解而变成无机物。这样，河水流经一段距离以后就能得到一定程度的自然净化。

如图 5-6 所示是接纳大量生活污水的河流中水体中生化需氧量 BOD 和溶解氧 DO 的变化情况。从图中可看出污水注入前后河流中 BOD 和 DO 的变化特点：

① 生化需氧量 BOD 的变化：在上游未受污染的清洁水体中，由于水中没有过多的有机物消耗氧，所以 BOD 值较低；当有机污水注入时（0 点），大量有机污染物因生化降解消耗水中的氧，BOD 突然增大；随着有机物逐步被氧化，生化需氧量也相应减少，即 BOD 逐步下降并恢复到污水注入前的水平。

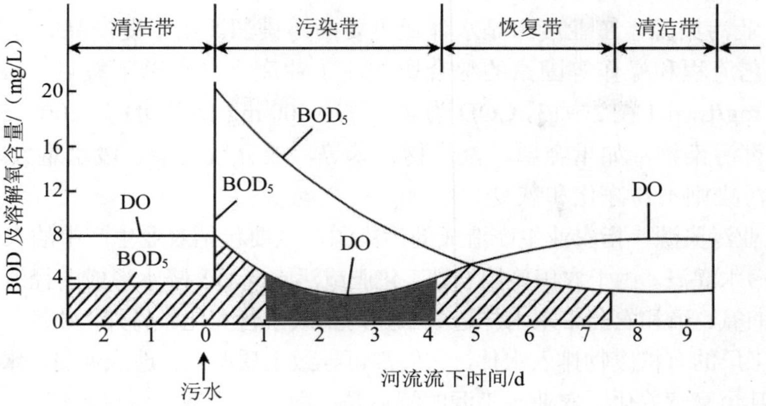

图 5-6 河流中 BOD_5 与 DO 的变化曲线

② 溶解氧 DO 的变化：上游未受污染的清洁水体中 DO 较高，接近饱和状态；当有机污水注入时（0 点），大量有机污染物因生化降解消耗水中的氧，耗氧速度大于复氧速度，DO 开始下降到最低点，这是水质恶化阶段；其后，随着水中有机物减少，耗氧速度小于复氧速度，DO 逐步上升直至完全恢复，水质好转。这条反映 DO 变化的曲线称为“氧垂曲线”，它是河流存在耗氧作用和复氧作用的综合反映，对于评价河流的污染状况具有重要意义。

按照上述净化过程，人们通常把污水排入前的河段称为“清洁带”，污水注入后按 BOD 和 DO 变化曲线，分别划分为污染带、恢复带和清洁带。

二、水体污染源

1. 水体污染源的含义

水体污染源是指造成水体污染的污染物发生源，包括向水体排放污染物或对水体产生有害影响的场所、设备和装置。

2. 水体污染源分类

水体污染源按不同的方法可分成不同的类型，一般可按以下几种方法进行分类：

（1）按水体污染成因分为自然污染源、人为污染源

自然污染源指天然存在的污染源，如火山喷发、水流冲蚀地面、矿石风化水解等。人为污染源是指由人类活动产生的污染源，如向水体排放未经妥善处理的城市污水和工业废水；使用的化肥、农药及城市地表污染物，被雨水冲刷，随地表径流进入水体；随大气扩散的污染物通过重力沉降进入水体等。人为污染源是环境保护的主要污染防治对象。

（2）按人类活动方式分为工业、农业、生活、交通污染源

① 工业污染源 工业废水是水体最重要的污染源。由于受产品、原料、药剂、设备、工艺流程和操作等因素的综合影响，工业废水具有以下特点：SS 含量可高达 30 000 mg/L，pH 在 2～13，COD 为 400～10 000 mg/L，BOD 为 200～5 000 mg/L。含多种有害污染物，如重金属、氰化物、苯等，成分较复杂。废水量大、面广，水体一旦被污染则不易净化和恢复。

② 农业污染源 指农业生产造成的污染源，主要包括农业生产中的农药、肥料及不合理的污水灌溉。由于农田施用农药、化肥或污水灌溉，降水形成的径流和渗流把土壤中过剩的氮、磷和农药带入水体造成农药污染或富营养化。另外，牧场、养殖场、农副产品加工厂的有机废物排入水体，它们都可导致水质恶化，造成河流、水库、湖泊等水体污染甚至富营养化。农业污染源的特点是：面广、分散、难以治理。

③ 生活污染源 指由人类生活消费活动产生的污水，城市和人口密集的居住区是主要的生活污染源。生活污水包括由厨房、浴室、厕所等场所排出的污水和污物，一般家庭污水相当混浊，其中有机物约占 60%，pH 多大于 7，BOD 为 200～600 mg/L。生活污水的特点主要是：悬浮固体、N、P、S、纤维素、淀粉、糖类、脂肪和蛋白质等含量高，在缺氧环境中会因厌氧细菌的作用生成恶臭物质，如硫化氢、硫醇等。含有大量的合成洗涤剂，对人体可能有一定危害。含有多种微生物，每毫升生活污水可能含有几百万个细菌，病毒和病原菌也多。重金属含量一般都是微剂量。

④ 交通污染源 铁路、公路、航海等交通运输部门，除了直接排放各种作业废水（如货车、货船清洗废水，船舶在水域中航行排放的废水），还有船舶的石油泄漏、汽车尾气中的铅通过大气降水而进入水环境等，都会造成水体污染。

（3）按污染物排放时间规律分为连续源、间断源、瞬时源

连续污染源指长期排放污染物的污染源，如工厂 24 h 作业连续排放的废水。间断性污染源指周期性排放污染物的污染源，如工厂 8 h 作业间断排放的废水。瞬时污染源指偶然或随机性排放污染物的污染源，如工厂事故排放的废水。

（4）按污染源的存在形式分为固定源、移动源

固定污染源指排放污染物的污染源是固定不变的，如工厂的废水排放口。移动源指排放污染物的污染源是可移动变化的，如船舶在水中航行排放的废水。

（5）按污染源的排放空间特征分为点源、线源、面源

① 点状污染源：以点状形式排放废物的污染源，主要指工业污染源和生活污染源在分散或集中的排污口。点源含污染物多，成分复杂，其变化规律服从工业废水和生活污水的排放规律，即季节性和随机性。

② 线状污染源：以线状方式排放废物的污染源。如污水河渠、漏水的污水管、石油管道等。

③ 面状污染源：以面积形式分布和排放污染物的污染源。地表径流和农田灌溉水都是造成水体污染的主要面源，如城市的初期降雨会把大量的陆源污染物带入附近水体，造成水质恶化；又如农田施用化肥农药，灌溉后排出的水或雨后径流也会造成周围的河流、水库、地下水出现污染。

同一种污染源有可能按不同分类方法分属不同的污染源类型，如工业连续排放污水的排污口，它分别属于人为污染源、工业污染源、连续源、固定源和点源。因此，我们应根据不同的需要合理辨别出污染源的类型。水体污染源的分类见图5-7。

- 污染源
  - 按水体污染成因
    - 自然污染源
    - 人为污染源
  - 按人类活动方式
    - 工业污染源
    - 农业污染源
    - 生活污染源
    - 交通污染源
  - 按污染物排放时间规律
    - 连续源
    - 间断源
    - 瞬时源
  - 按污染源的存在形式
    - 固定源
    - 移动源
  - 按污染源排放空间特征
    - 点源
    - 线源
    - 面源

图 5-7 水体污染源的分类

三、水体中主要污染物

水体污染物是指能导致水体污染的物质。水体中的污染物种类繁多，大致可分为物理性污染物、化学性污染物、生物性污染物三大类型。

1. 物理性污染物

（1）颗粒状污染物

水体中的颗粒状污染物主要来源于水力冲灰、洗煤、食品、屠宰、建筑、冶金、造纸、采矿等工业废水以及生活污水中的浮渣。水体受悬浮颗粒污染后，浊度增加，透明度减弱，会影响水生生物的光合作用，抑制其生长繁殖，进而妨碍水体的自净作用。另外，悬浮颗粒可能堵塞鱼鳃，导致鱼类窒息死亡；有机悬浮颗粒被微生物代谢时会消耗水中的溶解氧；悬浮颗粒还可能沉积于河底，造成底泥积累与腐化，使水体环境恶化；悬浮颗粒中的胶体还可作为载体，吸附其他污染物质，形成次生污染源。水体中通常用 SS 指标来表示悬浮颗粒的含量。

（2）热污染

水体中的热污染主要是企业生产时向水体中排放超过 60℃的高温废水（如冷

却水）造成的。热污染一方面会降低水资源的利用价值，另一方面还会破坏水体生态系统。如使水温升高，使水体的物理、化学性质发生改变，重金属离子的毒性增大，加速水中的各类反应。另外，水温升高，还会使藻类生长繁殖速度加快，水中溶解氧浓度降低，原有水生生物因不适应而大量死亡，影响其正常生存和繁殖。

（3）放射性污染物

放射性污染物是指含放射性元素的物质对水体的污染，主要包括 ^{131}I（碘 131）、^{90}Sr（锶 90）、^{137}Cs（铯 137）、^{60}Co（钴 60）、^{235}U（铀 235）等。天然水体中本底含量的微量放射性物质的放射性一般都很弱，对生物没有什么危害。但铀矿开采和精炼、原子能工业、放射性同位素的使用、核试验、核电站、核潜艇等人工活动会产生过量的放射性污染物，通过饮水和食物链进入人体和各种生物体，放射性污染物放出的α、β、γ等射线可损害机体组织，并可蓄积在机体内造成贫血、白细胞增生，严重的会造成遗传变易和诱发恶性肿瘤（癌症）。

2．化学性污染物

（1）无机无毒物

无机无毒物主要指排入水体的无机酸、碱、盐和 N、P 等植物营养物质。

① 无机酸、碱、盐　酸性污水主要来自矿山排水、酸法造纸、黏胶纤维、冶金、金属加工酸洗废水以及酸雨。碱性污水主要来自碱法造纸、人造纤维、制碱、制革等工业污水。酸碱水彼此中和可产生各种盐类，或酸碱分别与地表物质反应也能生成无机盐类，所以酸和碱的污染也必然伴随着无机盐类污染。

无机酸、碱、盐污染水体造成的危害主要有以下几个方面：a. 改变水体的 pH，破坏水体的自然缓冲作用和自净功能；b. 消灭或抑制水体微生物的生长，危害渔业生产，破坏水生生态；c. 水质逐渐恶化，腐蚀管道和船舶，可能使周围土壤酸化；d. 无机盐类的存在会增加水的硬度，增加水的渗透压，不利于淡水生物的生长，还会使工业锅炉水垢增厚，令工业用水能耗和水处理费用提高。

② N、P 等植物营养物质　N、P 等植物营养物质是指促进水中植物生长，可引起水体富营养化的物质。造成水体富营养化的植物营养物质的来源主要是化肥、城市生活污水和某些工业废水等。总的来说，N 的主要来源是生活污水、农业化肥、制革厂、造纸厂、印染厂、食品厂、饲养厂等废水，P 的主要来源是含磷洗涤剂的生活污水和磷肥厂等工业废水。一般来说，磷（P）超过 20 mg/m^3，或无机氮（N）超过 200 mg/m^3，即可以认为水体处于富营养化状态。水体富营养化的危害很大，水体中营养物质含量的增加将导致藻类大量繁殖，不仅会消耗水中的溶解氧，造成水体严重缺氧和 DO 急剧减少，个别藻类还会分泌出毒素，造成水质恶化、鱼类大量死亡、水体腐败发臭。水体中 NO_3^-超过一定量时有毒性，NO_2^-又能在人体内合成亚硝胺，有使人得癌症、生畸胎和影响遗传的危险。

（2）无机有毒物

这类污染物具有强烈的生物毒性，排入水体会通过食物链危害水生生物和人类；该类污染物还具有明显的累积性，可使污染影响持久和扩大。根据污染物的性质，此类污染物可分为两类：重金属如 Hg、Cd、Cr、Pb 和类金属 As、CN^-。

① 重金属　重金属一般指比重大于 5、原子量大于 40 的金属元素。它们广泛分布在地球上，但含量较低，如天然水体的 Hg 含量介于 0.001～0.1 mg/L；Cr 含量小于 0.01 mg/L。重金属多具有显著的生物毒性（其中以汞、镉、铅、铬、砷危害最大，俗称“五毒”），但许多重金属往往是生物体所必需的微量元素（如 Zn、Cu），只是在超过一定限度才会造成中毒。重金属在水体中的迁移主要与沉淀、络合、螯合、吸附和氧化还原等作用有关。它们很难生物降解，往往会通过食物链进行生物累积和放大，对环境造成持久性危害。下面对几种重金属进行简要介绍。

- 汞（Hg）：无机金属汞又称水银，它的自然来源主要是辰砂矿升华散布在大气并随降水携带到水体中，人为污染源主要是有色金属冶炼、电池厂等工业废水。汞有很强的毒性，对鱼类的致死浓度为 0.006～0.01 mg/L，汞浓度为 0.01 mg/L 时能抑制水的自净作用，人的致死剂量为 1～2 g。无机汞化合物如 $HgCl_2$、HgO 不易溶解且易沉积于低层沉积物中，在微生物作用下可转化成有机汞（如甲基汞 CH_3Hg、苯基汞 C_6H_5Hg）。有机汞比无机汞毒性更大，有机汞有很强的脂溶性，易进入生物体并通过食物链逐级浓缩和放大，最后经呼吸、消化系统和皮肤接触等途径进入人体，在肝、肾、脑组织内积累，破坏神经功能，严重时能造成死亡。汞在无脊椎动物体中的富集可达 10 万倍，1956 年日本熊本县水俣湾的“水俣病”事件就是人们长期吃富集甲基汞的鱼而造成的。
- 镉（Cd）：水体中的镉自然来源很少，主要来源于有色金属冶炼、冶金制造、电池、电镀、油漆和颜料等工业废水。水体中镉主要以镉的化合物毒性最大，蓄积性也强，人和动物吸收后很少能排出体外。受镉污染的河水灌溉农田，可引起土壤镉污染，然后再污染农作物，最后影响人。镉进入人体后，主要储存在肝、肾组织中不易排出，其慢性毒性主要是使肾脏吸收能力不全，降低机体免疫能力及导致骨质疏松软化、萎缩变形和骨折等。1953—1972 年日本富山县神通川的“痛痛病”事件就是人们食用用含镉污水灌溉生产的稻米和饮用含镉的水造成的。
- 铬（Cr）：铬是人体的必需元素，摄入量为 500～700 μg/（d·人），超出该数量即产生污染危害。水体的铬污染主要来源于冶金、电镀、机械加工、制革、颜料生产等工业废水。无机铬化合物有二价、三价、六价三种，其中三价铬化合物毒性较小，在水中易形成氢氧化铬 $Cr(OH)_3$；六价铬化合物毒性最大，主要以 CrO_3、CrO_4^{2-}、$Cr_2O_7^{2-}$等形式存在（如重铬酸钾

$K_2Cr_2O_7$，俗称“红矾”)，具有强氧化性，对皮肤、黏膜有强烈腐蚀性，在慢性影响上有致畸、致突变与致癌等作用。

- 铅（Pb）：水体铅污染主要来源于矿山开采、金属冶炼废水以及燃煤、汽车废气随降雨进入水体。铅对鱼类的致死浓度为 0.1～0.3 mg/L，铅浓度为 0.1 mg/L 时会抑制水的自净作用，人的每日铅摄取量为 0.3～1.0 mg/L 时，其超出部分不能排出，可引起累积并产生贫血、肾炎、神经炎等症状。儿童比成人更容易受到铅污染，儿童摄入过多铅会造成智商下降。

② 类金属。

- 砷（As）：岩石风化、土壤侵蚀、火山爆发和工业生产（如有色金属冶炼、含砷杀虫剂生产等）都会使砷进入天然水体。天然水中的砷平均含量为 1.0 μg/L，主要以 H_3AsO_4、$H_2AsO_4^-$、$HAsO_4^{2-}$、AsO_4^{3-}等形态存在。水体的砷化合物有三价、五价两种，三价砷如砒霜（AS_2O_3）毒性很大，口服致死量为 100～130 mg；五价砷毒性较小，主要存在于雄黄等金属矿床中。长期饮用含砷量大于 0.2 mg/L 的水会引起慢性中毒，主要表现是神经衰弱、中枢神经紊乱、腹痛、呕吐、肝痛、肝大等消化系统障碍，并常伴有皮肤癌、肝癌、肾癌、肺癌等发病率增高现象。
- 氰化物（CN^-）：水体中氰化物主要来自化学、电镀、煤气、炼焦等工业排放的含氰废水。氰化物是剧毒物质，各种氰化物分离出 CN^-及 HCN 的难易程度不同，因而毒性也不相同。氰的毒性主要表现在破坏血液、影响运送氧和氢的机能而致生物死亡。一般人只要误服 0.1 g 左右的氰化钾或氰化钠便立即死亡；水中 CN^-含量达 0.3～0.5 mg/L 时，鱼可死亡。世界卫生组织制定出了鱼的中毒限量为游离氰 0.03 mg/L，生活饮水中氰化物不许超过 0.5 mg/L，地面水中氰化物的最高允许浓度为 0.1 mg/L。

（3）有机无毒物

有机无毒物主要指需氧有机物（耗氧有机物）。天然水体的有机物一般是水生生物生命活动的产物；人类排放的生活污水和食品加工、肉类屠宰、造纸、印染、制革、焦化等工业废水中也含有大量的有机物，其中主要是需氧有机物如碳水化合物、蛋白质、脂肪和木质素等。这些有机物质的共同特点是：没有毒性，进入水体后可在微生物作用下最终分解为简单的无机物，这些有机物在分解过程中需要消耗大量的氧气。需氧有机物是水体中最普遍存在的一种污染物，这些物质如果大量进入水体，将造成水中溶解氧缺乏，还可能进行厌氧分解，产生 CH_4、H_2S、NH_3 等臭气，引起水体发黑发臭等现象，进而危害水生生物的生活和生存。

需氧有机物种类繁多，组成复杂，现有分析技术难以分别定量、定性分析。因此，一般不对它们进行单项定量测定，而利用其共同性，如它们较易氧化的特征，用某种指标间接地反映它们的总量或分类含量。氧化方式有化学氧化、生物氧化和燃烧氧化等，都是以有机物在氧化过程中所消耗的氧或氧化剂的数量来代表有机物的数量，在实际工作中相应地用下列综合指标来表示水中需氧有机物的含量。

① 化学需氧量（COD）：指用化学氧化剂氧化水中有机污染物时所需的氧量，以每升水消耗氧的量表示（单位为 mg/L），称为 COD（Chemical Oxygen Demand）。COD 实际上是反映有机物中碳的耗氧量，它不仅氧化了有机物，还对各种还原态无机物（如硫化物、亚硝酸盐、氨、低价铁盐等）具有氧化作用。COD 值越高，表示水中有机污染物越多，污染越重。目前常用的氧化剂主要是重铬酸钾和高锰酸钾，重铬酸钾法（COD_{Cr}）对有机物反应较完全，适用于分析工业废水等污染较严重的水样。高锰酸钾法（COD_{Mn}），适用于测定一般较清洁的地表水水样。目前，国际标准化组织（ISO）规定：化学需氧量指 COD_{Cr}，而称 COD_{Mn} 为高锰酸盐指数。

② 生化需氧量（BOD）：指在一定的条件下，水中的有机污染物经微生物分解所需的氧量，以每升水消耗氧的量表示（单位为 mg/L），称为 BOD（Biochemical Oxygen Demand）。BOD 越高，表示水中可生物降解的有机物越多。

有机物的微生物分解是一个缓慢的过程（有机物中含碳化合物先发生氧化分解，含氮化合物后发生分解），将所能分解的有机物全部分解往往需 20 d 以上，并与环境温度有关。由于分解时间太长，实际测定很不方便，目前国内外普遍采用在 20℃条件下培养 5 d 的生物化学需氧量 BOD_5 作为指标。BOD_5 只能反映出可生物氧化的有机物的含量，但是它在一定程度上也反映了有机物进行生物氧化的难易程度和时间进程，它通常是总 BOD 的 70%左右。

③ 溶解氧（DO）：指溶解于水中的氧气的量，以水中氧的含量表示（单位为 mg/L），称为 DO（Dissolved Oxygen）。DO 是水质的重要参数，也是鱼类等水生生物生存的必要条件，它的主要影响因素有：有机物的耗氧作用、光合作用、大气复氧以及水温等。水体的有机污染程度对 DO 影响很大，当水中有机物较多，有机氧化分解需要消耗水中的溶解氧，则 DO 变小。另外，水温对 DO 也有一定影响，水温越高，氧气逸出越多，DO 则下降。据测定，在比较清洁的河流和湖泊中，溶解氧一般在 7.5 mg/L 以上；当溶解氧在 5 mg/L 以下时，各种浮游生物不能生存，大多数鱼类要求溶解氧在 4 mg/L 以上；当溶解氧在 2 mg/L 以下时，水体就会发臭。

④ 总有机碳（TOC）：水中溶解性和悬浮性有机物存在的全部碳量，称为 TOC（Total Organic Carbon）。通常采用高温燃烧生成 CO_2 的方法测定，需扣除碳酸盐。

⑤ 总需氧量（TOD）：水中能被氧化的有机物在燃烧中变成稳定的氧化物所需的氧量，称为 TOD（Total Oxygen Demand）。由于水中的有机物除有机碳外，还含有 H、N、S 等元素，当有机物全部被氧化时，碳被氧化为 CO_2，而 H、N、S 则被氧化为 H_2O、NO、SO_2 等。

以上各种有机物指标的比例关系一般为：TOD＞TOC＞COD_{Cr}＞BOD＞BOD_5＞

COD_{Mn}。BOD_5/COD_{Cr}的比值是衡量废水可生化处理的一项重要指标，其比值愈高，可生化性愈好。一般认为，$BOD_5/COD>0.3$，即适宜进行生化处理。

（4）有机有毒物

有机有毒物多是人工合成有机物，难以被生化降解，毒性很大，且大多是较强的致癌、致突变、致畸物质。主要有酚类化合物、有机农药（DDT、有机氯、有机磷等）、多氯联苯、多环芳烃、合成洗涤剂等，下面作简要介绍。

① 酚类化合物　水体中酚的来源主要是冶金、煤气、炼焦、石油化工、塑料、合成纤维等工业排放的含酚废水以及城市排出的大量粪便污水（粪便和含氮有机物在分解过程中也产生少量酚类化合物）。各种酚类均是强毒性可降解的有机化合物，其中挥发性酚易被分解为无毒化合物。水体中酚低浓度污染时，会使蛋白质变性，并影响鱼类的洄游和繁殖；酚浓度为0.1～0.2 mg/L时，鱼肉有酚味，水产品产量和质量降低；酚高浓度污染时，会使蛋白质沉淀和凝固，直接危害各种生物细胞，引起鱼类死亡和绝迹。人类长期饮用酚污染的水源，可能会引起头昏、出疹、瘙痒、贫血和各类神经系统症状，因此，一般规定饮用水挥发酚浓度为0.001 mg/L。

② 有机农药　有机农药包括杀虫剂、杀菌剂和除草剂等，通常分为有机氯、有机磷和氨基甲酸酯类农药三大类，它们可通过喷洒农药、地表径流和农药厂的生产废水排入水体中。有机氯农药的特点是水溶性低而脂溶性高，化学和生物降解难，易在动物体内累积，对动物和人体危害较大，造成中毒，如DDT能蓄积于鱼脂中，浓度可比水体中高12 500倍。有机磷、氨基甲酸酯类农药与有机氯农药相比，生物降解速度快，在环境中滞留时间短，杀虫力高，污染范围较小。另外，杀虫剂具有较高的水溶解度，不易发生生物富集、沉积物吸附和挥发等反应。

③ 多氯联苯（PCB）　PCB是联苯分子中一部分或全部氢被氯取代后形成的各类异构体混合物的总称，主要污染源是电力电容器、浸渍剂和油漆添加剂等行业的工业废水。由于其在环境中不易降解，进入生物体内也相当稳定，故一旦通过食物链富集而侵入肌体就不易排泄，而易聚集在脂肪组织、肝和脑中，引起皮肤、肝脏损害和中毒。随着水体水分循环，PCBs污染已成为环境污染影响最具有代表性的物质，不仅污染地表水而且可污染海洋。日本的米糠油事件，就是人们误食被PCB污染了的米糠油中毒而引起的。

④ 多环芳烃（PAH）　多环芳烃存在于石油和煤焦油中，是具有多环结构的碳氢化合物，其种类多种多样，如苯并芘、二苯并芘、苯并蒽葱、二苯并蒽等。多环芳烃能通过废油、含油废水、煤气站废水、柏油路面排水以及淋洗了空气中煤烟的雨水流入水体中，造成污染。在地表水中的多环芳烃类已知的有20多种，一般具有很强的毒性，其中有七八种具有致癌和致遗传变异性，其中3,4-苯并[a]芘（简记为B[a]P）已被证实是强致癌物质之一。

⑤ 石油类污染物　石油污染主要是在石油的开采、运输、加工和使用过程中泄

漏和排放造成的。石油类污染物对水体产生的污染主要是在水体的表面，形成光滑的油膜，进一步扩展成薄膜，油膜覆盖在水体表面，阻止大气与水体之间的气液交换与热交换。大面积油膜的长期存在，防止大气中的氧气进入气体，降低了水体中的溶解氧，从而影响水体的自净作用，危害水生生物的生存。石油及其产品属低毒污染物，对人可引起不同程度的危害。如吸入石油蒸气可出现头晕、恶心、呕吐、血压下降等症状。

⑥ 合成洗涤剂　合成洗涤剂广泛应用于家庭洗涤、食品加工厂和汽车冲洗行业对废油类的清洗程序，其产生的废水排入水体会造成污染。主要影响有三个：a. 水体中的洗涤剂浓度达到 0.5 mg/L 时，水面将浮起一层泡沫，既破坏景观又影响水中溶解氧的交换；若浓度＞10 mg/L 时，鱼类难以生存；若浓度达 45 mg/L 时，水稻生长受到威胁。b. 洗涤剂中的表面活性剂会使水生动物的感官功能减退，甚至丧失觅食或避开有毒物质的能力，从而丧失生存本能。c. 合成洗涤剂中有一定的 N、P 会使水体富营养化。

3. 生物性污染物

生物性污染物主要指水中的致病微生物和其他有害生物体，包括病菌、病毒、寄生虫等。未污染的天然水中细菌等微生物很少，而水中微生物多数是人为污染所致。

水体中病原微生物主要来自生活污水和医院污水、制革、屠宰、洗毛等工业废水以及畜牧污水。病原微生物有三类：一是病菌，即可以引起疾病的细菌，如大肠杆菌、痢疾杆菌、绿脓杆菌等，个体较大，一般为 0.7～10 μm，在水中多呈悬浮状态；二是病毒，没有细胞结构，但有遗传、变异、共生、干扰等生命现象的微生物，个体甚小，30～300 nm，大多用电子显微镜才能观察到，如麻疹、流行性感冒、传染性肝炎病毒等；三是寄生虫，动物寄生物的总称，如疟原虫、血吸虫、烟虫等，个体也较大。

污水中的大多数微生物是无害的，但也含有各种致病微生物。例如，生活污水中可能含有能引起肝炎、伤寒、霍乱、脑炎的病毒、细菌以及蛐虫卵等；制革厂和屠宰厂的废水中常含有炭疽杆菌和钩端螺旋体等；医院、疗养院和生物研究所排出的污水中含有种类繁多的致病体。

生物性污染物污染的特点是数量大，分布广，存活时间长，繁殖速度快，必须予以高度重视。目前，我国衡量生物性污染的水质指标有细菌总数、总大肠菌群两项。其中，大肠菌群数反映水体受到粪便污染的状况，用以间接反映病原菌的存在情况，水中含有大肠菌即说明水体已发生生物性污染。

水体中主要污染物的分类见表 5-3。

表 5-3 水体污染物的分类

种类	污染物名称			主要来源	主要危害
物理性污染物	悬浮颗粒			生活污水及食品、造纸、采矿等工业废水的浮渣	浊度增加，透明度减弱，影响水生生物光合作用
物理性污染物	热污染			工业冷却水（超过60℃）	水温升高，DO下降，影响水生生物生存繁殖
物理性污染物	放射性污染物			铀矿、放射性同位素使用、核试验、核电站、核潜艇	贫血、白细胞增生，严重的会造成遗传变易和诱发恶性肿瘤（癌症）
化学性污染物	无机无毒物	无机酸、碱、盐		矿山、造纸、纤维、冶金、制革	改变水体pH，破坏水生生态，腐蚀船舶管道，增加水的硬度
化学性污染物	无机无毒物	N、P等植物营养物		生活污水、化肥及制革、造纸、印染、食品、饲养厂	水体富营养化（藻类大量繁殖，水体严重缺氧，鱼类大量死亡）
化学性污染物	无机有毒物	重金属	Hg	金属冶炼、电池厂等工业	破坏神经功能（水俣病）
化学性污染物	无机有毒物	重金属	Cd	金属冶炼、冶金、电池、电镀、油漆和颜料等工业	降低机体免疫能力，骨质疏松、萎缩和骨折（痛痛病）
化学性污染物	无机有毒物	重金属	Cr	冶金、电镀、机械、制革、颜料等工业	六价铬具强氧化性，对皮肤有强烈腐蚀性，可致畸、致突变与致癌
化学性污染物	无机有毒物	重金属	Pb	矿山、金属冶炼及汽车废气	贫血、肾炎、神经炎等
化学性污染物	无机有毒物	类金属	As	有色金属冶炼、含砷杀虫剂生产	中枢神经紊乱及消化系统障碍，常伴有皮肤、肝、肾、肺癌等发病率增高
化学性污染物	无机有毒物	类金属	CN^-	化学、电镀、煤气、炼焦等工业	破坏血液，影响运送氧和氢的机能而致生物死亡
化学性污染物	有机无毒物	需氧有机物（碳水化合物、蛋白质、脂肪和木质素）		生活污水和食品加工、肉类屠宰、造纸、印染、制革、焦化等工业	引起水体严重缺氧、发黑发臭等现象，并危害水生生物的生活和生存
化学性污染物	有机有毒物	酚类化合物		冶金、煤气、炼焦、石油化工、塑料、合成纤维等工业	蛋白质变性和凝固，鱼类死亡，人类出疹、贫血和神经系统症状
化学性污染物	有机有毒物	有机农药		喷洒农药、农药厂	易在动物体内累积，造成中毒
化学性污染物	有机有毒物	多氯联苯PCB		电力电容器、漆添加剂工业	皮肤、肝脏损害和中毒
化学性污染物	有机有毒物	多环芳烃PAH		炼油、煤气站、柏油路排水	致癌和致遗传变异性
化学性污染物	有机有毒物	石油类		石油开采、运输、加工使用	油膜阻止氧气进入水体，引起生物中毒
化学性污染物	有机有毒物	合成洗涤剂		家庭洗涤、食品加工和洗车	影响溶解氧交换，水生物感官功能减退
生物性污染物	病菌			生活污水和医院污水、制革、屠宰、洗毛等工业废水以及畜牧污水	引起肝炎、伤寒、霍乱、脑炎、感冒等疾病
生物性污染物	病毒			生活污水和医院污水、制革、屠宰、洗毛等工业废水以及畜牧污水	引起肝炎、伤寒、霍乱、脑炎、感冒等疾病
生物性污染物	寄生虫			生活污水和医院污水、制革、屠宰、洗毛等工业废水以及畜牧污水	引起肝炎、伤寒、霍乱、脑炎、感冒等疾病

四、水体污染的危害

水体污染带来的危害是多种多样的，主要可以概括为以下几个方面。

1. 对水资源的危害

水体受到污染后，使水体质量下降，降低了水体的使用功能和利用价值，使本来就十分紧张的淡水资源变得更加短缺，出现“水质性”缺水。据统计，目前全世界每年约有 420×10^9 t 的污水排入江河湖海，污染了 5 500 km^3 的淡水，约占全球径流量的 14%，有 1/4 的世界人口患病是由水污染引起的。我国许多经济发达地区也出现了不同程度的“水质性”缺水，由此加剧了水资源短缺的矛盾和居民生活用水的不安全性。

2．对水生生态系统的危害

污染物进入水体后，改变了原有的水生生态系统的结构与群落组成，使水生生态系统发生变化，令不适应新环境的水生生物大量死亡，并使水生生态系统的结构变得更加简单，生态系统的功能逐渐减弱。

3．对人体健康的危害

首先，被重金属、农药、氰化物等污染的水体通过饮用或食物链传递可造成人体急性和慢性中毒；其次，具有致癌作用的化学物质如砷、铬、镍、苯胺、苯并[a]芘等污染物进入水体后，人类长期饮用或食用这类水生生物时可诱发癌症；最后，含有以水为媒介的传染病病原体的污水污染水体后，经饮用进入人体，可引起传染性疾病，如伤寒、疟疾、霍乱、传染性肝炎和血吸虫病等。

4．对工农业生产的危害

一些工厂因水质污染引起产品质量下降甚至停产，或者由于水污染治理需投入更多的运营成本，造成经济损失；水产品和农作物也会因水体污染而减产或无法食用，由此对渔业和农业生产带来很大损失。

第三节　水污染综合防治

一、水污染综合防治的基本原则

进行水污染防治，根本的原则是“防”“治”“管”三者结合起来。

1．“防”

对污染源的控制，通过有效控制和预防措施，使污染源排放的污染物量削减到最小量。

① 对工业污染源，最有效的控制方法是推行清洁生产。清洁生产是指资源能源利用量最小，污染排放量也最少的先进的生产工艺。清洁生产采用的主要技术路线有：改革原料选择及产品设计，以无毒无害的原料和产品代替有毒有害的原料和产品；改革生产工艺，减少对原料、水及能源的消耗；采用循环用水系统，减少废水排放量；回收利用废水中的有用成分，使废水浓度降低等。清洁生产提倡对产品进行生命周期的分析及管理，而不是只强调末端处理。

② 对生活污染源，可以通过有效措施减少其排放量。如推广使用节水用具，提高民众节水意识，降低用水量，从而减少生活污水排放量。

③ 对农业污染源，为了有效地控制面污染源，更必须从“防”做起。提倡农田的科学施肥和农药的合理使用，可以大大减少农田中残留的化肥和农药，进而减少

农田径流中所含氮、磷和农药的量。

2. “治”

通过各种措施治理污染源以及已被污染的水体，使污染源实现“达标排放”，令水体环境达到相应的水质功能。

污染源要实现“零排放”是很困难的，或者几乎是不可能的，因此必须对污（废）水进行妥善的处理，确保在排入水体前达到国家或地方规定的排放标准。应十分注意工业废水处理与城市污水处理的关系。对于含有酸碱、有毒有害物质、重金属或其他特殊污染物的工业污水，一般应在厂内就地进行局部处理，使其能满足排放至水体的标准或排放至城市下水道的水质标准。那些在性质上与城市生活污水相近的工业污水，则可优先考虑排入城市下水道与城市污水共同处理，单独对其设置污水处理设施不仅没有必要，而且不经济。城市污水收集系统和处理厂的设计，不仅应考虑水污染防治的需要，同时应考虑到缓解水资源矛盾的需要。在水资源紧缺的地区，处理后的城市污水可以回用于农业、工业或市政，成为稳定的水资源。为了适应废水回用的需要，其收集系统和污水处理厂不宜过分集中，而应与回用目标相接近。

另外，对于已经遭受污染的水体，应根据水体污染的特点积极采取物理、化学、生物工程等手段进行污染治理，使恶化的水生态系统逐步得到修复。

3. “管”

加强对污染源、水体及水处理设施的监控管理，以管促治。

“管”在水污染防治中也占据十分重要的地位。科学的管理包括对污染源、水体处理设施以及污水处理厂进行经常监测和检查，以及对水体环境质量进行定期的监测，为环境管理提供依据和信息。

二、水污染综合防治的主要对策

1. 减少水消耗量

减少水消耗量不仅节约了宝贵的水资源，而且减少了排污量，从而减少了对水体的污染。我国工业企业技术相对落后，单位产出的水消耗量与发达国家相比还有很大差距。我国城市 70%的污染源来自工业，由于工业废水量大、面广、污染物成分复杂、许多有毒有害污染物在水中难以降解，从而加重了水体污染。通过企业技术改造，采用清洁生产工艺，实行一水多用、提高水资源的循环利用率、清污分流等都是有效的节水手段。与此同时，生活用水的节约也有很大潜力，除加强宣传、提高节水意识外，采用节水设备和分质供水等方法都能起到很好的效果。另外，推广中水回用技术、开辟第三水源也是城市节约用水和减少水污染的重要途径，处理后的废水可根据水质情况回用于工业、农业和城市公共用水。

2. 积极进行污水治理

我国很多工业与城市废水未经任何处理直接排入水体，造成了巨大的污染。首先，工业企业要积极治理水污染，实行污水分散治理与集中控制相结合。对于重金属等有毒有害污染物的排放，必须先由企业单独治理或预处理后达标排放，而对于中小型企业排放的一般性废水可进行集中控制和治理。其次，随着工业布局、城市布局的调整和城市下水管网的建设与完善，要逐步实现城市生活污水的集中治理，使城市生活污水处理和工业废水治理结合起来。目前，由于二级污水处理厂投资和运行费较高，有些城市和地区利用廉价的污水处理塘、土地处理系统、排江排海工程等天然净化方式治理污水，也取得了较好的效果。

3．合理规划及调整工业布局

根据水环境的功能和社会经济发展的需要，依据地面水环境质量标准进行水环境功能区划，是水污染控制的依据。合理的工业布局、优化排污口等都是有效利月水环境自净能力的措施，可变恶性循环为良性循环，起到发展经济、控制污染的作用。例如对上、下游城市在工业布局和产业结构上作出战略调整，确定各城市河段的水质目标，避免城市间交叉污染的问题；各地应根据本地水资源特点，在确保环境质量的前提下发展经济，不宜在缺水地区兴建耗水量大的企业；对于用水量大、污染严重又无有效治理措施的企业应该坚决关闭或转产。

4．加强水污染管理

污染防治不是单纯的技术问题，加强管理是防治水污染的重要手段。所谓环境管理是指各级环境管理部门依照国家颁布的政策、法规、标准，对一切影响环境质量的行为进行的规划、协调和督促监察活动。目前，我国的水污染管理依据主要有《水污染防治法》及其实施细则，《地面水环境质量标准》《污水综合排放标准》等水质标准，以及“环境影响评价”“三同时”“排污许可证”“排污收费”等环境管理制度。我国经济还不很发达，资金缺乏，通过强化环境管理，就可以少花钱解决许多环境问题。实际上，许多水环境污染和生态破坏都是由于管理不善造成的，只有搞好管理，减少排污，才能有效地改善水体环境。另外，还可建立水质自动监测和管理信息网，及时提供各类水体的水质变化趋势和管理情况，为水环境管理提供有效数据和决策信息。

第四节　废水处理方法

一、废水处理的基本方法

废水处理的目的是对废水中的污染物以某种方法分离出来，或将其分解转化为无害稳定的物质，从而使废水得到净化。一般要达到防止毒害和病菌的传染、避免有恶臭和恶感的可见物，以满足不同水质用途的要求。

废水处理相当复杂，废水处理方法的选择取决于废水中污染物的性质、组成、状态以及接纳水体的水质要求。按处理原理的不同，废水处理方法可分为物理处理法、化学处理法、物理化学法和生物处理法四大类（表 5-4）。

表 5-4 废水处理方法分类

方法分类	基本原理	主要工艺	处理对象
物理处理法	利用物理或机械作用来去除废水中不溶性悬浮污染物	重力分离法 过滤法 气浮法 离心分离法	可自然沉降或上浮物质 悬浮物和漂浮物 乳化油、相对密度接近 1 的悬浮物 乳化油、固体物
化学处理法	向污水中投加某种化学物质，利用化学反应来分离、回收污水中的污染物质，或使其转化为无害的物质	化学沉淀法 混凝法 中和法 氧化还原法	溶解性重金属、氰化物 胶体、悬浮物、油、色 酸、碱 氰、酚、铬等溶解性物质、有机物
物理化学法	利用萃取、吸附、离子交换、膜分离技术、汽提等操作过程，处理或回收利用工业废水	萃取法 吸附法 离子交换法 膜分离法	不溶于水（溶于溶剂）的物质 酚、苯、石油、染料等有毒物质 重金属离子、放射性物质 分子或离子
生物处理法	利用微生物新陈代谢功能，使污水中呈溶解和胶体状态的有机污染物被降解并转化为无害的物质，使污水净化	好氧生物处理法 厌氧生物处理法	有机污染物 有机污染物

1. 物理处理法

废水的物理处理法（Physical Treatment）是利用物理作用来进行处理的方法，主要用于分离去除废水中不溶性的悬浮污染物。在处理过程中废水的化学性质不发生改变。主要工艺有重力分离、过滤、气浮、离心分离等，使用的处理设备和构筑物有沉砂池和沉淀池、气浮装置、离心机、旋流分离器等。

（1）重力分离法

重力分离法是利用污水中呈悬浮状的污物和水密度不同的原理，借重力沉降（或上浮）作用，使水中悬浮物分离出来。沉淀（或上浮）处理设备有沉砂池、沉淀池和隔油池。

在废水处理中，重力分离法简单易行，广泛应用于其他方法处理前的预处理，主要应用于以下几个方面：① 在沉砂池去除无机砂粒；② 在初次沉淀池去除重于水的悬浮状有机物；③ 在二次沉淀池去除生物处理出的水中的生物污泥；④ 在混凝工艺之后去除混凝形成的絮凝体；⑤ 在污泥浓缩池中进行泥水分离，即分离污泥中的水分，浓缩污泥。

（2）过滤法

过滤法是利用过滤介质截留污水中的悬浮物。常用的过滤介质有钢条、筛网、砂布、塑料、微孔管等，过滤设备有格栅、栅网、微滤机、砂滤机、真空滤机、压滤机（后两种滤机多用于污泥脱水）。

（3）气浮法

气浮法是在废水中通入空气，产生大量的细小气泡，并使其附着于细微颗粒污染物上，形成相对密度小于水的浮载体，上浮至水面，从而达到使细微颗粒与废水分离的目的。气浮法常用于分离相对密度与水接近或比水小，靠自重难以沉淀的细微颗粒污物。

（4）离心分离法

离心分离法是含有悬浮污染物质的污水在高速旋转时，由于悬浮颗粒（如乳化油）和污水质量不同，受到的离心力大小也不同，从而被分离的方法。

常用的离心设备按离心力产生的方式可分为两种：① 旋流分离器——由水流本身旋转产生离心力，分压力式和重力式两种，具有体积小、单位容积处理能力高的优点，广泛用于轧钢污水处理及高浊度河水的预处理；② 离心分离机——由设备旋转同时也带动液体旋转产生离心力。离心机还可按分离因素分为两种：a. 常速离心机——常速离心机用于分离低浆废水，效果可达 60%～70%，还可用于沉淀池的沉渣脱水等；b. 高速离心机——适用于乳状液的分离，如用于分离羊毛废水，可回收 30%～40%的羊毛脂。

2．化学处理法

化学处理法（Chemical Treatment）是指向污水中投加某种化学物质，利用化学反应来分离、回收污水中的某些污染物质，或使其转化为无害物质的方法。常用的方法有化学沉淀法、混凝法、中和法、氧化还原（包括电解）法等。

（1）化学沉淀法

化学沉淀法是通过向废水中投加某种化学药剂，使它与废水中的溶解性物质发生化学反应，生成难溶盐沉淀下来，从而降低水中溶解性污染物浓度的方法。化学沉淀法一般用于含重金属（汞、镉、铅）、氰化物等工业废水的处理。根据使用的沉淀剂的不同和生成的难溶盐的种类，化学沉淀法可分为石灰法（又称氢氧化物沉淀法）、硫化物沉淀法和钡盐沉淀法。

（2）混凝法

混凝法是向废水中投加混凝剂，使废水中的胶体颗粒失去稳定性，凝聚成大颗粒而下沉分离的方法。该法可用于降低污水的浊度和色度，去除细小分散的固体颗粒、乳状油、胶体物质等，也可以去除导致富营养化的物质如磷等可溶性无机物，此外还能够改善污泥的脱水性能。因此混凝法在污水处理中使用得非常广泛，既可作为独立处理工艺，又可与其他处理法配合使用，作为预处理、中间处理或最终处理。目前常采用的混凝剂主要有硫酸铝、碱式氯化铝、铁盐（主要指硫酸亚铁、三氯化铁及硫酸铁）和明矾等。当单独使用混凝剂不能达到应用净水效果时，为加强混凝过程、节约混凝剂用量，常可同时投加助凝剂如活性硅酸、聚合电解质等。

（3）中和法

中和法是利用化学方法使酸性废水或碱性废水中和达到中性的方法。在中和处理中，应遵循“以废治废”的原则，优先考虑废酸或废碱的使用，或酸性废水与碱性废水直接中和；其次才考虑采用中和药剂进行中和处理。

中和法用于处理酸性废水和碱性废水。向酸性废水中投加碱性物质如石灰、氢氧化钠、石灰石等，使废水变为中性；对碱性废水可吹入含有 CO_2 的烟道气进行中和，也可用其他的酸性物质进行中和。

（4）氧化还原法

氧化还原法是利用臭氧、氯气、次氯酸钠、液氯、高锰酸钾等强氧化剂或利用电解时的阳极反应，将废水中的有毒有害物质氧化转变为无毒无害物质；或利用铁、锌、亚硫酸氢钠等还原剂将废水中的有毒有害物质还原成无毒无害物质的方法。

氧化还原法在废水处理中的应用实例有：空气氧化法处理含硫废水；碱性氯化法处理含氰废水；臭氧氧化法在进行污水的除臭、脱色、杀菌及除酚、氰、铁、锰，降低废水的 BOD 与 COD 等均有显著效果。氧化还原法目前主要用于含铬废水处理。

3. 物理化学法

物理化学法（Physical and Chemical Treatment）是指利用萃取、吸附、离子交换、膜分离技术、汽提等操作过程，处理或回收利用工业废水的方法。工业废水在应用物理化学法进行处理或回收利用之前，一般均需先经过预处理，尽量去除废水中的悬浮物、油类、有害气体等杂质，或调整废水的 pH，以便提高回收率及减少损耗。常采用的物理化学法有以下几种。

（1）萃取法

萃取法是将不溶于水的溶剂投入污水之中，使污水中的溶质溶于溶剂中，然后利用溶剂与水的密度重差，将溶剂分离出来；再利用溶剂与溶质的沸点差，将溶质蒸馏回收，再生后的溶剂可循环使用。常采用的萃取设备有脉冲筛板塔、离心萃取机等。

（2）吸附法

吸附法是利用多孔的固体吸附剂，使废水中的分子、离子态污染物被吸附在固体表面而分离去除的方法。常用的吸附剂有活性炭、焦炭、磺化煤、沸石、活性硅石、腐殖酸、树脂等。目前，吸附法多用于污水的深度处理，可用于吸附污水中的酚、苯、石油、染料、洗涤剂等有毒物质，且还有除色、脱臭等作用。常用的吸附设备有固定床、移动床和流动床三种方式。

（3）离子交换法

离子交换法是利用离子交换剂与水中离子发生选择性离子交换反应，从而去除污水中的离子污染物的方法。离子交换剂在吸附重金属的同时释放出等当量的离子，以达到废水净化的目的。目前，常用的离子交换剂有磺化煤和离子交换树脂两大类。

离子交换树脂又可分为阳离子交换树脂和阴离子交换树脂，前者用于去除或回收废水中的重金属如铜、镍、镉、锌、汞、金、银等阳离子，后者用于分离氟离子、磷酸根、硝酸根等阴离子。

（4）膜分离法

膜分离法是利用特殊的半透膜的选择性透过作用，将废水中的颗粒、分子或离子与水分离的方法。可使溶液中一种或几种成分不能透过，而其他成分能透过的膜，称为半透膜。根据膜孔的大小及过滤的动力，膜分离可分为电渗析（ED）、微滤（MF）、超滤（UF）、反渗透（RO）等。几种膜技术的分离特点见表 5-5。

表 5-5　几种膜技术的分离特点

膜技术类型	选择性透过机理	膜类型	透过物	截留物
电渗析	电解质离子的选择性传递	离子交换膜	电解质、离子	非电解质、大分子
微滤	颗粒大小、形状	多孔膜	水、溶剂、溶解物	悬浮颗粒物、纤维
超滤	分子特性大小、形状	非对称膜	水、溶剂	胶体大分子
反渗透	溶剂的扩散、传递	非对称性膜或复合膜	水、溶剂	溶质、盐

4．生物处理法

生物处理法（Biological Treatment）是利用微生物新陈代谢功能，使污水中呈溶解和胶体状态的有机污染物降解并转化为无害物质，使污水得以净化的方法。在自然水体中栖息着大量的微生物，这些微生物具有氧化分解有机物并将其转化成稳定无机物的能力。污水的生物处理法就是利用微生物的这一功能，并采用一定的人工措施，营造有利于微生物生长、繁殖的环境，使微生物大量繁殖，以提高微生物氧化、分解有机物的能力，从而使废水中的有机污染物得以净化。根据微生物对氧气的喜好，生物处理法可分为好氧生物处理及厌氧生物处理两大类。

（1）好氧生物处理法

好氧生物处理法是在有氧的条件下，借助于好氧微生物将污水中的有机物分解成 CO_2 和水。好氧生物处理法要注意：通入大量空气（或氧气）、调节 pH（6～9）、温度（20～40℃）、增加必要的养料（BOD∶N∶P=100∶5∶1），以利于微生物的生长发育，提高废水中有机物降解的效率。根据好氧微生物在处理系统中所呈的状态不同，又可分为活性污泥法（悬浮生长型）和生物膜法（附着生长型）两大类。

① 活性污泥法：将空气连续鼓入曝气池的污水中，经过一段时间，水中即形成繁殖有大量好氧性微生物的絮凝体——活性污泥。它能够吸附水中的有机物，生活在活性污泥上的微生物以有机物为食料，获得能量并不断生长繁殖。从曝气池流出含有大量活性污泥的混合液，进入沉淀池经沉淀分离后，澄清的水被排放，沉淀分离出的污泥作为种泥，部分回流进入曝气池，剩余的（增殖）部分从沉淀池排放。活性污泥法有多种运行方式，常见的有普通活性污泥法、SBR 法、氧化沟法、A/O

生物脱氮工艺、A^2/O 脱氮除磷工艺等。污水在曝气池内停留一般为 4～6 h，能去除废水中的有机物（BOD_5）90%左右。

② 生物膜法：使污水连续流经固体填料（碎石、煤渣或塑料填料），在填料上大量繁殖生长微生物，形成污泥状的生物膜。生物膜上的微生物能够起到与活性污泥同样的净化作用，吸附和降解水中的有机污染物，从填料上脱落下来的老化生物膜随处理后的污水流入沉淀池，经沉淀泥水分离，污水被净化排放。生物膜法常用的处理构筑物有生物滤池、生物转盘、生物接触氧化池及生物流化床等。

（2）厌氧生物处理法

厌氧生物处理法是利用兼性厌氧菌和专性厌氧菌在无氧条件下分解污水中的有机物，达到净化水的目的。厌氧菌对有机物有很强的分解能力，有机污染物去除率达 80%～90%，最终产物为 CH_4、CO_2 等。厌氧生物处理法多用于有机污泥、高浓度有机工业废水（如啤酒废水、屠宰厂废水等）的处理，也可用于低浓度城市污水的处理。厌氧法多采用消化池作为构筑物。与好氧法相比，厌氧法的缺点是处理时间较长，优点是处理费用比较低。

目前，生物处理法还广泛应用于受污染河流、湖泊等水体的生物修复。主要是选用各种具净化水质功能的水生植物、滤食性水生动物和耐污性强的活性微生物，转移、分解和吸收河流的污染物，有效降低水质污染指数，逐步恢复水体的生物多样性和水生态景观，实现水生态系统的良性循环和演替。如在有机污染严重的城市河段，建设植物网箱或人工“浮岛”，栽培睡莲、芦苇、香蒲、茭白、荷花等防污抗污植物，降解水中的氮、磷；投放螺蛳等底栖动物和鲫、鳙鱼等滤食性鱼类可有效控制水体中藻类，使水体透明度增加，并摄食蚊、蝇及其他昆虫的幼虫；利用河流土著微生物、外来微生物或基因工程菌，通过人工投菌或生物膜等将水中污染物转化成无毒或低毒物质；修建人工湿地对污染水体进行原位修复，去除水中的 SS、BOD_5、氨氮、有机氯等。

二、城市污水处理

城市污水成分的 99.9%是水，固体物质仅占 0.03%～0.06%。城市污水的生化需氧量（BOD_5）一般在 75～300 mg/L。根据对污水净化和处理程度的不同要求，废水处理可分为一级处理、二级处理、三级处理和生物脱氮除磷。

1. 一级处理

一级处理主要解决悬浮固体、胶体、悬浮油类等污染物的分离，多采用物理处理法，如格栅、沉砂池、沉淀池等。可以通过筛滤、沉淀、上浮、预曝气等方法除去废水中漂浮物和悬浮固体污染物，调节废水的 pH。一级处理能除去悬浮固体 70%～80%，生化需氧量仅去除 25%～40%，净化效果不高，净化后的废水一般不能达到排放标准。

2．二级处理

二级处理主要解决可分解或氧化的呈胶状或溶解状的有机物的分离，通常采用较经济的生物处理法，它往往是废水处理的主体部分。经过二级处理 BOD_5 可去除80%～90%，一般城市污水经过二级处理后要求 BOD＜30 mg/L，但还含有少量微生物、不能降解的有机物和氮、磷等无机盐类，一般能达到排放标准，可以直接排放或用于灌溉。

3．三级处理

三级处理是高级处理，进一步除去二级处理未能除去的污染物。处理方法根据不同的要求分别采用物理化学、活性炭吸附法等。经过高级处理的污水水质可接近饮用水标准，但是基建费和运行费较昂贵，只在少数严重缺水地区和城市用于回收利用污水。

图 5-8 是一个典型的城市废水三级处理系统。

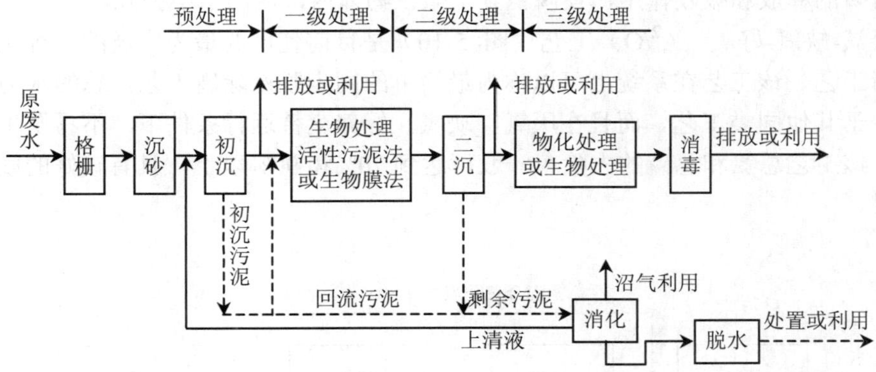

图 5-8　城市废水三级处理系统

4．生物脱氮除磷

（1）生物脱氮

污水中的氮以有机氮、氨氮、亚硝酸氮和硝酸氮等形式存在。脱氮时有机氮最初转化为氨氮，在不同的反应条件下氨氮、亚硝酸氮和硝酸氮之间相互转化。生物脱氮就是在微生物的作用下，将各种形态的氮转化为 N_2 和 N_2O 从水中逸出。

缺氧-好氧（A/O）脱氮工艺（图 5-9）是目前使用较为广泛的一种生物脱氮工艺，也称为前置反硝化生物脱氮工艺。该工艺中进水与回流硝化液进入反硝化反应器，利用进水中的有机碳作为反硝化反应的碳源。通过调整工艺流程，A/O 脱氮工艺充分利用原有的碳源从而减少了外加碳源的费用，同时反硝化反应产生的碱度也补充了硝化池 50%的碱消耗，具有较好的生物脱氮效果。

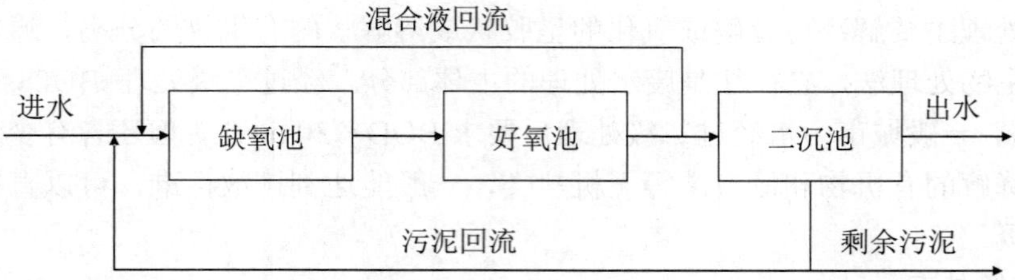

图 5-9　缺氧-好氧（A/O）脱氮工艺

（2）生物除磷

废水中的磷以正磷酸盐、聚磷酸盐和有机磷等形式存在。生物除磷就是利用微生物对磷的释放和吸收作用，使磷积聚于微生物体内，从污水中去除。

厌氧-缺氧-好氧（A^2/O）工艺（图 5-10）是目前使用的最为广泛的一种生物脱氮除磷工艺。该工艺在系统上可以称为最简单的同步脱氮除磷工艺，总的水力停留时间少于其他同类工艺。而且在厌氧、缺氧、好养交替运行条件下，不易发生污泥膨胀。该工艺总氮和总磷的去除率一般可达到 70%和 90%以上，具有较好的脱氮除磷效果。

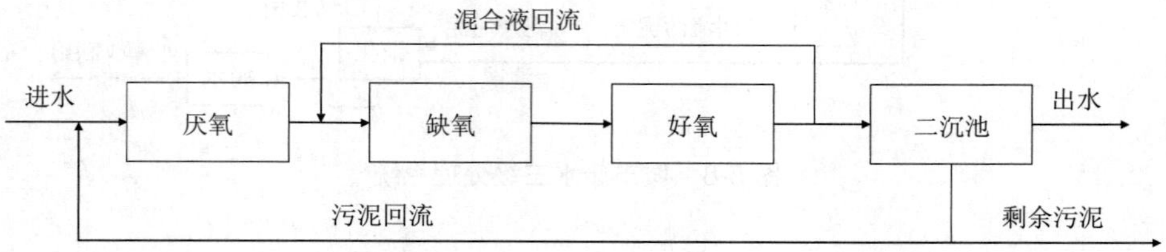

图 5-10　厌氧-缺氧-好氧（A^2/O）脱氮除磷工艺

思考与讨论

1. 名词解释：水体　水体污染　水体自净　水体污染源

2. 判断改错：

① 水是取之不绝，用之不完的可更新资源。(　　)

② 河流接纳大量生活污水后，DO 会不断下降。(　　)

③ 水体中的重金属、氰化物、酚类污染物都是难降解的有毒污染物。(　　)

④ 水污染防治应充分利用水环境的自净能力，通过加强环境管理，并利用物理、化学、生物等技术进行水污染控制。(　　)

3. 水有什么作用？试述我国水资源的特点。

4. 水体主要污染物主要分几大类？每一大类又包括哪些小类？各有何特点？

5. 水污染防治的原则是什么？请说出我国目前主要的水污染控制技术。

6. 收集近几年我国环境质量公报资料，了解我国水体环境质量变化趋势。

7. 调查实践，写一份600字左右的调查报告（根据实际情况任选其一）。

① 选择一条距学校较近的河流（河渠、湖泊），了解水体的污染状况（观察色、味、水温、透明度、悬浮物等感官指标，尽可能收集相关的监测数据），调查水体周围存在的污染源，分析水体污染的原因，并提出防治的措施。

② 参观城市污水处理厂。了解污水的来源、水质和污水处理厂的工艺，对比进水和出水的水质，说明城市污水处理厂的作用，并谈谈对环保专业未来工作前景的认识。

8. 怎样实现主要废水污染物的减排？

阅读与咨询

1. 我国的水资源

我国水资源的基本特点主要表现为以下几个方面。

（1）水资源人均拥有量和亩均水量少

我国水资源总量为2.8万亿 m^3，居世界第六位。但由于我国人口众多，人均水资源拥有量仅有2 200 m^3，仅为世界平均水平的1/4，预计到21世纪中叶我国人均水资源拥有量将减少到1 750 m^3 左右；亩均水量为1 759 m^3，仅为世界平均水平的2/3，被联合国列为13个贫水国家之一。

（2）水资源的时空分布不均匀

水资源在空间分布上呈现南多北少、东多西少的特点，在时间分配上一般表现出冬春少雨、夏秋多雨的规律。

（3）水土流失严重，部分河流含泥沙量非常大

由于自然条件的限制和长期人类活动的结果，我国水土流失严重，全国水土流失面积约150万 km^2，占国土的1/6左右，造成许多河流的含沙量大，其中以黄河为最，含沙量为37.7 kg/m^3，年输沙量为160 000万t，居世界大河之首。

我国水资源开发利用存在以下几个问题。

（1）我国水资源开发利用各地很不平衡

在南方多水地区，水的利用率较低，如长江只有16%，珠江15%，闽浙地区河流不到4%，西南地区河流不到1%。但在北方少水地区，地表水开发利用程度比较高，如海河流域利用率达到67%，辽河流域达到68%，淮河达到73%，黄河为39%，内陆河的开发利用率达32%。地下水的开发利用也是北方高于南方，目前海河平原浅层地下水利用率已达83%，黄河流域为49%。

（2）局部地区缺水矛盾尖锐

由于水资源人均占有量少、时空分布不均衡、对水资源缺乏统筹安排等原因，我国华北、东北、西北地区常常出现水荒。据统计，全国 699 个城市中有 400 个城市常年供水不足，有 14 个省、自治区、直辖市的人均水资源拥有量低于国际公认的 1 700 m^3 用水紧张线，其中低于 500 m^3 严重缺水线的有北京、天津、河北、山西、上海、江苏、山东、河南、宁夏 9 个省、自治区和直辖市。水资源紧缺已成为制约我国社会进步和经济发展的“瓶颈”。北方不少河流已经干涸，甚至某些大河也只在汛期才有水。

（3）水污染日益严重

我国水资源的污染程度正不断加剧。大量未经处理的工业废水和生活污水排放，污染了江河水库及地下水的水质。目前，淮河、辽河、黄河、长江、华北平原各水系河段污染都比较严重，不少河段有害物质已经超过地面水标准。大城市所在河段的岸边污染带也十分明显。城市地区地下水污染较重。更为可怕的是，我国水污染正从地表向地下渗透，由城市向农村蔓延，从支流向干流延伸，从区域向流域扩散，每年因水污染造成的直接经济损失在 430 亿元以上，水污染已严重制约经济与社会的发展。

（4）地下水超量开采

由于地表水不够用，许多地区便无限制地过量开采地下水，造成地下水资源枯竭，形成了不同规模的地下水位降落漏斗，漏斗中心区地下水位埋深降至数十米到百余米，有的地方地下水已濒临枯竭。地下水位下降还经常导致泉水干枯、水质恶化、海水入侵、荒漠化、地面沉降等环境地质问题。

2．饮水安全与饮水中的三卤甲烷

氯（Cl_2）作为一种饮用水的消毒剂已有 100 多年的历史。然而 1974 年国外有科学家在氯消毒后的饮用水中检出致癌、致突变的三卤甲烷（THMs）。三卤甲烷其实是四种化合物的总称，包括三氯甲烷（$CHCl_3$）、一溴二氯甲烷（$CHCl_2Br$）、一氯二溴甲烷（$CHClBr_2$）和三溴甲烷（$CHBr_3$）。进一步的研究表明，THMs 是消毒过程中液氯与水中有机物作用而产生的，几乎所有水生有机物都可能在消毒过程被氯化，其中占溶解态有机质一半左右的腐殖质被认为是 THMs 最重要的前驱物。后来在饮用水中又陆续检测到其他有机氯化物，有些对人体健康的威胁甚至更大，这些有机氯化物被统称为饮用水氯化消毒副产物（DBP）。由于三卤甲烷在饮水中的含量最大，目前的研究还主要集中在三卤甲烷。

饮水中卤代烃含量的季节变化：1—4 月较低，不足 5 mg/L；5—8 月升高，接近 50 mg/L；8 月后逐渐回落至较低水平。影响 THMs 形成的因素是多方面的，主要有：① THMs 生成的前驱物质（主要是腐殖酸如胡敏酸、富里酸），三卤甲烷的生成速度随腐殖酸浓度升高而增大，1 mg 腐殖酸约产生 25 μg 的氯仿；② 加氯量，当加氯量较大（$1 < Cl_2/TOC < 5$）时，THMs 急剧上升；③ 反应时间及温度，THMs 产量随反应时间延长逐渐增加（最初几小时内形成速度很快），THMs 产量还随温度升高而增加；④ pH 的影响，pH 为 3～9 时，THMs 质量浓度可上升至 200 mg/L，pH＞9 时，THMs 浓度则下降。

饮用水中三卤甲烷的防治对策主要有：首先，保护与合理选择水源是根本措施；其次，运用混凝沉淀、活性炭吸附、高铁酸盐氧化絮凝、O_3 氧化+生物处理、过氧化氢促进腐殖酸光 TiO_2 膜光催化氧化等方法改善氯化消毒前的水质；再次，改进消毒工艺与饮水消毒方式，综合比较目前常用的各类消毒方式（Cl_2、ClO_2、O_3、K_2MnO_4、NH_4Cl、H_2O_2）的消毒效果，除 Cl_2 外的其他消毒方式均不会生成 THMs，其中 ClO_2、O_3 更是较优越的消毒方法，其消毒除臭作用好，且致变物和毒性物质的生成不明显。

3．水环境功能区划

水环境功能区划是指根据有关法律，综合考虑环境容量、社会经济发展需要和污染物排放总量控制的要求，将水域划分为不同功能的区域，对不同水域将由有关部门采取不同标准进行分类管理。

根据我国《地表水环境质量标准》（GB 3838—2002），对地表水水域环境功能和保护目标，按功能高低依次划分为五类：

Ⅰ类：主要适用于源头水、国家自然保护区；

Ⅱ类：主要适用于集中式生活饮用水地表水源地一级保护区、珍稀水生生物栖息地、鱼虾类产卵场、仔稚幼鱼的索饵场等；

Ⅲ类：主要适用于集中式生活饮用水地表水源地二级保护区、鱼虾类越冬场、洄游通道、水产养殖区等渔业水域及游泳区；

Ⅳ类：主要适用于一般工业用水区及人体非直接接触的娱乐用水区；

Ⅴ类：主要适用于农业用水区及一般景观要求水域。

对应地表水上述五类水域功能，分别执行五个不同类别的标准值。水域功能类别高的标准值严于水域功能类别低的标准值。同一水域兼有多类使用功能的，执行最高功能类别对应的标准值。比如，对自然保护区、饮用水水源保护区这些高功能水域，将依照高标准进行保护；对景观娱乐用水区等低功能水域，则采取低标准保护。

2002 年国家环保总局初步完成全国范围完整、系统的水环境功能区划。具体包括两个层次：① 国家层次：包括全国水环境功能区划、国控断面和省界断面所在的水环境功能区、分流域或水资源区水环境功能区划、31 个省级水环境功能区划等。② 重点城市层次：113 个环境保护重点城市城区内水环境功能区划，以体现环境保护部门水环境功能区划的特色。水环境功能区划是科学开展水环境分级管理、水污染物总量控制、实施地表水环境质量标准和水质评价的基础。

4．相关网站

中国农村饮水安全网 http://www.ncys.cn/

中国水污染地图 http://www.ipe.org.cn/

中国工业水处理网 http://www.iwtchina.org/

中国水网 http://www.h2o-4s.com/

中国水工业 http://www.c-water.con.cn

中国水工业网 http://www.shuigongye.com/

5．网上咨询

水环境保护标准

水污染治理工程技术导则

环境污染治理设施运营

第六章　土壤污染及其修复

土壤是地球陆地表面能够生长绿色植物的疏松层。它是母质、气候、地形、生物、时间这五大成土因素共同作用的产物，位于岩石圈、水圈、大气圈和生物圈相互紧密接触的过渡带，是地球表层系统的重要组成部分，也是联系陆地环境各要素的枢纽。土壤以其肥力养育着陆地上的植物，通过植物又养育动物和微生物。尽管在现代科技条件下，绿色植物已能进行相当规模的无土栽培，但在任何先进技术条件下，都不可能没有土壤而保持生态系统的完整与平衡。土壤有着独特的组成、性质和功能，其组成包括矿物质、有机质（腐殖质、有机残体、土壤生物等）、水分和空气。正是由于这种固、液、气三相一体的组成，使土壤具有特殊的物理、化学和生物学性质，从而使得土壤成为全球生态系统物质循环和能量转化的关键环节。

第一节　土壤污染

土壤污染是全球三大环境要素（大气、水体和土壤）的污染问题之一，也是全世界普遍关注和研究的主要环境问题。由于长期不合理的开发利用和大量“三废”的排放，我国已有相当面积的土壤遭到了污染和破坏。据报道，全国受镉、砷、铬、铅等重金属污染的耕地面积有 2 000 万 hm^2，约占耕地总面积的 1/5。我国每年因重金属污染而减产粮食 1 000 多万 t，此外每年有 1 200 万 t 粮食超标，两者共计经济损失 200 亿元。可见，防治土壤污染，建立并保持良好的土壤生态环境，已成为当今环保工作中一项紧迫的任务。

一、土壤污染和净化

1. 土壤污染及其判断

（1）土壤污染的概念

目前对这一概念的解释有多种，可以这样来理解：土壤污染是指人类活动产生的污染物进入土壤，并积累到一定程度，使土壤的组成和性质等发生变化，导致土壤的自然功能失调、土壤质量恶化的现象。

土壤质量恶化直接的危害是影响作物的生长发育，以致造成作物产量和质量的下降，如果含有重金属等易累积性污染物，可通过食物链引起对其他生物如草食动物和人类的危害。另一点应注意的是，土壤污染物应当是指土壤中出现的新合成化合物或新增加的有毒物质，不是泛指一切外来物质，如水分和盐分过多进入土壤，也将出现土壤的次生潜育化与次生盐渍化等问题，但它们不属于土壤污染。事实上，土壤的原有物质中，常常已存在多种有毒物质，如汞、砷、铅、镉等，只是一般情况下含量极少而不表现出危害。

正确认识土壤污染的含义，还必须理解土壤环境容量的概念。土壤环境容量是指一定环境单元、一定时限内遵循环境质量标准，即保证农产品质量和生物学质量，同时也不使环境污染时，土壤能容纳污染物的最大负荷量。可以认为，当进入土壤的污染物量不超过土壤环境容量时，就不会引起土壤污染。不同土壤其环境容量不同，同一土壤对不同污染物的容量也不相同，这与土壤的净化能力有关。

（2）土壤污染的判断与评价

用什么来判断土壤发生了污染？在实际工作中，通常根据土壤环境背景值、生物指标及土壤环境质量标准来判别某一具体区域土壤的污染情况。

土壤背景值（或称本底值）在理论上应该是土壤在自然成土过程中，构成土壤自身的化学元素的组成和含量，即未受人类活动影响的土壤本身的化学元素组成和含量。土壤背景值是一个相对概念，一方面，土壤中元素或其化合物的含量在自然条件下，受成土母质、地形、气候和生物因素的影响，由于成土因素的差异，以及土壤系统的复杂性，这一含量不是一个确定的数值；另一方面，当前全球环境受人为活动的影响已非常严重，要寻找一个不受人为活动影响的地方几乎是不可能的。所以，有时以一个国家或地区的土壤中某元素的平均含量作为背景值。如果评价区域土壤中某元素的含量超过了背景值（指统计学概念上，通常以土壤元素背景值加两倍标准差作为评价标准），即可认为发生了土壤污染。

生物指标主要是两类，一是植物体内污染物含量，土壤中某元素含量较高时，植物的吸收量也会增加，它们之间存在一定的相关关系。对植物可食部分而言，显然其中有害物质的含量超过食品卫生标准时，可以判断遭受了污染。二是植物的反应，即植物吸收污染物后对生长发育的影响。此外，土壤微生物区系的变化，受污染植物被动物或人食用后的不良影响等，均可作为度量土壤污染情况的指标。

我国 1995 年颁布的土壤环境质量标准（表 6-1）现常用做评价土壤环境质量状况的依据，但由于土壤组成的复杂性，上述两类指标的应用仍具有现实意义。

表 6-1　土壤环境质量标准（GB 15618—1995）　单位：mg/kg

级别			一级	二级			三级
pH			自然背景	<6.5	6.5～7.5	>7.5	>6.5
Cd		≤	0.20	0.30	0.30	0.60	1.0
Hg		≤	0.15	0.30	0.50	1.0	1.5
As	水田	≤	15	30	25	20	30
	旱地	≤	15	40	35	25	40
Cu	农田等	≤	35	50	100	100	400
	果园	≤	—	150	200	200	400
Pb		≤	35	250	300	350	500
Cr	水田	≤	90	250	300	350	400
	旱地	≤	90	150	200	250	300
Zn		≤	100	200	250	300	500
Ni		≤	40	40	50	60	200
六六六		≤	0.05	0.50			1.0
DDT		≤	0.05	0.50			1.0

注：① 重金属（铬主要是三价）和砷均按元素量计，适合于阳离子交换量 > 5 cmol（+）/kg 的土壤，若 ≤5 cmol（+）/kg，其标准值为表内数值的半数。

② 六六六为四种异构体总量，DDT 为四种衍生物总量。

③ 水旱轮作地的土壤环境质量标准，砷采用水田值，铬使用旱地值。

2. 土壤污染的特点

（1）土壤污染的隐蔽性

水污染及大气污染一般比较直观，通过感官就能发现，而土壤污染则不同，不能通过感官观察。只有通过对土壤和农作物样品的检测，或是通过这些土壤上农作物的生长状况，以及摄食的人或动物的健康状况才能反映出来。由于土壤是复杂的三相共存体系，有害物质在土壤中往往并不是简单地单一存在，而是与其他物质共存，甚至结合在一起，从而改变其本来面目隐藏在土壤中，不易表现出来，且当土壤中这些有害物质通过食物链损害人畜健康时，土壤还可能在较长时间内保持其生产能力。因此，土壤污染的危害具有隐蔽性，这使得人们在土壤污染的防治中难以及时地采取措施。

（2）土壤污染的持久性

污染物在土壤中并不像在大气和水体中那样容易迁移，因此，污染物在土壤中具有较强的累积性，土壤一旦遭到污染后就难以恢复。如重金属对土壤的污染基本上是一个不可逆的过程，而许多有机污染物造成的土壤污染也需要较长的时间才能消除。土壤污染的持久性给土壤污染的治理和恢复带来了较大的困难。

（3）土壤污染的间接有害性

土壤污染的危害性，不仅在于对土壤自身生态系统的破坏，引起土壤质量下降，而且在于污染物可通过食物链危害动物和人类的健康。此外，土壤污染后，还可通过降水淋渗污染地下水，通过地面径流污染地表水，通过风蚀作用增加大气中污染物的含量。

3. 土壤净化作用

土壤净化作用是指进入土壤的污染物，经过一系列的物理、化学或生物化学过程，使其含量减少或存在形式改变，从而污染危害降低以致消失的现象。广义地理解土壤净化作用，应包括污染物迁移出土体或因转化分解而使其在土壤中含量降低的过程，以及因吸附或沉淀等造成形态改变，使其不能被植物吸收而脱离食物链的过程。但一般狭义地理解土壤净化，主要是指土壤中有机污染物的降解过程。

土壤净化能力的强弱取决于土壤组成及性质的综合影响，同时还受气候及其他环境条件的影响。从净化机制来看，主要有下列作用过程。

（1）物理过程

土壤是一个疏松多孔体系，污染物质在土壤中可进行挥发、稀释、扩散和渗漏以致移出土体之外。这一过程与土壤温度和含水量的变化、土壤质地和结构，以及土壤的层次构型等有关。

（2）物理化学过程

土壤是一个胶体体系，具有较大表面能和带有电性等特性。土壤胶体颗粒对进入土壤中的污染物具有分子吸附（物理吸附）和离子交换吸附（物理化学吸附）作用。其吸附量与土壤胶体的种类、数量、土壤溶液的 pH 有关。

（3）化学过程

土壤是一个由各类化学物质所组成的体系。进入土壤中的污染物可能发生一系列的化学反应，如溶解与沉淀、氧化还原、络合螯合、酸碱中和、水解、置换和化合反应，以及在太阳辐射能作用下引起的光化学反应等。这些化学过程可使污染物形态改变，毒性减小，或者分解转化为无毒物质。

（4）生物过程

土壤是一个生物体系，土壤中的植物根系、原生动物、微生物组成了一个土壤生物群体，其中以微生物为主体。土壤微生物在土壤有机质的转化过程中起着巨大作用，土壤对有机污染物质之所以具有强大的自净能力，即生物降解作用，也主要是因为有种类繁多、数量巨大的土壤微生物存在。土壤生物中的高等绿色植物对污染物还具有吸收和富集作用，使污染物发生迁移转化。此外，土壤动物在有机污染物的分解转化中也起着一定作用。

二、土壤污染物和污染源

1. 土壤污染物

由于土壤是一个开放的系统，因而通过各种途径引起的土壤污染种类极为繁多，既有化学污染也有物理污染、生物污染和放射污染等。但根据污染物的性质，可以把土壤污染物大致分为无机污染物、有机污染物和病原微生物。

（1）无机污染物

土壤中的无机污染物包括可能对生物有危害作用的元素和化合物，主要是重金属、放射性物质、营养物质和其他无机物质等。重金属（包括类金属）如汞、镉、铬、铅、砷、锌、铜、钴、镍、硒、锡、钡、锑等；放射性物质主要指铯、锶、铀等；营养物质主要指氮、磷、硫、硼等；其他物质包括氟、酸、碱、盐等。

（2）有机污染物

土壤中的有机污染物主要有人工合成的有机农药、酚类物质、氰化物、三氯乙醛、石油、多环芳烃、洗涤剂及高浓度的好氧有机物等。其中以有机农药等持久性有机污染物（POPs）所造成的危害最大，也是近几年来土壤环境科学界研究的重点。根据 2001 年 5 月签署的《斯德哥尔摩持久性有机污染物公约》，POPs 可分为三大类 12 种化学物质。杀虫剂：包括艾氏剂、狄氏剂、异狄氏剂、氯丹、七氯、灭蚁灵、毒杀酚、DDT；杀菌剂：六氯苯和多氯联苯（PCBs）；化学品的副产物：二噁英（PCDD）和呋喃（PCDF）。

（3）病原微生物

土壤中的病原微生物有致病细菌、病毒和寄生虫等，如肠细菌、炭疽杆菌、蠕虫类。它们主要来源于未经处理的生活污水和医院污水，近年来随着大型畜禽养殖场的发展，这一类污染更应引起重视。这些致病微生物大量繁衍后，可通过直接接触或间接接触把疾病传染给人或动物，并对生态系统产生不良影响。

2．土壤污染源

由于土壤所处的地位和特殊功能，使得土壤污染物的来源极其广泛。首先，土壤是人类生命活动所需能源的生产基地，为了提高农产品产量和质量，人们每年都要向土壤中施用化肥、喷洒农药并进行灌溉，污染物也就可能随之进入了土壤；其次，人类绝大部分活动都是在土地上进行的，除农业外，工矿业、交通运输业及人们的日常生活产生的废水、废渣、废气，都可能直接进入土壤，且长期以来，土壤就是各类废弃物的处置场所，这是造成土壤污染的重要原因；再次，由于土壤是一个开放系统，土壤与其他环境要素之间不断进行着物质和能量的交换，大气、水体等环境中的污染物可通过各种途径进入土壤，形成二次污染。

三、土壤污染的发生类型

根据污染物进入土壤的途径，土壤污染主要可归纳为以下几种类型。

1．大气污染型

这类污染的土壤污染物质来源于被污染的大气，其污染特点是以大气污染源为中心呈环状或带状分布，长轴沿主风向伸长。污染程度和范围取决于污染物的种类、性质、排放量、排放形式及气象条件等，且污染物主要集中在土壤表层（0～5 cm），通过耕作可扩大到耕作层（0～20 cm）。其主要污染物是酸性氧化物、重金属、氟化物、放射性尘埃等，它们通过直接沉降和随降水而落到地表。二氧化硫、氮氧化物等酸性氧化物首先使降水酸度增加，进而引起土壤酸化，破坏土壤生态系统的平衡。而来自各种污染源的重金属、氟化物等则存在于大气飘尘中，它们也会给土壤造成严重的危害。例如，内蒙古某市，因多家冶炼厂含氟烟尘的排放，致使半径近百公里的地区土壤含氟量高达 400～600 mg/kg。

2. 水污染型

这是土壤污染的主要类型。污染源是各类受污染的水体，或直接用来灌溉的污水，尤以后者带来的危害最为严重。污染物成分复杂，因污水来源而异，由于主要随灌溉进入土壤，所以一般也集中于土壤表层。但根据污染物的种类和性质，以及灌溉时间的长短，可以从土壤表层向土体下部迁移，甚至污染地下水。如果污染源是受污染的水体，它的分布特点是沿水系或干渠呈树枝状或片状分布。

污水灌溉是我国北方地区的一种重要的农业灌溉形式。合理利用污水灌溉，一方面可解决水源紧张问题，并利用水中的植物营养物质促进农作物生长；另一方面可使污水得到净化，减少污水处理费用。但相当多的污灌区，因长期引用未经处理的、超过我国灌溉用水水质标准的污水直接灌溉，也带来较为严重的污染问题。据我国农业农村部进行的全国污灌区调查，在约 140 万 km^2 的污水灌区中，遭受重金属污染的土地面积占污水灌区面积的 64.8%，其中轻度污染的占 46.7%，中度污染的占 9.7%，严重污染的占 8.4%。

3. 固体废物污染型

固体废物主要指采矿废石、工业废渣、城市生活垃圾、污泥等，在土壤表面堆积后，通过降水淋渗、大气扩散污染周围土壤，或作为肥料施用直接影响土壤。例如，一般有色金属冶炼厂附近土壤里，铅含量为正常土壤含量的 10～40 倍，铜含量为 5～200 倍，锌含量为 5～50 倍。这类污染的特点是污染土壤呈点状分布。此外，在土壤表面堆放、处置固体废物还存在大量占用耕地问题。

4. 农业污染型

农业污染型是指由于农业生产措施本身所引起的污染，如化肥、农药、农膜、厩肥等。污染程度与土地利用方式、耕作制度、作物布局及农村经济模式有关。部分农药如有机氯杀虫剂 DDT、六六六等，可在土壤中长期残留，并在生物体内富集。氮、磷等化学肥料中未被植物吸收利用的养分会在土壤中积累或转入地下水，带来污染危害。残留在土壤中的农药和氮、磷等化合物在地面径流或土壤风蚀时，就会向其他环境转移，扩大污染范围。农业污染型的污染物质，其分布比较广泛，为典型的面源污染。

土壤污染的类型虽然有多种，但在很多情况下往往是多源性的，同一区域的土壤，其污染源可能同时来自受污染的地面水和大气，或施用的生活垃圾等，因此，土壤污染往往是综合污染型的。

第二节　土壤有机污染与修复

不同有机污染物所带来的危害是不同的，有机农药、多环芳烃等持久性有机污染物主要是对人体健康的影响，耗氧有机物等主要是影响土壤内部的氧化还原条件，三氯乙醛、酚、氰化物等主要是对作物的生理毒害，而石油污染的影响是多方面的。这里根据我国近几年来的情况，主要讨论有机农药、废塑料制品及石油等的污染问题。

一、有机农药

农药是农用化学药剂的简称，少数含重金属外，多数为有机制剂。农药在防治作物病、虫、草害和防治传染病害等方面起着重要作用。据统计，全世界由于病虫草害而造成的作物产量损失，可以高达 50%，使用农药防治病虫害，至今仍是简单快速的重要手段。农药种类繁多，目前全世界共有 2 000 多个品种，我国常用农药也有 200 多种，而且品种还在不断增加。农药的分类方法很多，最常用的方法是根据防治对象不同分为杀虫剂、杀螨剂、杀菌剂、除草剂、杀鼠剂、杀线虫剂、植物生长调节剂等类型。农药进入土壤的途径主要有：直接施用于土壤；通过浸种、拌种等施药方式进入土壤；飘浮在大气中的农药随降雨和降尘进入土壤。一般认为占施用量 40%～60%的农药最终落入土壤，造成了土壤的农药污染。

1. 农药在土壤中的迁移

（1）土壤对农药的吸附作用

进入土壤的化学农药通过物理吸附、化学吸附、氢键结合和配价键结合等形式吸附在土壤颗粒表面。农药被土壤吸附以后，其溶解度和生理活性随之降低，因而也称之为土壤对农药的固定和灭活。Chung 等 1998 年首次报道了美国威斯康星州 16 种土壤对除草剂阿特拉津的固定灭活作用，大部分土壤在 120 天内完成了对残留的固定，虽然土壤中仍存在不同程度的可浸提性，但其生物活性大大降低。他们认为这种固定灭活作用与有机质的结合（螯合）作用有关。1999 年，Alexander 等运用苍蝇生物毒性检测法揭示了 DDT 等施入灭菌土壤中 30 天后，所提取的残留对苍蝇的毒性显著降低，270 天后不再有毒性，尽管土壤中的残留仍占起始时的 85%以上。所以土壤对农药的吸附作用，在某种意义上就是土壤对有毒物质的净化和解毒作用。但这种作用是有一定限度且不稳定的，土壤对农药的吸附有一定容量，同时，被吸附的农药在一定条件下会解吸，从而恢复其活性和毒性。

土壤对各种农药吸附能力的强弱，主要决定于土壤和农药两者的性质及其所处的环境条件。首先与土壤的组成有关，据研究，土壤有机质和各种黏土矿物对农药吸附的顺序是：有机胶体＞蛭虫＞蒙脱石＞伊利石＞绿泥石＞高岭石。土壤有机质的吸附容量很大，对农药的吸附能力很强。农药的分子结构和性质也直接影响到土壤对它的吸附作用。在各种农药的分子结构中，凡带有 R_3N^+—、—$CONH_2$、—OH、—NH_2COR、—NH_2、—OCOR、—NHR 等功能团的农药都能增强吸附强度。另外，对同一类型农药而言，分子愈大，吸附作用愈强。土壤环境条件也有影响，一般地说，pH 愈低，土壤对农药的吸附力愈强，而干土比湿土易吸收农药。

（2）农药在土壤中的迁移

进入土壤中的农药，可通过气体挥发、随水淋溶、生物体吸收等形式而迁移，并导致大气、水体和生物污染。

化学农药挥发作用的大小，主要决定于农药本身的溶解度和蒸汽压，以及土壤的湿度、温度、质地和结构等条件。农药在土壤中的迁移以蒸汽扩散为主，水扩散形式是次要的，据研究蒸汽扩散的速度比水中扩散的速度快一万倍。农药在土壤中随水迁移的形式有两种：一些在水中溶解度大的农药直接随水迁移；一些难溶性农药主要附着于土壤颗粒表面随水进行机械迁移。大部分农药溶解度低，被土壤有机质和黏土矿物强烈吸附，不易随水向下移动，大多积累于土壤表层 30 cm 土层内，因而农药对地下水的污染不大。但农药可通过土壤侵蚀，以机械迁移形式随地表径流进入水体，造成水体的农药污染。

因此，农药的挥发、扩散和迁移，虽可使土壤本身净化，但却导致了其他环境要素的污染，且可能通过食物链进入动物和人体内产生危害。

2. 农药在土壤中的降解

农药多数为人工合成的有机化合物，不管其稳定性有多强，均能在各种因素下逐渐分解，最终转化为水、二氧化碳及氮、氯等简单无机化合物。这一过程是农药真正意义上的净化。农药在土壤中的降解，包括光化学降解、化学降解和微生物降解等。

（1）光化学降解

光化学降解指土壤表面接受太阳辐射能和紫外线等能流而引起农药的分解作用。大多数农药都能发生光降解作用，Mitchll 等用纸上层析法验证了紫外线对 141 种农药降解有影响。因此光降解可能是部分农药转化和消失的一个重要途径。如对杀草快光解生成盐酸甲胺，对硫磷经光解形成对氧磷、对硝基酚和硫乙基对硫磷等。光解产物在环境中仍会不断地分解，对于汞、砷、铅、镉和其他元素的化合物，受到光化学作用也可分解，但它们不会转化为无毒的化合物，它们有在不同生物体内积累的危险，并可能进入食物链中。此外，光反应可使一些农药的毒性降低，但也有的农药光化学反应后毒性增强。已经证明，甲基对硫磷、乐果等，均能在光化学变化下毒性增大。

由于光分解必须是紫外光谱波长的光与农药接触，而土壤对该波长光的进入起限制作用，所以农药的光分解只限于表面或非常接近表面的残留物，其分解的程度又决定于暴露时间的长短、光的强度与波长、化学品的状态、介质或溶剂的性质以及水、空气和光敏剂存在的条件，等等。

（2）化学降解

纯化学反应在农药的降解中也起着重要作用。化学降解可分催化反应和非催化反应。非催化反应包括水解、氧化、异构化、离子化等作用，其中以水解和氧化最为重要。试验证明，阿特拉津、西玛津、扑灭津的水解是纯化学的。

各种磷酸酯或硫代磷酸酯类农药易发生水解，一经水解就失去毒性和活性，这类农药大多在土壤中的残留时间较短。农药的水解速率与其化学结构及反应条件有关。在水溶液中，大多数有机磷农药在 pH 为 1～5 时最稳定，在碱性溶液中其稳定性低得多。例如，当 pH 为 7～8 时，水解速率陡升，pH 每增加一个单位，水解速率几乎增加 10 倍。温度对有机磷农药的影响也很大，温度每升高大约 10℃，其水解速率就加大 4 倍。因此，在 20℃时的有机磷农药的半衰期要比 70℃约多 100 倍。

土壤中的氨基酸、硫氢基以及 Cu、Fe、Mn 等无机金属离子，能促进一些有机磷农药的氧化还原和水解作用。如二嗪农的水解反应：

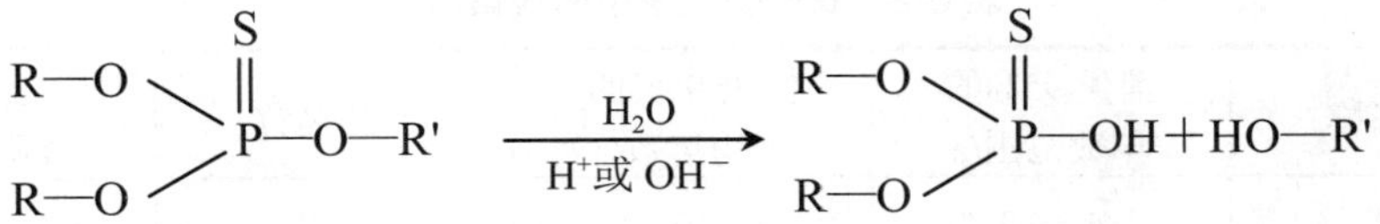

（3）微生物降解

土壤中农药的微生物分解作用是农药在土壤中降解的最重要途径。凡影响土壤微生物正常活动的因素如温度、含水量、通透性、养分含量和 pH 等，都能影响农药的降解过程。同时农药的性质对其降解也有很大关系，一般含羟基、羧基、氨基、硝基等基团的农药都易于生物降解。据报道，乐果在有微生物的土壤中经 14 天一般分解 77%，在灭菌土壤中只分解 18%，在 γ 射线照射过的土壤中只分解 20%。

土壤微生物的种类繁多，各种农药在不同条件下，分解形式也不同。对有机氯农药而言，其降解过程首先发生的是脱氯作用；三氮苯类除草剂首先发生的是脱烷基作用；含酰胺键和酯键的磷酸酯农药，如对硫磷、马拉硫磷及苯酰胺类除草剂等，则发生酰胺和酯键的水解；含芳香环的农药最终的降解必须有环破裂作用等。

应注意的是，农药在土壤中经生物和非生物的降解作用，化学结构发生明显改变，有些剧毒农药，一经降解就失去了毒性；而另一些农药，虽然自身的毒性不大，但它的分解产物可能增加毒性：还有些农药，其本身和代谢产物都有较大的毒性。所以，在评价一种农药是否对环境有污染作用时，不仅要看农药本身的毒性，而且还要注意其降解产物是否有潜在危害性。

3. 农药在土壤中的残留

进入土壤中的有机农药，易受物理、化学和生物的作用，以多种途径进行反应或降解，由于各种农药的化学结构、性质不同，它们在环境中的分解难易也各不相同。在一定的土壤条件下，每一种农药都有各自的相对稳定性，因而它们在土壤中的持续时间是不同的。农药在土壤中的持续性常用半衰期和残留期来表示。半衰期是指附着于土壤的农药因降解等原因含量减少一半所需要的时间；残留期是指土壤中的农药因降解等原因含量减少 75%～100%所需要的时间。

许多学者对农药在土壤中的持续性进行了测定，多数结果认为，有机氯类农药在土壤中残留期最长，一般有数年之久；其次是均三氮苯类、取代脲类和苯氧乙酸类除草剂，在土壤中的残留期一般在数月至 1 年；有机磷和氨基甲酸酯类杀虫剂以及一般杀菌剂的残留时间只有几天或几周，土壤中很少有累积，但也有少数有机磷农药在土壤中的残留期较长，如二嗪农的残留期可达数月之久（表 6-2）。

另外，部分农药分子本身或分解代谢的中间产物如苯胺以及衍生物能与土壤有机物结合，生成稳定的键型残留物，该种残留物能长期残留于土壤中，而不为一般有机溶剂萃取。

表 6-2　农药在土壤中的残留时间

农药名称	消失 95%的年数范围/a	消失 95%的平均年数/a	农药名称	土壤中残留天数/d
DDT	4～30	10	乐果	4
六六六	3～20	6.5	马拉硫磷	7
艾氏剂	1～6	3	对硫磷	7
狄氏剂	2～25	8	甲拌磷	15
七氯	3～5	3.5	乙拌磷	30
氯丹	3～5	4	二嗪农	50～180

资料来源：陈维新，农业环境保护，中国农业出版社，1993。

土壤质地状况、有机质含量、pH、温度、水分含量、土壤微生物群落、耕作制度、作物类型等，对农药残留性都有影响。例如，农药在有机质含量高的土壤中比在砂质土壤中残留的时间长，有科学家认为，原因是农药可溶于土壤有机质中的脂类内，而免受细菌的分解。此外，一般果树土壤农药残留小于菜地而高于其他水田，旱地高于水田，而温度较高和碱性环境下有利于农药的降解。例如，1605 在碱性土壤中残留量比在酸性土壤中少 20%～30%。

土壤微生物的种群、数量、活性等均对农药的残留期产生很大影响。设法筛选和培育能够分解某种农药的微生物，然后将此微生物施放入土壤，并创造良好的土壤环境条件，以促进微生物的繁殖并增强其活性，从而消除土壤农药污染，就是一种常用生物修复技术。

二、废塑料制品

从 1983 年起，全世界人均耗用的有机合成材料总量超过钢铁用量，此后一直呈不断增长的趋势。美国科学家认为，21 世纪是以有机合成塑料为主的世界。由于这些高分子有机化合物材料是由两种或两种以上单体或添加物经合成或聚合而成的，具有一定的相对稳定性，因而不易被微生物和一些有机溶剂所降解或溶解。一般有机合成塑料，在自然条件下，可以几年、十几年甚至几十年不老化和不受破坏，尤其是农用塑料，如地膜覆盖、塑料大棚等，除其一部分回收重复再利用外，绝大部分将留存在土壤环境中。

1. 废塑料制品对土壤的污染危害

我国从 20 世纪 70 年代开始利用塑料薄膜覆盖技术，由于它具有提高地温、保持土壤水分、抑制杂草生长、调节土壤营养等功能，不仅在我国北方，即使在年均气温及湿度较高的南方，也被广泛应用于早稻、棉花、西瓜地覆膜育秧和冬季暖棚蔬菜生产中。至 20 世纪 90 年代中期，塑膜应用面积已达 350 多万 hm^2，农用薄膜数量超过 1 000 多万 t。但农膜的使用也带来一些不利影响，如农作物生长后期的早衰，土壤盐分含量增加，残留薄膜对土壤物理性质的影响等，特别是塑膜对土壤和农产品的污染问题。随着农膜老化、破碎和回收不净，在农田中的残留量很大。如湖北省农田棚膜平均残留量为 3.06 kg/km^2，残留率为 1.3%，地膜残留量为 10.5 kg/km^2，残留率为 12.3%；北京市郊蔬菜、花生地农膜残留量为 45～58.5 kg/km^2，残留率达 40%～70%。如果加上来自城市垃圾中的塑料废品，则情况更为严重。

塑料制品对土壤的危害主要有以下几个方面。

（1）对土壤物理性质的影响

废膜入土不深，主要集中在耕层。据陈晶等在伊春市 19 个调查点调查统计，残留地膜在土层中的分布：1～10 cm 耕层占 71.8%，10～20 cm 深度占 22%，20～30 cm 深度占 6.2%。残留地膜碎片以大于 100 cm^2 最多，占 73.3%；其次为 20～100 cm^2 的碎片，占 20.2%；再次为 2～20 cm^2，占 6%；而小于 2 cm^2 的碎片仅占 0.1%。随着覆膜时间和间隔时间的增加，大块残膜的比例逐渐减小。

残留地膜对土壤容重、土壤含水量、土壤孔隙度等都有显著的影响，对土壤硬度影响不大（表 6-3）。

表 6-3 残留地膜对土壤的物理性质影响

残留量/（kg/hm^2）	含水量/%	容重/（g/cm^3）	相对密度	孔隙度/%
0	16.2	1.21	2.58	53.0
37.5	15.5	1.24	2.60	52.4
75.0	15.9	1.29	2.61	50.5
150.0	14.7	1.36	2.65	48.6
225.0	14.3	1.43	2.63	45.7
300.0	14.5	1.54	2.67	42.3
375.0	14.4	1.62	2.66	39.2
450.0	14.2	1.84	2.70	35.7

来源：肖军，赵景波，农田塑料地膜污染及防治，四川环境，2005。

残留地膜可使土壤容重和相对密度增加，土壤含水量和孔隙度减少。废旧地膜集聚在土壤耕作层，形成隔离层，影响水分、养分、空气、热量的上下运行，阻碍土壤毛管水和自然水的渗透，并影响土壤的吸湿性，导致缺苗断垅，又影响根系的发展和穿插。此外还会使土壤耕性变差，大量的农膜残留在土壤中不利于土壤的耕翻。

（2）对作物的毒害作用

一方面，聚氯乙烯农膜本身含有很强毒性，对于作物种子萌芽和幼苗生长有损害作用。另一方面，塑料在生产工艺过程中，为了改善塑料的品质，防止老化变硬变脆，增加美感，消除静电等目的，在塑料材料中加进多种添加剂，其中包括增塑剂、稳定剂、润滑剂、颜料、抗氧剂、紫外线吸收剂和去静电剂。在这些添加剂中，有毒性较强的磷酸酯类和多种有害的重金属，表 6-4 所列为主要的添加剂。这些添加剂中的有机和无机有毒物质除对作物生长构成直接影响外，其中难降解的有机物及重金属等还会通过食物链给动物和人带来危害。所以，塑膜的覆盖使用和在土壤中的残存，更令人担心的是对土壤和农产品的化学污染问题。

表 6-4 塑料添加剂的类别

种类	最大使用量/%	代表化合物
增塑剂	60	邻苯二酸酯，磷酸酯，己二酸酯
稳定剂	3	脂肪酸，铅、镉、锌、盐，有机锡化合物，环氧化大豆油
润滑剂	3	脂肪酸，脂肪酰胺，高级醇，蜡
颜料	3	铬酸铅，硫化镉，钛白，碳酸钙
抗氧剂	0.5	BHT，BHA，二硫代丙酸
紫外线吸收剂	0.5	水杨酸苯酯，二苯甲酮，氰基丙烯酸酯
去静电剂	0.3	表面活性剂

来源：林成谷，土壤污染与防治，中国农业出版社，1996。

各地调查和田间大量调查试验表明：土壤中的农膜对农作物的生长发育带来的影响较大，作物减产幅度随农膜使用年限和残留量的增加而增大。一般情况下，粮食作物中小麦减产 7%～20%，玉米 15%～20%，大豆 5%～10%，蔬菜作物 5%～40%，生育期短的蔬菜减产幅度小于生育期长的品种。

（3）其他方面的危害

残留地膜碎片会随农作物的秸秆等进入饲料，牛羊等家畜误食后，可导致肠胃功能失调，严重时会引起厌食和进食困难，甚至导致死亡。近年来各地牛、马、羊由于误食塑料残膜导致死亡的现象时有发生。此外，有些地方将残膜碎片焚烧，产生有害气体污染大气环境，造成二次污染。土壤中的部分残膜被风吹到地表环境中，影响农村景观，形成“白色污染”。

2．塑料制品在土壤中的降解和残留

目前，有关塑料制品及增塑剂转化、生物降解的资料报道较少。国外研究资料表明，酞酸酯类（PAES）化合物是世界各国常用的增塑剂，水溶性很低，但可溶于脂肪和有机溶剂中，是一种亲脂性较强的有机物，且在土壤环境中不易降解。大多数烯烃类高聚物同样不易被微生物分解，且耐酸碱腐蚀，在环境中残留性极强，可达 200～400 年之久。但是聚烯烃（如聚乙烯 PE）类塑料经紫外光辐射或热解氧化后，可发生有利于生化降解的变化。研究表明，光解或热解后的产物分子量可由原来的 10^4～10^6 降至 10^4 以下，抗张强度明显降低，变脆、易碎，因而表面积增大，有利于进一步降解。可见，总体上废塑料制品在土壤中有较长的残留时间，但其组成不同，降解的难易程度不同。

为解决白色污染问题，从 20 世纪 90 年代以来，世界掀起了降解塑料的研究热潮。国内外的研究多为借鉴塑料在自然界中降解的原理，在塑料中加入易发生光解的光敏剂和易被微生物分解的物质。目前，国际上生物可降解塑料的发展较为迅速，可降解塑料的生产原料主要为淀粉系列和聚乳酸系列原料，此外，英国一公司已成功地用玉米合成了生物降解塑料。现在世界上只有美国、英国、意大利和日本能生产完全降解塑料，但产品售价是普通塑料产品的 6～8 倍，无法进入产业化和实际应用。我国降解塑料的研制还仅是一个起步阶段，降解塑料生产能力小，同国外技术相比，还有一定的差距。据不完全统计，全国仅有 100 多家生产降解塑料的厂家，生产能力不到几十万吨，远远赶不上市场的需求。据估算全国每年废塑料实际产生量可达到 3 500 万 t。

由于上述原因，目前对农田中废塑料制品污染的防治，只能以防为主，从价格和经营体制上优化和改善对废塑料制品的回收与管理，淘汰不合格的超薄型膜，并建立生产粒状再生塑料的加工厂，有利于废塑料的循环利用。此外，研制可光解、热分解（50～60℃）和生物降解的塑料制品仍是解决问题的最终手段。

三、土壤的石油污染

石油类也称为矿物油。石油污染泛指原油和石油加工产品及各类油的分解产物所引起的污染。原油是由各种不同的碳氢化合物所组成的复杂混合物，主要有烷烃、环烷烃和芳香烃，其中某些芳烃化合物具有致癌作用，尤以苯并[a]芘致癌性最强。它们通过各种途径进入农田后，在土壤-植物系统中迁移、转化、残留，并可随食物链传递，因而其污染危害不容忽视。随着工业和交通运输业的迅速发展，石油作为重要能源被大量开采，并作为化工原料被广泛利用，使石油引起的土壤环境污染不断加剧。

1. 土壤石油污染源

用石油污染的废水灌溉，是引起农田土壤大面积受石油污染的最主要原因。试验表明，随着污灌时间的延续，土壤矿物油含量增高（表 6-5）。大气石油烃的沉降是土壤矿物油含量增加的另一重要原因，在工业发达、大气污染严重的区域尤为如此。石油生产、储运、炼制加工和使用过程中的跑、冒、滴、漏以及油页岩矿渣的不合理堆放，含油垃圾、污泥的大量施用也是土壤遭受石油污染的重要途径。

表 6-5 土壤矿物油含量与污灌之关系 单位：mg/kg

矿物油组分	清灌区 I	清灌区 II	新污灌区	中污灌区	老污灌区
芳烃	24.2	25.1	42.6	59.0	201.2
烷烃	44.3	32.8	64.2	79.1	123.6

来源：邵孝侯等，农业环境学，河海大学出版社，2005。

2. 土壤石油污染的危害

矿物油进入土壤后，在一系列作用下发生降解，但矿物油不同于一般有机物，降解速度较慢，在土壤和作物体中存留时间较长，从而引起多方面的危害。

（1）影响作物生长

石油类物质的水溶性很小，土壤颗粒吸附后不易被水浸润，通气和导水通路受阻，通透性降低。石油烃附着于植物根系表面，阻碍根系的呼吸与吸收功能，甚至引起根系的腐烂。植株受矿物油浸润后，会阻碍水分、养分的传输，造成植物蒸腾作用下降，光合、呼吸作用受阻。石油物质在水田里会隔绝氧气进入土壤，促进土壤还原和降低水温等，以水稻返青期的受害较重，此时轻油浓度需小于 2 mg/L，重油需小于 5 mg/L。

（2）影响农产品品质

有些作物如水稻的生长发育和产量受矿物油的影响较小，但农作物吸附和吸收的矿物油，会使粮食和蔬菜有浓厚的石油气味，严重影响农产品质量。此外，石油中的有毒有害物质，如苯并[a]芘等通过粮食和蔬菜进入食物链，也对人畜安全构成危害。这些物质的残留除有致癌作用外，还会影响到食物的品质，如氨基酸含量降低，各营养成分发生不良转化等。

（3）抑制微生物活动，降低酶的活性

适量引用低浓度含矿物油污水灌溉可增加土壤微生物的碳源。但是，大量的矿物油进入土壤，对土壤微生物有抑制作用。试验表明，在草甸棕壤土中，矿物油对细菌的抑制作用较明显，对真菌、放线菌的抑制作用较弱；低浓度矿物油对固氮菌有刺激作用，高浓度则有抑制作用；矿物油对硝化细菌的代谢作用有明显的抑制效应。此外，矿物油进入土壤，改变了土壤有机质的组成和结构，引起 C/N 和 C/P 比的变化，必然导致土壤微生物区系的变化。矿物油对土壤酶活性的影响随矿物油成分和土壤类型的不同而不同。草甸褐土施入矿物油后，对脲酶、蛋白酶、碱性磷酸酶的活性均有抑制作用，但对脲酶抑制作用最强。因此，可用脲酶作为土壤石油污染的指示酶。

3．防止土壤石油污染的措施

为了防止土壤遭受石油污染，最主要的措施是加强含矿物油污水的治理和严格控制农田灌溉用水水质，以及在施用含矿物油污泥、垃圾时严格控制其中矿物油的浓度和施用量。我国的《农田灌溉水质标准》规定其中矿物油含量不得超过 10 mg/L。在水稻田施用含油污泥时，一般隔年施用应小于 30 000 kg/hm^2，其质量浓度不能超过 5 000 mg/kg。若每年施用，其质量浓度不能超过 3 000 mg/kg。此外，防止输油管道的渗漏，也是防止土壤石油污染的重要措施。

四、土壤有机污染的修复

治理土壤污染有两种方式：一是在原地进行，不对土壤做大的扰动的原位修复；二是将土壤挖出后处理的异位修复（图 6-1）。异位修复涉及挖土和运土，破坏了原土壤结构，很难治理污染较深的区域，并且操作成本高，除在小规模治理的情况下，一般很少使用，因而主要以原位修复为主。土壤有机污染物的修复技术近几年来发展较快，方法类型很多，常用方法有以下几类。

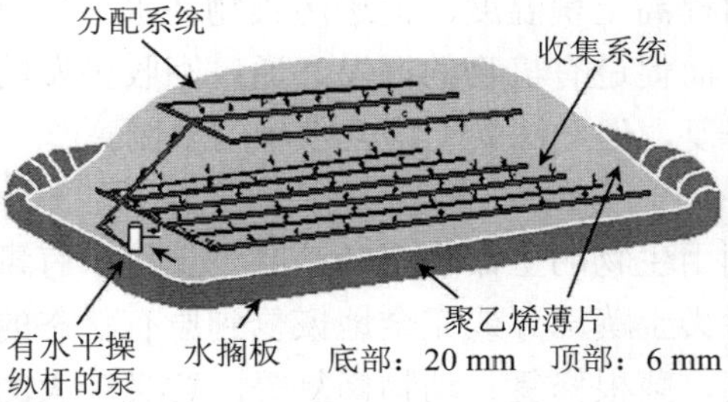

图 6-1　一种土壤异位修复系统

1．物理方法

（1）客土法

客土法，把污染土壤取走，换入未受污染的土壤，或覆盖在污染土壤之上，或与污染土壤混匀，使污染物浓度降低。包括翻土法，即深翻土壤，使聚集在表层的污染物分散到深层，从而达到稀释污染物的目的。

（2）隔离法

采用黏土或其他人工合成的惰性材料，作为有机污染物迁移扩散、渗滤的屏障，将污染土壤与其周围土壤隔离开。适用于被石油污染的土壤治理。

（3）气提法

土壤气相抽提技术（SVE）是一种通过强制新鲜空气流经污染区域，将挥发性有机污染物从土壤中解吸至地面上处理的修复技术。SVE 技术主要运用于污染物具有挥发性的点源污染，也是处理有机污染的重要方法。

2．化学方法

（1）萃取法

萃取法主要用于石油污染土壤的治理，根据相似相溶原理，利用有机溶剂萃取污染土壤中的原油，然后对有机相进行分离，回收其中的原油，实现废物的资源化。

（2）洗脱法

洗脱法即在现场利用水、表面活性物质和有机溶剂等冲洗液，将污染物从土壤中洗脱、分离的技术。一般是将污染物冲入地下，后再处理地下水，其中表面活性剂的洗脱作用是当前研究的热点。该方法的使用受土壤渗透系数限制，还要采取隔离措施防止污染物向周围扩散。

（3）化学氧化法

化学氧化法是向污染的土壤注入化学氧化剂，使有机污染物氧化分解的方法。常用的化学氧化剂有臭氧、过氧化氢、高锰酸钾、二氧化氯等。其中二氧化氯清除效率高、反应快、价格较低，是一种比较经济实用的氧化剂。

（4）热修复法

热修复法是利用提高土壤温度，促进污染物在水—气、固—气界面转移，优先分布于气相的特点，而促进有机物的挥发，通过回收挥发的气态有机污染物实现对污染土壤的净化和修复，但此法受土壤含水量的限制。

3．生物方法

生物修复是指利用生物的生命代谢活动减少土壤中有毒有害物的含量或使其完全无害化，从而使污染土壤部分或完全地恢复到原有状态的过程。生物修复包括微生物修复、植物修复、菌根修复、动物修复等，意义较大的主要是前两者。由于具有成本低、可原位处理、不破坏土壤环境、不产生二次污染、处理效果好等优点，而在土壤有机污染的修复中受到广泛的重视。

（1）微生物修复

早期的生物修复主要指微生物修复，是研究最早、最深入、应用也最为广泛的一种生物修复方法，其他生物修复技术也大多离不开微生物的作用。国内外大量研究表明，有机物土壤污染的生物修复最为有效和可靠的方法，就是运用向土壤提供足够的氧气或其他电子受体，添加 N、P 等营养物质并接种经驯化培养的高效微生物，调节适当的环境条件等工程化技术，利用微生物将残存在土壤中的农药、矿物油等有机污染降解或去除，使之转化为无害物或降解为 CO_2 和 H_2O 等。所利用的微生物有外来微生物、基因工程菌等。外来微生物是用于特定和极端条件下为有效降解而接种的外源微生物，基因工程菌是采用细胞融合技术将多种有降解功能的基因转入同一种微生物中，使之成为具有高效广谱降解能力的微生物。微生物修复可根据处理方式分为生物吸食法、生物通气法（BV 技术）、修复饱和区土壤的空气喷射技术、投菌法、添加表面活性剂法等。

（2）植物修复

植物修复土壤的无机污染已得到大量应用，但土壤有机污染的植物修复则刚刚起步。植物对有机污染物的去除作用有三方面：一是对有机污染物的直接吸收和代谢转化。植物从土壤中吸收有机物，然后将没有毒性的代谢中间体储存在植物组织中，这是植物去除环境中的中等亲水性有机污染物的一个重要机制。二是植物酶的作用。研究表明，植物释放出的酶（如硝酸还原酶、脱卤酶、过氧化物酶等）对有机污染物的降解有重要作用，这些酶可使相关的有机污染物降解速度大大加快。三是根际环境的作用。植物根系给微生物提供了生境，在植物根际微域，根系分泌物和分解产物为微生物繁殖提供了营养，使根域附近存在大量的微生物。植物根系还可以强化根际的矿化作用，通过细根的迅速腐解可向土壤中补充有机碳，从而促使根际微域中有毒有害有机物的降解。此外，还有植物—微生物—菌根体系的作用，植物根系有丰富的菌根真菌生长，菌根真菌与植物根系形成共生体——菌根，其具有独特的酶系统和代谢途径，使自生细菌不能降解的有机物得以降解。

近几年来研究得较多的是联合修复方法，如植物-微生物联合，可改善微生物生存的环境条件；化学-微生物联合，可利用化学物质对有机污染物的吸附固定，或利用表面活性剂等使污染物的溶解度增加，使其易于被微生物吸收分解。

第三节　土壤无机污染与修复

如前所述，土壤中的无机污染物有很多种类型，但除了农业生产自身带来的植物营养素污染外，其他主要是重金属和大气酸性沉降物等的污染问题。

一、酸沉降对土壤的污染

酸性沉降广义地包括所有 pH 低于 5.6 的雨、雾、雪、露、尘埃等物质。据统计，在欧洲和北美有 500 万～1 000 万 km^2 的地区遭受酸雨的危害。酸性沉降物对陆地生态和水生生态的影响，已成为全球范围的重大环境问题，而酸性沉降物对作物和森林等的影响常常是通过影响土壤表现出来的。因此，研究酸性沉降物对土壤的影响及其防治方法有重要意义。

1. 酸沉降对土壤的污染危害

（1）引起土壤酸化

土壤受大气酸沉降的长期影响，会引起土壤酸化，但由于酸沉降的组成与酸度的差异，以及土壤本身性质的不同，所产生的影响不同。首先是地理环境的影响，我国南方和北方都有产煤地和大型燃煤地，但南方的酸沉降危害却远远重于北方。最主要的原因是：北方整个气候较干燥而温凉，岩石与土壤矿质的分解淋溶程度轻，绝大部分土壤还保持盐基饱和态，甚至含大量 $CaCO_3$，空气中的尘土也自然富于盐基，从而对于酸性气体和酸雨等具有强大的中和能力，大大削弱了酸雨危害。土壤所受酸沉降影响，亦因土而异，碱性土、石灰性土壤，具有强大的中和能力，在通常酸度（pH 为 4～5）的酸雨作用下，不但无害，反而有益。因为，酸雨使这类土壤中的某些金属微量元素和磷的有效性提高了。但是，在酸性土壤上，由于土壤原有的盐基损失多，缓冲酸的能力弱，一方面，容易随着酸雨数量的积累而酸化；另一方面，不断增强的酸性，可能引起有害元素的过量。例如，在酸沉降严重的地方，植物体内有较多的汞、砷和镉。

由酸雨所引起的土壤酸化要受土壤本身的化学性质所制约，土壤酸容量大者，酸化较为困难；酸容量小者，其酸化则容易得多。石灰性土壤的缓冲酸能力最强，$CaCO_3$ 是中和酸的主力，其次是交换性盐基离子（指除 H^+、Al^{3+} 以外的其他阳离子）的作用，它们决定了土壤有机质含量和黏土矿物的交换容量；中性土壤因无 $CaCO_3$，主要由交换性盐基表现缓冲能力，故酸容量较低，酸性土壤不仅无 $CaCO_3$，且交换性盐基也甚少，所以酸容量最低。

（2）危害作物生长

土壤酸度间接决定着土壤对各种作物的适宜程度。土壤酸化的结果，使得原有作物难以适应，表现为土壤的宜种度下降。土壤酸度影响植物生长的途径有以下几种：① 当土壤 pH 介于 4～3 时，H^+ 对植物产生直接毒害。② 当土壤 pH 降至 5.5～5.0 时，铝离子开始出现；当 pH 进一步降低时，铝的溶解度提高。铝离子毒害是土壤酸度影响大多数植物生长的主要途径。③ 土壤 pH 降至 5 左右时，锰离子的浓度即可达到有毒水平，并随土壤 pH 降低而提高。④ 土壤 pH 降低可能引起植物对钙、镁、钼等元素的缺乏症状。当土壤中交换性 Ca 和 Mg 低于 20%和 5%时，就会引起缺素症。

（3）影响微生物活动

当土壤酸度增大时，许多种对植物生长很重要的微生物都会受到抑制。研究表明，土壤酸度提高的地区，森林土壤有机质的分解会显著地减弱；酸度增加，对硝化细菌有抑制作用，酸性土壤中硝化作用的速率要比中性土壤低。一般 pH 为 5 时硝酸盐的形成明显减慢，低于 4.5～4.0 时则停止；酸雨还可以影响反硝化过程进行的速率及其最终产物的组成。在较低 pH 下 N_2O 的还原受到严重的抑制，因此反硝化的最终产物主要是 N_2O，而 N_2O 是重要的温室气体，并会影响大气中 O_3 的消耗。酸度增加也会显著降低生物固氮速率，根瘤的形成对酸性条件极为敏感，土壤酸度还会影响自生固氮菌的存活，酸性土中活性铁、铝也对固氮作用具有明显的抑制作用。可见，酸性沉降物可使土壤有机物质的分解、硝化作用、反硝化作用、共生和非共生固氮作用减弱，从而减缓植物生态系统的养分循环。

2．土壤酸化的防治

土壤酸化本来是一个自然过程，但酸沉降污染加剧了这一过程。防治土壤酸化，减轻其对作物的危害，除了要控制大气中 SO_x 及 NO_x 等酸性物质的污染源外，还可采取以下措施。

（1）施用石灰等碱性物质抑制土壤酸化

在土壤中施用石灰，以 Ca^{2+}取代交换性 H^+和 Al^{3+}，可以中和土壤中的酸，或提高土壤对酸性物质的缓冲性能。石灰用量的计算方法是先实测土壤交换性酸度，然后乘以经验系数（1.5 左右），计算它所相当的 $CaCO_3$ 或 CaO 的数量。此法之优点在于它可用于各种土壤与各个不同的酸度条件。

（2）施肥以补充酸化土壤损失的养分

针对酸化土壤的施肥措施，是在一般施肥基础上补充盐基性养分，其中最主要的是钙、钾元素。一方面，这两种元素在酸淋洗过程中损失较大；另一方面，作物对它们的需要量很高，尤其是蔬菜作物。因为酸沉降总是出现在城镇工矿区，它们附近的蔬菜生产比一般农村多，加上多数蔬菜对于钾的需要量为所有养分中的首位，从而表现出对钾的突出需求。另外，应注意的是，农田土壤的酸化，除了自然酸化与酸沉降导致酸化之外，还有化学肥料导致的土壤酸化，它的影响可能比酸雨更严重。因此，在施肥时，也要注意科学合理，特别是酸性肥料的施用。

二、土壤重金属污染

重金属一般是指比重大于 5 的金属。它们在大自然中分布很广，但在自然条件下，各种重金属背景值含量是较低的。受工业“三废”的排放、污水灌溉、污泥农用等的影响，我国目前存在较为严重的土壤重金属污染问题。

1．土壤重金属污染的危害及特征

通过各种途径进入土壤中的重金属种类很多，其中影响较大、目前研究较多的重金属及类金属元素有 Hg、Cr、As、Pb、Cr、Cu、Zn、Se 等。重金属元素中，有些元素是植物生长发育所必需的微量元素，如 Fe、Mn、Cu、Zn 等，这些微量元素虽然不能缺少，但含量过高时，也会发生污染危害；有些重金属是植物生长不需要的元素，如 Hg、Cd、Pb、Cr 等，它们具有很强的生物毒性，对人体健康的危害也比较明显。

重金属污染对作物的危害主要有：影响种子萌发；影响光合、呼吸等生理生化过程；引起作物产量降低等。但不同类型的重金属危害表现也不相同，例如，Cu 主要表现在抑制根的发育，减弱吸收养分的能力，使其长势不良；Cd 降低叶绿素含量，影响光合作用；Pb 抑制植株的生长，使植株矮化等。Hg、Cd、Pb 等毒性强的重金属都能在作物根部组织中明显累积，而产生危害。此外，重金属对土壤中微生物及酶的活性有抑制作用。

受其本身化学性质的影响，土壤中的重金属一般不易随水移动，不能为微生物分解，而常在土壤中累积，甚至有的可能转化成毒性更强的化合物（如甲基化合物）。它可以通过植物吸收在植物体内富集转化，给人类带来潜在的危害。不仅不同种类的重金属具有不同的污染危害作用，而且同种重金属由于在土壤中存在形态的不同，其迁移转化的特点和污染性质也不相同。重金属在土壤中的积累初期不易发现，但积累到一定程度就会表现出来，且污染难以彻底消除。

2. 重金属在土壤中的迁移

(1) 物理迁移

土壤溶液中的重金属离子或络合物可以随径流作用向侧向或向下进行迁移，从而导致重金属元素的水平和垂直分布特征。此外，水土流失和风蚀作用也可以使重金属随土壤颗粒发生位移和搬运。

(2) 物理化学迁移和化学迁移

重金属污染物通过离子交换吸附、络合作用等形式与土壤胶体相结合，或者发生溶解与沉淀等化学过程。

① 与无机胶体结合　重金属与土壤中无机胶体的结合通常有两种类型，一类为非专性吸附，即因静电引力作用而产生的离子交换吸附；另一类为专性吸附，它是由于土壤胶体表面与被吸附离子间通过共价键、配位键而产生的吸附。

② 与有机胶体结合　土壤中的有机胶体对重金属离子具有吸附及络合或螯合作用。从吸附作用来说，有机胶体的吸附容量远远大于无机胶体。

③ 溶解和沉淀作用　重金属污染土壤后可以和土壤中多种化学成分发生溶解和沉淀作用，这种作用依赖土壤 pH、Eh 和化学组成的影响。与重金属发生溶解和沉淀作用的阴离子主要有 OH^-、CO_3^{2-}、S^{2-}等，由于这一过程受土壤环境条件的影响，我们可根据溶解平衡原理来调节和控制土壤中重金属的迁移转化。

（3）生物迁移

生物迁移是指通过植物根系从土壤中吸收某些形态的重金属，并在植物体积累起来的过程。此外土壤微生物和土壤动物也可以吸收富集重金属。这一方面可以看作是生物体对土壤重金属污染的净化，另一方面也可看作是对生物体的污染过程。另外，如果受污染的植物残体再进入土壤，会使重金属在土壤表层富集。

植物对土壤重金属的吸收，使利用植物进行污染土壤的修复成为可能。植物根系对土壤中重金属的吸收与积累的能力受多种因素的影响，包括作物的品种、重金属在土壤中的存在形态、共存离子的影响、土壤环境条件等。

三、土壤重金属污染的修复技术

目前，治理土壤重金属污染的途径主要有两种：一种途径是改变重金属在土壤中的存在形态，使其固定下来，以此来降低它在环境中的迁移性和生物可利用性；另一种途径是将土壤中重金属通过各种方式去除掉。从技术措施上有物理修复、化学修复和生物修复。

物理修复方法有：在污染土壤上覆盖未污染土壤或直接除去污染土壤的改土法；利用外加直流电场使重金属迁移而去除的电化法；加热使汞从土壤中解吸、回收的热解吸法；利用电极加热将污染土壤熔化形成较稳定的玻璃态物质的玻璃化法等。化学修复方法有：投加改良剂使重金属活性降低从而减少生物吸收的化学稳定与惰性化修复方法；用含有某种配位体或用带有阴离子的溶液对土壤进行冲洗，使重金属移出土壤耕作层的方法；将处理剂注入土壤，使污染物脱附进入溶液再通过抽水井泵出的方法等。

如前所述，生物修复包括微生物治理技术、植物修复技术、动物治理技术和菌根技术等。土壤重金属的生物修复方法有着物理和化学方法无法比拟的优越性，下面简要介绍前两者。

1. 微生物修复

微生物修复是利用土壤中某些微生物对重金属具有吸收、沉淀、氧化和还原等作用，从而降低重金属的毒害。如 *Citrobacter* sp.产生的酶能使 Pb、Cd 形成难溶磷酸盐；*Pseudomonas* 能将二价铅还原为胶态铅；菌种 *Escherichia coli* 品系能将高毒性的 Cr^{6+} 还原为低毒性的 Cr^{3+}；某些细菌能将土壤中甲基汞等还原为元素汞；革兰氏阳性菌可吸收 Cd、Cu、Ni、Pb 等。微生物对重金属有很强的亲和吸附性能，有毒金属离子沉积在细胞的不同部位或结合到胞外基质上，或被轻度螯合在可溶性或不溶性生物多聚物上。有一些微生物如动胶菌、蓝细菌、硫酸还原菌以及某些藻类，能够产生胞外聚合物如多糖、糖蛋白等大量阴离子基团，与重金属离子形成络合物。但应注意，多数情况下微生物修复只是使重金属毒性降低，而并没有真正从土壤中除去。

2. 植物修复

植物修复技术是土壤重金属修复的重要方法，也是目前最热门的研究技术。它是利用植物根系吸收水分和养分的过程来吸收、转化污染物，以达到清除污染、修复或治理的目的。目前植物修复主要有三种方式：植物提取、植物挥发、植物固定。

① 植物提取是在污染土壤上种植某些特殊植物来吸附土壤中的重金属，以达到修复土壤的目的，这种特殊植物被称为超累积植物。重金属超累积植物是指对重金属的吸收量超过一般植物 100 倍以上的植物。超累积植物累积的铬、钴、镍、铜、铅含量一般在 0.1%以上，累积的锰、锌含量一般在 1%以上。根据野外采集样本的分析，全世界大约发现了 400 种超累积植物。例如印度芥菜可吸收 Zn、Cd、Cu、Pb 等，在 Cu 为 250 mg/kg，Pb 为 500 mg/kg，Zn 为 500 mg/kg 条件下能生长，在 Cd 为 200 mg/kg 时出现黄化现象；高山甘薯类植物可吸收高浓度的 Cu、Co、Mn、Pb、Se、Cd 和 Zn 等重金属元素；某些蕨类植物对土壤中镉的吸收率达 10%，而水稻则仅为 0.2%，通过种植蕨类植物可以吸收被镉严重污染的土壤中的镉，使土壤污染较快得到改造；被硒严重污染的土壤，则可栽种紫云英类，它对硒具有较高的吸收能力，并且紫云英地上部分硒累积量大于地下部分，收获地上部分即可相当程度地减轻一些土壤污染。据现有的研究资料发现，禾本科、石竹科、茄科、十字花科、蝶形花科及杨柳科等科中的部分植物品种具有超累积特性。

② 植物挥发主要是针对砷、汞和硒，通过植物吸收并挥发到大气中。如利用某些芥子科植物去除土壤中的 Hg，这些植物能将从环境中吸收的 Hg 还原成气体而挥发。一些农作物如水稻、花椰菜、胡萝卜、大麦、苜蓿等及一些水生植物具有较强的吸收并挥发硒的能力。由于植物挥发只适用于挥发性污染物，应用范围很小，并且将污染物转移到大气和生物中有一定的风险，因而限制了它的应用。

③ 植物固定是利用植物和土壤的共同作用，将污染物固定为稳定的形态，使其不能为生物所利用，以减少对生物和环境的危害。如植物枝叶分解物、根系分泌物对重金属的固定作用、腐殖质对金属离子的螯合作用等。研究表明：一些植物可降低铅的生物可利用性，缓解铅对环境中生物的毒害作用。植物还可以通过根际微生物改变根际环境的 pH 和 Eh 进而来改变重金属的化学形态，固定土壤中的重金属，如印度芥菜的根能使有毒的、生物有效性高的六价 Cr 还原为低毒的、生物有效性低的三价 Cr。植物固定并没有将环境中的重金属离子去除，只是暂时将其固定，使其对环境中的生物不产生毒害作用，没有彻底解决环境中的重金属污染问题。如果环境条件发生变化，重金属的生物可利用性可能又会发生改变。因此植物固定不是一种很理想的去除环境中重金属的方法。

目前利用自然生长的抗性植物进行重金属污染土壤的治理还未取得较理想的结果。这主要因为许多超累积植物通常生长缓慢、植株矮小、地上部分生物量小、富集种类单一，耗费时间较久，且植物品种受到不同地理气候条件的限制。因此，现在大多数学者都试图通过基因工程的方法来获得超量积累、生长迅速的植物种类。

思考与讨论

1. 什么叫土壤污染？用哪些指标衡量土壤污染情况？
2. 列举出污染土壤的主要无机污染物及其可能的污染源。
3. 我国目前主要有机污染有哪些类型？各有何危害？
4. 农药都能在土壤中自然消失吗？怎样促进它们从土壤中消失？
5. 土壤酸化的原因有哪些？土壤酸化有何危害？
6. 土壤重金属污染的特点是什么？植物在重金属污染修复中的作用有哪些？
7. 土壤污染会带来什么危害？我们怎么防治？
8. 查阅资料说明一种重金属在土壤中的形态、迁移转化及污染危害。
9. 利用课余时间做一次农田重金属污染情况的调查，了解当地农村附近有没有可能引起土壤重金属污染的污染源，走访考察可能存在的重金属对农作物的危害事件，简要写一份调查报告。

阅读与咨询

1. 水土流失及其危害

水土流失是指在水流作用下，土壤被侵蚀、搬运和沉淀的过程。在自然状态下，纯粹由自然因素引起的地表侵蚀过程非常缓慢，称为自然侵蚀，也称为地质侵蚀。在人类活动影响下，特别是人类严重地破坏了地表植被后，水土流失速度加快。

据联合国粮农组织的估计，全世界 30%～80%的灌溉土地不同程度地受到盐碱化和水涝灾害的危害，由于侵蚀而流失的土壤每年高达 240 亿 t。有关专家认为，在自然力的作用下，形成 1 cm 厚的土壤需要 100～400 年，所以土壤侵蚀所带来的影响很大。

我国是世界上水土流失最严重的国家之一。截至 2012 年年底，我国水土流失面积已达 356 万 km^2，占国土面积的 37%。虽然我国长期以来开展了大量的水土保持工作，但从总体上看，水土流失是点上有治理，面上有扩大，治理赶不上破坏。

我国是个多山国家，山地面积占国土面积的 2/3；我国又是世界上黄土分布最广的国家，且山地丘陵和黄土地区地形起伏，黄土或松散的风化壳在缺乏植被保护的情况下极易发生侵蚀。我国大部分地区属于季风气候，降水量集中，雨季降水量常达年降水量的 60%～80%，且多暴雨。易于发生水土流失的地质地貌条件和气候条件是造成我国水土流失严重的主要原因。此外，人为因素所带来的影响也很大，部分地区开垦陡坡、滥伐森林、过度放牧及不合理的耕作方法等，是我国几十年来水土流失加剧的原因。

水土流失造成的危害是多方面的。水土流失可引起土壤退化、养分损失。据统计，我国土壤流失量相当于全国耕地每年剥去 1 cm 土层，由此带来大量的 N、P、K 等营养元素的损失。一些南方亚热带山地土壤有机质丧失殆尽，基岩裸露，形成石质山地。水土流失还会导致水库淤积，河床抬高，通航能力降低，洪水泛滥成灾，如黄河下游河床平均每年抬高达 10 cm。在高山深谷，水土流失常引起泥石流灾害，造成人民生命财产的损失。水土流失还会造成生态环境的恶化，20 世纪 30—60 年代，人们对于水土流失灾害的认识还停留在对土地造成直接经济损失方面，但在 20 世纪 60 年代以后，开始联系到人类整个环境所受的影响，包括沉积物的危害、生态环境的恶化等。

2. POPs 和 POPs 公约

POPs 是英文 Persistent Organic Pollutants 的缩写，中文名称为“持久性有机污染物”，它是一类具有环境持久性、生物累积性、长距离迁移能力和高生物毒性的特殊污染物。

POPs 公约是在联合国环境规划署（UNEP）主持下，为了推动 POPs 的淘汰和削减、保护人类健康和环境免受 POPs 的危害，国际社会于 2001 年 5 月 23 日在瑞典首都斯德哥尔摩共同缔结的专门环境公约，其全称是《关于持久性有机污染物的斯德哥尔摩公约》。此公约的成功签署，被认为是继《巴塞尔公约》《鹿特丹公约》之后，国际社会在有毒化学品管理控制方面迈出的极为重要的一大步。

研究表明，持久性有机污染物对人类的影响会持续几代，对人类生存繁衍和可持续发展构成重大威胁。

首批列入《关于持久性有机污染物的斯德哥尔摩公约》受控名单的 12 种 POPs:

有意生产——有机氯杀虫剂：DDT、氯丹、灭蚁灵、艾氏剂、狄氏剂、异狄氏剂、七氯、毒杀酚；

有意生产——工业化学品：六氯苯和多氯联苯；

无意排放——工业生产过程或燃烧生产的副产品：二噁英（多氯二苯并-*p*-二噁英）、呋喃（多氯二苯并呋喃）。

目前，POPs 的巨大危害和淘汰、削减的必要性已成为国际社会的共识。截至 2006 年 6 月底，已有 151 个国家或区域组织签署了 POPs 公约，其中 126 个已正式批准该公约，公约已于 2004 年 5 月 17 日正式在全球生效。我国是 POPs 公约的正式缔约方，是 2001 年 5 月 23 日首批签署公约的国家之一。2004 年 11 月 11 日，公约已正式对我国生效。中国政府已建立了以国家环保总局牵头、11 个相关部委参与的国家 POPs 履约协调机制，并已在机构建设、能力加强、技术示范、公众意识加强等方面开展了一系列扎实有效的履约工作。国家环保总局斯德哥尔摩公约履约办公室为该协调机制的日常办事机构。

3．相关网站

中国环境修复网 http://www.hjxf.net/

中国生态修复网 http://www.er-china.com/

4．网上咨询

土壤环境质量标准

土壤污染治理与修复

土壤污染调查

第七章　固体废物的处理与资源化

随着经济的快速发展和人民生活水平的不断提高，固体废物的排放量骤增，而堆放和处置场地却日益减少，处置费用也越来越高；有害废弃物处置不当所造成的对大气、水和土壤的严重污染，正加剧恶化着环境，危害着人体健康。另一方面，由于全球范围的天然资源逐渐减少，迫使大家重视固体废物的再生利用，增加社会的物质财富。因此，固体废物的处理和利用，已日益成为环境保护亟须研究解决的问题。

第一节　固体废物的定义和分类

一、固体废物的定义

固体废物（Solid Waste）通常是指人类生产和生活活动中丢弃的固体和泥状物质，包括从废水、废气中分离出来的固体颗粒物。实际上所谓的废物一般是指在某个系统内不可能再加工利用的部分物质。例如：植物的枯枝落叶，动物的骨骼及排泄物，人们生活中的各种垃圾，工业生产过程的排出物等，所有这些形形色色的物质统称为固体废物。其中工业固体废物是指在工业、交通等生产活动中产生的固体废物；城市生活垃圾是指在城市日常生活中或者为城市日常生活提供服务的活动中产生的固体废物，以及法律、行政法规规定视为城市生活垃圾的固体废物。

固体废物中有些属于有机物，经过适当处理可做优质肥料供植物生长，工业废物经过挑选加工可成为有用之物或可重新用作原料。这说明“废物”具有相对性，一种过程中产生的废物，往往可以成为另一种过程的原料。经过适当处理，部分固体废物可成为有用之物或可重新用作原料，也就是说固体废物可以重新资源化。因此，固体废物只能认为是在某种特定条件下的一种习惯性称谓，是可以依据情况的变化而改变的。工业固体废物和城市生活垃圾中的部分废物具有毒性、易燃性、爆炸性、腐蚀性、化学反应性、传染性等危险特性，对人体健康和环境会造成很大危害或者具有潜在威胁，这些列入《国家危险废物名录》或者根据国家规定的危险废物鉴别标准和鉴别方法认定的具有危险特性的废物，称为危险废物。含有放射性物质的放射性固体废物，含有汞、镉、铬、砷等毒性成分的重金属污染物等，因其危害性较大需加以特殊安全处置，以防止环境污染。

2004 年修订的《中华人民共和国固体废物污染环境防治法》对固体废物的定义是：在生产、生活和其他活动中产生的丧失原有利用价值或者虽未丧失利用价值但被抛弃或者放弃的固态、半固态和置于容器中的气态的物品、物质以及法律、行政法规规定纳入固体废物管理的物品、物质。由于液态废物（排入水体的废水除外）和置于容器中的气态废物（排入大气的废物除外）的污染防治适用于《中华人民共和国固体废物污染环境防治法》，所以有时也把这些废物称为固体废物。

二、固体废物的来源和分类

1. 固体废物的来源

固体废物主要来自人类生产活动的许多环节，包括来自各种废物处理设施的排弃物，其余部分则来自人类的生活活动，主要为生活垃圾、粪便的排放，表 7-1 列出了各类发生源排出的主要固体废物。

表 7-1 各类发生源排出的主要固体废物

发生源	产生的主要固体废物
采矿、选矿业	废石、废矿、金属、木块、砖瓦、水泥、混凝土等建筑材料
冶金、机械	金属渣、矿石、废模型、陶瓷、涂层、管道、黏结剂、绝热绝缘材料
交通工业	塑料、橡胶、纤维、填料、各种建筑材料等
食品工业	烂肉、蔬菜、水果、谷物、硬果壳、金属桶、罐头盒、塑料等
石油、化学工业	有机和无机化学药品、金属、橡胶、玻璃、沥青、石棉、纤维等
橡胶、皮革、塑料工业	橡胶、塑料、皮革、线、布、纤维、染料、金属、废渣等
居民生活	食物垃圾、纸、木块、布、金属、器具、杂品、庭院整修物、燃料、粪便等
农业	庄稼秸秆、烂蔬菜、烂水果、糠粃、果树剪枝、人粪、畜粪、农药等
市政管理、污水处理	脏土、碎砖瓦、树叶、死禽畜、金属、废锅炉、灰渣、污泥、器具、建材等

2. 固体废物的分类

固体废物有多种分类法，按其化学性质可分为有机废物和无机废物；按其危害状况可分为有害废物和一般废物；按其形状一般可分为固体的（颗粒状、粉状、块状）和泥状的（污泥）。为便于管理通常按来源进行分类，可分为矿业固体废物、工业固体废物、城市垃圾、农业废弃物和放射性废物五类。矿业固体废物来自矿物开采和矿物洗选过程；工业固体废物来自冶金、煤炭、电力、化工、交通、食品、轻工、石油等工业的生产和加工过程；城市垃圾主要来自城镇居民的消费、市政建设和维护、商业活动；农业废弃物主要来自农业生产和禽畜饲养；放射性废物主要来自核工业和核电的生产、核燃料循环、放射性医疗和核能应用及有关的科学研究等。2004年修订的《中华人民共和国固体废物污染环境防治法》把固体废物分为三大类：工业固体废物、城市生活垃圾和危险废物。

第二节 固体废物的特点和危害

一、固体废物的特点

1. 占用土地和空间

固体废物堆放占用土地和一定空间，它对环境的污染主要通过水、大气或土壤进行。因此，固体废物既是污染水体、大气、土壤的“源头”，又是废水、废气处理的“终态物”。根据固体废物的这一特性，人们应尽量避免和减少固体废物的产生和向水体、大气及土壤环境中排放，这是防止和控制固体废物污染环境的关键。

2. 品种繁多，数量巨大

随着工业生产的发展和人类物质生活的提高，固体废物种类越来越多，数量也逐年增加，以城市垃圾为例，工业发达国家城市垃圾产生量以每年 2%～4%的速度增长，欧共体国家生活垃圾平均增长率为 3%，而我国近几年的垃圾增长率每年按9%以上的速度增加。

由于处理装置设施严重不足，综合利用率低，致使工业固体废物历年堆放量已达64亿多t，到2000年，我国工业固体废物年产生量达到10亿多t，生活垃圾近2亿t。由于我国在固体废物污染治理方面起步较晚，相对于废气、废水污染控制而言，固体废物处理技术还相对比较落后，加上投入资金又不足，所以固体废物污染环境的治理工作面临着严峻的形势。

3. 有固体外形的危险液体及气体废物

液体和用容器装的气体，如装在容器中的废酸、废碱或气体在法律上都称为危险废物，均列入危险废物的管理范畴之内。

二、固体废物的危害

固体废物对人类环境的危害，表现在以下几个方面。

1. 侵占土地

固体废物不加利用就需占地堆放，堆积量越大，占地越多。据估算每堆积 1 万 t

废渣，约需占地 1 亩[①]。我国仅煤矸石一项存积量就达 10 亿 t，侵占农田 5 万亩，全国有堆肥厂 30 多个，无害化垃圾处理厂（场）29 个，越来越多的城市垃圾还在继续增长。这些城市垃圾、矿业尾矿、工业废渣等侵占了越来越多的土地，从而直接影响了农业生产，妨碍了城市环境卫生；而且埋掉了大批绿色植物，大面积地破坏了地球表面的植被。这不仅破坏了自然环境的优美景观，更重要的是破坏了大自然的生态平衡。

2．污染土壤

废物堆置，其中的有害组分容易污染土壤。如果直接利用来自医院、肉类联合厂、生物制品厂的废渣作为肥料施入农田，其中的病菌、寄生虫等就会污染土壤。土壤是许多细菌、真菌等微生物聚居的场所，这些微生物形成了一个生态系统，在大自然的物质循环中担负着碳循环和氮循环的一部分重要任务。工业固体废物，特别是有害固体废物，经过风化、雨淋，产生高温、有毒有害废水等，能杀伤土壤中的微生物和动物，降低土壤微生物的活性，并能改变土壤的成分和结构，使土壤被污染。

3．污染水体

固体废物随天然降水径流进入河流、湖泊，或因较小颗粒随风飘迁，落入河流、湖泊，造成地面水污染；固体废物渗沥水渗到土壤中，进入地下水，使地下水受到污染；废渣直接排入河流、湖泊或海洋，会造成上述水体的污染。

4．污染大气

固体废物一般通过下列途径使大气受到污染：在适宜的温度和湿度下，某些有机物被微生物分解，释放出有害气体；细粒、粉末受到风吹日晒可以加重大气的粉尘污染，如粉煤灰堆遇到四级以上风力，可被剥离 1～1.5 cm，灰尘飞扬可高达 20～50 m；有些煤矸石堆积过多会发生自燃，产生大量的二氧化硫，采用焚烧法处理固体废物也会使大气污染。

第三节　固体废物污染的综合防治

一、防治原则

我国在 1995 年 10 月 30 日通过并公布了《中华人民共和国固体废物污染环境防治法》。该法提出，国家对固体废物污染环境的防治，实行减少固体废物的产生、充分合理利用固体废物和无害化处置固体废物的原则；国家鼓励、支持开展清洁生产，

① 1 亩=0.066 7 hm^2。

减少固体废物的产生量；国家鼓励、支持综合利用资源，对固体废物实行充分回收和合理利用，并采取有利于固体废物综合利用的经济、技术政策和措施。

我国的固体废物污染环境防治法的颁布，对固体废物污染的综合防治提出了指导性的原则，同时标志着我国结束了防治固体废物污染及监督管理长期无法可依的状况，使我国的防治固体废物污染进入一个新的里程。

二、控制固体废物污染的技术政策

对固体废物污染的控制，关键在于解决好废物的处理、处置和综合利用问题。首先，需要从污染源头抓起，改进或采用清洁生产工艺，尽量少排或不排废物。这是控制工业固体废物污染的根本措施。其次，需要强化对有害废物污染的控制，实行从产生到最终无害化处置全过程的严格管理。第三，需要提高全民对固体废物污染环境的认识，做好科学研究和宣传教育。

根据国情，我国以“无害化、减量化、资源化”作为控制固体废物污染的技术政策，并确定今后较长一段时间内应以“无害化”为主，以“无害化”向“资源化”过渡，“无害化”和“减量化”应以“资源化”为条件。

固体废物“无害化”处理的基本任务是将固体废物通过工程处理，达到不损害人体健康、不污染周围自然环境的目的。例如，垃圾的焚烧、卫生填埋、堆肥、粪便的厌氧发酵、有害废物的热处理和解毒处理等。

固体废物“减量化”处理的基本任务是通过适宜的手段，减少和减小固体废物的数量和容积。这一任务的实现，需从两个方面着手：一是对固体废物进行处理利用，二是减少固体废物的产生，推行清洁生产。例如，将城市生活垃圾采用焚烧法处理后，体积可减小80%～90%，余烬则便于运输和处置。

1. 城市固体废物

控制城市固体废物产生量增长的对策和具体措施如下。

（1）逐步改变燃料结构

我国城市垃圾中，有 40%～50%是煤灰。如果改变居民的燃料结构，较大幅度提高民用燃气的使用比例，则可大幅度降低垃圾中的煤灰含量，减少生活垃圾总量。

（2）净菜进城，减少垃圾产生量

目前，我国的蔬菜基本未进行简单处理即进入居民家中，其中有大量泥沙及不能食用的附着物。据估计，蔬菜中丢弃的垃圾平均占蔬菜重量的 40%左右，且体积庞大。如果在一级批发市场和产地对蔬菜进行简单处理，净菜进城，即可大大减少城市垃圾中的有机废物量，并有利于利用蔬菜下脚料沤成有机肥料。

（3）避免过度包装和减少一次性商品的使用

城市垃圾中一次性商品废物和包装废物日益增多，既增加了垃圾产生量，又造成资源浪费。为了减少包装废物产生量，促进其回收利用，世界上许多国家颁布了包装法规或者条例。强调包装废物的产生者有义务回收包装废物，而包装废物的生产者、进口者和销售者必须“对产品的整个生命周期负责”，承担包装废物的分类回收、再生利用和无害化处理处置的义务，负担其中发生的费用。促使包装制品的生产者和进口者以及销售者在产品的设计、制造环节少用材料，减少废物产生量，少使用塑料包装物，多使用易于回收利用和无害化处理处置的材料。

（4）加强产品的生态设计

产品的生态设计（又称产品的绿色设计）是清洁生产的主要途径之一，即在产品设计中纳入环境准则，并置于优先考虑的地位。环境准则包括降低物料消耗，降低能耗，减少健康安全风险，产品可被生物降解。为满足上述环境准则，可通过如下方法实现：

① 采用“小而精”的设计思想：采用轻质材料，去除多余功能。这样的产品不仅可以减少资源消耗，而且可以减少产品报废后的垃圾量。

② 提倡“简而美”的设计原则：减少所用原材料的种类，采用单一的材料。这样产品废弃后作为垃圾分类时简便易行。

（5）推行垃圾分类收集

城市垃圾收集方式分为混合收集和分类收集两大类。混合收集通常指对不同产生源的垃圾不作任何处理或管理的简单收集方式。无论从生态环境和资源利用的角度还是从技术经济的角度看，混合收集都是不可取的。按垃圾的组分进行垃圾分类收集，不仅有利于废品回收与资源再利用，还可大幅度减少垃圾处理量。分类收集过程中通常可把垃圾分为易腐物、可回收物、不可回收物几大类。其中可回收物又可按纸、塑料、玻璃、金属等几类分别回收。日本从 20 世纪 70 年代中期开始，就已将垃圾分为可燃、不可燃和大件三大类，成功地进行了分类收集和处理，现在则有很多城市将垃圾分为七类进行收集。美国、德国、加拿大、意大利、丹麦、芬兰、瑞士、法国、挪威等国都大规模地开展了垃圾分类收集活动，取得了明显的成效。例如，荷兰实行垃圾分类收集后，使清运的垃圾量减少了35%。

（6）搞好产品的回收、利用

报废的产品包括大批量的日常消费品，以及耐用消费品如小汽车、电视机、冰箱、洗衣机、空调、地毯等。随着计算机技术的飞速发展，电脑更新换代的速度异常之快，废弃计算机设备的数目惊人，美国已经有 7 000 万台旧电脑被束之高阁。对这些废品进行再利用是减少城市固体废物产生量的重要途径。

2．工业固体废物

我国工业规模大、工艺落后，因而固体废物产生量过大。提高我国工业生产水平和管理水平，全面推行无废、少废工艺和清洁生产，减少废物产生量是工业固体废物污染控制的最有效途径之一。包括以下几个方面。

（1）淘汰落后生产工艺

1996 年 8 月，国务院发布的《国务院关于环境保护若干问题的决定》（国发〔1996〕31 号）中明确规定取缔、关闭或停产 15 种污染严重的企业（以下简称“15 小”）。这对保护环境，削减固体废物的排放，特别是削减有毒有害废物的产生意义重大。在这“15 小”中，均不同程度地产生大量有害废物，对环境造成很大危害。根据推算，1996 年全国有害废物产生量 2 600 万 t，如果全部取缔、关停“15 小”，全国每年可以减少有害废物产生量约 75.4 万 t。

（2）推广清洁生产工艺

推广和实施清洁生产工艺对削减有害废物的产生量有重要意义。利用清洁“绿色”的生产方式代替污染严重的生产方式和工艺，既可节约资源，又可少排或不排废物，减轻环境污染。

例如，传统的苯胺生产工艺是采用铁粉还原法，其生产过程产生大量含硝基苯、苯胺的铁泥和废水，造成环境污染和巨大的资源浪费。南京化工厂开发的流化床气相加氢制苯胺工艺，便不再产生铁泥废渣，固体废物产生量由原来每吨产品 2 500 kg 减少到每吨产品 5 kg，还大大降低了能耗。

工业生产中的原料品位低、质量差，也是造成工业固体废物大量产生的主要原因。只有采用精料工艺，才能减少废物排量和所含污染物质成分。例如，一些选矿技术落后、缺乏烧结能力的中小型炼铁厂，渣铁比相当高，如果在选矿过程中提高矿石品位，便可少加造渣熔剂和焦炭，并大大降低高炉渣的产生量。一些工业先进国家采用精料炼铁，高炉渣产生量可减少一半以上。

（3）发展物质循环利用工艺

在企业生产过程中，发展物质循环利用工艺，使第一种产品的废物成为第二种产品的原料，并以第二种产品的废物再生产第三种产品，如此循环和回收利用，最后只剩下少量废物进入环境，以取得经济的、环境的和社会的综合效益。

固体废物“资源化”的基本任务是采取工艺措施从固体废物中回收有用的物质和能源。固体废物“资源化”是固体废物的主要归宿。相对于自然资源来说，固体废物属于“二次资源”或“再生资源”范畴，虽然它一般不再具有原使用价值，但是通过回收、加工等途径可以获得新的使用价值。例如，具有高位发热量的煤矸石，可以通过燃烧回收热能或转换成电能，也可以用来取代土节煤生产内燃砖。

三、固体废物管理

1. 固体废物管理现状及发展趋势

固体废物的管理包括固体废物的产生、收集、运输、储存、处理和最终处置等全过程的管理。固体废物的污染控制与管理作为当今世界面临的一个重要环境问题，已引起各国政府的广泛重视。从国外的固体废物管理情况来看，随着经济实力的增强与科技的进步，管理水平亦在不断地提高。美国的《资源保护和回收法》（RCRA）（1984）和《全面环境责任承担赔偿和义务法》（CERCLA）（1986）是迄今世界上比较全面的关于固体废物管理的法规。前者强调设计和运行必须确保有害废物得到妥善管理，对于非有害废物的资源化也作出了较全面的规定；后者强调处置有害废物的责任和义务。英国的《污染控制法》有专门的固体废物条款。日本的《废物处理和清扫法》规定了全体国民的义务和废物处理的主体（据其宪法第 25 条），不仅企业有适当处理其产生的固体废物的义务，公民也有保持生活环境清洁的义务。

我国固体废物管理工作起步较晚，《中华人民共和国固体废物污染环境防治法》是我国第一部关于固体废物污染管理的法规。它对固体废物防治的监督管理、固体废物特别是危险废物的防治、固体废物污染环境责任者应负的法律责任等都做了明确的规定。该法的颁布与实施标志着我国对固体废物污染的管理从此走上法制化的轨道。今后对固体废物的管理应严格按此法规来执行，结合我国多年来对固体废物的管理实践，并借鉴国外有益的经验，做好我国的固体废物管理工作。

纵观国内外固体废物管理的发展过程，可以看出大致经历了三个阶段：

① 未加控制的土地处理阶段；

② 卫生填埋与简单的资源回收并存阶段；

③ 固体废物的综合管理阶段。

固体废物的综合管理模式如图 7-1 所示。

这一模式是许多发达国家在多年实践的基础上逐步形成的。其主要目标是通过促进资源回收、节约原材料和减少废物处理量，从而降低固体废物对环境的影响，即达到减量化、资源化和无害化“三化”的目的。综合管理将成为今后固体废物处理和处置的方向。

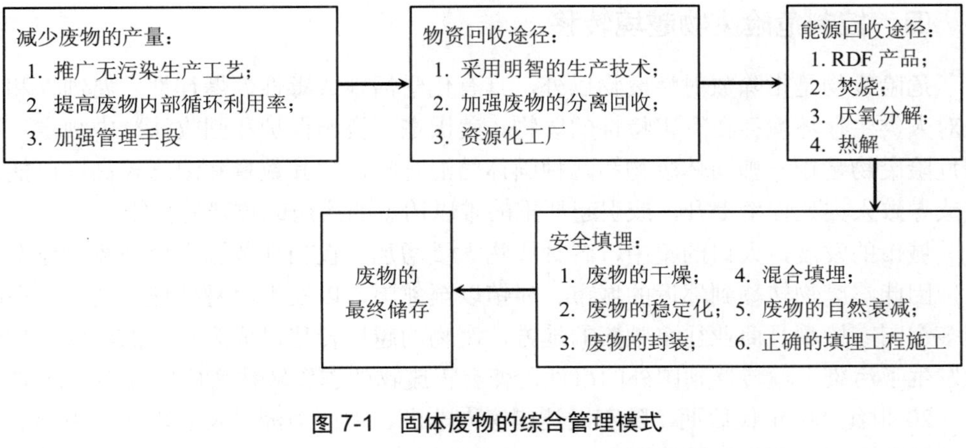

图 7-1　固体废物的综合管理模式

2. 固体废物管理的内容

由于固体废物本身往往是污染的“源头”，故需对其产生—收集—运输—综合利用—处理—储存—处置实行全过程管理，即在每一环节都将其当作污染源进行严格的控制。划定有害废物与非有害废物的种类和范围，建立健全固体废物管理法规是固体废物管理的关键所在。下面按固体废物管理程序简略说明管理内容。

（1）产生者

对于固体废物产生者，要求其按照有关规定，将所产生的废物分类，并用符合法定标准的容器包装，做好标记，登记记录，建立废物清单，待收集运输者运出。

（2）容器

对不同的固体废物要求采用不同容器包装。为了防止暂存过程中产生污染，容器的质量、材质、形状应能满足所装废物的标准要求。

（3）储存

储存管理是指对固体废物进行处理处置前的储存过程实行严格控制。

（4）收集运输

收集管理是指对各厂家的收集实行管理。运输管理是指对收集过程中的运输和收集后运送到中间储存处或处理处置厂（场）的过程实行的污染控制。

（5）综合利用

综合利用管理包括农业、建材工业、回收资源和能源过程中对于废物污染的控制。

（6）处理处置

处理处置管理包括有控堆放、卫生填埋、安全填埋、深地层处置、深海投弃、焚烧、生化解毒和物化解毒等。

四、控制危险废物越境转移

危险废物是指除放射性废物以外，具有化学活性或毒性、爆炸性、腐蚀性和其他对人类生存环境存在有害特性的废物。美国在《资源保护和回收法》中规定，所谓危险废物是指一种固体废物和几种固体的混合物，因其数量和浓度较高，可能造成或导致人类死亡率上升，或引起严重的难以治愈的疾病或致残的废物。

城市的发展，人口的集中，各种废物大量增加。在当地范围内处理废物已有困难，因此将废物转移到邻近的城市、村镇以至邻国，以及更容易处理的地方。在欧洲多个国家接壤且商业往来频繁的地方，废物的越境转移已成为日常的活动。1982年发生了污染土壤转移到国外的事件，使有害废物的越境转移变成国际性的问题。

20 世纪 80 年代后期，随着发达国家向非洲、中南美洲以及东南亚、中国等越境转移有害废物事件的多次曝光，一时期形成发展中国家与发达国家的对立形势。1989 年 3 月 22 日在瑞士的巴塞尔 116 个国家一致通过了《控制有害废物越境转移及其处置巴塞尔公约》，决定对世界各国有害废物越境转移的各项事件进行调查，研究对策，制定相关决定、公约、建议，以合理处理和协调由污染问题引起的国际纠纷与国际关系。

从经济角度看，有害废物的越境转移其背后都有经济的原因。作为交易进行转移时，送出和接收双方都各有其相应的利益。接收地区或被投放地区的居民所遭受的损失和环境的破坏是不可逆转的，有付出巨大代价的危险。以下诸多事件说明了有害废物处置是个不可忽视的问题。

1978 年美国纽约州尼亚加拉瀑布市发生了拉伍运河事件后，根据全美国范围内所进行的调查结果发现，全美共有 2 万多个地方有可能因有害废物的不恰当处理，而对人体和环境造成危害。据美国国会技术评价局估计，净化这些地方的所需费用达 100 亿～1 000 亿美元。

在德国发现了许多对人体及环境存在危险的过去的废物投弃地和工厂旧址，同时以州为单位对可疑投弃地进行了辨别，自 1989 年被确认为对有害废物处置不当的地方，仅查明的就有 5 万多个。政府方面当时估计，至 2000 年其净化费用最少也要 180 亿马克（约合 20 亿美元）。大量需要地下水的丹麦，估计有 2 000 个地方被污染，其净化所需费用估计也要 10 亿丹麦克朗（约 1 500 万美元）。

由此可见，对废物的不正确处置给社会造成的损失之大，很可能抵消了社会从产生这些有害废物的产品中获得的利润。

有害废物问题，是所有发达国家和发展中国家共同面临的问题。一度曾被认为与工业生产毫无瓜葛的北极白熊的体内，现查明已受到 DDT、HCH、PCB、氯丹等的污染。南极企鹅也是如此之命运。

20 世纪 90 年代以来，经查明发生多起有害废物的越境转移问题。例如一家挪威企业从美国向几内亚出口 1.5 万 t 有害废物并弃置而造成树林枯死事件；还有意大利向尼日利亚以化学品名义出口并弃置 3 900 t 有害废物的案件；又如美国费城装运的 1.4 万 t 有害焚灰，在加勒比海各国、非洲、地中海沿岸等地遭拒绝入境以后，在海上徘徊了两年之久，最后被认为投进印度洋的事件等。近年来也发生多起发达国家向中国沿海地区转移有害废物的事件。

为何要进行废物越境转移交易？特别是向发展中国家转移，原因是发展中国家对接收有害物多数没有法律规定，即便是合法的进出口，也不具备处理有害废物的技术。另外，发达国家和发展中国家投弃费用和处理费用差距很大，有的甚至达到 1∶20，这对于陷入经济困境的国家是一种诱惑。接收有害废物是因为发展中国家经济困窘，并导致经济、环境恶性循环。

将这种有害废物越境转移所造成的损害消灭在未发生之前，只靠一个国家是难以做到的。必须建立起《巴塞尔公约》试图建立的国际性框架，这是当务之急。继续坚持有害废物在产生国处理的原则，即使允许出口，也应使产生国保证该有害废物在对方国不发生污染。建立一个合理体制，规定执行有害废物产生国的标准和在对方国家造成的有关损失及其赔偿。应从污染者负担的原则出发，至少要明确地将其制度化。

第四节　固体废物的处理和资源化

一、固体废物的一般处理技术

1. 物理处理技术

物理处理是通过浓缩或变化改变固体废物的结构，使之成为便于运输、储存、利用或处置的形态。物理处理方法包括压实、破碎、分选、增稠、吸附、萃取等。物理处理也往往作为回收固体废物中有价物质的重要手段。

（1）破碎

破碎的目的是把固体废物破碎成小块或粉状小颗粒，以利于分选有用或有害的物质。固体废物的破碎方式有机械破碎和物理破碎两种。机械破碎是借助于各种破碎机械对固体废物进行破碎。物理破碎有低温冷冻破碎和超声波破碎。低温冷冻破碎的原理是利用一些固体废物在低温（−60～−20℃）条件下脆化的性质而达到破碎的目的，可用于废塑料及其制品、废橡胶及其制品、废电线（塑料或橡胶被覆）等的破碎。

（2）筛分

筛分是利用筛子将粒度范围较宽的混合物料按粒度大小分成若干不同级别的过程。

（3）粉磨

粉磨在固体废物处理和利用中占有重要的地位。粉磨一般有3个目的：① 对物料进行粉碎，使其中各种成分分离，为下一步分选创造条件；② 对各种废物原料进行粉磨，并把它们混合均匀；③ 制造废物粉末，增加物料比表面积，为缩短物料化学反应时间创造条件。

（4）压缩

对固体废物压缩处理的目的，一是减少其容积，便于装卸和运输；二是制取高密度惰性块料，便于储存、填埋或作为建筑材料。

（5）分选

常用的固体废物分选方法有：① 重力分选（简称重选）；② 浮选；③ 磁力分选（简称磁选）；④ 电场分选；⑤ 拣选；⑥ 摩擦和弹道分选。

（6）土地填埋

土地填埋处置是从传统的堆放和填地处置发展起来的一项最终处置技术，不是单纯地堆、填、埋，而是一种按照工程理论和土工标准，对固体废物进行有控管理的一种综合性科学工程方法。在填埋操作处置方式上，它已从堆、填、覆盖向包容、屏蔽隔离的工程储存方向上发展。土地填埋处置，首先需要进行科学的选址，在设计规划的基础上对场地进行防护（如防渗）处理，然后按严格的操作程序进行填埋操作和封场，要制定全面的管理制度，定期对场地进行维护和监测。土地填埋处置具有工艺简单、成本较低、适于处置多种类型固体废物的优点。目前，土地填埋处置已成为固体废物最终处置的一种主要方法。土地填埋处置的主要问题是渗滤液的收集控制问题。

① 土地填埋处置的分类：土地填埋处置的种类很多，采用的名称也不尽相同。按填埋场地形特征可分为山间填埋、峡谷填埋、平地填埋、废矿坑填埋；按填埋场地水文气象条件可分为干式填埋、湿式填埋和干、湿式混合填埋；按填埋场的状态可分为厌氧性填埋、好氧性填埋、准好氧性填埋和保管型填埋；按固体废物污染防治法规，可分为一般固体废物填埋和工业固体废物填埋。在日本，工业固体废物填埋又分为遮断型、管理型和安定型 3 种。

② 填埋场的基本构造：填埋场构造与地形地貌、水文地质条件、填埋废物类别有关。按填埋废物类别和填埋场污染防治设计原理，填埋场构造有衰减型填埋场和封闭型填埋场之分。通常，用于处置城市垃圾的卫生填埋场属衰减型填埋场或半封闭型填埋场，而处置有害废物的安全填埋场属全封闭型填埋场。

- 自然衰减型填埋场　自然衰减型填埋场的基本设计思路，是允许部分渗滤液由填埋场基部渗透，利用下伏包气带土层和含水层的自净功能来降低渗滤液中污染物的浓度，使其达到能接受的水平。图 7-2 展示了一个理想的自然衰减型填埋场的地质横截面：填埋底部的包气带为黏土层，黏土层之下是含砂潜水层，而在含砂水层下为基岩。包气带土层和潜水层应较厚。
- 全封闭型填埋场　全封闭型填埋场的设计是将废物和渗滤液与环境隔绝开，将废物安全保存相当一段时间（数十年甚至上百年）。这类填埋场通常利用地层结构的低渗透性或工程密封系统来减少渗滤液产生量和通过底部的渗透泄漏渗入蓄水层的渗滤液量，将对地下水的污染减少到最低限度，并对所收集的渗滤液进行妥善处理处置，认真执行封场及善后管理，从而达到使处置的废物与环境隔绝的目的。图 7-3 为全封闭型安全填埋场剖面图。
- 半封闭型填埋场　这种类型的填埋场实际上介于自然衰减型填埋场和全封闭型填埋场之间。半封闭型填埋场的顶部密封系统一般要求不高，而底部一般设置单密封系统，并在密封衬层上设置渗滤液收集系统。大气降水仍会部分进入填埋场，而渗滤液也可能会部分泄漏进入下包气带和地下含水层，特别是只采用黏土衬层时更是如此。但是，由于大部分渗滤液可被收集排出，通过填埋场底部渗入下包气带和地下含水层的渗滤液量显著减少，下包气带的屏障作用可使污染物的衰减作用更为有效。

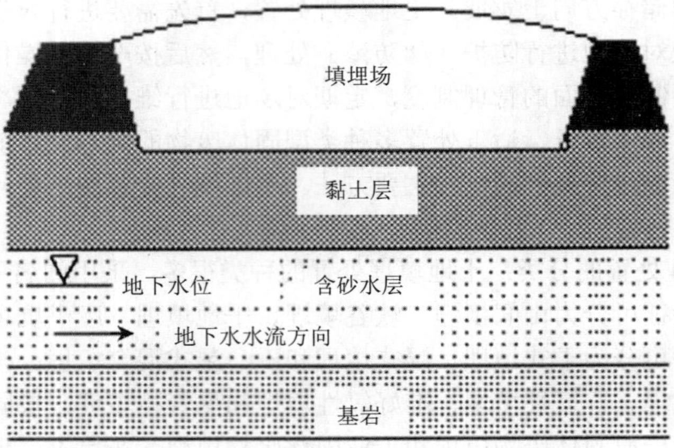

图 7-2 理想的自然衰减型填埋场土层结构

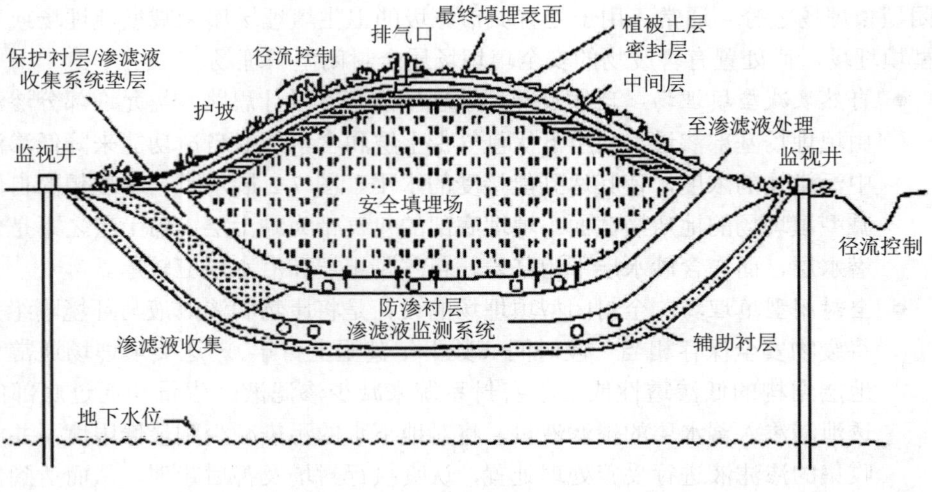

图 7-3 全封闭型安全填埋场剖面

③ 填埋场的管理：填埋场封闭后的管理工作十分必要，主要包括以下几项：

- 维护最终覆盖层的完整性和有效性，进行必要的维修，以消除沉降和凹陷以及其他因素的影响；

- 维护和监测检漏系统；
- 继续运行渗滤液收集和去除系统，直到渗滤液检不出为止；
- 维护和检测地下水监测系统；
- 维护任何测量基准。

填埋场的善后将延续到封场以后若干年。这是一个随机性的时间期限，可以根据填埋场封闭后的污染物迁移技术资料做适当的延长或减短。妥善封闭的填埋场能用于一般的使用目的，例如，用作停车场或开放场地等。

2．化学处理技术

采用化学方法使固体废物发生化学转换从而回收物质和能源，是固体废物资源化处理的有效技术。煅烧、焙烧、烧结、溶剂浸出、热分解、焚烧等都属于化学处理技术。

（1）煅烧

煅烧是在适宜的高温条件下，脱除物质中二氧化碳和结合水的过程。煅烧过程中发生脱水、分解和化合等物理化学变化。例如，碳酸钙渣经煅烧再生成石灰。

（2）焙烧

焙烧是在适宜条件下将物料加热到一定的温度（低于其熔点），使其发生物理化学变化的过程。根据焙烧过程中的主要化学反应和焙烧后的物理状态，可分为烧结焙烧、磁化焙烧、氧化焙烧、中温氯化焙烧、高温氯化焙烧等。

（3）烧结

烧结是将粉末或粒状物质加热到低于主成分熔点的某一温度，使颗粒黏结成块或球团，提高致密度和机械强度的过程。为了更好地烧结，一般需在物料中配入一定量的熔剂，例如石灰石、纯碱等。

（4）溶剂浸出法

使固体物料中的一种或几种有用金属溶解于液体溶剂中，以便从溶液中提取有用金属，这种化学过程称为溶剂浸出法。按浸出剂的不同，浸出方法可分为水浸、酸浸、碱浸、盐浸和氰化浸等。溶剂浸出法在固体废物回收利用有用元素中应用很广泛，如用盐酸浸出固体废物中的铬、铜、镍、锰等金属；从煤矸石中浸出结晶三氯化铝、二氧化钛等。

（5）热分解（或热裂解）

热分解是利用热能切断大分子量的有机物，使之转变为含碳量更少的低分子量物质的工艺过程。应用热分解处理有机固体废物是热分解技术的新领域。通过热分解可在一定温度条件下，从有机废物中直接回收燃料油、气等。适于采用热分解的有机废物有废塑料（含氯者除外）、废橡胶、废轮胎、废油及油泥、废有机污泥等。

（6）焚烧

焚烧法是一种高温热处理技术，即以一定的过剩空气量与被处理的废物在焚烧炉内进行氧化燃烧反应，废物中的有害毒物在高温下氧化、热解而被破坏。这种处理方式可使废物完全氧化成无毒害物质。焚烧技术是一种可同时实现废物无害化、减量化、资源化的处理技术。

① 可焚烧处理废物类型　焚烧法可处理城市垃圾、一般工业废物和有害废物，但当处理可燃有机物组分很少的废物时，需补加大量的燃料。一般来说，发热量小于 3 300 kJ/kg 的垃圾属低发热量垃圾，不适宜焚烧处理；发热量介于 3 300～5 000 kJ/kg 的垃圾为中发热量垃圾，适宜焚烧处理；发热量大于 5 000 kJ/kg 的垃圾属高发热量垃圾，适宜焚烧处理并回收其热能。

② 废物焚烧炉　固体废物焚烧炉种类繁多，通常根据所处理废物对环境和人体健康的危害大小，以及所要求的处理程度，将焚烧炉分为城市垃圾焚烧炉、一般工业废物焚烧炉和有害废物焚烧炉 3 种类型。但从其机械结构和燃烧方式上，固体废物焚烧炉主要有炉排型焚烧炉、炉床型焚烧炉和沸腾流化床焚烧炉 3 种类型。

③ 焚烧处理技术指标　废物在焚烧过程中会产生一系列新污染物，有可能造成二次污染。对焚烧设施排放的大气污染物控制项目大致包括 4 个方面：

- 有害气体：包括 SO_2、HCl、HF、CO 和 NO_x；
- 烟尘：沉降颗粒物、黑度、总碳量作为控制指标；
- 重金属元素单质或其化合物：如 Hg、Cd、Pb、Ni、Cr、As 等；
- 有机污染物：如二噁英，包括多氯代二苯并-对-二噁英（PCDDs）和多氯代二苯并呋喃（PCDFs）。

以美国法律为例，有害废物焚烧的法定处理效果标准为：

- 废物中所含的主要有机有害成分的去除率为 99.99%以上；
- 排气中粉尘含量不得超过 180 mg/m^3（以标准状态下，干燥排气为基准，同时排气流量必须调整至 50%过剩空气百分比条件下）；
- 氯化氢去除率达 99%或排放量低于 1.8 kg/h，以两者中数值较高者为基准；
- 多氯联苯的去除率为 99.999 9%，同时燃烧效率超过 99.9%。

3. 生物处理技术

生物处理法可分为好氧生物处理法和厌氧生物处理法。好氧生物处理法是在水中有充分溶解氧存在的情况下，利用好氧微生物的活动，将固体废物中的有机物分解为二氧化碳、水、氨和硝酸盐。厌氧生物处理法是在缺氧的情况下，利用厌氧微生物的活动，将固体废物中的有机物分解为甲烷、二氧化碳、硫化氢、氨和水。生物处理法具有效率高、运行费用低等优点，固体废物处理及资源化中常用的生物处理技术有：

（1）沼气发酵

沼气发酵是有机物质在隔绝空气和保持一定的水分、温度、酸和碱度等条件下，利用微生物分解有机物的过程。经过微生物的分解作用可产生沼气。沼气是一种混合气体，主要成分是甲烷（CH_4）和二氧化碳（CO_2），其中甲烷占 60%～70%，二氧化碳占 30%～40%，还有少量氢、一氧化碳、硫化氢、氧和氮等气体。城市有机垃圾、污水处理厂的污泥、农村的人畜粪便、作物秸秆等皆可作产生沼气的原料。为了使沼气发酵持续进行，必须提供和保持沼气发酵中各种微生物所需的条件。沼气发酵一般在隔绝氧的密闭沼气池内进行。

（2）堆肥

堆肥是将人畜粪便、垃圾、青草、农作物的秸秆等堆积起来，利用微生物的作用，将堆料中的有机物分解，产生高热，以达到杀灭寄生虫卵和病原菌的目的。堆肥分为普通堆肥和高温堆肥，前者主要是厌氧分解过程，后者则主要是好氧分解过程。堆肥的全程一般约需一个月。为了加速堆肥和确保处理效果，必须控制以下几个因素：① 堆内必须有足够的微生物；② 必须有足够的有机物，使微生物得以繁殖；③ 保持堆内适当的水分和酸、碱度；④ 适当通风，供给氧气；⑤ 用草泥封盖堆肥，以保温和防蝇。

（3）细菌冶金

细菌冶金是利用某些微生物的生物催化作用，使矿石或固体废物中的金属溶解出来，从溶液中提取所需要的金属。它与普通的“采矿—选矿—火法冶炼”比较，具有如下几个特点：① 设备简单，操作方便；② 特别适宜处理废矿、尾矿和炉渣；③ 可综合浸出，分别回收多种金属。

二、危险废物安全填埋处置

为实现危险废物无害化安全处置目标，必须规范危险废物安全填埋处置工程规划、设计、施工及验收和运行管理，以防止危险废物填埋处置对环境造成污染。为此国家在 2005 年制定了《危险废物安全填埋处置工程建设技术要求》，该要求的编制依据包括《中华人民共和国固体废物污染环境防治法》《危险废物污染防治技术政策》《国家危险废物名录》《危险废物填埋污染控制标准》等 30 个标准和文件，该要求所指危险废物为：列入《国家危险废物名录》或者根据国家规定的危险废物鉴别标准和鉴别方法认定的具有危险特性的废物。

以下仅就其对填埋场场址选择要求做简要介绍：

① 填埋场场址的选择应符合国家及地方城乡建设总体规划要求，场址应处于一个相对稳定的区域，不会因自然或人为的因素而受到破坏。填埋场作为永久性的处置设施，封场后除绿化以外不能作他用。

② 填埋场场址的选择应进行环境影响评价，并经环境保护行政主管部门批准。

③ 填埋场场址不应选在城市工农业发展规划区、农业保护区、自然保护区、风景名胜区、文物（考古）保护区、生活饮用水水源保护区、供水远景规划区、矿产资源远景储备区和其他需要特别保护的区域内。

④ 填埋场距飞机场、军事基地的距离应在 3 000 m 以上。

⑤ 填埋场场界应位于居民区 800 m 以外，应保证在当地气象条件下对附近居民区大气环境不产生影响。

⑥ 填埋场场址应位于百年一遇的洪水标高线以上，并在长远规划中的水库等人工蓄水设施淹没区和保护区之外。若确难以选到百年一遇洪水标高线以上场址，则必须在填埋场周围已有或建筑可抵挡百年一遇洪水的防洪工程。

⑦ 填埋场场址距地表水域的距离应大于 150 m。

⑧ 填埋场场址的地质条件应符合下列要求：

- 能充分满足填埋场基础层的要求；
- 现场或其附近有充足的黏土资源以满足构筑防渗层的需要；
- 位于地下水饮用水水源地主要补给区范围之外，且下游无集中供水井；
- 地下水位应在不透水层 3 m 以下。如果小于 3 m，则必须提高防渗设计要求，实施人工措施后的地下水水位必须在压实黏土层底部 1 m 以下；
- 天然地层岩性相对均匀、面积广、厚度大、渗透率低；
- 地质构造相对简单、稳定，没有活动性断层。非活动性断层应进行工程安全性分析论证，并提出确保工程安全性的处理措施。

⑨ 填埋场场址选择应避开下列区域：破坏性地震及活动构造区；海啸及涌浪影响区；湿地和低洼汇水处；地应力高度集中，地面抬升或沉降速率快的地区；石灰岩溶洞发育带；废弃矿区或塌陷区；崩塌、岩堆、滑坡区；山洪、泥石流地区；活动沙丘区；尚未稳定的冲积扇及冲沟地区；高压缩性淤泥、泥炭及软土区以及其他可能危及填埋场安全的区域。

⑩ 填埋场场址必须有足够大的可使用容积以保证填埋场建成后具有 10 年或更长的使用期。

⑪ 填埋场场址应选在交通方便、运输距离较短，建造和运行费用低，能保证填埋场正常运行的地区。

三、固体废物的资源化

1. 固体废物的资源化途径

固体废物资源化包括以下 3 种途径：

① 物质回收　如从废弃物中回收纸张、玻璃、金属等物质。

② 物质转换　即利用废弃物制取新形态的物质。例如，利用废玻璃和废橡胶生产铺路材料，利用炉渣生产水泥和其他建筑材料，利用有机垃圾堆肥等。

③ 能量转换　即从废物处理过程中回收能量，包括热能或电能。例如，通过有机废物的焚烧处理回收热量，进一步发电；利用垃圾厌氧消化产生沼气，作为能源向居民和企业供热或发电。

2．资源化技术在固体废物处理中的应用

（1）城市垃圾

图 7-4 是城市垃圾资源化总体示意图，它包括收集运输系统、资源化系统和最终处置系统三大部分。城市垃圾资源化系统可分为两个过程，前一个过程是不改变物质的化学性质，直接利用和回收资源，通过破碎、分选等物理的和机械的作业，回收原形废物直接利用或从原形废料中分选出有用的单体物质。后一个过程则是通过化学的、生物的、生物化学的方法回收物质和能量。只有根据城市垃圾数量、组成成分和废物的物理化学特性，正确地选择各种处理单元操作技术，才能组成经济而有效的资源化系统。

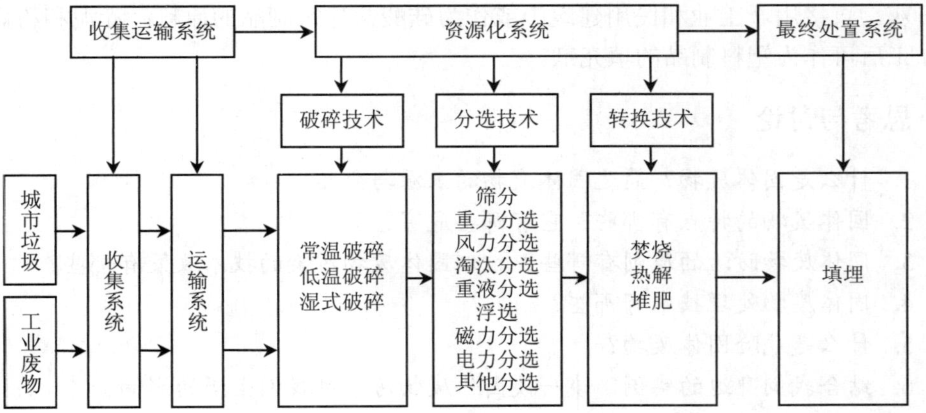

图 7-4　城市垃圾资源化系统

（2）工业固体废物资源化

工业固体废物资源化的途径很多，归纳起来有以下五个方面：

① 提取各种金属：把最有价值的各种金属提取出来，是固体废物资源化的重要途径。在重金属冶炼渣中，往往可提取金、银、钴、锑、硒、钯、铂等，有的含量甚至可达到或超过工业矿床的品位，从这些矿渣回收的稀有贵重金属的价值甚至超过主金属的价值。在综合利用这些固体废物时，应首先提取这些稀有贵重金属和其他有价值金属，然后再进行一般利用。

② 生产建筑材料：利用工业固体废物生产建筑材料，一般不会产生二次污染问题，是消除污染、使大量工业固体废物资源化的主要方法之一。

③ 生产农肥：利用固体废物生产或代替农肥有着广阔的前景。许多工业固体废物含有较高的硅、钙以及各种微量元素，有些固体废物还含有磷，可作为农业肥料使用。例如，粉煤灰、高炉渣、钢渣和铁合金渣等可作为硅钙肥直接施用于

农田，不但可提供农作物所需要的营养元素，而且有改良土壤的作用。而钢渣中含磷较高时可作为生产钙镁磷肥的原料。但是，在使用工业固体废物作为农肥时，必须严格检验这些固体废物是否有毒，应严格禁止将有毒固体废物用于农业生产中。

④ 回收能源：很多工业固体废物热值高，可以回收利用。常用方法有焚烧法、热解法等热处理法以及甲烷发酵法和水解法等低温方法。例如，粉煤灰中含碳量达10%以上（甚至30%以上），可以回收后加以利用；煤矸石发热量为0.8～8 MJ/kg，可利用煤矸石发展火电站。

⑤ 取代某种工业原料：工业固体废物经一定加工处理可取代某种工业原料，以节省资源。例如，以煤矸石代替焦炭生产磷肥，不仅能降低磷肥的生产成本，还可提高磷肥的质量；电石渣或合金冶炼中的硅钙渣，含有大量的氧化钙成分，可以代替石灰，直接用于工业和民用建筑中或作为硅酸盐建筑制品的原料；赤泥和粉煤灰经加工后可作为塑料制品的填充剂。

思考与讨论

1. 什么是固体废物？简述固体废物的来源与分类。
2. 固体废物的特点有哪些？它有哪些危害？
3. 固体废物防治的原则有哪些？控制固体废物污染的技术政策有哪些？
4. 固体废物处理技术有哪些？
5. 什么是危险固体废物？
6. 结合我们身边的实例，谈一谈固体废物污染对我们生活的影响。

阅读与咨询

1. 电池与环境

（1）电池及其对环境的污染

电池的种类很多，主要分为原电池（一次电池）、蓄电池（二次电池）、燃料电池、太阳能电池等。目前，人们普遍使用的是一次电池与蓄电池。一般来说，电池中的有害物质主要有Zn、Hg、Cd、Ni、Pb等重金属；铅蓄电池中的H_2SO_4；各种碱性电池中的KOH和锂电池中的$LiPF_6$电解液等。

废电池污染控制的重点是废含汞电池、废镉镍电池、废铅酸蓄电池。逐渐减少以致最终在一次电池生产中不使用汞，安全、高效、低成本收集、回收或安全处置废镉镍电池、废铅酸蓄电池以及其他对环境有害的废电池。

Hg及其化合物，特别是有机汞化物，具有极强的生物毒性、较快的生物富集速率和较长的脑器官生物半衰期。Cd易在动植物体内富集，影响动植物的生长，具有很强的毒性。Pb会对人的胸、肾脏、生殖、心血管等器官和系统产生不良影响，表现为智力下降、肾损伤、不育及高血压等。Zn 和 Ni 的毒性相对较小，但当超过一定浓度范围时，其会对人体产生不良影响和危害。

废旧电池中的酸、碱电解质溶液会影响土壤里水系的 pH，使土壤和水系酸性化或碱性化。电池电解质构成污染的主要组分是其中的可溶性重金属，特别是铅蓄电池电解液中大量的硫酸铅和镍镉电池中的氢氧化镉。电池中的重金属离子在土壤或水体中溶解并被植物的根系吸收，当牲畜以植物为食料时，体内就累积了重金属。人类食入含重金属的粮食、蔬菜和肉类、水，顺着这条食物链，重金属就会在人体里富集。由于重金属离子在人体里难以排泄，最终会损害人的神经系统及肝脏功能。

有关资料显示：一节一号电池烂在地里，能使 1 m^3 的土壤永久失去利用价值；一粒纽扣电池可使 600 t 水受到污染，相当于一个人一生的饮水量。若将废旧电池混入生活垃圾一起填埋，或者随手丢弃，渗出的汞及重金属物质就会渗透于土壤中，污染地下水，进而进入鱼类、农作物中，破坏人类的生存环境。由于电池污染具有周期长、隐蔽性大等特点，其潜在危害相当严重，处理不当还会造成二次污染。

（2）关于废电池的回收

据环保专家介绍，废电池中 95%的物质均可以回收，尤其是重金属的回收价值很高。如国外再生铅业发展迅速，现有铅生产量的 55%均来自再生铅。而再生铅业中，废铅蓄电池的再生处理占据了很大比例。100 kg 废铅蓄电池可以回收 50～60 kg 铅。对于含锡废电池的再生处理，国外已有较为成熟的技术，处理 100 kg 含锡废电池可回收 20 kg 左右的金属铅。对于含汞电池则主要采用环境无害化处理手段，防止其污染环境。可以说，回收处置废电池不仅处理了污染源，而且也实现了资源的回收再利用。发达国家对废电池的回收与利用极为重视。西欧许多国家不仅在商店，而且在大街上设有废电池回收箱。德国对废电池的回收管理是要求消费者将使用完的干电池、纽扣电池等各种类型的电池送交商店或废品回收站回收，商店和废品回收站必须无条件地接收废电池，并转送处理厂家进行回收处理。同时，他们对有毒性的镍铅电池和含汞电池实行押金制度，即消费者购买每节电池中含有一定的押金，当消费者拿着废旧电池来换时，价格中可以自动扣除押金。我国目前在废电池的环境管理方面相当薄弱，虽然很多地方也设置了废电池回收箱，但由于没有较成熟的处理技术，如果把大量的废电池集中到一个地方，再剖开外壳回收有价值部分，将残渣随意抛弃，就有可能引起局部地区的汞污染。根据国家 2004 年出台的《废电池污染防治技术政策》，废电池的收集重点是镉镍电池、氢镍电池、锂离子电池、铅酸电池等废弃的可充电电池（简称废充电电池）和氧化银等废弃的扣式一次电池（简称废扣式电池）。废一次电池的回收，应由回收责任单位审慎地开展。目前，在缺乏有效回收技术经济条件下，不鼓励集中收集已达到国家低汞或无汞要求的废一次电池。

2. 生命周期分析

生命周期分析（Life Cycle Analysis，LCA）是一种用于评价产品在其整个生命周期中，即从原材料的获取、产品的生产、使用直至产品使用后的处置过程中，对环境产生影响的技术和方法。这种方法被认为是一种“从摇篮到坟墓”的方法。按国际标准化组织的定义，“生命周期分析是对一个产品系统的生命周期中的输入、输出及潜在环境影响的综合评价。”

越来越多的事实表明，环境问题不仅仅是生产末端的问题，在整个生产过程及其前后的各个环节都有产生环境问题的可能。如对汽车的生产和使用进行比较，使用过程中产生的环境污染问题比生产过程要高得多，如果我们从生产的准备过程就开始对全过程所使用的原料、生产工艺以及生产完成后的产品进行全面的分析，对可能出现的污染问题事先进行预防，环境面临的危害就会大大减轻。

生命周期分析是一种分析工具，它可帮助人们进行有关如何改变产品或如何设计替代产品方面的环境决策，即由更清洁的工艺制造更清洁的产品。例如，生命周期分析的结果表明：某种产品能耗低、寿命长、不含有毒化学物质，其包装及残余物体积小，从而占用较少的填埋场空间，这就成为我们进行产品选择的依据。此外，生命周期分析能够确定产品的哪些组成部分将造成不利的环境影响，以提醒生产者改进。

产品的生命周期分析是国外已广泛应用的一种清洁生产分析工具。生命周期分析能够帮助工业生产企业在进行生产决策时，确定使用哪些原材料和能源来减少废物排放。借助它可以阐明在产品的整个生命周期中的各个阶段对环境造成影响的性质和影响的大小，从而发现和确定预防污染的机会。企业采用生命周期分析方法可以增加其产品有利于环境的特性，从而提高市场竞争力。目前，越来越多的企业采用生命周期分析方法来帮助作出环境的和商业的决策。

最早的生命周期分析可追溯到20世纪60年代，美国可口可乐公司用这一方法对不同种类饮料容器的环境影响进行分析。20世纪70年代，由于能源的短缺，许多制造商认识到提高能源利用效率的重要性，于是开发出一些方法来评估产品生命周期的能耗问题，以提高总能源利用效率。后来这些方法进一步扩大到资源和废弃物方面。

到了20世纪80年代初，随着工业生产对环境影响的增加，以及严重环境事件的发生，一方面，促使企业要在更大的范围内更有效地考虑环境问题。另一方面，随着一些环境影响评价技术的发展，例如对温室效应和资源消耗等的环境影响定量评价方法的发展，生命周期分析方法日臻成熟。

进入20世纪90年代后，由于“美国环境毒理和化学学会”（SETAC）和欧洲“生命周期分析开发促进会”（SPOLD）的推动，该方法在全球范围内得到广泛应用。1992年，SETAC出台了生命周期分析的基本方法框架，被列入ISO 14000的生命周期分析标准草案中。1992 年，欧洲联合会开始执行“生态标签计划”，其中生命周期的概念作为产品选择的一个标准。

1997 年国际标准化组织正式出台了“ISO 14040 环境管理生命周期评价原则与框架”，以国际标准形式提出了生命周期分析方法的基本原则与框架。

美国环境毒理和化学学会提出的生命周期分析过程包括以下几个步骤:

第一步，定义评价目的和评价范围。

第二步，预测在产品的整个生命周期过程中输入和输出的详细情况，填写清单。整个生命周期过程包括原材料的获取、加工，产品的运输、销售、使用、储存、重复利用和使用后的最终处置。输入包括原材料和能源，输出包括废水、废气、废渣和其他向环境中释放的物质。这个过程被称为生命周期的清单分析。

第三步，将清单分析所获得的资料用于考察生产过程对环境的影响。这个过程被称为生命周期的影响评价。它考察生产过程中使用的原材料和能源以及向环境中排放的废物对环境和人体健康所产生的实际的和潜在的影响。清单分析并不直接评价输入输出对环境的影响，它只是为影响评价提供资料。影响评价将清单分析所获得的数据转化成对环境影响的描述。

第四步，对影响评价的结果进行更进一步的分析，评估改善环境质量的可能性，其目的在于减少全生命周期过程所造成的环境影响。这个过程被称为生命周期的改善评价。

生命周期分析在清洁生产中的应用主要有两个方面:

一个方面是生产的改善。生命周期分析被用于确定生产过程的哪些环节需要改善，从而减少对环境的不利影响。例如，一个计算机公司的产品包括阴极射线管、塑料机壳、半导体、金属板等，通过生命周期分析可以得出各种产品的环境影响。废物处置问题主要是阴极射线管，可能造成有毒有害物质排放的主要是半导体的生产过程，能量消耗最多的是在产品的使用阶段，原材料消耗最多的是半导体的生产。这样，企业就可以作出降低生产过程中的物耗、能耗以及减少废物排放的决策。

由这个例子可以看出，生命周期分析对于改善生产的作用就在于它能够帮助生产企业确定在产品的整个生命周期过程中对环境影响最大的阶段，了解在产品的整个生命周期过程中所造成的环境风险，从而使企业在废物的产生过程、能源的使用过程，以及在产品的设计过程中都考虑到对环境的影响，作出如何改善生产使之对环境影响最小的决策。

生命周期分析的另一个应用是产品的比较，如产品 1 和产品 2 的比较，老产品和新产品的比较，新产品带来的效益和没有这种产品时的比较，等等。国际上较著名的研究案例，如：塑料杯和纸杯的比较，聚苯乙烯和纸制包装盒的比较等。

虽然生命周期分析有多种用途，但它所具有的独特特点很适合分析商务问题。例如，一个产品的生命周期可以用来解释该产品的演变：从产品的导入期、成长期、成熟期直到衰退期，产品沿着各个阶段发展变化时，其销售也随之变化，并呈现图7-5所示的斜“S”形曲线。

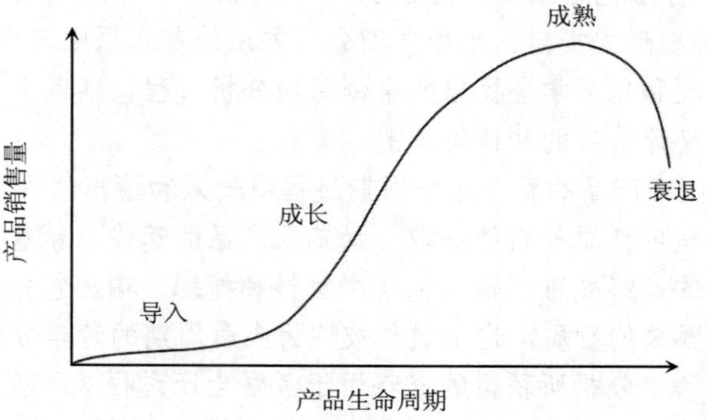

图 7-5 产品的生命周期

同样，一项服务的生命周期也可以用来描述人们对这项服务需求的变化。例如，旅行社曾负责为游客的出行制订计划，但现在网络预订渠道正与它争夺市场份额。生命周期还可以用来描述一个人一生中的消费模式，即从童年到成立家庭再到退休。

在上述的每个案例中，生命周期都可以用来制订战略。例如，如果一家公司的产品进入零增长阶段，那么该公司的品牌经理应该引进新产品。这样，新产品的销售增长会弥补现有产品的衰退。生命周期还可以表述季节性产品的销售情况（例如除雪机在冬天比在夏天卖得快），因此，生命周期还可以延长并用一系列的弧线或波浪线表示。

3. 相关网站

中国固体废物环境管理 http://ncswm.mep.gov.cn/

4. 网上咨询

固体废物环境标准

《国家危险废物名录》

《巴塞尔公约》

第八章 噪声及其他物理污染与控制

第一节 噪声污染及其控制

一、噪声及其特性

通常认为人们不需要的声音或无价值的声音就是噪声。另外，振幅和频率杂乱、断续或统计上无规则的声振动也称为噪声。但是，从环境保护的角度来看，确定一种声音是不是噪声，不只考虑声音的物理性质，还要考虑人的生理和心理状态，凡是干扰人们正常工作、学习和休息的声音统称为噪声。

噪声污染是指所产生的环境噪声超过国家规定的环境噪声排放标准，并干扰他人正常工作、学习、生活的现象。日常生活中的噪声强度虽然不会致人或动物死亡，却能危害人的健康。世界各国都很重视噪声问题，把噪声污染列为主要的环境污染公害之一。噪声不同于大气、水、土壤的污染，它属于感觉公害，有以下特点：

① 没有污染物。噪声在空气中传播，不会给周围环境留下任何有毒有害物质。

② 对环境的影响不积累、不持久，传播距离有限。

③ 噪声的声源分散，一旦噪声源停止发声，噪声也就随之消失，因此噪声公害不能集中处理。

二、噪声的强度表示和单位

现实生活中的声音强度差异非常大。例如，人通常讲话的声功率大约是 10^{-5}W，火箭噪声的声功率可高达 10^{9}W，两者相差 14 个数量级，如果用声压来表示也有 6 个数量级的变化。这样表示声波的强弱很不方便，也没有必要，因此一般采用对数标度衡量声压、声强和声功率的强弱，相应称为声压级、声强级和声功率。

声压级的定义是：

$$L_p = 20\lg\frac{p}{p_0}(\text{dB}) \tag{8-1}$$

式中：p ——该声压的有效值，Pa；

p_0 ——基准声压，Pa；在空气中 $p_0=2\times10^{-5}$Pa。

基准声压所取数值是正常人耳对 1 000 Hz 声音能够觉察到的最低声压，即 1 000 Hz 声音的可听阈。人耳的听阈范围是从可听阈的 2×10^{-5}Pa 到痛阈的 20 Pa，两者相差 10^6 数量级，用声压和声强的绝对值衡量声音强弱很不方便，因此引入“级”的概念。级在声学中的单位为分贝，符号为 dB。用声压级来表示则在 0～120 dB，一般人耳对于声音的强弱的分辨力约为 0.5 dB。可见，声压级使声音的量度大大简化。

由式（8-1）可以看出，声压值变化 10 倍，声压级变化 20 dB；声压值变化 100 倍，声压级变化 40 dB；一个声音比另一个声音的声压级增加 6 dB。表 8-1 给出了一些噪声源或噪声环境声压级。在一般情况下，空间点的声压级与该点到声源的距离有关，有明显规律。在多声源形成的噪声环境中，尤其是室内噪声环境中，空间点声压级与声源距离的规律比较复杂。

表 8-1　一些噪声源或噪声环境的声压和声压级

噪声源或噪声环境	声压/Pa	声压级/dB
导弹发射场	2 000	160
锅炉排气放空，离喷口 1 m	200	140
汽车喇叭，距离 1 m	20	120
织布机车间，织机间走道	3.17	104
大型卡车车厢内	0.63	90
大声讲话，距离 1 m	0.2	80
轻声耳语，距离 0.3 m	0.000 63	30

三、噪声来源及分类

噪声来源于物体的振动，按其产生的机理可分为三种：① 气体动力噪声；② 机械噪声；③ 电磁性噪声。物体振动即产生噪声，这振动的物体就是噪声源。而就城市环境噪声而言，则其来源大致可分为交通噪声、工厂噪声和生活噪声等。

1. 交通噪声

城市环境噪声的 70%来自交通噪声，而且汽车、火车、飞机等交通运输工具都是活动的噪声源，其影响面广。交通噪声主要来自交通运输工具的行驶、振动和喇叭声，如载重汽车、公共汽车、拖拉机等重型车辆的行进噪声为 89～92 dB。喇叭声在我国城市噪声中最为严重，电喇叭为 90～110 dB，汽车喇叭为 105～110 dB（距行驶车辆 5 m 处）。据 1977 年测定，北京、上海、天津、南京、杭州等城市，市区噪声级都在 80 dB 以上，有的街道和地区，夜间噪声级仍高达 70 dB。我国城市交通噪声普遍高于国外，20 世纪 80 年代初仅有 14 万辆汽车的北京，比拥有 200 万辆汽车的东京的交通噪声还高，成为世界有名的噪声城。

国外的航空噪声十分严重，如美国芝加哥市俄亥俄国际机场，平均每天起落飞机

1 940 架次，一年约起落 699 000 多架次，来往乘客达 3 600 万，整天飞机声嗡嗡不断，对周围居民危害严重，影响范围较大。一般大型喷气客机起飞时，距跑道两侧 1 000 m 内语言通信受干扰，4 000 m 内不能睡眠和休息，超音速飞机在 15 000 m 的高空飞行，其压力波可达 3 万～5 万 m 的地面，使很多人受到影响。

2. 工厂噪声

工厂噪声来自生产过程和市政施工中机械振动、摩擦、撞击以及气流扰动等产生的声音。此类噪声中，一般电子工业和轻工业的噪声在 90 dB 以下，纺织厂噪声为 90～106 dB，机械工业噪声为 80～120 dB，凿岩机、大型球磨机达 120 dB，风铲、风镐、大型鼓风机在 130 dB 以上。工厂噪声是造成职业性耳聋，甚至青年人脱发秃顶的主要原因，它不仅给生产工人带来危害，而且厂区附近居民也深受其害，特别是市区内的一些街道工厂，与居民只有一墙之隔，振动与噪声使居民不能忍受。

表 8-2　工业企业厂界环境噪声排放限值（GB 12348—2008）　单位：dB（A）

厂界外声环境功能区类别*	昼 间	夜 间
0	50	40
1	55	45
2	60	50
3	65	55
4	70	55

注：*见附录 4 声环境质量标准。

3. 社会生活噪声

社会生活噪声，是指人为活动所产生的除工业噪声、建筑施工噪声和交通运输噪声之外的干扰周围生活环境的声音。如在城市市区建筑物集中区域内商业经营活动中使用高音广播喇叭或者采用其他方式发出的噪声，使用空调器、冷却塔等固定设备造成的环境噪声，使用家用电器、乐器或者进行室内娱乐活动时产生的噪声，营业性文化娱乐场所产生的噪声，在已竣工交付使用的住宅楼进行室内装修活动产生的噪声，等等。这些噪声一般在 80 dB 以下，对人没有直接生理危害，但都能干扰人们谈话、工作、学习和休息，使人心烦意乱。

4. 建筑施工噪声

近年来，随着城市建设的不断发展和城市文明程度的不断提高，给城市环境也带来一个新的问题，那就是在城市区域内从事建筑施工对城市环境产生一定程度的噪声污染，给环境增加了新的压力，由此诱发的环境污染纠纷案件也在逐年上升，影响社会安定。如何在城市建设开发过程中消除或减轻建筑施工噪声对环境的污染，保证人们正常的工作秩序和生活秩序，创造一个安静、清洁、舒适的环境，这既是城市开发建设部门和单位应认真对待和努力解决的问题，又是环境管理部门面临的难题。

建筑施工噪声是指在建筑施工过程中产生的干扰周围生活环境的声音，其特点是：噪声源相对稳定，施工作业时间不稳定，所产生的噪声时间有较大的波动性，这给环境管理、监测带来了一定的特殊要求。要解决以上难题应抓好以下几方面的工作。

（1）严格执行建筑施工场噪声申报登记制度

《中华人民共和国噪声污染防治法》第 29 条规定：在城市市区范围内，建筑施工过程中使用机械设备，可能产生环境噪声污染的施工单位必须在开工 15 d 以前向工程所在地县级以上地方人民政府环境保护行政主管部门申报该工程的项目名称、施工场所和期限、可能产生的环境噪声值以及所采取的环境噪声污染防治措施的情况。通过填写噪声申报登记表，明确对建筑施工单位作出不同阶段机械设备产生的噪声声级和标准等方面的要求，对在城市市区噪声敏感建筑物区域内，事先提出禁止其夜间产生环境噪声污染的建筑施工作业的要求，对拒报或谎报噪声污染申报登记审批事宜的，将依法处罚，有关标准见表 8-2 和表 8-3。

表 8-3 建筑施工场界环境噪声排放限值（GB 12523—2011） 单位：dB（A）

昼 间	夜 间
70	55

（2）严格执行建筑施工噪声超标排污收费制度

根据建筑施工场界噪声监测数据、施工工期长短、项目所在噪声功能区类型，分阶段收取噪声超标排污费。按国家规定，建筑部门缴纳的排污费可以在生产成本费中列表。现在依法对建筑施工噪声进行环境管理，消除或减少对附近居民的干扰，受到了广大市民的欢迎，也逐步受到建筑施工单位的认识和接受。

（3）加强建筑施工现场环境监理

为确保建筑施工噪声申报登记手续和征收噪声超标排污费及减少建筑施工噪声对附近居民干扰等工作的顺利展开，环保部门必须加大建筑施工现场的执法力度，组织环境监理人员昼夜对建筑施工现场进行检查，一方面是检查建筑施工单位是否办理建筑施工场地噪声申报登记手续；另一方面在现场实地测试施工噪声是否超过国家标准；第三个方面检查建筑施工单位是否在夜间 22：00 至次日晨 6：00 进行产生环境噪声污染的建筑施工作业。通过现场检查，进一步提高建筑施工人员的环境意识，增强环保法制观念。

（4）对建筑业的从业人员开展环境教育，增强环境意识

在城市建设过程中，加强对施工队伍的环境保护宣传教育是非常必要的。一是通过学习环保法规增强环境意识。在施工队伍进入工地前，组织职工学习有关的环保法规标准，如噪声污染防治法、城市区域环境噪声标准、建筑施工场界噪声限值

等。二是向全体人员宣传施工中容易产生哪些污染，这些污染对人们的身心健康能产生哪些危害，怎样防治污染，增强全体施工人员的自我保护意识。

（5）建筑施工单位要积极采取措施，防治环境污染

建筑部门在城市区域内从事建筑施工活动必须防治对周围环境的污染和危害。一是从时间上采取防治污染措施。《环境噪声污染防治法》第 30 条规定："禁止夜间进行产生环境噪声污染的建筑施工作业。"根据这一规定，从时间上采取防治污染措施，是指将那些只靠防治措施无法或很难解决的噪声、振动、扬尘等在施工作业时间上进行规范，例如打桩、机械开挖基础等施工目前还无法避免噪声和振动，因此规定作业时间，一般在午休和晚间禁止这类施工作业。推土机、装载机、搅拌机作业和振捣作业也要控制作业时间，以减轻对周围环境的影响。二是从空间上采取防治污染措施。建筑施工作业中各工种都有一定的作业范围和活动场地，特别是在城市区域内作业的建筑施工，其场地一般都比较狭窄，而且四周都有居民和单位，所以，在作业场地的安排上要科学，布局选址上要合理。首先是产生噪声的工种尽量远离居民区进行作业；其次是产生噪声的设备尽量远离居民区进行安装，必要时可设置屏障，减少噪声；最后是产生噪声的设备可异地安装作业的，应选择环境容量大的地点去施工作业。三是从工艺上采取防治污染措施。改革施工工艺可以从根本上减少对环境的污染，同时还可以降低劳动强度，加快施工进度。例如可采用预制的地板砖、地板块、窗台板、楼梯踏步等。

总之，加强建筑施工噪声的环境管理，既要求环保部门严格执法，又要求建筑施工单位把环保工作纳入工作日程，通过建章建制用制度约束和规范施工人员的环境行为，将"文明施工"之风吹到每一个建筑施工工地。

四、噪声的危害

噪声对人体主要产生两类不良的影响，一是对听觉器官的伤害，二是对神经系统、心血管系统和内分泌系统的损害。短促的、强烈的噪声，会使人感到刺耳，脱离噪声源后不久，就能恢复。但长期在噪声环境里工作，就会产生听觉疲劳、听觉敏锐性下降，听觉器官发生永久性病变——噪声性耳聋。噪声污染危害性很大，主要为以下几方面危害。

① 强的噪声可以引起耳部的不适，如耳鸣、耳痛、听力损伤。据测定，超过 115 dB 的噪声还会造成耳聋。据临床医学统计，若在 80 dB 以上噪声环境中生活，造成耳聋者可达 50%。医学专家研究认为，家庭噪声是造成儿童聋哑的病因之一。

② 使工作效率降低。研究发现，噪声超过 85 dB，会使人感到心烦意乱，人们会感觉到吵闹，因而无法专心地工作，结果会导致工作效率降低。在噪声环境中工作往往使人烦躁、注意力不集中、差错率明显上升。

③ 损害心血管。噪声是心血管疾病的危险因子，会加速心脏衰老，增加心肌梗

死发病率。医学专家经人体和动物实验证明，长期接触噪声可使体内肾上腺分泌增加，从而使血压上升，在平均 70 dB 的噪声中长期生活的人，可使其心肌梗死发病率增加 30%左右，特别是夜间噪声会使发病率更高。调查发现，生活在高速公路旁的居民，心肌梗死率增加了 30%左右。调查 1 101 名纺织女工，高血压发病率为 7.2%，其中接触强度达 100 dB 的噪声者，高血压发病率达 15.2%。

④ 噪声还可以引起如神经系统功能紊乱、精神障碍、内分泌紊乱甚至事故率升高。高噪声的工作环境，可使人出现头晕、头痛、失眠、多梦、全身乏力、记忆力减退以及恐惧、易怒、自卑甚至精神错乱。在日本，曾有过因为受不了火车噪声的刺激而精神错乱，最后自杀的例子。

⑤ 干扰休息和睡眠。休息和睡眠是人们消除疲劳、恢复体力和维持健康的必要条件，但噪声使人不得安宁，难以休息和入睡。噪声通过人的听觉器官长期作用于中枢神经，可使大脑皮层的兴奋和抑制平衡失调，当人辗转不能入睡时，便会心态紧张，呼吸急促，脉搏跳动加剧，大脑兴奋不止，第二天就会感到疲倦，或四肢无力，从而影响到工作和学习，久而久之，就会得神经衰弱症，表现为失眠、耳鸣、疲劳。

⑥ 对女性生理机能的损害。女性受噪声的威胁，还可以有月经不调、流产及早产等，如导致女性性机能紊乱、月经失调，流产率增加等。专家曾在哈尔滨、北京和长春等 7 个地区经过为期 3 年的系统调查，结果发现噪声不仅能使女性患噪声性耳聋，且对女性的月经和生育均有不良影响。另外，可导致孕妇流产、早产，甚至可致畸胎。国外曾对某个地区的孕妇普遍发生流产和早产做了调查，结果发现她们居住在一个飞机场的周围，祸首正是那飞起降落的飞机所产生的巨大噪声。

⑦ 噪声对儿童身心健康危害更大。因儿童发育尚未成熟，各组织器官十分娇嫩和脆弱，不论是体内的胎儿还是刚出世的孩子，噪声均可损伤听觉器官，使听力减退或丧失。据统计，当今世界上有 7 000 多万耳聋者，其中相当部分是由噪声所致。专家研究已经证明，家庭室内噪声是造成儿童聋哑的主要原因，若在 85 dB 以上噪声中生活，耳聋者可达 5%。

⑧ 噪声对视力的损害。人们只知道噪声影响听力，其实噪声还影响视力。试验表明：当噪声强度达到 90 dB 时，人的视觉细胞敏感性下降，识别弱光反应时间延长；噪声达到 95 dB 时，有 40%的人瞳孔放大，视觉模糊；而噪声达到 115 dB 时，多数人的眼球对光亮度的适应都有不同程度的减弱。所以，长时间处于噪声环境中的人很容易发生眼疲劳、眼痛、眼花和视物流泪等眼损伤现象。同时，噪声还会使色觉、视野发生异常，调查发现噪声对红、蓝、白三色视野缩小 80%，所以驾驶员应避免立体场音响的噪声干扰，不然易造成行车事故。

⑨ 对建筑物和仪器设备的危害。当大型喷气机以超声速低空掠过时，由空气冲击波引起的强烈噪声会使地面建筑物受到很大损害。据报道，这类受损事件，大部

分玻璃振碎，屋顶掀起，烟囱倒塌，室内物品掉下。

⑩ 噪声对动物的影响。噪声能对动物的听觉器官、内脏器官和中枢神经系统造成病理性变化和损伤。根据测定，120～130 dB 的噪声能引起动物听觉器官的病理性变化，130～150 dB 的噪声能引起动物听觉器官的损伤和其他器官的病理性变化，150 dB 以上的噪声能造成动物内脏器官发生损伤，甚至死亡。强噪声对人体的影响不能直接进行实验观察，因此用动物实验来获取资料以推断噪声对人的影响，这对于保护人体健康有重要意义。

五、噪声的控制

任何一个污染问题大致都由污染源、中间环境迁移扩散、接受者 3 个部分组成。噪声的污染问题，实际上是由声源、声的传播途径和接受者 3 个部分组成。为了有效地防治噪声的环境污染，应该根据具体条件，也就是要考虑到社会效益、经济效益，对上述 3 个部分采取有效措施。

（1）控制声源

控制好噪声声源是解决噪声污染的根本途径。要从声源上根治噪声是比较困难的，而且受到各种条件和环境的限制，但是，对噪声声源进行一些技术改造是切实可行的。例如，改造机械设备的结构，改进操作方法，提高零部件的加工精度、装配质量等。

（2）控制噪声的传播途径和技术措施

控制声源后，仍达不到环境要求造成噪声污染时，就要采取措施控制噪声的传播途径。

① 在总体设计时，就要考虑噪声声源的合理布局问题。

② 首先，利用地形和声源的指向性降低噪声。如果噪声声源与需要安静的区域之间有山坡、深沟等地形地物时，可以利用它们的障碍作用减少噪声的干扰。同时，声源本身具有指向性，利用声源的指向性，使噪声指向空旷无人区或者对安静要求不高的区域，而医院、学校、居民住宅区等需要安静的地区应避开声源的方向，减少噪声的干扰。其次，改变噪声的传播方向或途径。再次，如果上述措施仍达不到消除污染的目的，还可以在噪声传播途径中直接采取声学措施，包括吸声、消声、隔声、隔振、减振、阻尼等一些常用的噪声控制技术和植物防治措施。

③ 利用绿化降低噪声。采用植树、绿化草坪等手段也可减少噪声的干扰程度。试验表明：绿色植物减弱噪声的效果与林带宽度、高度、位置、配置方式及树木种类有密切关系。

（3）个人防护

在某些情况下，噪声特别强烈，在采用上述措施后，噪声级仍不能降低到允许标准以下，或者在工作过程中，工作人员有需要进入强噪声的环境，这就需要采用个人防护的措施，以保证工作人员的健康。

常用的防声用具有耳塞、防声棉、耳罩、头盔等，它们主要是利用隔声原理来阻挡噪声传入耳膜。

耳塞是插入外耳道的护耳器，按其制作方法和使用材料可分为预模式耳塞、泡沫塑料耳塞和人耳模耳塞三类。预模式耳塞用软塑料或软橡胶作为材质，用模具制造，具有一定的几何形状；泡沫塑料耳塞由特殊泡沫塑料制成，使用前用手捏细，放入耳道中可自行膨胀，将耳道充满；人耳模耳塞把在常温下能固化的硅橡胶之类的物质注入耳道，凝固后成型。良好的耳塞应具有隔声性能好、使用舒适、无毒、不影响通话、经济耐用等特点，又以隔声性和舒适性最为重要。

防声棉是用直径 1～3 μm 的超细玻璃棉经过化学方法软化处理后制成的，使用时撕下一小块用手卷成锥状，塞入耳内即可。防声棉的隔声比普通棉花效果好，且隔声值随着噪声频率的增加而提高，它对隔绝高频噪声效果更为有效。在强烈的高频噪声车间使用这种防声棉，对语言联系不但无妨碍，而且语言清晰度有所提高。

耳罩就是将耳郭封闭起来的护耳装置，类似于音响设备中的耳机，好的耳罩可以隔声 30 dB。还有一种音乐耳罩，这种耳罩既隔绝了外部强烈噪声对人的刺激，又能听到美妙的音乐。

防声头盔将整个头部罩起，与摩托车的头盔相似，优点是隔声量大，不但能隔绝噪声，而且也可以减弱骨传导对内耳的损伤。其缺点是体积大，不方便，尤其在夏天或者高温车间会感到闷热。

第二节　放射性污染及其防治

一、放射源

世界上一切物质都是由一种叫“原子”的微小东西构成的，原子的中心有一个“原子核”。原子核有的稳定，有的不稳定。不稳定的原子核会发出各种“射线”，这种现象就是人们常说的“放射性”。

大家熟知的射线有α射线、β射线、γ射线和中子射线等。这些射线性质不同，穿透能力也各有不同。它们看不见，摸不着，必须使用专门的仪器才能探测得到。

人们开始发现和认识放射性是大约 100 年以前的事情，但放射性自古以来就存在于我们的生活环境中。放射性可以说无处不在，无处不有，我们吃的食物、住的房屋、天空大地、山川草木乃至人体本身都有放射性。

人类在不断改造世界，争取美好的明天。人类根据各种需要（医疗、工业、农业等）研究和制造出一些带有放射性的物质，这种物质叫作人工放射性物质。另一方面，有的放射性物质在地球诞生时就存在，如土壤中的铀、钍、镭、钾等，它们叫作天然放射性物质。

人们受到的放射性照射大约有82%来自天然环境，大约有17%来自医疗诊断，其他来源大约只有1%。因此，人们对放射性无端的恐惧是没有必要的，特别是那些采取了安全保护措施正常使用的放射源，对人体是基本没有危害的。

放射源分为密封源和非密封源。密封源是密封在包壳或紧密覆盖层里的放射性物质，该包壳或覆盖层具有足够的强度，在正常的使用条件和正常磨损下，不会有放射性物质散失出来。如在料位计、探伤机中使用的放射源都是密封源。非密封源是指没有包壳的放射性物质，如在医院中病人使用的放射性示踪剂为非密封源。目前使用的放射源的种类有近百种，但对于密封源，主要有钴-60、铯-137、铱-192和镭-226等；对于非密封源，主要用于医疗行业，如碘-131、碘-125等。

据专家估计，全国放射源总数应在8万枚以上，全国现有用源的单位8 300多家。放射源品种很多，用途也多种多样。农业、工业、医学、航天和环境保护等各行各业都广泛应用放射源。几十年来，为我国国民经济的发展和保障人民的健康作出了重要贡献。

在农业方面，放射源放出的射线可以用于培育水稻、小麦、油菜、棉花等，增加产量，改良品质。还可用于防止害虫、食品保鲜等。

在工业方面，利用放射源可以进行资源勘探、矿石成分分析、配料控制和工业成像等。

放射源还可用于治疗癌症，为人造卫星提供电能，治理城市污水和烟囱排放废气等。

二、放射性污染的分类

国际原子能机构根据放射源对人体可能的伤害程度，将放射源分为5类。

1. 1类源

1类源对人极度危险。如果不被安全管理或可靠保护，将很可能对处理这类源或接触这类源超过几分钟的人员造成永久性损伤。

如果由于火灾或爆炸而散开的这一类放射性材料，有可能但不大可能对直接接近的人员造成永久性损伤或生命威胁。对几百米以外的人仅具有极小的或没有导致立即健康效应的风险，但污染区域需要按照国家标准去污。去污区域的范围取决于许多因素（包括源的类型和大小，是否散开或怎样散开，以及气象条件）。对大源去污区域可能达到 1 km^2 或更大。1类源几乎不可能将公共补给水源污染到危险水平，即使放射性材料高度可溶。

2. 2类源

2 类源对人非常危险。如果不被安全管理或可靠保护，可能对处理这类源或在短时间（几分钟至几小时）内接触这类源的人员造成永久性损伤。

由于火灾或爆炸而散开的这一数量的放射性材料，有可能但非常不大可能对直接接近的人员造成永久性损伤或生命威胁。对 100 m 以外或更远的人仅具有极小的或没有导致立即健康效应的风险，但污染区域需要按照国家标准去污。去污区域的范围取决于许多因素（包括源的类型和大小，是否散开或怎样散开，以及气象条件），但不可能超过 1 km^2。2 类源根本不可能将公共补给水源污染到危险水平，即使放射性材料高度可溶。

3. 3类源

3 类源即个人危险。如果不被安全管理或可靠保护，可能对处理这类源或接触这类源达数小时的人员造成永久性损伤。

由于火灾或爆炸而散开的这一数量的放射性材料，有可能但极度不大可能对直接接近的人员造成永久性损伤或生命威胁。对几米外的人仅具有极小的或没有导致立即健康效应的风险，但污染区域需要按照国家标准去污。去污区域的范围取决于许多因素（包括源的类型和大小，是否散开或怎样散开，以及气象条件），但可能不超过 1 km^2 的一小部分。3 类源根本不可能将公共补给水源污染到危险水平，即使放射性材料高度可溶。

4. 4类源

4 类源不大可能有危险。这类源非常不大可能对任何人造成永久性损伤。然而，如果不被安全管理或可靠保护，可能对处理这一数量的无屏蔽放射性材料或接触它或接近它长达数周的人员造成临时性损伤。

由于火灾或爆炸而散开的这一数量的放射性材料，不可能对人员造成永久性损伤。

5. 5类源

5 类源没有危险。这类源不会对任何人造成永久性损伤。

由于火灾或爆炸而散开的这一数量的放射性材料，不可能对人员造成永久性损伤。

三、放射性污染的防治

放射源一般都装在特殊设计的包装容器内，以防止对人体造成伤害和保证运输的安全。放射源种类不同，包装容器也不同。包装容器大都为圆柱形，一般用铸铁、钢、铅、塑料、石蜡等材料组成。如果把放射源看作猛虎，那么包装容器就是关虎的铁笼。因此，随意损坏包装容器，后果是可怕的。

放射源不加控制是危险的，在放射性工作场所和放射源的包装容器上都会有警示标志。

与一般的有毒有害化学物质不一样，放射源放出的射线是无色、无味、无形的，因此看不见、嗅不到、摸不着。要识别放射源，除了根据标签以外，一定要依靠专门的探测器才能做到。还要特别注意，不同射线的穿透力相差很大，在放射源的容器外面一般也很难检测到它们。为了保证安全，必须由有经验的专业人员采用合适的仪器来识别。

防止放射源发出的射线对人体的伤害，主要有以下三种防护手段和措施：① 距离防护：距离放射源越远，接触的射线就越少，受到的伤害也越小。使用放射源时，利用各种简单的工具（如镊子、几米长的长柄钳子等）进行操作，就能达到距离防护的目的。② 屏蔽防护：选取适当的屏蔽材料（如混凝土、铁或铅制等）做成屏蔽体可遮挡放射源发出的射线。③ 时间防护：限制在存放放射源的区域内的停留时间，可减少人们接触射线的机会。在实际工作中通常将上述三种防护办法组合应用。

如果使用放射源时疏忽大意，没把放射源完好地保存在源罐内（常用的是铅罐），或者把放射源丢失了，则这样就失去了控制，就会对密切接触放射源的人造成伤害。

在我国被盗的放射源多数属于 4 类放射源或 5 类放射源，基本不会对公众造成永久性损伤，但对长时间、近距离接触这些放射源的公众可能造成可恢复的临时性损伤。放射源一旦失控，就可能会对人体造成伤害。在情况较轻时，不会有明显的症状，只是有可能增加癌症的概率。在情况严重时，有的人会恶心、呕吐、食欲减退、头昏乏力，症状较重的人会一时失去工作能力，症状严重的人会死亡。

生态环境部和省级生态环境局依法对放射源的生产、进口、销售、使用、运输、储存和处置等的安全实行统一监督管理。从事上述活动的单位，必须向环保部门办理申请审批手续，取得放射源安全许可证。

放射源应置于专用源容器内，并在带有明显放射性标志和中文警示说明的专用放射源库内储存。

放射源实行专人管理，建立账目，定期检查，做到账物相符，发现丢失立即报告。

从事涉及放射源的全部活动，必须遵守《中华人民共和国放射性污染防治法》《放射性同位素与射线装置放射防护条例》等国家的法规标准。

第三节 电磁辐射污染及防治

一、电磁辐射污染

电磁辐射污染是指天然的、人为的各种电磁波的干扰及有害的电磁辐射。由于广播、电视、微波技术的发展，射频设备功率成倍增加，地面上的电磁辐射大幅度增加，目前已达到直接威胁人体健康的程度。

《中华人民共和国环境电波卫生标准》以电磁波辐射强度及其频段特性对人体可能引起潜在性不良影响的阈下值为界，将环境电磁波容许辐射强度标准分为二级：一级标准为安全区，指在该环境电磁波强度下长期居住、工作、生活的一切人群（包括婴儿、孕妇和老弱病残者），均不会受到任何有害影响的区域。新建、改建或扩建电台、电视台和雷达站等发射天线，在其居民覆盖区内，必须符合“一级标准”的要求。二级标准为中间区，指在该环境电磁波强度下长期居住、工作和生活的一切人群（包括婴儿、孕妇和老弱病残者）可能引起潜在性不良反应的区域。在此区内可建造工厂和机关，但不许建造居民住宅、学校、医院和疗养院等，已建造的必须采取适当的防护措施。超过二级标准地区，对人体可带来有害影响，在此区内可作绿化或种植农作物，但禁止建造居民住宅及人群经常活动的一切公共设施，如机关、工厂、商店和影剧院等。专家提醒为免高层楼受害，电视塔须足够高。

二、电磁污染源

影响人类生活的电磁污染源可以分为天然污染源和人为污染源。

① 天然污染源：天然的电磁污染是由大气中的某些自然现象引起的。最常见的是大气中由于电荷的积累而产生的雷电现象；也可以是来自太阳和宇宙的电磁场源。天然的电磁污染源可以分为大气与空气污染源、太阳电磁场源和宇宙电磁场源三类。这种电磁污染除对人体、财产等产生直接的破坏外，还会在广大范围内产生严重的电磁干扰，尤其是对短波通信的干扰最为严重。

② 人为污染源：人为污染源指由人工制造的系统、电器和电子设备产生的电磁辐射，可以破坏环境。人为污染源包括某些类型的放电、工频场源与射频场源。工频场源主要指大功率输电线路产生的电磁污染。射频场源主要指无线电、电视和各种射频设备在工作过程中所产生的电磁辐射和电磁感应，这些都是造成射频辐射污染的因素。这种辐射源频率的范围非常宽，影响的区域非常大，对近场工作人员的危害也很大，因此已经成为电磁污染环境的主要因素。人为电磁污染源可分为放电所致污染源（电晕放电、辉光放电、弧光放电、火花放电）、工频交变电磁场源、射

频辐射场源和建筑物反射堆这四大类。

我们日常生活中碰到的广播、电视效果突然变差，几乎都是电磁干扰造成的。此外，电磁污染还对人体健康造成伤害。

三、电磁污染的传播途径

从污染源到受体，电磁污染主要通过空间辐射和线路传导这两个途径来进行传播的。

1. 空间辐射

空间辐射是指通过空间直接辐射。各种电气装置和电子设备在工作中，不断地向其周围空间辐射电磁能量，每个装置或设备本身都相当于一个多向的发射天线。这些发射出来的电磁能，在距场源不同距离的范围内，是以不同的方式进行和作用于受体的。

2. 线路传导

线路传导是指借助电磁耦合由线路传导。当射频设备与其他设备共用同一电源时，或者它们之间有电气连接关系，那么电磁能就可以通过导线传播。此外，信号的输出、输入电路和控制电路等，也能在强电磁场中拾取信号，并且将所拾取的信号进行再传播。通过空间辐射和线路传导都可以使电磁波能量传播到受体，从而造成电磁辐射污染。

四、电磁辐射污染的防护

1. 电磁辐射污染的危害

到目前为止，关于电磁辐射对人体危害的研究时间较长，国内外多数学者带有共识性的观点认为，电磁辐射对人体具有潜在危险。近年来，国内外对电磁辐射危害的相关报道不胜枚举，具体危害主要有以下 6 个方面：

① 儿童患白血病的原因之一。医学研究证明，长期处于高电磁辐射的环境中，会使血液、淋巴液和细胞原生质发生改变。意大利专家研究后认为，该国每年有 400 多名儿童患白血病，其主要原因是距离高压电线太近，因而受到了严重的电磁污染。

② 能够诱发癌症并加速人体的癌细胞增殖。电磁辐射污染会影响人体的循环系统、免疫、生殖和代谢功能，严重的还会诱发癌症，并会加速人体的癌细胞增殖。瑞士的研究资料指出，周围有高压线经过的住户居民，患乳腺癌的概率比常人高 7.4 倍。

③ 影响人们的生殖系统，主要表现为男子精子质量降低，孕妇发生自然流产和胎儿畸形等。某省对 16 名女性电脑操作员的追踪调查发现，接触电磁辐射污染的操作员月经紊乱的概率明显高于别组。有关研究报告指出，孕妇每周使用 20 小时以上

计算机，其流产率增加 80%，同时畸形儿出生率也有所上升。

④ 可以导致儿童智力残缺。据最新调查数据显示，我国每年出生的 2 000 万儿童中，有 35 万为缺陷儿，有专家认为电磁辐射也是影响因素之一。世界卫生组织认为，计算机、移动电话的电磁辐射对胎儿有不良影响。

⑤ 影响人们的心血管系统，表现为心悸、失眠，部分女性经期紊乱、心动过缓、心搏血量减少、窦性心律不齐、白细胞减少、免疫功能下降等。如果装有心脏起搏器的病人处于高电磁辐射的环境中，会影响心脏起搏器的正常使用。

⑥ 对人们的视觉系统有不良影响。由于眼睛属于人体对电磁辐射的敏感器官，过高的电磁辐射污染还会对视觉系统造成影响。主要表现为视力下降，引起白内障等。另外，高剂量的电磁辐射还会影响及破坏人体原有的生物电流和生物磁场，使人体内原有的电磁场发生异常。值得注意的是，不同的人或同一个人在不同年龄阶段对电磁辐射的承受能力是不一样的，老人、儿童、孕妇属于对电磁辐射敏感的人群。

摸不见，看不着，但避无可避，应该如何看待、预防这种电磁辐射污染呢？有关专家指出，对电磁辐射要保持适度警惕，既不能过度恐慌，也不能漠然以对。据介绍，我国出台的《电磁辐射防护规定》给出的最敏感段标准是公众为 40 $\mu W/cm^2$，比西方和国际上的标准要严格 4 倍。专家呼吁，城市规划部门要严格把关，审批和控制电视塔周围建筑高度。要控制高层建筑的顶部进入电磁波的弱辐射区域，以免造成污染。

2．电磁辐射污染的防护

① 安设电磁屏蔽装置。在电磁场传递的途径中，安装屏蔽装置，使有害的电磁强度降低到容许范围内。这种装置为金属材料的封闭壳体，当交变电磁场传向金属壳体时，幅度衰减。电磁屏蔽可分为有源场屏蔽和无源场屏蔽两类。

（2）其他综合性的防治对策。例如工厂布局合理，使电磁污染源远离居民稠密区；改进电气设备；在近场区采用电磁辐射吸收性材料或装置；实行遥控和遥测，提高自动化程度等。

第四节　热污染与光污染

一、热污染

1．热污染及其形成

所谓热污染，是指现代工业生产和生活中排放的废热所造成的环境污染。热污染可以污染大气和水体。火力发电厂、核电站和钢铁厂的冷却系统排出的热水，以及石油、化工、造纸等工厂排出的生产性废水中均含有大量废热。这些废热排入地面水体之后，能使水温升高。在工业发达的美国，每天所排放的冷却用水达 4.5 亿 m^3，接近全国用水量的 1/3；废热水含热量约 10 500 亿 kJ，足够 2.5 亿 m^3 的水温升高 10℃。

人类的电力等工业生产活动中产生的废热水会污染江、河、湖，造成水体局部水温升高。虽然水体热污染所波及的范围不一定很大，对气候几乎没什么影响，但可使水生生物的生长发育受到影响，也会使氰化物、重金属离子等毒性增强。因此《水污染防治法》规定：向水体排放热废水，应当采取措施，保证水体的水温符合《地表水环境质量标准》，防止热污染危害。

城市热岛的存在，使城区冬季缩短，霜雪减少，有时甚至发生郊外降雪而城内降雨的情况（如上海 1996 年 1 月 17—18 日）。城市热岛也使城区冬季中取暖能耗减少。但城市热岛在夏季中、低纬度城市造成的高温，不仅使人的工作效率降低，而且造成中暑和死亡人数的增加。例如，美国圣路易斯市 1966 年 7 月 9—14 日，最高气温 38.1～41.1℃，比热浪前后高出 5.0～7.5℃，此时城区死亡人数由原来正常情况的 35 人/d 陡增到 152 人/d。1980 年 7 月热浪再袭圣路易斯市和堪萨斯市，两市商业区死亡率分别增高 57%和 64%，而附近郊区只增加约 10%。有人研究了美国洛杉矶市，指出几十年来城乡温差增加了 2.8℃，全市因空调降温多耗 10 亿 W 电能，每小时约合 15 万美元。据此推算出美国夏季因热岛效应每小时多耗空调电费数达百万美元之巨。此外，夏季高温还会加重城市供水紧张局面，火灾多发，以及加剧光化学烟雾灾害等等。所以城市热岛本身也是一种污染，称为热污染。

2．热污染的危害

热污染首当其冲的受害者是水生物，由于水温升高使水中溶解氧减少，水体处于缺氧状态，同时又使水生生物代谢率增高而需要更多的氧，造成一些水生生物在热效力作用下发育受阻或死亡，从而影响环境和生态平衡。此外，河水水温上升给一些致病微生物造成一个人工温床，使它们得以滋生、泛滥，引起疾病流行，危害人体健康。1965 年澳大利亚曾流行过一种脑膜炎，后经科学家证实，其祸根是一种变形虫，由于发电厂排出的热水使河水温度增高，这种变形虫在温水中大量滋生，造成水源污染而引起了这次脑膜炎的流行。

随着人口和耗能量的增长，城市排入大气的热量日益增多。按照热力学定律，人类使用的全部能量终将转化为热，传入大气，逸向太空。这样，使地面反射太阳热能的反射率增高，吸收太阳辐射热减少，沿地面空气的热减少，上升气流减弱，阻碍云雨形成，造成局部地区干旱，影响农作物生长。近一个世纪以来，地球大气中的二氧化碳不断增加，气候变暖，冰川积雪融化，使海水水位上升，一些原本十分炎热的城市变得更热。专家们预测，如按现在的能源消耗速度计算，每 10 年全球温度会升高 0.1～0.26℃，一个世纪后即为 1.0～2.6℃，而两极温度将上升 3～

7℃，对全球气候会有重大影响。大气中的含热量增加，还可影响到地球气候变化。气候变化将引起海水热膨胀和极地冰川融化，海平面上升，加快生物物种灭绝。

热污染还对人体健康产生了许多危害。它全面降低了人体机理的正常免疫功能，包括致病病毒或细菌对抗生素越来越强的耐热性以及生态系统的变化降低了肌体对疾病的抵抗力，从而加剧了各种新、老传染病并发大流行。温度上升为蚊子、苍蝇、蟑螂、跳蚤和其他传染病昆虫以及病原体微生物等提供了最佳的滋生繁衍条件和传播机制，形成一种新的“互感连锁效应”，导致疟疾、登革热、血吸虫病、恙虫病、流行性脑膜炎等病毒病原体疾病的扩大流行和反复流行。特别是以蚊子为媒介的传染病，目前已呈急剧增长趋势。

造成热污染最根本的原因是能源未能被最有效、最合理地利用。随着现代工业的发展和人口的不断增长，环境热污染将日趋严重。然而，人们尚未有一个量值来规定其污染程度，这表明人们并未对热污染有足够重视。为此，科学家呼吁应尽快制定环境热污染的控制标准，采取行之有效的措施防治热污染。

3. 热污染的防治

水体热污染的防治对策，不外乎转嫁和利用两条途径。转嫁是将温水中的热量转移到大气、水体或土壤等受纳区域，避免造成水体热污染，这是消极的办法。利用则是开发温排水中的能量，使其为人类作出贡献，这是积极的办法。将温排水热量向大气转嫁，一般采用冷却塔、喷水、冷却池和漂浮泵等方式。现有大容量电厂最普遍的是建造冷却塔。

将温排水热量向水体转嫁，必须要求水体具有足够的热能受纳容量和热容量自然动态平衡恢复能力。但是，现有形成热污染的电厂，一般都是由于排放的温排水热量远远超过了水体的热能受纳容量和水体热容量自然动态平衡恢复能力而造成的，因此，温排水一般要求有限制地向水体转嫁。

将温排水热量向土壤转嫁，可以作为一种蓄热手段，即将温排水热量暂时存储在土壤中，待气温下降时再散发入大气，或将热量取出利用。如水体已受严重污染，则温排水热量向土壤转嫁会造成地下水污染和土壤污染，因而必须在严格的控制条件下才能采用。

水体热污染的形成，往往是在气候炎热、干旱的季节为甚。这时热品位低、排放水量大的电厂温排水余热利用受到技术、经济的限制，难度很大，目前尚难作为防治水体热污染的有效手段。但是，电厂温排水的余热利用仍然受到国内外的重视。在国外，有将低品位的温排水热能，利用热泵转化为高品位热能利用的技术，如电厂温排水余热发电技术等。现在对于低品位热能的回收利用，已开始向大容量机组方向发展。另外，发展温水养殖，也可利用一部分温排水余热。

二、光污染的分类及危害

1．光污染的分类

国际上一般将光污染分成3类，即白亮污染、人工白昼和彩光污染。

① 白亮污染：阳光照射强烈时，城市里建筑物的玻璃幕墙、釉面砖墙、磨光大理石和各种涂料等装饰反射光线，明晃白亮、炫眼夺目。专家研究发现，长时间在白色光亮污染环境下工作和生活的人，视网膜和虹膜都会受到程度不同的损害，视力急剧下降，白内障的发病率高达45%，还使人头昏心烦，甚至发生失眠、食欲下降、情绪低落、身体乏力等类似神经衰弱的症状。

夏天，玻璃幕墙强烈的反射光进入附近居民楼房内，增加了室内温度，影响正常的生活。有些玻璃幕墙是半圆形的，反射光汇聚还容易引起火灾。烈日下驾车行驶的司机会出其不意地遭到玻璃幕墙反射光的突然袭击，眼睛受到强烈刺激，很容易诱发车祸。

② 人工白昼：夜幕降临后，商场、酒店上的广告灯、霓虹灯闪烁夺目，令人眼花缭乱。有些强光束甚至直冲云霄，使得夜晚如同白天一样，即所谓的人工白昼。

③ 彩光污染：舞厅、夜总会安装的黑光灯、旋转灯、荧光灯以及闪烁的彩色光源构成了彩光污染。据测定，黑光灯所产生的紫外线强度大大亮于太阳光中的紫外线，且对人体的有害影响持续时间长。人如果长期接受这种照射，可诱发流鼻血、脱牙、白内障，甚至导致白血病和其他癌变。彩色光源让人眼花缭乱，不仅对眼睛不利，而且干扰大脑中枢神经，使人感到头晕目眩，出现恶心呕吐、失眠等症状。科学家最新研究表明，彩光污染不仅有损人的生理功能，还会影响心理健康。

视环境中的光污染与其他污染一样都会危害人类的健康，所不同的是，光污染主要通过视觉危害人类。由于人们的忽略，以及技术手段和管理手段的落后、防护措施的缺乏，使其大有泛滥之势。视环境中的光污染大致可分为三种：一是室外视环境污染，如建筑物外墙，典型的是玻璃幕墙；二是室内视环境污染，如室内装修、室内不良的光色环境等，较典型的有歌舞厅等；三是局部视环境污染，如书本纸张，以及电脑等工业产品。

2．光污染危害人类健康

医学研究发现，人们长期生活或工作在逾量或不协调的光辐射下，会出现头晕目眩、失眠、心悸和情绪低落等神经衰弱症状。而作为夜生活主要场所的歌舞厅中的光污染危害更是让人触目惊心，使长期在歌舞厅活动和工作的人正常细胞衰亡，出现血压升高、体温起伏、心急燥热等各种不良症状。

人体在光污染中首当其冲的是眼睛。瞬间的强光照射会使人们出现短暂的失明现象，普通的光污染也会造成人眼的角膜和虹膜的伤害，抑制视网膜感光细胞功能的发挥，从而引起视疲劳和视力下降。

光污染除影响人体健康外，还会影响我们周围的环境。过度的城市夜景照明将危害正常的天文观测。专家估计，如果城市上空夜间的亮度每年以30%的速度递增，会使天文台丧失正常的观测能力，这已成为困扰世界天文观测的一个难题。建于1675年的英国格林尼治天文台近年来就为此所困扰。而在德国柏林，1987年曾发生一场大火，警方在建筑物内部始终未找到起火原因，最后终于发现对面高层玻璃幕墙产生的聚光才是真正的“元凶”。

而光污染另外一个危害最大、离我们最近，却往往被人们忽视的种类，就是书本的白纸。近距离读写使用的书本纸张越来越白，越来越光滑，在这个“强光弱色”的局部视觉环境中，人眼受的光刺激很强，但是眼的视觉功能却受到很大的抑制，视觉功能不能充分发挥，眼睛特别容易疲劳，这是造成近视的主要原因。

3. 光污染的防护

光污染虽未被列入环境防治范畴，但它的危害显而易见，并在日益加重和蔓延。因此，人们在生活中应注意防止各种光污染对健康的危害，避免过长时间接触污染。

防治光污染从颜色做起。现代光污染研究始于美国，20世纪90年代初，美国科学家做了一个著名的色块刺激实验，发现不同颜色（光频率）对眼疲劳的影响有着明显的差异，并指出绿色由于频率较高、刺激较深，所以并不是最有益于人眼的颜色。

现在，欧洲和美国等一些国家，部分图书采用了黄底色纸张印刷，确实比白色要舒服一些。但是由于传统习惯及实际效果（会降低字体的辨识率）的影响，并没有使其得到普及。

在欧洲，特别是德国，室内装修墙壁粉刷时，人们逐渐喜欢用一些浅色，主要是米黄、浅蓝等，代替刺眼的白色。

美国科学家还通过实验发现，在浅红色的墙壁面前，人的情绪相对比较镇定。所以在美国一些医院，特别是精神病医院，墙壁都涂成了浅红色。

2000年年初，英国艾塞克斯大学的薄膜覆盖法获得成功：采用一些特定颜色（频率）的薄膜覆盖在书本上，阅读时会使眼睛放松，不容易串行，还能明显提高阅读效率。

关于光污染，各国关注程度不同，法律约束差别也非常大。不少国家已经有了针对光污染的一些法律条文。例如，欧美一些国家早在20世纪80年代末就开始限制在建筑物外部装修使用玻璃幕墙。但目前在中国，大部分城市玻璃幕墙却正作为一种时髦装饰被大量使用，城市的光污染源也大量增加。另外，不少发达国家或地区已明令限制使用釉面砖和马赛克装饰外墙，如新加坡立法规定建筑外墙面积的90%必须使用环保材料。

防治光污染主要有下列几个方面：① 加强城市规划和管理，改善工厂照明条件等，以减少光污染的来源。② 对有红外线和紫外线污染的场所采取必要的安全防护措施。③ 采用个人防护措施，主要是戴防护眼镜和防护面罩。光污染的防护镜有反射型防护镜、吸收型防护镜、反射—吸收型防护镜、爆炸型防护镜、光化学反应型防护镜、光电型防护镜、变色微晶玻璃型防护镜等类型。

思考与讨论

1. 什么是噪声污染？简述噪声的来源、分类及其危害。
2. 放射性污染的来源有哪些？
3. 什么是电磁辐射污染？电磁污染源有哪些？
4. 什么是热污染？热污染的危害有哪些？
5. 什么是光污染？光污染的分类及危害有哪些？
6. 噪声控制的基本途径有哪些？

阅读与咨询

1. 微波污染与人体健康

微波与无线电波一样，同属于电磁波，但微波的波长很短，频率很高。微波在广播、电视、电话和卫星地面间的通信、工业上的烤烘、军事上的雷达监测以及家用微波炉的制造等方面有着广泛应用。微波在给当代高科技社会带来福音的同时，也悄悄地影响着人类健康。据研究，能对人体健康造成潜在威胁的主要是电流频率超过 10 万 Hz 的微波辐射。这种微波辐射干扰机体组织内分子原有的电场，使组织分子的势能改变，且产生生物学反应，进而使机体内环境失去平衡，引发各种疾病，主要表现在以下几个方面:

① 使癌症发病率增高。典型的事件发生于 1976 年美国驻莫斯科大使馆。苏联为监听美驻苏使馆的通信情况，向使馆发射微波，由于使馆工作人员长期处在微波环境中，结果造成馆内被检查的 313 人中，其中有 15 个妇女得了腮腺癌。

② 伤害眼睛。一定强度的微波照射眼睛几分钟，可以使晶状体出现水肿，严重的则成白内障。强度更高的微波，会使视力完全消失。

③ 影响生殖功能和遗传。一定强度的微波，可使睾丸受到伤害，造成不育或女孩出生率明显增加。父母一方曾经长期受到微波辐射的，其子女中畸形儿童如先天愚型、畸形足等的发病率异常高。

④ 损害中枢神经系统。头部长期受微波照射后，轻则引起失眠多梦、头痛头昏、疲劳无力、记忆力减退、易怒、抑郁等神经衰弱症，重则造成脑损伤。

⑤ 引起心血管疾病。高强度微波连续照射全身，可使体温升高，产生高温的生理反应，如心率加快、血压升高、呼吸率加快、喘息、出汗等，严重的还会出现抽搐和呼吸障碍，直至死亡。

微波对生物体造成的伤害作用和生理影响主要是所谓“加热”作用的结果，其产生的热效应，对含水分较多的组织器官危害较大。微波照射到生物体上，一部分被反射回去，一部分被吸收，能被生物体吸收的那部分微波的能量，可转化为分子的动能，即温度的升高，这就是“加热”作用。由于微波的穿透力大，不仅可使皮肤表面加热，而且还可以使深部组织加热；更由于深部组织散热困难，所以升温速度比表皮肤快，以致当人体还未感到皮肤疼痛时，深部组织已被烧伤；或由于热量充分，而有利于癌组织的生长。

2. 手机与电磁辐射

（1）关于手机辐射

近年来，有关手机辐射对人体健康影响的研究一直是科学界和业内的争议焦点，不同地域、领域的研究人员相继提出结论模糊或是相悖的观点。使用手机还安全吗？

手机辐射是否危害人体健康的争论，最早始于1993年的美国。尽管由于问题的复杂性，科学界、业界对此一直没有令人信服的结论，但避免手机辐射、追求使用安全的概念却已经深入人心。

MMF移动通信制造商论坛在2005年做过6次以上全面的专家评审，而所有这些有关评审活动和其他方面都没有证据表明：手机的使用或者是其他方面会对人们的身体造成健康方面明显的风险或者影响。“这些研究得出的一致结论是，目前没有证据表明，在限值内的电磁场暴露对健康有影响。”经过对所有有关文献的评审之后，国际非电离辐射防护委员会（ICNIRP）发现，现在唯一能够找到的跟手机辐射有关的影响是来自于热效应，而这种热效应只有在远远超出国际的限值时才会产生。按照国际标准进行测量，目前标准规定的辐射限值，一般是可能引起危险的辐射剂量的几十分之一。所以，符合标准的手机都是安全的。

但是，另一种观点认为：任何无线电发射装置都是有电磁辐射的，从这个角度讲，手机没有绿色神话。

英国全国辐射防护委员会最近曾就“手机与健康”发表报告称：“虽然目前还没有确凿证据表明使用手机会对公众健康造成威胁，但由于其存在的不确定性，在进一步结果出来之前，公众应谨慎使用手机。”

由于缺乏定论，对手机辐射及安全使用，国内消费者的态度也是多样的。宁可信其有，不可信其无，是很多业内人士对消费者的忠告。不过作为普通消费者，还是尽量少用手机，多使用固定电话。

据专家介绍，手机天线为主要辐射源，通过创新技术改变天线的设计可以减少手机辐射，如将直形天线设计成环形等。专家认为，手机天线与人大脑的距离决定了人体受辐射的强度，因此，将天线远离身体敏感部位是减少手机辐射的关键。

（2）电磁辐射危害人体的机理

电磁辐射危害人体的机理主要是热效应、非热效应和累积效应等。

热效应：人体 70%以上是水，水分子受到电磁波辐射后相互摩擦，引起机体升温，从而影响到体内器官的正常工作。

非热效应：人体的器官和组织都存在微弱的电磁场，它们是稳定和有序的，一旦受到外界电磁场的干扰，处于平衡状态的微弱电磁场即将遭到破坏，人体也会遭受损伤。

累积效应：热效应和非热效应作用于人体后，对人体的伤害尚未来得及自我修复之前（通常所说的人体承受力——内抗力），再次受到电磁波辐射的话，其伤害程度就会发生累积，久之会成为永久性病态，危及生命。对于长期接触电磁波辐射的群体，即使功率很小，频率很低，也可能会诱发想不到的病变，应引起警惕。

多种频率电磁波特别是高频波和较强的电磁场作用人体的直接后果是在不知不觉中导致人的精力和体力减退，容易产生白内障、白血病、脑肿瘤，心血管疾病、大脑功能障碍以及妇女流产和不孕等，甚至导致人类免疫机能的低下，从而引起癌症等病变。

权威统计数字表明：经常在显示器前工作的人群中，上述疾病的发病率明显高于普通人群。电磁辐射是主要原因之一。

3．相关网站

中国噪声网 http://www.noisecn.com/

辐射防护网 http://www.fushefh.com/

中国辐射探测网 http://www.raydetect.com/

生态环境部核与辐射安全中心 http://www.chinansc.cn/

4．网上咨询

《声环境质量标准》

《核辐射与电磁辐射环境保护标准》

第九章 环境管理

第一节 环境保护法

一、环境保护法的基本概念

1. 环境保护法的定义

所谓法是体现统治阶级的意志，由国家制定或认可，在国家强制力保证下，必须执行的行为规则的总称。

关于环境保护法的定义，曾有许多学者作出过阐述，概括起来有下面几种：

“环境保护法是国家制定或认可的、由国家强制力保证执行的、调整因保护和改善环境而产生的社会关系的各种规律规范的总和。”

“环境保护法是调整因保护、改善生活环境和生态环境，防治环境污染和其他公害而产生的各种社会关系的规律规范的总称。”

“环境保护法是国家调整人类与环境系统矛盾关系行为规范的总和。”

根据我国环境保护法规定的内容及环境保护法制工作实践，环境保护法的定义是指调整因开发、利用、保障人体健康，保护和改善人类环境、防治污染和其他公害而产生的社会关系的法律规范的总称。这一定义包含以下几个方面的内容：

① 环境保护法的目的是要在人类与环境之间建立起一种协调和谐的关系，达到保护人体健康、创造和保持人类与自然得以在一种建设性的和谐中生存的各种条件，以实现经济社会的可持续发展，这一点是环境保护法与其他法的根本区别所在。

② 环境保护法实现上述目的，主要是通过保护和改善环境，防治污染和其他公害等途径进行的。保护和改善环境与防治污染和其他公害是环境保护法的两项最基本的任务。

③ 从形式上来看，由于环境保护工作的特殊性，环境保护法是由一系列有关的法律、法规共同组成的，是若干法律规范的总称，而不是仅指一两部环境保护法典。

2. 环境保护法的特点

要真正了解和把握什么是环境保护法，就必须弄清楚环境保护法的特点，只有这样，才能把环境保护法与其他法律部门严格区别开来。环境保护法除了具有法律的一般特征外，与其他法律部门相比较，它自身具有以下特点。

（1）综合性和广泛性

由于环境包括围绕在人群周围的一切自然要素和社会要素，所以保护环境涉及整个自然环境和社会环境，涉及多种学科和全社会的各个领域以及社会生活的各个方面，是由多种环境要素组成的统一体。环境保护法以环境科学和法学理论为基础，以保护和改善环境为宗旨，因此，它具有较强的综合性和广泛性。

（2）科学技术性

环境保护法直接而具体地反映着生态学基本规律和社会经济规律的要求，它的一系列基本原则、管理制度和法律规范都是从环境科学的研究成果和技术规范中提炼出来的。环境科学又是一门新兴的综合学科，有许多问题还处于开拓发展时期，环境保护法直接反映环境规律和经济规律，其制定和实施均具有较强的科学技术性。

（3）区域特殊性

环境问题是人类共同面临的，在产生原因、解决途径等方面存在着一定的共同性。因此环保法的一些基本规范，可以在不同国家、不同地区互相借鉴，同时适用。但由于不同地区的环境条件各有差异，国与国之间、同一国家内的不同地区之间的环境问题又有特殊性，因此环境保护法也就具有区域特殊性的特点。

（4）复杂性

环境保护法同刑法等法不同，它所约束的对象通常不单是公民个人，而包含社会团体、企事业单位，以及政府机关。环境保护法的实施又涉及经济条件和技术水平，所以执行起来要比其他法律更为困难和复杂。

（5）社会性和公益性

与一般法律相比，环境保护法的阶级性色彩较为淡薄，它的社会性和公益性则非常突出。可以说，在某些方面、某种意义上和一定程度上，环境保护法已经超越了阶级性，甚至超越了民族性，环境保护成为国际社会进行广泛合作的重要内容之一。目前，臭氧层破坏、全球气候变暖、物种多样性的减少等全球性的环境问题已经危及整个人类的生存和发展，保护环境资源已成为各阶级、全人类的共同要求。

（6）前瞻性

环境保护法是一个“向前看”的法律部门。着手治理已经产生的环境问题固然重要，但是预防新的环境问题的发生是更为重要的方面。环境保护法中的预防原则和环境影响评价制度等即是这一特点的集中体现。

3. 环境保护法的目的、任务和作用

《中华人民共和国环境保护法》第一条规定：“为保护和改善人类生活环境和生态环境，防治污染和其他公害，保护人体健康，促进社会主义现代化建设的发展，制定本法。”该条款明确规定了环境保护法的任务和目的。

（1）目的

一切环境保护工作的出发点和归宿在于提高环境质量。而提高环境质量的目的，归根结底在于保障人体健康，促进经济发展。所以，环境保护法明确规定了保护环境的目的，就是“保障人体健康，促进社会主义现代化建设事业的发展”。

（2）任务

环境保护法具有下面两项主要任务：

① 保护和改善生活环境与生态环境，合理地利用自然资源。生活环境，是指人类在开发利用和改造自然中所创造出来的生存环境，诸如院落、村庄、城市等，同人的生活息息相关。生态环境则是指整个自然环境，包含自然资源在内的整个生态系统，这是人类赖以生存和发展的基本条件和物质源泉。人口增长的失控和经济的飞速发展，给自然环境造成了巨大压力，如何保护和改善生活环境、生态环境，合理开发利用自然资源，是关系到人类生存与发展的重大问题。所以，保护和改善生活环境、生态环境是环境保护的基本任务。

② 防治环境污染和其他公害。引起环境破坏的一个重要原因是人类活动对环境造成了污染以致引起其他方面的公害。环境污染已严重影响了人体健康，也是制约经济发展的一个重要因素。所以，环境保护法明确规定要防治污染和其他公害，这也是它的一项重要任务。

防治污染和其他公害同保护生活环境与生态环境是紧密联系的。为了保护生活和生态环境，必须防治污染和其他公害。从本质上讲，环境污染在很大程度上是由于资源浪费造成的，所以，应在生产、经济活动中通过各种方法和途径将自然资源的直接利用率提高到最大限度，把各种污染物的排放量降低到最低限度，防止对自然资源进行掠夺性开发，合理开发、利用环境与资源。

（3）作用

① 环境保护法是在环境与发展之间建立和谐关系的协调器。人类与自然之间、环境与发展之间需要建立一种和谐协调的关系，而要建立这种关系，就必须有环境保护法进行调整，规范人类开发、利用自然的各种行为，并把这种行为控制在一定限度或范围之内，合理开发、利用自然资源。

② 环境保护法是保障人体健康、促进社会主义现代化建设的法律武器。环境保护法严禁各种污染和破坏环境的行为，从而起到防治污染、保护和改善环境的作用，使人们能有一个良好舒适的生活和工作环境，这样就能防止因环境污染和破坏对人体造成的各种危害，保障人体健康。

③ 环境保护法是明确各种环境保护职责和权利义务的有效手段。环境保护法规定了各种环境职责和权利义务，使国家机关、企事业单位、各级环境保护机构和公民个人明确了各自在环境保护中的职责和权利义务。

④ 环境保护法是维护国家环境权益，开展环境保护国际交流和合作的重要工具。环境保护法在维护国家环境权益方面的作用突出表现在两个方面：一是维护国家环境主权；二是防止环境污染转嫁。在维护国家环境主权方面，我国的《环境保护法》第 3 条规定："本法适用于中华人民共和国领域和中华人民共和国管辖的其他海域。"《中华人民共和国海洋环境保护法》第 2 条第 3 款规定："在中华人民共和国管辖海域以外，造成中华人民共和国管辖海域污染的，也适用本法。"这些规定，对维护我国的环境主权，发挥着重要作用。

二、环境保护法体系

1. 环境保护法体系的概念

环境保护法同其他部门法一样，不是各种环境保护法律规范简单地相加，而是保护和改善环境、防治污染和其他公害而产生的各种法律规范，以及因此按照一定的内在联系结合在一起的有机整体。在系统内部，法律规范之间互相联系、互相制约、互相补充。

我国的环境保护法经过 20 多年的建设与实践，现已形成了一套完整的法律体系。

2. 环境保护法体系在法的体系中的地位

（1）环境保护法是一个独立的部门法，自成体系

环境保护法虽然是一个年轻的部门法，但它确是一个独立的部门法。在法的体系中，环境保护法与行政法、民法、刑法、经济法等部门法一样，具有相对独立性，是我国法律体系中的一个重要组成部分。

（2）环境保护与其他部门法既相互联系，又相互独立

环境保护法是一门综合性很强的部门法，与其他部门法之间存在着紧密的联系。环境保护法的法律规范是由性质不同的法律规范共同组成的，它们包括行政法律规范、民事法律规范、刑事法律规范等；在其他部门法中，也存在环境保护法律规范；环境保护法的实施，需要其他部门法配套、协助。

3. 中国环境保护法体系的构成

（1）宪法中有关环境保护的规范

《中华人民共和国宪法》第 9 条第 2 款规定："国家保障自然资源的合理利用，保护珍贵的动物和植物。禁止任何组织或者个人用任何手段侵占或者破坏自然资源。"第 10 条第 5 款规定："一切使用土地的组织和个人必须合理地利用土地。"第 22 条第 2 款规定："国家保护名胜古迹、珍贵文物和其他重要历史文化遗产。"第 26 条规定："国家保护和改善生活环境和生态环境，防治污染和其他公害。国家组织和鼓励植树造林，保护林木。"宪法明确了"环境保护是中国的一项基本国策"。宪法中的这些规定是环境立法的依据和指导原则。

（2）环境保护基本法

环境保护基本法由国家的最高权力机关制定，在我国由全国人大及其常委会制定，是《中华人民共和国环境保护法》。它规定了国家在环境保护方面的总方针、政策、原则、制度，规定了环境保护的对象，确定了环境管理的机构、组织、权利、职责，以及违法者应承担的法律责任，在环境保护法体系中起着重要作用，是国家环境保护的基本大法，是制定其他环境保护单行法规的依据。

（3）环境保护单行法律

环境保护单行法律是以宪法和环境保护法为基础，针对特定的污染防治对象和特定的资源保护对象而制定的单项法律。它分为两大类：一类为生态环境保护立法，主要包括《森林法》《草原法》《渔业法》《矿产资源法》《土地管理法》《水法》《野生动物保护法》和《水土保持法》等；另一类为污染防治法，主要包括水污染防治法、大气污染防治法和以防治海洋污染为主的海洋环境保护法、噪声污染防治法、固体废物防治法等法律。

（4）环境保护行政法规

环境保护行政法规一般是由国家最高行政机关制定的有关环境保护的法规。环境保护行政法规分为两部分，一部分是为防治污染和其他公害执行环境保护法律而制定的实施细则或条例，如《水污染防治法实施细则》《〈大气污染防治法〉实施细则》《征收排污费暂行办法》《国务院关于加强乡镇、街道企业环境管理的规定》等；另一部分是对环境保护工作中出现的新领域或未制定相应法律的某些重要领域为保护和改善环境所制定的规范性文件，如《森林病虫害防治条例》《草原防火条例》《水产资源繁殖保护条例》《风景名胜区管理暂行条例》等。

（5）地方性环境保护法规

地方性环境保护法规是由各地区根据本地经济技术发展水平和自然环境状况，为解决本地区的环境问题，因地制宜进行制定的综合性或单行环境保护法规，是对国家环境保护法律、法规的补充和完善，是以解决本地区某一特定的环境问题为目标的，具有较强的针对性和可操作性。地方性环境保护法根据其调整的范围和内容可以分为两类：一是综合性的地方性法规，如《江苏省环境保护条例》《海南省环境保护条例》等；二是专门性的地方性法规，如《北京市实施〈中华人民共和国大气污染防治法〉办法》《内蒙古自治区草原管理条例》《江苏太湖水污染防治条例》《南京市环境噪声管理条例》等。

（6）环境保护规章

环境保护规章是由环境保护行政主管部门或有关部门发布的环境保护规范性文件，它们有的由环境保护行政管理部门单独发布，有的由几个有关部门联合发布，是以有关的环境法律和行政法规为依据而制定的。如国家环保局发布的《排放污染物申报登记管理规定》《放射性管理办法》，国家环保局、海关总署联合发布的《关于严格控制境外有害废物转移到中国的通知》等。

（7）环境保护标准

环境保护标准是环境保护法体系的一个重要组成部分，是环境保护法中的技术性规范，没有环境保护标准，环境保护法就不能实施。环境保护标准由环境质量标准、污染物排放标准、基础标准、方法标准和样品标准等共同组成。我国已颁布了大量的环境质量标准和污染物排放标准及基础标准、方法标准和样品标准，如《工业企业设计卫生标准》《工业“三废”排放试行标准》《生活饮用水卫生标准》《渔业水质标准》《环境空气质量标准》《城市区域环境噪声标准》《污水综合排放标准》《农药安全使用标准》《烟度卡标准》，等等。

（8）环境保护国际条约和协定

在环境保护领域的国际合作中，为维护国家的环境权益，同时也承担应尽的国际义务，需要签订一些国际条约或双边、多边协定。一旦加入或签订某个国际条约或协定，该条约或协定就成为加入或签订国的环境保护法体系的组成部分。中国先后已缔结和参加了许多环境保护方面的国际条约，如《保护臭氧层维也纳公约》《控制危险废物越境转移及其处置巴塞尔公约》《生物多样性公约》《关于消耗臭氧层物质的蒙特利尔议定书》《关于环境保护的南极条约议定书》《保护候鸟及其栖息环境的协定》等二十九项国际环境保护条约和协定。

三、环境保护法的基本原则

环境保护法的基本原则是环境保护方针、政策和国家环境管理所必须遵守的法律规范，是对环境运行规律的科学总结，是正确处理人与自然关系的价值尺度，是环境保护法内在精神的概括和本质的集中体现。

1. 经济建设与环境保护协调发展原则

这一原则是指我们在发展经济的同时，也要保护好环境，使经济建设和环境保护统一协调起来，达到经济和环境和谐有序地向前发展。

经济发展和保护环境是对立统一的关系。在过去，人们只看到了经济发展和环境保护的相互对立方面，即发展经济必然要污染环境，而改善环境又必然影响经济的发展。事实上，发展经济和保护环境还存在着相互统一的方面，环境和自然资源是经济发展的空间条件和物质基础，经济发展在很大程度上是受环境和自然资源条件制约的，如果环境受到污染，资源遭到破坏，也就意味着经济发展基础的破坏，由此会影响和阻碍经济向前发展。同时，经济发展了，又为保护和改善环境创造了经济和技术条件。由此可以看到，经济建设和保护环境之间的协调发展，既是发展经济的需要，又是保护和改善环境的需要，协调发展原则是正确处理经济、社会发展与环境发展关系的一项总原则。

2. 预防为主、防治结合、综合治理原则

预防为主、防治结合、综合治理原则，是指在环境保护工作中，要把工作重点放在预防环境污染和破坏上，对已发生的环境问题要做好治理，治理时要综合采取各种手段。

“预防为主”是指在环境污染和破坏发生之前，采取政治、法律、经济和行政等各种预防性手段和措施，防止环境问题的产生和恶化，或者把环境污染和破坏控制在能够维持生态平衡、保护人体健康、保证社会物质财富持续稳定地增长的限度之内。环境问题的产生和发展具有缓发性和潜在性，再加上科学技术发展的局限性，人类对损坏环境的活动造成的长远影响和最终后果，很难及时发现和认识。但环境问题一旦出现往往为时已晚，这种情况就要求人类活动必须审慎地注意长远的、全局的影响，立足于预防，防患于未然。

“防治结合”是指立足于预防的同时，对已发生的环境问题要认真治理。预防工作做得好，对已形成的污染能够起到控制和治理的作用，而对已有污染的积极治理，又能够起到防止新的污染出现的作用，把防和治有机地结合起来，在强调预防为主的同时，绝不能忽视治理。

“综合治理”是指从环境整体效益出发，把防和治进行有机结合的最好方法，正确处理好防与治、单项治理与区域治理等方面的关系，综合运用各种方法手段来保护环境、改善环境和治理污染。

3. 污染者付费、开发者保护、利用者补偿的原则

“污染者付费”又称破坏环境者付费原则或污染者负担原则，即是指开发利用环境资源或者排放污染物对环境造成不利影响和危害者，应当支付由其活动所形成的环境损害费用或者治理由其造成的环境污染与破坏。

“开发者保护”是指一切开发利用自然资源的单位和个人，开发利用自然资源必须承担保护自然资源和自然环境的义务，又称“谁开发谁保护”原则或“开发者养护”原则。实行“开发者保护”原则，目的是更好地保护自然环境和合理开发利用自然资源，防止生态系统的失调和破坏，为经济的可持续发展创造有利的条件。

“利用者补偿”原则是指自然资源利用者应对被利用的资源给予经济补偿，这是自然资源有价性的体现。在1990年，国务院《关于进一步加强环境保护工作的决定》中提出了“谁利用谁补偿”原则，在1996年的《关于进一步加强环境保护工作的决定》中又进一步重申“利用者补偿”原则。在1992年《中国环境与发展十大对策》中明确要求：“按照资源有偿使用的原则，要逐步开征资源利用补偿费，并开展对环境税的研究；研究并试行把自然资源和环境纳入国民经济核算体系，使市场价格准确反映经济活动所造成的环境代价。”在我国的《土地管理法》《水法》《矿产资源法》《森林法》等自然资源保护法中，都体现了“利用者补偿”的原则，资源利用者都必须依法缴纳土地补偿费、水资源费、矿产资源税和资源补偿费、森林植被恢复费等，这些费用专门用于资源保护和恢复。

4．公众参与原则

公众参与原则是指在环境保护中，任何公民都有根据一定法律程序参与环境保护的权利，同时也负有保护环境的义务。我国社会主义制度决定了广大人民是国家的主人，应享有参与国家管理的权利。环境保护事关每个公民的基本权利和切身利益，每个公民理所当然应享有了解环境状况、参与保护环境的权利。在环境保护工作中，要依靠广大群众，组织和发动群众对污染环境、破坏资源和破坏生态的行为进行监督和检举，组织群众参加并依靠他们加强环境管理活动，使中国的环境保护工作真正做到“公众参与、公众监督”，使环境保护事业成为全民的事业。

5．政府对环境质量负责的原则

所谓政府对环境质量负责原则，是指各级人民政府必须把环境保护纳入政府管理工作之中，加强对环境的监督管理，逐步改善和提高本辖区的环境质量。

环境保护作为我国的一项基本国策，是一项涉及政治、经济、科学技术和社会各方面的复杂而又艰巨的任务，关系到国家和人民的长远利益，解决这些事关全局、综合性强的问题，只有政府才有这样的职能。随着我国机构改革的深入和市场经济体制的建立，政府将逐步转变职能，把管理工作的中心转移到社会事务的管理上来，环境保护作为一项综合性的、社会性的工作，必将成为政府重要管理职责之一。

我国的《环境保护法》第 16 条规定：“地方各级人民政府应当对本辖区的环境质量负责，采取措施改善环境质量。”第 32 条规定：“在环境受到严重污染威胁居民生命财产安全时，由人民政府采取有效措施，解除或者减轻危害”等，这些规定都体现了政府对环境质量负责原则的精神。

6．奖励和惩罚相结合的原则

奖励和惩罚相结合的原则，在我国环境保护法的若干条文中都有所体现，这条原则就是要通过赏罚分明来加强环境保护工作。对于保护和改善环境，或防治污染和其他公害有成绩和贡献的单位及个人，给予精神和物质方面的奖励，对企业利用“三废”回收作原料而生产的产品，给予减免税，等等。对于违反法律破坏生态、污染环境的单位或个人，要依法追究法律责任，给予必要的法律制裁。

四、环境保护法的法律责任

环境保护法的法律责任是指违反环境法律法规的单位或个人，对其造成或可能造成环境污染与破坏的行为所应该承担的法律后果。其形式表现为承担相应的责任或受到某种法律制裁，有行政法律责任、民事法律责任和刑事法律责任。

1．环境行政法律责任

环境行政法律责任是指环境行政法律关系主体由于违反环境行政法律规范或不

履行行政法律义务而依法应承担的不利的行政法律后果。

环境行政违法行为是承担环境行政法律责任的前提，行政制裁是环境行政法律责任的必然结果。环境行政法律责任可分为行政处分和行政处罚两类。

① 行政处分是指国家机关、企事业单位按行政隶属关系，对轻微违反环境保护法律、法规及其他行政法律、法规或违反内部纪律的所属工作人员的一种制裁，有时也称为纪律处分。

根据我国《国家公务员暂行条例》和《企业职工奖惩条例》等法规的规定，行政处分的种类有：警告、记过、记大过、降级、撤职、开除等。行政处分只能由国家机关、企事业单位作出，处分对象只能是本部门或本系统内部轻微违法的工作人员，作出处分时必须按照行政隶属关系进行。

② 行政处罚是指国家行政机关依法对于违反环境保护法律、法规或其他行政管理法规应受惩罚的行政管理相对人给予的行政制裁。

根据《行政处罚法》及有关环境保护法的规定，我国在环境保护领域适用的行政处罚的种类主要有：警告、罚款、吊销执照或许可证、责令停止生产或者使用、责令停业关闭、没收财物、行政拘留等。

行政处分与行政处罚的区别：行政处分与行政处罚虽然都属于行政制裁，但两者之间有着明显的区别，主要表现为：

- 作出的机关不同　行政处分是由违法失职行为人所属的机关或组织作出的；而行政处罚则是由有权的环境保护行政执法部门作出的。前者是一种内部行政行为，后者则是一种外部行政行为。
- 对象不同　行政处罚可以适用于自然人也可以适用于法人，其中有的处罚形式如责令停业、关闭等只能适用于法人，而且行政处罚如果适用于自然人时，则不管该自然人是不是属于国家公职人员或企事业单位职工，但行政处分只能适用于国家公职人员或企事业单位职工。
- 适用的违法行为性质不同　行政处分除了适用于一般违法行为外，还包括违反内部规章制度的行为，行政处罚则适用于违反行政法规行为。而且从行为的违法程度来看，行政处分适用于较轻微的违法行为，行政处罚适用于稍重的违法行为。
- 形式不同　行政处分的形式包括：警告、记过、记大过、降级、撤职、开除等；行政处罚的形式则有：警告、罚款、吊销执照或许可证、责令停止生产或者使用、责令停业、关闭、没收财物、行政拘留等。

2. 环境民事法律责任

环境民事法律责任是指因污染或破坏环境，侵害了国家、集体财产或他人的财产与人身权利而应当承担的民事方面的法律责任。

环境民事法律责任主要是一种侵权行为责任。我国《环境保护法》第 41 条规定：

“造成环境污染危害的，有责任排除危害，并对直接受到损害的单位或者个人赔偿损失。”可见，环境民事法律责任主要是因为行为人的行为侵害了他人的合法环境权益时所需承担的一种责任。这种责任一般情况下表现为向受害人赔偿其经济上的损失。

根据我国《民法通则》第 134 条的规定，承担一般民事法律责任的方式有：停止侵害、排除妨碍、消除危险、返还财物、恢复原状、赔偿损失、消除影响、赔礼道歉等，这些方式都适用于我国环境民事法律责任。

3. 环境刑事法律责任

环境刑事法律责任是指对违反环境保护法律、法规规定严重污染和破坏环境，造成人身伤亡或公私财产重大损失，已触犯刑律构成犯罪的行为的法律制裁。刑事责任是一种最严厉的法律制裁。

中国刑法中规定了破坏环境资源保护和污染环境有关的犯罪活动都要追究刑事责任，它们包括：用危险的方法破坏河流、森林、水源罪；用危险的方法致人伤亡及使公私财产遭受重大损失罪；违反爆炸性、易燃性、放射性、毒害性、腐蚀性物品管理规定罪；滥伐、乱伐森林罪；滥捕、破坏水产资源罪；滥捕、盗捕野生动物罪；破坏文物、古迹罪；重大责任事故罪；渎职罪等。

第二节　环境管理制度

一、环境管理的含义及内容

环境管理是在环境保护的实践中产生，并在实践中不断发展起来的。随着环境问题不断对环境管理提出新的挑战，环境管理已逐渐形成了自己的学科——环境管理学。它包括管理学、经济学、法学等内容；包括资源管理、区域管理和专业管理等领域。环境预测、环境规划、环境质量评价、废弃物的资源化、污染的防治、环境质量的监测、环境信息的处理及反馈等，都是环境管理的组成部分和范围。因此，环境管理往往包含着两层含义，一是把环境管理当成一门学科看待，它是研究环境问题，预防环境污染，解决环境危害，协调人类与环境冲突的学问；二是把环境管理当成一个工作领域看待，它是环境保护工作的一个最重要的组成部分，是政府环境保护行政主管部门的一项最重要的职能。

1. 环境管理的含义

狭义的环境管理主要是指控制污染行为的各种措施。例如，通过制定法律、法规和标准，实施各种有利于环境保护的方针、政策，控制各种污染物的排放。

广义的环境管理是指按照经济规律，运用行政、经济、法律、技术、教育和新闻媒介等手段，通过全面系统的规划，对人们的社会活动进行调整与控制，达到既要发展经济满足人类的基本需要，又不超过环境容量的容许极限。狭义和广义的环境管理，在处理环境问题的角度和应用范围等方面有所不同，但它们的核心是协调社会经济与环境的关系，最终实现可持续发展。

2．环境管理的内容

环境管理的内容可以从两个方面来划分：

（1）从环境管理的范围和对象来划分

① 资源环境管理　主要是自然资源的保护，包括不可更新资源的节约利用和可更新资源的恢复和扩大再生产。包括水、土地、森林、草原、海洋、矿产、能源、生物以及空气等的可持续利用（合理开发、回收、再生、利用）。为此，要选择最佳方法使用资源，尽力采用对环境危害最小的发展技术，同时根据自然资源、社会、经济的具体情况，建立一个新的社会、经济、生态系统。

② 生态环境管理　主要是指国家经济建设、人类的生产活动及生活活动对自然环境和生态平衡可能产生影响和损害行为的管理，包括铁路建设、水利工程建设、高速公路建设、围垦湖海、森林采伐、打猎、旅游等行为对环境的影响与管理，还有植树造林绿化工程、沙漠化和荒漠化土地的改造及自然保护区的规划、营造与管理等。

③ 区域环境管理　主要是协调区域社会经济发展目标与环境目标，进行环境影响预测，制定区域环境规划等。包括国土、海洋、流域以及按行政区划分的省、自治区、直辖市以及地、县（区）、镇（乡）等的环境管理，其目的是协调区域的发展与环境，以求经济发展与环境保护同步发展。

④ 环境污染管理　是指对各行业的各类污染物等进行的环境管理。包括废水、废气、固体废物（生活垃圾、工业废物）、噪声、电磁辐射、放射性废物、热污染等的管理。

⑤ 部门环境管理　部门环境管理包括能源环境管理、工业环境管理、农业环境管理、交通运输环境管理、商业和医疗等部门的环境管理以及各行业、企业的环境管理等，也称为专业环境管理。

（2）从环境管理的性质来划分

① 环境计划管理　首先要制订好各部门、各行业、各区域的环境保护规划，使之成为社会经济发展规划的有机组成部分，然后用环境保护规划指导环境保护工作，并根据实际情况检查和调整环境保护规划。通过计划协调发展与保护环境的关系，对环境保护加强计划指导是环境管理的重要内容。包括短期与中长期环境计划及环境规划，如地方的中长期环境总体规划、国家绿色工程计划等的制订、实施与管理。

② 环境质量管理　是为了保护和改善人类生存与健康所必需的环境质量而进行的各项管理工作。主要是组织制定各种环境质量标准、各类污染物排放标准、评价标准及其监测方法、评价方法，组织调查、监测、评价环境质量状况以及预测环

境质量变化的趋势，并制定防治环境质量恶化的对策措施。包括制定水体质量、饮用水水源地水质、大气质量、土壤质量的质量标准、排放标准及达标技术和措施等。

③ 环境技术管理　主要是制定防治环境污染和环境破坏的技术方针、政策和技术路线，制定与环境相关的适宜的技术标准和规范，确定环境科学技术发展方向，组织环境保护的技术咨询和情报服务，组织国内和国际的环境科学技术协调和交流等，并对技术发展方向、技术路线、生产工艺和污染防治技术进行环境经济评价，以协调技术经济发展与环境保护的关系，使科学技术的发展既能促进经济不断发展，又能保护好环境。包括制定环境标准体系，环境管理信息系统及环境保护科技能力的建设等。其主要实质是依靠与运用科技进步，实现规范化、高效、科学的环境管理。

二、环境管理的特点与基本职能

1．环境管理的特点

（1）综合性

环境管理具有很强的综合性，它既有自然属性（如对不同的管理对象应采取不同的科技手段），又具有社会属性（如社会制度、政治体制、经济结构、社会人文状况等都对环境管理直接发生影响）。因此，环境管理应综合社会科学、自然科学与管理科学的最新成就。同时要考虑国情，如应根据我国的改革开放、经济发展的不同阶段、综合国力的发展、科技进步以及国际环境等因素，制定相应对策、政策和措施。

（2）广泛性

环境管理又具有极强的广泛性，几乎涉及所有领域，水、大气、土地、森林、草原、海洋、矿产、生物多样性、能源等各种生态环境及自然资源等。涉及的环境问题也十分广泛，如前面介绍的当代十大环境问题，因此，环境管理具有管理对象的广泛性、涉及学科与技术的广泛性、污染物控制的广泛性等。

（3）适应性

环境管理应具有很强的适应性，要适应外界众多变化，如环境质量变化、资源耗竭、再生、开发利用的变化，动态地、适应地做出反应，采取相应有效的对策与措施。

（4）区域性

不同地区的自然背景、人类活动的方式以及经济发展水平等差异甚大，出现的环境问题也存在明显的地域区域性。如中国地域广阔，从地理位置上看是“西高东低”，因此，环境管理必须从实际情况出发，根据不同的地域特征，制定有针对性的环境保护目标和环境管理的对策与措施，既要强调全国的统一化管理，又要考虑区域发展的不平衡性。

（5）社会性

环境管理的社会性主要表现在人们的环境意识及与环境有关的社会行为对环境的影响。大到区域性自然环境生态系统的退化和破坏、水污染与水资源的枯竭，小到生活垃圾的随意堆放，几乎都与人们的环境意识和环境行为有关。环境保护是全社会的责任和义务，涉及每个人的切身利益，开展环境管理除了专业力量和专门机构外，还需要社会公众的广泛参与。这意味着，一方面要加强环境保护的宣传教育，提高公众的环境意识和参与能力；另一方面要建立健全环境保护的社会公众参与和监督机制，这是强化环境管理的两个重要条件。

2. 环境管理的基本职能

所谓职能，是指人、事物或机构所应有的作用。环境管理的基本职能有以下几方面。

（1）计划

计划职能是环境管理的首要职能，是指对未来的环境管理目标、对策和措施进行规划和安排，也就是在开展环境管理工作或行动之前，预先拟订出具体的内容和步骤，它包括确立短期和长期的管理目标，以及选定实现管理目标的对策和措施等。计划是组织开展环境保护的依据，是一个起指导作用的因素。

（2）协调

协调职能是指在实现管理目标的过程中协调各种横向和纵向关系及联系的职能。从目的上讲，就是要协调环境保护与经济社会发展的关系，实现环境和社会的可持续发展。从目标上讲，环境管理就是要协调社会各个领域、各个部门、不同层次人的各种需求和经济利益关系，以适应环境的可持续发展。环境管理涉及范围广，综合性强，需要各职能部门的分工协作，各尽其责。协调在于减少相互脱节和相互矛盾，避免重复，建立一种上下左右的正常关系，以便沟通联系，分工合作，统一步调，朝着环境保护的目标共同努力。

（3）监督

监督是环境管理活动中的一个最基本、最主要的职能，是指对环境质量的监测和对一切影响环境质量行为的监察。环境管理中的监督强调的是对危害环境行为的监察和保护环境行为的督促。监督是环境管理活动中最重要的职能，要把环境保护的方针、政策、计划等变成实际行动，必须要有有效的监督，没有监督职能，就谈不上健全的、强有力的环境管理。

（4）指导

指导是指环境管理者在实现管理目标过程中对有关部门具有的业务指导职能。它包括纵向和横向指导两个方面：上级环境管理部门对下级环境管理部门的业务指导；同一级政府领导下的环境管理部门对同级相关部门开展环境保护工作的业务指导。指导是环境管理的一项服务性职能，行之有效的指导可以促进监督职能的发挥。加强监督管理，服务必须到位，这是新形势下对环境管理提出的新要求。从广义上讲，“管理就是服务”，环境管理工作要服务于经济建设的大局；从狭义上讲，环境管理中有许多需要为经济部门和企业提供服务的内容，包括污染防治技术咨询服务，环境法律、政策咨询服务，清洁生产咨询服务，ISO 14000 环境管理标准体系咨询服务等。

三、中国环境管理制度

加强环境管理，深化监督管理，是解决环境问题的重要一环，而这又需要有切实可行的制度来加以实施。根据我国近 30 年的工作实践和经验，基本上推行下列几项行之有效的管理制度和措施来控制新污染的产生和治理老污染。

1. 环境影响报告书制度

实行环境影响评价制度，是一种控制建设工程对环境造成危害的技术手段和制度，它可以使新建（改、扩建）工程的污染防治工作，由事后治理变为防患于未然。该制度规定：凡从事对环境有影响的建设项目，都必须执行环境影响报告书的审批制度；对环境影响较小的项目，只填环境影响报告表。我国于 1979 年颁布的《中华人民共和国环境保护法（试行）》中，首次明确规定建设项目必须提出环境影响报告书。以后国务院环境保护委员会、国家计划委员会、国家经济委员会联合颁发的《建设项目环境保护管理办法》中具体规定了“环境影响报告书”的编写、审批及各级审批权限，以及对从事环境影响评价的单位实行资格审查制度和建设项目环境影响评价的资格证书制度。

2. 建设项目环保“三同时”制度

“三同时”是“一切新建、扩建和改建工程项目的防治污染设施，必须与主体工程同时设计、同时施工、同时投产”的简称。该项制度规定：建设项目主体工程与污染防治设施应同时设计、同时施工、同时投产使用，将环保设施建设纳入基本建设总体计划之内。这项制度是在国务院批转国家计划委员会《关于全国环境保护会议情况的报告》（1973 年第一次全国环境保护会议）的附件《关于保护和改善环境的若干规定》（试行草案）中首次确定的，以后又在 1979 年公布的《中华人民共和国环境保护法（试行）》中予以确认。

3. 排放污染物许可证制度

在实行排放浓度控制基础上，对一些重点污染源实施排污定量控制，才能从总体上有效地控制污染。为此推行一种要求排污单位向环保部门申请登记，经环保部门调查、审核，给排污单位发放排放污染物许可证的制度。该项制度规定，企事业单位排放污染物必须向所在环境保护部门提交申报登记表，对不超过国家和地方规定的污染物排放标准及国家规定的污染物排放总量指标者，发给排污许可证。这是控制污染物排放总量的一种措施，推广实施多年来，取得了较好的环境效益。

4. 排污收费制度

这是 20 世纪 70 年代引进的一项贯彻“谁污染、谁治理”的管理思想，以经济手段保护环境的管理制度。1979 年的《中华人民共和国环境保护法（试行）》首先规定：对于污染环境的废气、废水、废渣需要排放的，必须遵守国家规定的标准，超过国家规定的标准排放污染物，要按照排放污染物的数量和浓度，根据规定收取排污费。根据“谁污染、谁治理”的原则制定的排污收费制度，是重要的经济杠杆之一，通过该制度筹集资金，以经济效益激发环保意识。它与环境影响报告书制度和“三同时”管理制度曾被誉为“中国环境管理的三大法宝”。

5. 环境保护目标责任制

环境保护目标责任制是以签订责任书的形式，具体规定地方各级人民政府在任期内对本辖区环境质量负责，实行环境质量行政领导负责制。地方各级人民政府及其主要领导人要依法履行环境保护的职责，坚决执行环境保护法律、法规和政策。要将辖区环境质量作为考核政府主要领导人工作的重要内容。

这项制度是在第三次全国环境保护会议上提出并予以贯彻执行的，并在 1996 年国务院发布的《关于环境保护若干问题的决定》（国发〔1996〕31 号）中加以重申。

环境保护目标责任制是具体落实地方各级政府和有关排污单位，即要求省长、市长、县长及厂长等对当地或本单位环境质量负责的行政管理制度，包括签订合同、实施细则及考评办法，明确责任，奖优惩劣，并将环境保护列入精神文明建设必须考核的项目，以调动各级领导的责任心。

多年的经验表明：该项制度有利于将国民经济和社会发展计划中的环境保护目标和年度计划具体化，有利于单项治理、分散治理转向区域综合防治，有利于调动各部门和各行业的力量，共同实现保护环境的目标，应该坚持执行。

6. 城市环境综合整治定量考核制

所谓城市环境综合整治，就是把城市环境作为一个系统整体，以城市生态学为指导，对城市的环境问题采取多层次、多渠道、综合的对策和措施，对城市环境进行综合规划、综合治理、综合控制，以实现城市的可持续发展。1988 年 9 月国务院环境保护委员会第十三次会议决定，对城市环境综合整治实行定量考核。考核范围包括大气环境、水环境、噪声控制、固体废弃物综合利用和处理，以及城市绿化等 5 个方面，共 20 项指标。该项制度明确了市长在环境保护中的责任，将考核指标定量化并列入城市的国民经济与社会发展计划中，定期考核评比，考核的结果要向公众公布。通过考核发现问题和差距，增加环境状况透明度，通过群众监督，改善工作。

国家环保局对北京、上海等 32 个重点城市进行考核，各省、直辖市、自治区可参照全国重点城市考核办法，对所辖的市、区进行考核。

7. 推行污染集中控制制度

坚持改善环境质量原则和经济效率原则，为了提高治理污染的效益，重要的一环是采取污染控制社会化的措施，由社会为污染治理提供有偿服务。污染集中控制，进行社会化治理污染，有利于集中资金，避免重复和浪费，推行科技进步，提高污染治理的经济效益、社会效益和环境效益。当前是在大中型城市就集中供热、污水集中处理、固体废弃物集中处置等方面进行推广。但对于一些危害严重、不易集中处理的污染源，排放重金属和难以进行生物降解的有害物质污染源，还采取分散治理。少数大型企业或远离城镇的个别企业，或是需处理的量过大，或是无集中的条件，暂时仍采取单独处理的办法。走一条从实际出发，集中与分散相结合的道路。

8. 限期治理污染源制度

污染源限期治理是指对特定区域内的重点环境问题采取的限定治理时间、治理内容和治理效果的强制性措施。这项制度是从1978年由国家计委、国家经委、国家建委和全国环境保护领导小组对167个重点排污单位，下达277个污染源限期治理项目开始的，以后各地区政府也仿照执行。由于抓住污染的重点进行限期治理，环境效益显著，而且起到促使工业企业积极筹集资金，研究开发最经济有效治理措施的作用。

限期治理的范围已由治理污染点源，发展到行业和区域。对有效控制污染，改善区域环境质量有重要意义。但污染限期治理项目的确定要考虑需要和可能两个因素。需要，就是将对区域环境质量有重大影响、社会公众反映强烈的污染问题作为确定限期治理项目的首选条件。可能，就是要考虑限期治理的资金和技术的可能性，具备资金和技术条件的实行限期治理，不具备资金和技术条件的实行关、停、并、转。

9. 环境预审制度

环境预审制度是指根据国家的环境保护产业政策、行业政策、技术政策、规划布局和建设项目的生产工艺，在项目立项阶段进行审批的一项政策法规性管理制度。其目的在于对违反国家环保产业政策、行业政策、技术政策，不符合环境规划和清洁生产要求的拟建项目在立项阶段予以否定；对符合国家环保产业政策、行业政策、技术政策，符合环境规划和清洁生产要求的项目批准立项，同时提出是否进行环境影响评价的进一步要求。

10. 现场检查制度

现场检查制度是指环境保护部门或者其他依法行使环境监督管理的部门，进入管辖范围的排污单位现场对其排污情况和污染治理情况进行检查的法律制度。它可促使排污单位采取措施积极防治污染和消除污染事故隐患，及时发现和处理环境保护问题，同时也可督促排污单位遵守环境保护法律法规，自觉履行环境保护义务。

第三节 环境标准

环境标准是为了保护人群健康，防治环境污染和维护生态平衡，对有关技术要求所作的统一规定，是控制污染、保护环境的各种标准的总称。环境标准是执行环境保护法规，实施环境管理的科学手段和技术规范。它在我国环保工作中有着极其重要的地位和不可替代的作用。

一、环境标准及其作用

1．环境标准的定义

环境标准是有关控制污染、保护环境的各种标准的总称。在《中华人民共和国环境保护标准管理办法》中对环境标准的定义是：为了保护人群健康、社会物质财富和维持生态平衡，对大气、水、土壤等环境质量，对污染源的监测方法以及其他需要制定的标准称为环境标准。环境标准是从保护人群健康、促进生态良性循环出发，为获得最佳的环境效益、经济效益和社会效益而制定的，经有关部门批准，赋予法律效力的技术准则。

环境标准要回答两个方面的问题：一是人群健康及与其利益有密切关系的生态系统和社会财物不受损害的环境适宜条件是什么？二是为了实现这些环境条件，又能促进社会生产和发展，人类的生产、社会和生活活动对环境的影响和干扰应控制的限度和数量界限是什么？前者是环境质量标准的任务，后者是排放标准的任务。此外，还有为保证实现环境质量标准和排放标准规定的环境基础标准和方法标准等。

2．环境标准的作用

（1）环境标准是国家环境保护法规的重要组成部分

我国环境标准具有法规约束性，是我国环境保护法规所赋予的。在《中华人民共和国环境保护法》《大气污染防治法》《水污染防治法》《海洋环境保护法》《噪声污染防治法》《固体废物污染防治法》等法规中，都规定了实施环境标准的条款，使环境标准成为执法必不可少的依据和环境保护法规的重要组成部分。

（2）环境标准是制订环境保护规划、计划的重要依据，是环境保护规划的体现

环境规划主要就是指标准，规划的目标主要是用标准来表示的。我国环境质量标准就是将环境规划总目标依据环境组成要素和控制项目在规划时间和空间内予以分解并定量化的产物。环境标准提供了可列入国民经济和社会发展计划中的具体环境保护指标，为环境保护计划切实纳入各级国民经济和社会发展计划创造了条件；为其他行业部门提出了环境保护具体指标，有利于其他行业部门在制订和实施行业发展计划时协调行业发展与环境保护工作；环境标准提供了检验环境保护工作的尺度，有利于环保部门对环保工作的监督管理，对于加强人民群众对环保工作的监督和参与，提高全民族的环境意识也有积极意义。

（3）环境标准是环境保护行政主管部门依法行政的依据

环境管理制度和措施的一个基本特征是定量管理，定量管理就要求在污染源控制与环境目标管理之间建立定量评价关系，并进行综合分析，因而就需要通过环境保护标准统一技术方法，作为环境管理制度实施的技术依据。环境标准是强化环境管理的核心，环境质量标准提供了衡量环境质量状况的尺度，污染物排放标准为判别污染源

是否违法提供了依据。同时，方法标准、标准样品标准和基础标准统一了环境质量标准和污染物排放标准实施的技术要求，为环境质量标准和污染物排放标准正确实施提供了技术保障，并相应提高了环境监督管理的科学水平和可比程度。

（4）环境标准是推动环境保护科技进步的一个动力

环境标准与其他任何标准一样，是以科学技术与实践的综合成果为依据制定的，具有科学性和先进性，代表了今后一段时期内科学技术的发展方向，使标准在某种程度上成为判断污染防治技术、生产工艺与设备是否先进可行的依据，成为筛选、评价环保科技成果的一个重要尺度，对技术进步起到导向作用。同时，环境方法、样品、基础标准统一了采样、分析、测试、统计计算等技术方法，规范了环保有关技术名词、术语等，保证了环境信息的可比性，使环境科学各学科之间，环境监督管理各部门之间以及环境科研和环境管理部门之间有效的信息交往和相互促进成为可能。标准的实施还可以起到强制推广先进科技成果的作用，加速科技成果转化及污染治理新技术、新工艺、新设备尽快得到推广应用。

（5）环境标准是进行环境评价的准绳

无论进行环境质量现状评价，编制环境质量报告书，还是进行环境影响评价，编制环境影响报告书，都需要环境标准。只有依靠环境标准，方能作出定量化的比较和评价，正确判断环境质量的好坏，从而为控制环境质量，进行环境污染综合整治，以及设计切实可行的治理方案提供科学依据。

（6）环境标准具有投资导向作用

环境标准中指标值的高低是确定污染源治理污染资金投入的技术依据，在基本建设和技术改造项目中也是根据标准值，确定治理程度，提前安排污染防治资金，环境标准对环境投资的这种导向作用是明显的。

二、环境标准体系

1．国家环境标准体系的现状

我国环境保护标准工作与国家环境保护事业同时起步。1973 年，我国发布了第一个国家环境保护标准《工业“三废”排放标准》。经过 30 多年的发展，国家环境保护标准体系已初具规模，标准体系由国家和地方两级构成。国家级环境保护标准包括环境质量标准、污染物排放（控制）标准、基础标准、样品标准、方法标准、环境保护行业标准及其他国家环境保护标准。

地方环境保护标准包括环境质量标准和污染物排放标准，北京、上海、山东等省市共制定了地方环境保护标准 30 余项。

另据国家环境保护总局发布，截至 2007 年 5 月 18 日，国家环境保护总局历年发布的国家环境保护标准名录共计 1 046 项。

我国已形成了自己的环境标准体系，基本满足了我国环境保护工作及环保执法的需要。

2．环境标准体系

环境标准体系是把各具体的环境标准按照标准的性质、功能和内在联系进行分级、分类，构成一个统一的科学的整体系统，就称为环境标准体系（图 9-1）。

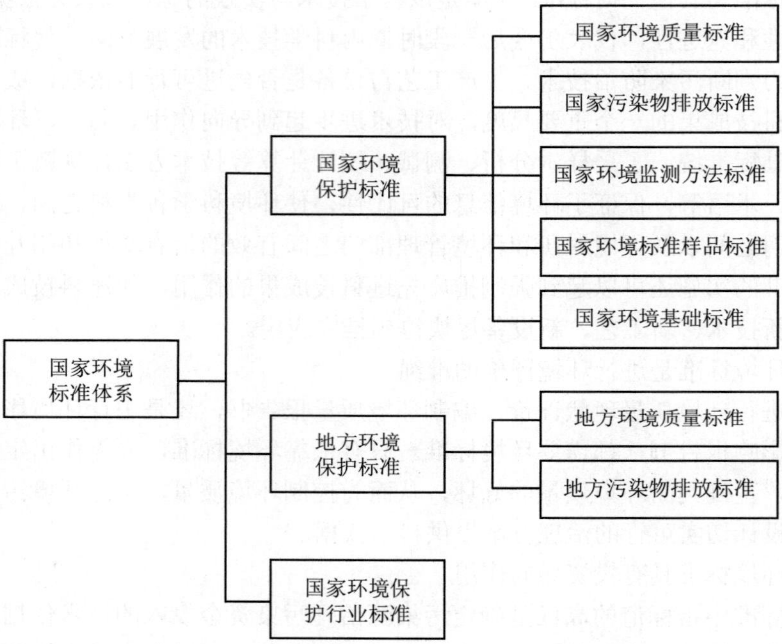

图 9-1 中国的环境标准体系

3．环境标准的等级

国家环境标准是由国务院环保行政主管部门制定，是国家环境保护政策目标的体现，是在全国范围内统一执行的标准。具有全国范围的共性、针对性和普遍性，适用于全国范围内的一般环境问题。

地方环境标准是由地方省、自治区、直辖市人民政府制定，带有区域性特点，适用于本地区的环境状况和经济技术条件，是对国家标准的补充和具体化。

4．环境标准的分类

现按环境标准的用途、适用范围等分类如下：

① 环境质量标准　环境质量是各类环境标准的核心，是以保护人群健康、促进生态良性循环为目标而规定的各类环境中有害物质在一定时间和空间范围内的容许浓度（或其他污染因素的容许水平）。环境质量标准是制定各类环境标准的依据，分为国家排放标准和地方排放标准。

某些发达国家还有警报的标准，是环境受到某种污染，恶化到必须向公众发出警报的有害物质浓度标准，也是环境质量标准的一种。

② 污染排放标准　污染排放标准是防止污染保护环境而根据环境质量标准及污染治理技术、经济条件而对排入环境的有害物质和产生危害的各种因素所作的限制性规定，是对污染源排放进行控制的标准。污染物排放标准分为国家排放标准和地方排放标准。

③ 环境基础标准　环境基础标准是为制定、修订和执行各项环境标准而提出的基本原则、监测分析方法以及名词、术语和符号、标准编排方法、制图方法及其他通用技术要求所做的有关技术规定。它是制定其他环保标准的技术基础。环境基础标准主要包括：管理标准、环境保护名词术语标准、环境保护图形符号标准、环境信息分类和编码标准等。

④ 环境方法标准　环境方法标准是为统一环境保护工作中的各项抽样、分析、检验、统计、计算和测定方法所做的技术规定，是制定和执行环境质量标准、污染物排放标准，实行统一管理的基础。方法标准的内容有：分析方法、取样技术、标准制定程序、模拟公式、操作规程、工艺规程、设计规程和施工规程等。方法标准与环境质量标准和污染排放标准紧密联系，每一种污染物的测定都需有配套的统一方法标准，才能得出正确的具有可比性和实用价值的测量数值。

⑤ 环境标准样品　环境标准样品指用于标定仪器、验证测量方法、进行量值传递或质量控制的材料或物质。它可以用来评价分析方法，也可以评价分析仪器、鉴别灵敏度和应用范围。在环境监测质量控制中，它是分析质量考核中评价实验室各方面水平、进行技术仲裁的依据。目前，中国环境标准样品的种类有水质标准样品、大气标准样品、生物标准样品、土壤标准样品、固体标准样品、放射性物质标准样品、有机物标准样品等。

中国的环境质量标准和污染排放标准分国家级和地方级。环境基础标准、方法标准、样品标准只有国家标准。

三、制定环境标准的原则

1. 制定环境质量标准的原则

制定环境质量标准是以环境基准（环境基准是污染与效应关系的科研资料的总结，不带任何主观倾向性）为依据，同时考虑总的社会经济效益，按照不同目的和要求，规定各种污染物在环境中的容许含量。

① 保证人体健康和维护生态系统不被破坏　要综合研究污染物浓度与人体健康和生态系统关系的资料，并进行定量的相关分析，以确定符合保证人体健康和生态系统不被破坏的环境质量标准容许的污染物浓度。

② 合理协调与平衡实现标准的代价和效益之间的关系　对制定的环境质量标

准要进行尽可能详细的损益分析，剖析代价和效益之间的各种关系，加以合理的处置，以确定社会可以负担得起并有较大的收益，努力做到为实施环境质量标准投入费用最小，而收益最大，进行数学模拟求取最优解。

③ 遵循区域差异性原则　各地区人群构成和生态系统的结构功能不同，因而对污染物敏感程度会有差异，不同地区技术水平和经济能力也会有很大差异。为此，制定环境质量标准中要充分注意这些地域差异性，因地制宜地制定环境质量标准。

2．制定污染物排放标准的原则

① 满足环境质量标准的要求　按环境质量标准推导排放标准，以污染物在环境中的迁移扩散理论及其数学模式为依据来制定污染物排放标准。

② 考虑技术上的可行性与经济上的合理性　依据目前的生产工艺、污染治理技术和国家的经济能力，按实际工程控制水平制定污染物排放标准。

制定环境标准不仅要有科学方法，而且还受国家政治、经济和技术水平的制约。因此各国在制定环境标准时，都要对制定标准的原则和方法作出相应的论证和说明。

四、环境标准的监督实施

环境标准的实施是整个环境标准工作的重要环节，环境标准的监督实施是环境标准工作的一个重要内容，无论标准如何完善，如不能有效地监督实施，标准就只能是一纸空文，毫无实际意义。因此，加强对环境标准实施的监督，完善有关的监督机制和手段，是环境标准工作的重要任务之一。

保障环境标准的实施，进一步完善环境标准执法监督措施和手段、对各级环保部门监督环境标准实施的情况加强检查、对各排污企业执行环境标准的情况加强监督，可以从以下几个方面的具体措施来加强环境标准的实施和监督：

① 强化各级环保部门监督环境标准实施的责任，制订具体的实施计划和措施，做到专人负责，有章可循，有案备查。实行年度报告制度，各级环保部门每年应向上级环保部门报告环境标准在本辖区的执行情况，对监督实施环境标准好的环境部门给予表扬，差的给予通报批评。

② 国家对全国实施环境标准的情况每年进行一次年度总结，并将结果向社会公布。

③ 各级环保部门可对实施环境标准极差的企业公布黑名单。公布不达标企业黑名单，这有利于增加透明度，加强公众监督，更有利于促进不达标企业尽快实施环境标准。

④ 树立实施环境标准的典范。对那些严格执行环境标准，环保设施运行管理良好、无超标排放，安装在线监测系统，按要求向环保部门传输测试数据，企业领导人环境标准意识强，环境标准教育培训工作好的单位，树为执行环境标准的典范进

行宣传。

⑤ 对违反环境标准的个人和单位，要按法规标准进行批评教育、限期治理和排污收费。对严重污染环境者追究行政与经济责任，直至追究刑事责任。

环境标准要得以全面贯彻和实施，最重要的是全社会要有高度的环境意识和法制观念，自觉地按照环境标准的要求做好环境保护工作。在加强对环境标准的实施进行监督的同时，要加强对环境标准重要性的宣传和培训，提高公众对环境标准的认识和执行标准的自觉性。只有这样，环境标准的贯彻实施才能真正实现，才能为促进环保事业的发展发挥有效作用。

五、常用的环境标准

常用的几种环境标准见附录，其他各类标准可以查阅环境标准手册，也可以通过查询生态环境部网站获得。

第四节　环境规划

历史已经证明，人类“野蛮征服”自然的时代已经结束，现在已开始进入必须与自然和谐相处的新文明时期。人类的经济和社会活动必须既遵循经济规律，又遵循生态规律，否则终将受到大自然的惩罚。环境规划就是人类为协调人与自然的关系，使人与自然达到和谐而采取的主要行动。

环境规划，是环境管理的重要组成部分，是国民经济与社会发展规划的有机组成部分，它是运用各种科学技术信息，在预测环境对发展的影响及环境质量变化趋势的基础上，经综合分析，对一定时期内环境保护目标和措施所作出的规定，其目的是在发展的同时保护环境，维护生态平衡，实现经济可持续发展。

一、环境规划的含义

1．环境规划的概念

环境规划是指为使环境与社会经济协调发展，把“社会-经济-环境”作为一个复合生态系统，依据社会经济规律、生态规律和地学原理，对其发展变化趋势进行研究而对人类自身活动所做的时间和空间的合理安排。

环境规划实质上是一种克服人类经济社会活动和环境保护活动盲目性和主观随意性的科学决策活动。

2．环境规划的内涵

环境规划的研究对象是“社会-经济-环境”这一大的复合生态系统，它可能指整个国家，也可能指一个区域（城市、省区、流域）。

环境规划的目的在于调控人类自身的活动，减少污染，防止生态破坏，从而保护人类生存、经济和社会持续稳定发展所依赖的基础——环境。

环境规划的任务在于使该系统协调发展，维护系统良性循环，以谋求系统最佳发展。

环境规划依据社会经济原理、生态原理、地学原理、系统理论和可持续发展理论，充分体现这一学科的交叉性、边缘性。

环境规划的主要内容是合理安排人类自身活动和环境，其中既包括对人类经济社会活动提出符合环境保护需要的约束要求，还包括对环境的保护和建设作出的安排和部署。

环境规划是在一定条件下的优化，它必须符合一定历史时期的技术、经济发展水平和能力。

二、环境规划的基本特征

1. 整体性和地域性

环境规划既体现国家或地域环境生态的整体性，又体现环境与经济、社会的整体性，其具有的整体性反映在环境的要素和各个组成部分之间构成一个有机整体。虽然各要素之间也有一定的联系，但各要素自身的环境问题特征和规律则十分突出，同时具有很大的地域差异性，即体现地域的自然、地理、经济、社会等特殊性，因而是整体性和地域性的有机结合。

2. 综合性

环境规划的综合性反映在它涉及的领域广泛、影响因素众多、对策措施综合和部门协调复杂。随着人类对环境保护认识的提高和实践经验的积累，环境规划的综合性及集成性越来越有显著的加强。21 世纪的环境规划将是自然、工程、技术、经济和社会相结合的综合体，也是多部门的集成产物。

3. 科学性

环境规划的科学性是指环境规划以生态规律为指导，以经济规律为前提，既要满足近期需求也要兼顾长远利益，将局部与全局统一起来。

4. 动态性

环境规划具有较强的时效性。它的影响因素在不断变化，无论是环境问题（包括现存的和潜在的）还是社会经济条件等都在随时间发生着难以预料的变动。

5. 信息密集性

信息的密集、不完备、不准确和难以获得是环境规划所面临的一大难题。在环境规划的全过程中，自始至终需要收集、消化、吸收、参考和处理各类相关的综合信息。规划的成功在很大程度上取决于搜集的信息是否较为完全，能否准确可靠地识别和提取以及是否能有效地组织这些信息，并很好地利用（参考和加工）。

6．政策性

政策性也是环境规划的一个特征，从环境规划的最初立题、课题总体设计至最后的决策分析，在制订实施计划的每一技术环节中，经常会面临从各种可能性中进行选择的问题。完成选择的重要依据和准绳，是我国现行的有关环境政策、法规、制度、条例和标准。

7．可操作性

这是规划生命力的主要标志，可操作性体现于：

① 目标可行，即符合经济和技术支撑能力，经过努力可以达到。

② 方案具体而有弹性，即方案建立在可行性基础上，便于实施并且留有余地。

③ 措施落实。最重要的是资金和工程配套措施的落实，并与其他建设规划相匹配。

④ 易分解执行。环境规划目标能被分解成任务，并且均能分解给具体的承担者，而承担者亦有完成任务的能力。

⑤ 与现行管理制度和管理方法相结合。能够运用法律的、经济的和行政的手段保证和促进规划目标的实现，特别是能运用目前行之有效的政策和制度对规划实施监督检查，促进其落实与实施。

⑥ 充分估计科技进步带来的环境效益，保证目标的先进性。

⑦ 与经济社会发展规划紧密结合，是国民经济计划的重要组成部分。

三、环境规划的基本原则

1．坚持环境保护基本国策和坚持可持续发展战略的原则

1983 年第二次全国环境保护会议，从人口、资源、环境和经济发展等几方面来探讨环境保护、环境管理的重要性，确定环境保护是一项基本国策。1987 年，布伦特兰夫人领导下的“世界环境与发展委员会”提出了《我们共同的未来》的研究报告，将可持续发展定义为：“既满足当代人的需求又不危及子孙后代人满足其需求的发展。”坚持可持续发展战略是指人类在发展社会经济的过程中要利用和改造自然，在利用和改造自然的同时要珍惜资源、保护生态环境，达到人与自然相协调的目的；在发展中要兼顾当代人与后代人的利益，不能“吃祖宗饭，断子孙路”，在当代人发展的同时不减少后代人谋求其持续发展的环境资源支撑量。

2．坚持以生态理论为指导，以合理开发利用资源为核心的原则

生态系统是客观存在的，发展变化有着不以人类意志为转移的客观规律。而生态系统又是人类生存发展的物质基础，人类的生产行为和生活行为在不断地影响着生态系统的结构和功能，生态系统对人的行为具有反作用。所以人类要认识、掌握和运用生态规律，改造和利用自然生态环境，使之更适合人类的生存和发展。因此，制订环境规划必须以生态理论为指导，以促进生态良性循环为目标。

3. 坚持整体优化的原则

环境规划所研究的对象是由社会、经济、资源和环境等诸多子系统构成的复杂的巨系统，因此，要从全局出发，以整体的观点考虑总系统与子系统及各子系统之间的相互关系和反馈机制，尽可能地实现总体功能的优化。不能把各子系统的优化目标结果简单地相加，必须使各子目标同整体目标相协调，以求得全局性的优化方案。规划的目的是尽可能地使研究区域社会、经济发展快速且可持续，其实质是个优化问题。

4. 坚持实事求是、因地制宜的原则

我国是发展中国家，有多年来积累的环境问题，同时又要进行大规模的开发建设。污染防治的压力大，环保投资需要量大，但由于人口多、底子薄，财力有限，难以拿出大量的环保投资。因此，环保目标适当，既要考虑经济发展的需要，也要考虑保障人民身体健康的需要。

5. 坚持以改善环境质量为目标，保障环境安全的原则

制订并实施环境规划的主要目的是保证在经济持续发展的同时保护好环境，使各环境功能区均达到国家规定的环境质量标准，使环境质量逐步改善。因此，“以改善环境质量为目标”是环境规划必须坚持的原则。

6. 坚持预防为主、保护优先，经济建设、城乡建设、环境建设同步规划、同步实施、同步发展的原则

“预防为主，防治结合”，“经济建设、城乡建设、环境建设同步规划、同步实施、同步发展”，均是中国三大环境保护政策中的主要内容，要求环境保护措施与经济建设和城乡建设同步进行。坚持这项原则可以避免走发达国家所经历的“先污染后治理”的道路，节约资金，保护环境，是解决环境与发展矛盾的正确途径。

四、环境规划的基本内容

环境规划的内容应包括制定恰当的环境目标、制定环境指标体系、环境现状评价、环境预测、环境功能区划、环境规划方案优化和环境规划的实施与管理。

1. 环境规划的目标与指标体系

（1）环境规划的目标

环境规划目标要以有效防治污染，推行污染物总量控制，提高整体环境质量，加强自然生态保护，确保可持续发展为总目标。其是环境规划的核心内容，是对规划对象（如国家、城市和工业区等）未来某一阶段环境质量状况的发展方向和发展水平所作的规定。它既体现了环境规划的战略意图，也为环境管理活动指明了方向，提供了管理依据。

环境规划目标应体现环境规划的根本宗旨，即要保障国民经济和社会的持续发展，促进经济效益、社会效益和生态环境效益的协调统一。因此，环境规划目标既不能过高，也不能过低，而要恰如其分，做到经济上合理、技术上可行和社会上满意。只有这样，才能发挥环境规划目标对人类活动的指导作用，才能使环境规划在国民经济和社会发展规划中发挥其重要作用。

（2）环境规划的指标体系

为了全面、合理地评价区域环境的现状与未来，对区域性质、规模、结构、土地利用及环境容量等进行定量或半定量的测定和预测，对区域的发展作出科学的规划，实行准确地控制、调整与反馈，使区域社会、经济、环境协调发展，制定出一套科学的、反映区域环境质量状况和社会经济发展状况的指标体系是非常必要的。但要建立这样的一套指标体系又是极为复杂的，因为它几乎涉及了人类活动的各个方面。

我们知道，反映自然、社会、经济状况的指标多种多样，环境规划指标自然也摆脱不了这一范畴，但它又不可能包揽所有的社会、经济和自然环境指标。这里讲的环境规划指标体系，应是指进行环境规划定量或半定量研究时所必需的数据指标总体，是直接反映环境现象以及相关的事物，并用来描述环境规划内容的总体数量和质量的特征值，即环境规划指标包含两方面的含义：一是表示规划指标的内涵和所属范围的部分，也就是规划指标的名称；二是表示规划指标数量和质量特征的数值，也就是经过调查登记、汇总整理而得到的数据。

（3）环境规划指标的类型

① 环境质量指标　主要表征自然环境要素（大气、水）和生活环境（如安静）的质量状况，一般以环境质量标准为基本尺度。

② 污染物总量控制指标　根据一定地域的环境特点和容量来确定，其中又有容量总量控制和目标总量扩展两种。

③ 环境规划措施与管理指标　首先到达污染物总量控制指标，进而达到环境质量指标的支持和保证性指标。

④ 相关性指标　主要包括经济指标、社会指标和生态指标三类。

2．环境评价和预测

环境评价是在环境调查分析的基础上，运用数学方法，对环境质量、环境影响进行定性和定量的评述，旨在获取各种信息、数据和资料。

环境预测是指根据人类过去和现在已掌握的信息、资料、经验和规律，运用现代科学技术手段和方法，对未来的环境状况和环境发展趋势及其主要污染物和污染源的动态变化进行描述和分析。主要进行社会和经济发展预测、环境容量和资源预测、环境治理和投资预测、生态环境预测等。

预测是科学决策的基础，预测—规划—决策所形成的完整体系是整个规划工作的核心。

3. 环境功能区划

环境功能区划是从环境特征或环境承载力（容量）与人类活动和谐的角度来规划城市的功能区，以合理的布局来协调环境与经济、人口的关系。一般是在调查评价和预测的基础上进行的，同时也是详细规划的基础。

功能区是指对经济和社会发展起特定作用的地域或环境单元。事实上，环境功能区也常是经济、社会与环境的综合性功能区。在环境规划中进行功能区的划分，一是为了合理布局；二是为确定具体的环境目标；三是为便于目标的管理和执行。对于未建成区或新开发区、新兴城市等来说，功能区划对其未来环境状态有决定性影响。

4. 环境规划方案的优化

环境规划方案优化主要是指实现环境目标应采取的措施以及相应的环境投资。在制订环境规划时一般要做多个不同的规划方案，经过对各方案的定性、定量比较综合分析，对比优缺点得出一个经济合理、技术先进，满足环境目标要求的几个最佳方案。这个方案作为最佳推荐方案，提供给领导者决策。方案比较和优化是环境规划过程中重要的工作方法，在整个规划的各个阶段都存在方案的反复比较。如环境预测阶段、环境目标的选择和确定等，希望达到投资少、效果好。

5. 环境规划的实施与管理

环境保护是我国的一项基本国策，环境规划是国民经济与社会发展规划的有机组成部分，将环境保护纳入综合经济决策，其目的是在发展的同时保护环境，使经济与环境协调发展。因此环境方案的顺利实施是实现经济可持续发展的前提。

环境规划由人民政府环境保护行政主管部门组织拟定，经同级人民政府批准后，由政府组织实施，环保局对环境规划的实施有监督管理权。地区计委应当把环境规划中的环境保护指标纳入地区国民经济与社会发展计划中，与年度计划一并下达。

五、环境规划的编制程序和方法

1. 环境规划的编制程序

一般来说，环境规划是为了解决一定规划区域范围内的环境问题和保护该区域内的环境质量而进行的。由于环境规划的对象、目标、任务、内容和范围等方面的不同，则存在着各种类型的环境规划，但无论哪一类环境规划，都是按照一定的规划编制程序来进行的。

环境规划程序是在环境规划工作中所采取的具体步骤和过程，主要包括以下几个方面。

（1）编制环境规划工作计划

环境规划部门在开展规划工作之前，必须对整个规划工作进行组织和安排，编制各项工作计划。

（2）区域现状调查、分析

环境现状的调研是对一个地区的环境质量现状进行大量的调查研究，这是编制环境保护规划的基础。通过对某区域的环境污染和自然生态破坏现状的调研，确定出污染源分布和自然生态破坏状况，找出存在的问题并对这些问题的定性描述和定量的数据要有所了解，分析问题的轻重缓急，抓住主要的环境问题，摸清环境现状的基础是规划编制人员的首要任务。

在编制规划时，要进行全面详细的环境情报调研，广泛收集环境信息数据，并加工分析，分类建立数据库，随时为规划提供所需的资料。环境保护工作涉及各个方面，因此，建立环境信息数据库是非常必要的，有了环境污染和自然生态破坏方面的数据，就有了编制规划的基础。应该指出，收集、分析环境信息的工作不但在规划编制的开始时需要，在编制过程以及实施过程也是一个不可缺少的重要环节。

（3）环境预测分析

环境预测是根据环境现状调研和环境信息分析出的情况，并结合整个国民经济和社会的发展情况，对未来的环境污染和自然生态破坏的发展趋势作出科学的、系统的总体分析，为环境规划找出未来可能出现的环境问题，以及这些问题在时间、空间上的分布。此外，环境预测还应对可能出现的主要环境问题作出综合分析，并根据现有的情况提出最先进的技术手段及合理的对策措施。

（4）确定环境规划目标

环境规划目标就是在一定条件下，规划最终所要达到的目的。规划目标是否切实可行是评价规划好坏的重要标志。规划目标的提出要与该区域的经济和社会发展目标进行综合平衡，只有经过反复的综合平衡，反复修改的过程，才能使经济建设和环境建设协调地发展。在此基础上，确定的规划目标才切实可行。我国地域广大，各地区的经济社会条件和自然环境条件不同，因此，所表现的环境问题也不相同。应当从实际情况出发，对不同的情况要有不同层次的规划目标，从而在确定规划目标时，各级政府要针对当地的环境问题与经济实力、技术水平和管理能力，确定出本辖区的规划目标及相应的对策措施并将其纳入国民经济和社会发展规划中。

（5）拟定环境规划草案

根据环境预测目标及预测结果的分析，拟定若干种环境规划草案，以备择优。拟订规划方案是达到规划目标的具体途径，首先要根据一个区域或一个部门的财力、物力和管理能力的实际情况，为实现规划目标拟订出切实可行的规划方案。同一个规划目标，可有多种方案。

（6）优选环境规划草案

环境规划工作人员在对各种规划草案进行系统分析和专家论证的基础上筛选出最佳环境规划草案。环境规划方案的选择是从各种方案中权衡利弊，选择环境、经济和社会综合效益高的方案。总之，规划决策人员应该在多种方案中选择出最优的方案。

（7）形成环境规划方案

根据实现环境规划目标和完成规划任务的要求，对选出的环境规划草案进行修正、补充和调整，形成最后的环境规划方案。

（8）环境规划方案的申报与审批

环境规划方案按照一定的程序上报各级决策机关，等待审核批准。

（9）环境规划方案的实施

环境规划方案批准后，由有关部门负责具体实施。《“十一五”规划纲要》以专篇规定了规划实施机制。从约束性指标要纳入各地区、各部门经济社会发展综合评价和绩效考核到在规划实施中期将对规划实施情况进行评估；从要求主要污染物排放总量减少指标要分解落实到各省、自治区、直辖市，到不同的主体功能区实行不同的区域绩效评价和政绩考核内容。关于环境规划编制的具体程序，如图 9-2 所示。

2. 环境规划的编制方法

为了取得最佳的环境规划方案以及最优的环境规划目标，都需要采用一定的数学规划方法对总体的环境规划方案、环境规划目标与环境规划决策变量之间的关系以及单项的污染综合防治和生态资源保护规划等项内容进行定量分析，以便决策者选择最佳的环境规划方案和适宜的环境规划目标。较为常用的环境规划方法有线性规划法、动态规划法、投入产出规划法，等等。

（1）线性规划法

应用线性规划方法要具备三个基本要素：即一个目标函数、一组决策变量以及一组约束方程。

为了获得最优的规划方案，则需要提出明确的规划目标，规划目标将依据规划方案的性质不同而异。如在环境规划中，如果我们为了控制污染物的排放而选择污染物排放量为目标函数时，则目标函数越小越好，这是一个求极小值的问题；当我们为了改善环境质量，而选择污染物排放达标率作为目标函数时，则目标函数越大越好，这是一个求极大值的问题。

（2）动态规划法

线性规划是研究单一阶段规划决策问题的数学方法，而动态规划则是解决多阶段规划决策问题的一种数学方法。

无论是线性规划，还是动态规划都需要对规划方程求解最优值（目标函数），并且需要一定的约束条件。除此之外，动态规划方法还有其特点。这种方法首先是把一个较为复杂的问题，按时间和空间联系，分解为若干个相互联系并容易求解的局部问题。然后，再根据这些局部问题的顺序关系，依次作出一系列最优决策，同时把各阶段的状态和决策相互联系起来，共同构成最优决策。

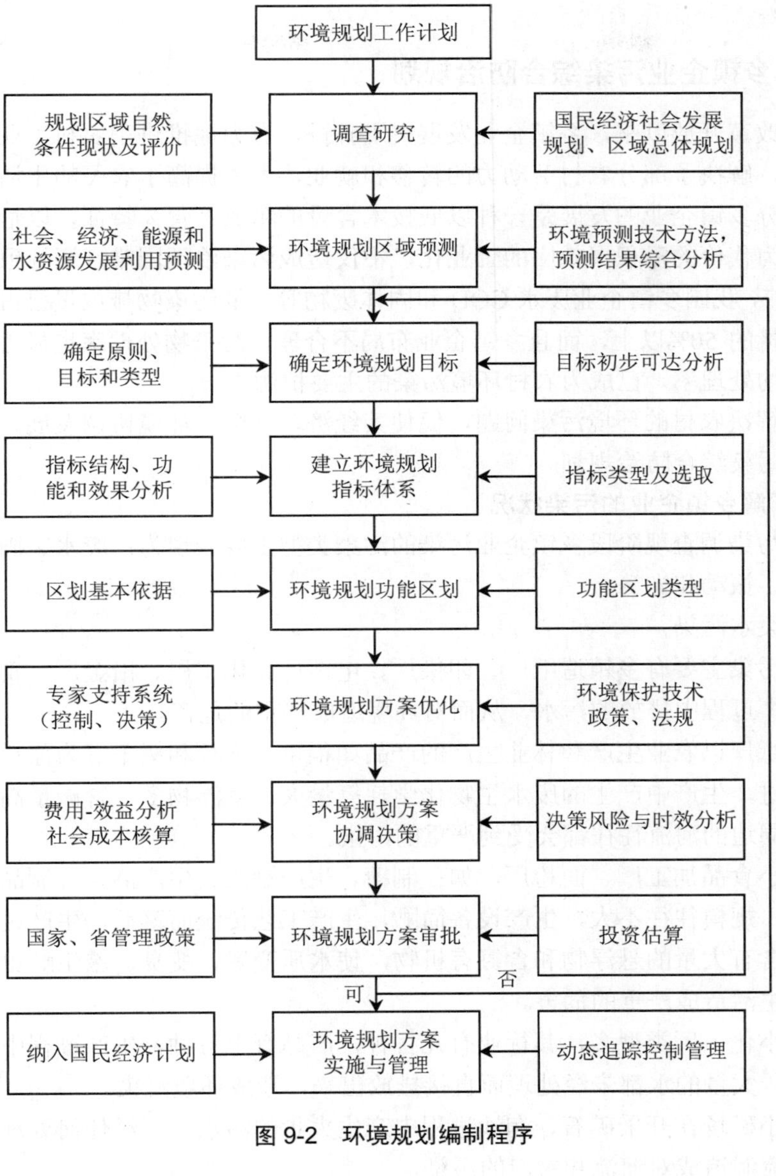

图 9-2 环境规划编制程序

（3）投入产出规划法

近年来，投入产出法逐步应用于环境规划工作中，这对定量化的研究环境规划有着极为重要的意义。这种方法能够综合地、较为全面地反映区域的经济发展和环境保护方面的情况，并把经济因素和环境因素以及它们之间的关系用投入产出模型表示出来。

关于环境规划方法的数学模型构建和规划实例，可以参考郭怀成等编著的《环境规划学》。

六、乡镇企业污染综合防治规划

我国改革开放以来，乡镇企业发展突飞猛进，有力地推进了农村工业化和城市化的进程，解决了部分农村劳动力的转移和就业，大大提高了农民的生活水平。同时，一部分乡镇企业的发展是一种以低技术含量的粗放经营为特征，以牺牲环境、浪费资源为代价的反积聚效应的工业化，不仅造成污染治理困难，还导致污染危害直接。目前，我国乡镇企业废水 COD 和固体废物等主要污染物排放量已占工业污染物排放总量的 50%以上，而且乡镇企业布局不合理，污染物处理率也显著低于工业污染物平均处理率，已成为农村环境污染的主要根源之一。

为了解决农村的环境污染问题，促使其经济、社会、环境协调发展，下面介绍乡镇企业污染综合防治规划。

1. 了解乡镇企业的污染状况

根据污染调查现阶段乡镇企业污染的污染类型主要表现为：废水、固体物、废气、噪声、振动和光等。

（1）废水污染

废水污染主要有乡镇造纸厂、印染厂、电镀厂、化工厂、冶金厂、食品厂和小矿场在生产过程中排放的污水，从而对环境造成严重的危害。

小造纸厂以农业生产和林业生产的产品如稻草、麦草和树干等为原料，生产工艺不太先进，生产中产生的废水生物化学耗氧量大、悬浮物多、含碱量高。一个乡镇造纸厂周边的河流往往都会受到严重的污染。

乡镇小食品加工厂、面粉厂，如：制糖、生产罐头、生产酒、乳制品加工和肉类加工等，规模往往不大，生产设备简陋，生产工艺传统而落后，生产过程中产生的污水里含有大量的悬浮物和含氮有机物，使水质变黑、变臭、滋生蚊虫等，给环境和人们生活造成严重的危害。

乡镇小化工厂类型多，其行业有几百种，产品有上万种，生产过程中排放的污水数量大，大量的水都未经处理而直接排放出来，造成环境污染。

乡镇小矿场在开采矿石、淘沙进程中产生大量的污水，不经任何处理，直接排放，任其流淌造成对河流和农田的污染。

（2）废渣和小颗粒等固体物污染

乡镇企业的废渣等固体物大部分来自采矿业，其采矿方法落后，生产过程中产生了大量的矸石、废石和尾矿，直接倾倒到洼地农田，甚至倒入湖泊与江河，对生态环境造成了极大的污染。

乡镇企业在生产和加工过程中排放的带有小颗粒的烟尘中含有大量的有害物质，由于设备简陋生产工艺落后，未经严格的净化处理，直接排放到大气中，对环境和人体造成极大的危害。

（3）废气污染

废气污染主要表现为乡镇企业在生产过程中排放的二氧化硫和氮化物对环境的污染，如乡镇炼硫厂、炼焦厂、炼铝厂、化肥厂、水泥厂、砖瓦厂和陶瓷厂等在生产过程中排放的气体中含有程度不同的二氧化硫等有害气体，由于设备简陋，生产工艺落后，未经严格的净化处理，直接排放到大气中，对环境造成污染。如乡镇炼硫厂，在开矿炼硫过程中，由于工艺落后既对硫资源造成很大的浪费，又有大量的含硫废气排入空气中，造成炼硫区黄烟熏人，农作物减产，并对农业生态环境造成了长久的影响。又如乡镇采石厂在采冰晶石、含氟磷矿石和萤石过程中，以及乡镇窑厂在开窑过程中排放出含氟的气体，对人和农业生态环境都造成严重的污染。

（4）噪声和振动等污染

噪声污染是一种无形的环境污染，具有局部性、暂时性和多发性的特点。有些乡镇企业靠近居民住宅区，在其生产过程中，机器开动和建筑施工震耳欲聋的轰鸣声，以及产生一定程度的振动，引起周围居民产生一定程度的头晕、头痛、失眠、嗜睡、易疲劳、激动、伴有耳鸣、听力减退等，影响了他们的工作和生活，造成环境污染。

2．确定主要污染物、重点污染行业及主要污染源

（1）确定主要污染物

按照污染源调查和主要污染物的确定原则：一是量大面广、排放量大，对乡镇环境影响大的；二是对人体健康和生态环境危害严重或潜在危害严重的；三是当前的技术水平和管理水平能够监控管理的，可将主要污染物分为两类：

① 在全国范围具有普遍性的污染物　烟尘、SO_2、工业粉尘、废水、COD、悬浮物、工业固体废物。

② 危害严重的污染物　这类污染物的排放量不一定大，也不是全国普遍的，而是因地而异，但这类污染物对环境的危害是非常严重的。如 NH_3-N、NO_3-N、磷、砷、酚、联苯胺、重金属等。

（2）确定重点污染行业

参照国家公布的重点污染行业名单，结合调查资料对乡镇工业进行按行业分析比较，确定本地区的重点污染行业。

① 国家公布的重点污染行业名单　1994 年，国家环境保护局以〔1994〕666 号文公布的重点污染行业名单：造纸、印染、电镀、化工、制革、淀粉、酿酒、制糖、炼焦、炼磺、金属冶炼、炼汞、炼金、煤炭洗选、选矿、水泥、砖瓦、陶瓷 18 个行

业。

② 根据调查资料分析比较　按行业进行下列 3 方面的分析比较（评价），确定本地区的重点污染行业。

- 按行业计算其等标污染负荷（水、气、固废分别计算）；
- 调查各行业的污染效应，主要是人体效应和经济效应，按行业由大到小排队；
- 污染治理难度（技术难度和投资大小）及环境管理和污染防治水平。

（3）确定主要污染源

按水、气、固体废物分别计算各污染源的等标污染负荷，分别由大到小排队。然后，由各队中分别截取一定数量的污染源，截取的污染源所排放的污染负荷之和占本地区污染负荷总量的 80%～85%（水、气、固体废物分别计算）。

3. 确定乡镇企业污染综合防治目标

（1）确定污染综合防治目标的依据

① 国家对乡镇环境质量的要求　在关于《国家环境保护“十五”计划和 2015 年远景目标纲要》的建议中提出：到 2010 年，“基本改变生态环境恶化的状况，城乡环境质量有比较明显的改善……”到 2015 年，“环境污染得到控制，力争生态环境有所改善，城乡环境质量基本适应人民生产生活的需要”。

在 2000 年 10 月 19 日人民日报刊登的《中共中央关于制定国民经济和社会发展第十个五年计划的建议》第十项“加强人口和资源管理，重视生态建设和环境保护”中提出：“加大环境保护和治理力度。强化城市大气污染、水污染、垃圾污染和噪声污染的综合治理，使大中城市环境质量明显改善。重视农村污染的治理。控制和治理工业污染，加快推广清洁生产技术。”

《“十一五”规划纲要》提出的预期性指标与约束性指标，明确规定在“十一五”期末要实现二氧化硫、化学需氧量等主要污染物排放总量减少 10%的目标。“十一五”期间必须控制资源消耗和环境污染两个指标。

② 因地制宜，从实际情况出发　确定乡镇工业污染综合防治目标的另一重要依据是本地区的生态特征、环境污染现状、污染治理水平，以及实际技术经济发展水平。

（2）乡镇工业污染综合防治规划目标的指标体系

① 环境质量指标

- 主要污染物排放总量对大气（或水）环境质量的影响不能超过某一限制；
- 主要污染物排放总量对土壤的环境影响不能超过某一限值。

② 主要污染物排放总量控制指标

- 全国性的　烟尘、工业粉尘、SO_2、工业废水、COD、工业固体废物；
- 地区性的　酚、NH_3-N、总磷、Cr^{6+}、联苯胺、危险废物等。

③ 乡镇工业污染控制指标　根据对工业污染进行全过程控制，降低乡镇工业单

位经济活动的环境代价，减少主要污染物排放量的要求，可采用下列指标：

- 万元产值耗水量年均递减率（%）；
- 万元产值综合能耗年均递减率（%）；
- 万元产值主要污染物排放量年均递减率（%）；
- 工业固废综合利用率（%）；
- 乡镇工业清洁生产度；
- 乡镇工业经济发展科技贡献率（%）；
- 乡镇工业的环境保护投资比（%）。

（3）确定环境目标

以控制乡镇工业污染对乡镇环境（包括农业环境）的影响，所不能超过的某一限值的要求为依据，通过测算和经验判断，确定乡镇工业污染的最佳（或实际可行）控制水平。经可行性分析再作必要的调整。

4. 乡镇企业污染综合防治规划的主要措施

（1）加强环保教育，增强环境意识

在乡镇企业发展过程中，造成乡镇环境污染的主要原因之一是人们的环境意识不强，观念淡薄。一方面乡镇领导、企业负责人只管经济发展、企业扩张，追求的是经济效益，不管对环境产生什么影响。另一方面，乡镇居民的环保意识不强，环境受害者缺少环境保护意识。所以，要加强环保教育。

（2）科学规划、合理布局，大力调整产业结构和产品结构

乡镇要根据本镇的实际情况，制订或修订村镇建设总体规划、乡镇企业调整规划和环境保护规划，并把三者综合成一个有机的整体，使本镇经济发展和环境保护建设、村镇建设规划形成良性的循环。在制订规划时，要十分注意本镇环境功能特点，尤其是集镇所在地，因地制宜地发展无污染或少污染的科技含量高的劳动密集型企业；要结合规划，大力调整产业结构和产品结构，改善本镇工业布局，推进乡镇企业向工业小区集中，对污染物进行集中处理、达标排放，对能耗高、浪费大、布局不合理、污染严重的企业要下决心，根据不同情况分别采取关、停、并、转、迁等，禁止转移或引进重污染项目，严防“十五小”企业死灰复燃。2006 年 3 月国务院发布的《关于加快推进产能过剩行业结构调整的通知》中也已将严格环保等市场准入作为调整产能过剩的重要制度和手段。

（3）加大对企业的管理，推行清洁生产，发展循环经济

2003 年 1 月 1 日《中华人民共和国清洁生产促进法》正式颁布实施，这标志着乡镇企业清洁生产有了施行的法律依据，通过清洁生产，乡镇环境保护与经济发展可修得“同船渡”。把清洁生产、资源及其废弃物综合利用、生态设计和可持续消费等融为一体，使经济系统和谐地纳入到自然生态系统的物质循环过程中，实现“资源—产品—再生资源—再产品”的物质反复循环流动，大幅度降低生产和消费过程

中资源消耗及污染的产生和排放。《“十一五”规划纲要》提出了“十一五”期间必须控制资源消耗和环境污染两个指标，以促进各地区依靠低消耗、低污染来提高经济增长速度。

各乡镇政府和乡镇企业要从本地、本企业实际出发，积极引导与推行清洁生产和循环经济，运用清洁生产的基本要义和循环经济的基本理念、技术思路，认真思考推行清洁生产和循环经济的切入点，切实可行地推行清洁生产和发展循环经济的模式，既推动经济发展，又能很好地做到环境保护，实现可持续发展。

（4）乡镇企业提高技术水平和管理与服务水平

相当一部分乡镇企业生产设备和生产工艺落后，不但导致高消耗、高污染，而且造成产品成本高。对这部分企业：第一，要进行生产设备的更新换代，努力提高技术档次；第二，改进生产工艺，采用先进的生产方法；第三，提高生产工人的技术水平，由于乡镇企业技术工人的技术水平相对而言较低，要加大培训，提高生产工人技术和操作水平，掌握先进的生产技术；第四，提高管理和服务人员的管理与服务水平，学会现代化的管理和服务。促使企业清洁生产和循环经济的实施有基本的物质、技术和人才保证。

（5）运用经济手段保护环境

对造成和可能造成环境污染的企业运用经济手段加强管理，其目的是促使这些企业在生产过程中少污染或不污染环境，起到保护环境的作用。运用经济手段加强管理，这是保证社会主义市场经济正常运行的基本手段之一。国务院颁布的《排污费征收使用管理条例》已经从 2003 年 7 月 1 日实施，为运用经济手段减少和防止企业对环境污染提供了法律依据。

（6）运用法律手段保护环境

运用法律手段保护环境是社会主义市场经济的本质要求。改革开放以来，国家为保护环境，防止污染，先后制定了一系列的法律、法规和条例，如：《中华人民共和国环境保护法》《征收使用管理条例》《环境监理工作程序（试行）》《环境影响评价法》《中华人民共和国清洁生产促进法》等。这些法规条例为依法对乡镇企业进行管理，依法治污、依法环保提供了法律保障。当然，地方政府要严格执法，不断提高环保依法行政水平，尤其对那些污染环境和破坏生态的违法犯罪行为要严厉打击，真正做到有法必依、执法必严、违法必究。

（7）建立环境状况统计申报制度和环境影响评价制度

环境统计申报是环保法定数据的一条主要来源，是环境管理和环境决策的主要依据。乡镇企业要建立环境状况统计与申报制度，对污染源、排污收费、环境收费、环境监测、事故处理、规划布局、污染治理等方面，进行资料的搜集、整理，实事求是地填报并及时上报统计报表。

地方政府对乡镇企业的建设项目要建立环境影响评价制度，这是乡镇“预防为主”的污染防治和生态保护方针的具体体现，是避免“先污染、后治理，先破坏、后恢复”的有效武器。

（8）加大环保投入，发展环保产业

就我国总体而言，环保产业的发展远远落后于其他产业的发展。就乡镇而言，环保产业更是大大落后于其他产业的发展，一部分乡镇还没有建立起环保产业，环保产业甚至处于零状态，这就导致了乡镇其他产业发展、经济繁荣的同时，环境受到严重的污染。所以对乡镇来讲要加大环保投入，在财力许可的情况下，应逐步扩大污染防治基金规模。同时，乡镇要大力发展环保产业。

（9）健全机构，加强环保队伍建设

目前就全国而言，乡镇环境执法机构仍空缺和不健全，缺少必要的执法人员、手段和装备。相当一部分乡镇根本没有配备必要的执法人员，少数乡镇甚至出现执法机关与企业合并的现象。所以，要按照统一、精简、效能的原则，健全和加强市、县环境管理部门，乡镇要有专人负责环境保护工作，有条件的乡镇可配备环保副乡长，专职从事环保工作。全面加强和改进环保部门的思想作风建设，不断提高环保执法人员的政治、业务素质和行政执法能力。

（10）实行领导环保责任制

《“十一五”规划纲要》中的约束性指标是政府对自身的约束，是政府在公共服务和公共管理领域对社会作出的承诺。按《“十一五”规划纲要》的要求，主要污染物排放总量减少指标不仅要分解落实到有关部门，分解落实到各省、自治区、直辖市，纳入各地区、各部门经济社会发展综合评价和绩效考核，还要将指标分解到年度，实行年度考核，并对政府主要领导干部离任时进行离任考核，对在定期考核中被确定为不称职的公务员给予惩戒和降职。

思考与讨论

1. 我国环境保护法的目的是什么？为什么环境保护要强调预防为主？
2. 环境行政法律制度主要是针对什么情况？环境行政处分和环境行政处罚有哪些区别？
3. 强化环境管理的目的、基本手段和措施是什么？
4. 什么是环境标准？环境标准在环境管理中的地位是怎样的？与《环境保护法》有什么关系？
5. 环境规划的编制程序和步骤有哪些？
6. 环境规划在国民经济发展规划中有怎样的地位和作用？
7. 环境污染如何遏制？

阅读与咨询

1. 绿色贸易壁垒

1988年，美国根据新修改的《海洋哺乳动物法案》宣布禁止进口墨西哥金枪鱼。其理由是美国认为在东太平洋海域，海豚处于濒危状态，应停止在该地带用大型渔网进行的捕鱼活动，因为这些大型渔网在捕捞金枪鱼的同时捕捞了海豚。这项限制对墨西哥影响极大，墨西哥提出上诉，认为美国的这项措施是保护主义行为，因为多年来美国船队捕杀的海豚远多于墨西哥。从此，墨西哥与美国展开了一场贸易之争，这就是著名的以保护环境为名设置贸易壁垒的“金枪鱼贸易案”。

自20世纪80年代以来，环境问题开始在国际贸易体系中显现出其重要作用，1992年里约热内卢世界环境和发展大会召开以后，世界范围内的环境保护热潮对国际贸易产生了深刻的影响。国际贸易和环境保护之间的互相制约、互相协调的关系也日渐突出起来。一些国家把环境因素作为贸易保护的一种武器，以环境保护法规和标准为原则，设置贸易壁垒，用来影响其他国家的环境政策，保护本国的利益。这种非关税的贸易保护策略被称为“绿色贸易壁垒”。

由于用传统的关税措施来限制进口正逐渐被新的贸易壁垒——“绿色贸易壁垒”所取代，由环境保护引起的贸易摩擦或纠纷此起彼伏。如：美国拒绝进口委内瑞拉的汽油，因为含铅（Pb）量超过了本国规定；欧盟禁止进口加拿大的皮革制品，因为加拿大猎人使用的捕猎器捕获了大量的野生动物；20世纪90年代开始，由于欧洲国家严禁进口含氟利昂冰箱，中国的冰箱出口由此下降了59%等事例，都是“绿色贸易壁垒”所起的作用。

虽然国际上对“绿色贸易壁垒”仍有争议，发展中国家和发达国家由于经济地位的不同，在贸易和环境问题上仍存在着尖锐的矛盾，但绿色贸易毕竟推动了各国绿色消费的兴起，环境标志产品、ISO 14000环境管理系列的出现等都标志着绿色产品将成为国际贸易的主导产品，绿色产品——绿色食品、绿色织物、绿色纸张、绿色冰箱、绿色包装等必将成为国家贸易竞争的新热点，谁拥有“绿色产品”，谁就会拥有市场。正如专家们断言：“让贸易披上绿装”已是大势所趋，今后的国际贸易谈判必将是“绿色回合”。

目前绿色壁垒主要有以下几种表现形式。

（1）强制性技术水平标准

对我国造成严重影响的技术标准主要有以下十种。

① 食品中的农药残留量；② 陶瓷产品的含铅量；③ 皮革的PCP残留量；④ 烟草中的有机氯含量；⑤ 机电产品、玩具的安全性指标；⑥ 汽油的含铅量指标；

⑦ 汽车的排放标准；⑧ 包装的可回收性指标；⑨ 纺织品染料指标；⑩ 保护臭氧层的受控物质。

（2）环境措施

由于我国出口的大多为劳动密集型产品，受环保因素的影响较大，加之我国企业的环境意识不强，使我国越来越多的出口产品受发达国家环保法规的影响。由于环境标志在发达国家的迅速推行，我国出口的纺织品、涂料、建筑材料、清洁用品、纸张、纸制品、电池与保护臭氧层有关的受控物质及其制品、机械产品、鞋类、橡胶制品等已经或正在受到不同程度的影响。

（3）认证制度

除了 ISO 14000 系列认证外，发达国家还有各国的实验认证以及某个行业的认证，对我国出口商品的压力越来越大。

（4）绿色包装和标签制度

1998 年 9 月 11 日，美国要求所有来自中国的木质包装和木质铺垫材料需附有中国出入境检验检疫机关出具的证书，证明木质包装经过热处理、熏蒸处理或防腐处理，违规货物将整批禁止入境，这将使我国 1/3 以上的对美出口受到影响。

2.《京都议定书》和清洁发展机制

1997 年通过的《联合国气候变化框架公约京都议定书》（以下简称《京都议定书》）为工业化国家在 2008—2012 年减少其温室气体排放规定了各自具有法律约束力的目标，总计至少要比 1990 年的水平减少 5%。这些国家（《京都议定书》附录 I 国家）各自的减排目标在议定书附件中一一列出。减少排放的义务可概括如下：西欧国家比 1990 年排放水平减少 8%，但冰岛和挪威例外，可以分别达到 1990 年排放水平的 110%和 101%。欧盟国家之间可以出现不同的排放减少水平，但其总排放量要比 1990 年降低 8%。东欧国家基本上负有同西欧国家同样的责任，但下列国家例外：克罗地亚维持在基本参照年水平的 95%，匈牙利和波兰维持在 94%。这一地区国家的基本参照年不必是 1990 年，而可以是较晚的年份，例如 1995 年。允许俄罗斯联邦和乌克兰维持 1990 年的排放水平。日本和加拿大同意比 1990 年的排放水平降低 6%；美国同意比 1990 年的排放水平降低 7%；澳大利亚可比 1990 年的排放水平增加 8%；新西兰可至多保持 1990 年的排放水平。规定的减少排放对象涉及 6 种主要温室气体，即二氧化碳（CO_2）、甲烷（CH_4）、一氧化二氮（N_2O）、含氢氟烃（HFC）、全氟化碳（PFC）和六氟化硫（SF_6）。

该议定书还确立了 3 项创新性机制，即联合实施（JI）、排放量交易和清洁发展机制（CDM），其目的是帮助附录 I 国家降低其减排目标的费用。CDM 还致力于促进发展中国家的可持续发展。虽然该议定书原则上商定了这些所谓的“灵活机制”，但还必须制定出具体操作细则。此外，各缔约国还必须制订议定书中概述的框架执行体系，并且要在有关土地使用变化和林业、报告责任、发展中国家对气候变化和缓解费用脆弱性等条款上做进一步的工作。1998年3月16日—1999年3月15日，《京都议定书》供开放签署。在此期间，84个国家签署了该议定书。若《京都议定书》生效，必须得到《公约》55个缔约国批准，包括附录I国家中二氧化碳排放占该组1990年排放水平55%的国家。很多缔约国希望该议定书能在2002年《公约》签署10周年之际生效。

清洁发展机制（Clean Development Mechanism，CDM）是《京都议定书》框架下三个灵活的机制之一。清洁发展机制的主要内容是指发达国家通过提供资金和技术的方式，与发展中国家开展项目级的合作，通过项目所实现的“经核证的减排量”，用于发达国家缔约方完成在议定书第三条下关于减少本国温室气体排放的承诺。清洁发展机制被认为是一项“双赢”机制：一方面，发展中国家通过合作可以获得资金和技术，有助于实现自己的可持续发展；另一方面，通过这种合作，发达国家可以大幅度降低其在国内实现减排所需的高昂费用。这类合作项目，称为CDM项目。项目所产生的额外的、可核实的CO_2减排量称为“核证减排量”（Certified Emission Reductions，CERs），由中国的项目企业所拥有，并可出售。每个CDM项目都有一个项目实施周期，这个周期是由《联合国气候变化框架公约》（UNFCCC）官方机构国际CDM执行理事会（CDMEB）设定的，其具体流程如图9-3所示。

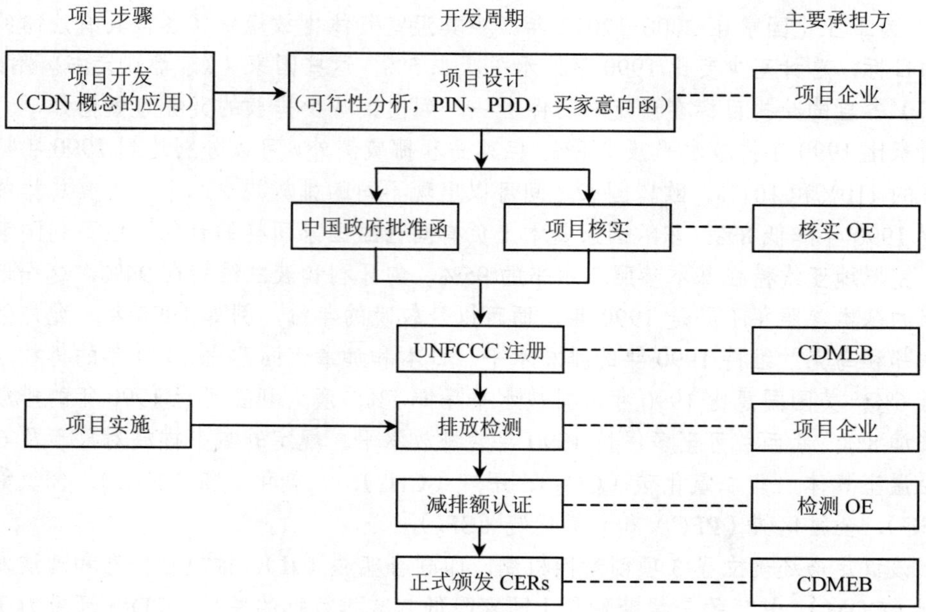

图9-3 项目开发流程

在整个项目的实施周期过程中需要有不同专业机构的参与和协助。首先，专业的咨询服务是必不可少的。他们可为项目企业提供现有政策法规和企业内部的财务情况分析，以及项目的可行性研究。在UNFCCC的预注册阶段，需由具有资质的第三方认证机构（Designated Operational Entity，DOE）对所有项目的申报资料加以核实（validation），并出具结论性报告。这些申报资料和文件包括项目设计文件（Project Design Document，PDD）、监测方案（Monitoring Plan）和基准线研究（Baseline Study），等等。一个CDM项目在UNFCCC获得通过的必要前提是：中国政府和潜在买方国的CDM管理机构（Designed National Authorities，DNA）达成共识，并各自出具一份官方"项目批准函"以确保该项目能够充分满足双方国内的政策法规。而作为CDM项目开发中的一个必然过程，其成本费用基本取决于工作量的大小以及项目的规模。

3. 相关网站

中国环境管理网 http://www.zghjgl.net/

中国清洁发展机制网 http://cdm.ccchina.gov.cn/

4. 网上咨询

区域限批

行业限批

环保核查

环境应急管理

第十章　环境监测与评价

环境监测是环境保护工作的基础，是执行环境保护法规的依据，是污染治理、环境科学研究、规划和管理不可缺少的重要手段，是环境保护的“耳目”。环境保护离不开环境监测。

环境评价是对环境质量按照一定的标准和方法给予定性和定量的说明和描述，也是环境保护中的一项重要工作。

第一节　环境监测

一、环境监测的目的和种类

环境监测是以环境为对象，运用物理的、化学的和生物的技术手段，对其中的污染物及其有关的组成成分进行定性、定量和系统的综合分析，以探索研究环境质量的变化规律。其任务是要对环境样品中的污染物的组成进行鉴定和测试，并研究在一定历史时期和一定空间内的环境质量的性质、组成和结构，主要内容包括：大气环境监测、水环境监测、土壤环境监测、固体废弃物监测、环境生物监测、环境放射性监测和环境噪声监测等。

环境是一个非常复杂的综合系统，人们只有获取大量的环境信息，了解污染物的产生过程和原因，掌握污染物的数量和变化规律，才能制定切实可行的污染防治规划和环境管理目标，完善各类环境标准、规章制度，使环境管理逐步实现从定性管理到定量管理、从浓度控制向总量控制转变，而这些定量化的环境信息，只有通过环境监测才能得到。

1．环境监测的目的

通过对环境的监测能够准确、及时、全面地反映环境质量现状及发展趋势，为环境管理、污染源控制、环境规划等提供科学依据。

① 根据环境质量标准评价环境质量。主要是通过提供环境质量现状数据，判断是否符合环境质量标准。也可以通过环境监测评价污染治理的实际效果。

② 根据环境污染物的时空分布特点，追踪、寻找污染源，为实施监督管理、控制污染提供依据。

③ 收集环境本底值，积累长期监测资料，为研究环境容量、实施总量控制、目标管理、预测预报环境质量提供科学数据。

④ 为保护人类健康，保护环境和合理利用自然资源，制定、修订环境法规、环境标准、环境规划提供科学依据和服务。

⑤ 揭示新的环境问题，确定新的污染因素，为环境科学研究提供科学数据。

2. 环境监测的种类

环境监测可按监测目的或监测介质对象分类，也可按专业部门分类。

按监测目的分：

（1）环境质量监测

环境质量监测是指对所在地区的空气质量、水质、噪声等指定的有关项目进行定期的、长时间的监测，建立各种监测网，累积监测数据，以确定环境质量及污染源状况（污染物浓度、排放总量、污染趋势等），评价控制措施的效果，衡量环境标准实施情况和环境保护工作的进展。也称常规监测或例行监测。

（2）污染源监测

污染源监测是指对污染物排放出口的排污监测，固体废物的产生、储存、处置、利用排放点监测，防治污染设施运行效果监测，“三同时”项目竣工验收监测，现有污染源治理项目（含限期治理项目）竣工验收监测，排污许可证执行情况监测，污染事故应急监测等。

（3）环评和科研监测

凡从事对环境有影响的建设项目，都必须进行环境影响评价，需要按评价要求进行环境监测。包括选择合适的监测对象与环境因子，确定监测范围，选择监测方法，监测断面，监测频次，对监测数据进行可信度评估等。

科研监测是针对特定目的的科学研究而进行的高层次的监测。例如，环境本底的监测及研究；有毒有害物质对从业人员的影响研究；为监测工作本身服务的科研工作的监测，如统一方法、标准分析方法的研究、标准物质的研制等。这类研究往往要求多学科合作进行。

（4）仲裁监测

仲裁监测主要针对污染事故纠纷、环境法执行过程中所产生的矛盾进行监测。仲裁监测应由国家指定的具有权威的部门进行，以提供具有法律责任的数据（公正数据），供执行部门、司法部门仲裁。

（5）其他服务监测

其他服务监测包括发生污染事故时进行的应急监测，污染治理项目竣工时的验收监测，为政府部门、科研机构、生产单位所提供的服务性监测等。

按监测介质对象分：

水质监测、空气监测、土壤监测、固体废物监测、生物与生态因子监测、噪声和振动监测、电磁辐射监测、放射性监测、热监测、光监测、卫生（病原体、病毒、寄生虫等）监测等。

按专业部门分：

气象监测、卫生监测和资源监测等。

3．环境监测的特点

（1）综合性

环境监测的综合性表现在以下几个方面：监测手段：包括化学、物理、生物、物理化学、生物化学及生物物理等一切可以表征环境质量的方法。监测对象：包括空气、水体（江、河、湖、海及地下水）、土壤、固体废物、生物等客体，只有对这些客体进行综合分析，才能确切描述环境质量状况。对监测数据进行统计处理、综合分析时，需涉及该地区的自然和社会各个方面情况，因此，必须综合考虑才能正确阐明数据的内涵。

（2）连续性

由于环境污染具有时空性等特点，因此，只有坚持长期测定，才能从大量的数据中揭示其变化规律，预测其变化趋势，数据越多，预测的准确度就越高。因此，监测网络、监测点位的选择一定要有科学性，而且一旦监测点位的代表性得到确认，必须长期坚持监测。

（3）追踪性

环境监测包括监测目的的确定、监测计划的制订、采样、样品运送和保存、实验室测定到数据整理等过程，是一个复杂的、有联系的系统，任何一步差错都将影响最终数据的质量。特别是区域性的大型监测，由于参加人员众多、实验室和仪器的不同，必然会产生技术和管理水平上的不同。为使监测结果具有一定的准确性，并使数据具有可比性、代表性和完整性，需有一个量值追踪体系予以监督。

二、环境监测程序与方法

1．环境监测程序

环境监测的程序因监测目的不同而有所差别，但其基本程序是一致的：

① 现场调查与资料收集　主要调查收集区域内各种污染源及其排放规律和自然与社会环境特征。自然与社会环境特征包括地理位置、地形地貌、气象气候、土壤利用情况以及社会经济发展状况。

② 确定监测项目　监测项目主要根据国家规定的环境质量标准、本地主要污染源及其主要排放物的特点来选择，同时还需要测定一些气象及水文项目。

③ 监测点布设及采样时间和方法的确定　采样点布设得是否合理，是能否取得有代表性样品的前提，必须予以充分重视。不同介质样品的采集有相应的技术规定，应按规定要求采集能反映真实状况的样品。如对大气污染监测，采样点的位置一般

应包括整个监测地区的高浓度、中浓度和低浓度三种不同地方；采样时间尽可能在污染物出现高、中、低的时间内采集；采样方法则根据大气中污染物浓度的高低及测定方法灵敏度不同，分别选择直接采样或浓缩采样。

④ 样品的保存　环境样品在存放过程中，由于吸附、沉淀、氧化还原、微生物作用等影响，其成分可能发生变化而引起较大的误差。因此，从采样到分析测定的时间间隔应尽可能缩短，如不能及时分析测定样品，应采取适当的方法存放样品。目前较为普遍的保存方法有冷藏冷冻法和加入化学试剂法。

⑤ 样品的分析测试　根据样品特征及所测组分特点，选择适宜的分析测试方法。目前用于环境监测的分析方法有化学分析和仪器分析两大类。化学分析法包括滴定法和重量法，选用于常量组分测定。仪器分析法选用于微量、痕量甚至超痕量组分的分析。

⑥ 数据处理与结果上报　由于监测误差存在于环境监测的全过程，只有在可靠的采样和分析测试的基础上，运用数理统计的方法处理数据，才可得到符合客观要求的数据。

2．环境监测方法

从原理上看，环境监测方法大体可分为化学分析法、仪器分析法和生物监测法。目前，对环境样品中污染物的成分分析及其状态与结构的分析多采用化学分析方法和仪器分析方法。

（1）化学分析法

化学分析法分重量分析法和滴定分析法两类。如重量分析法常用作残渣、降尘、油类、硫酸盐等的测定，滴定分析法被广泛用于水中酸度、碱度、化学需氧量、溶解氧、硫化物、氰化物的测定。

（2）仪器分析法

仪器分析法是以物理和物理化学方法为基础的分析方法。它包括光谱分析法（可见分光光度法、紫外分光光度法、红外光谱法、原子吸收光谱法、原子发射光谱法、X-荧光射线分析法、荧光分析法、化学发光分析法等）、色谱分析法（气相色谱法、高效液相色谱法、薄层色谱法、色谱-质谱联用技术）、电化学分析法（极谱法、溶出伏安法、电导分析法、电位分析法、离子选择电极法、库仑分析法）、放射分析法（同位素稀释法、中子活化分析法）和流动注射分析法等。

当前，仪器分析方法被广泛用于环境物进行定性和定量的测量。如分光光度法常用于大部分金属、无机非金属的测定；气相色谱法常用于有机物的测定；对于污染物状态和结构的分析常用紫外光谱、红外光谱、质谱及核磁共振等技术。气相色谱质谱联机（GC-MS）可以用作有机物的定性分析，也可以用作定量分析。

（3）生物监测法

目前生物监测方法主要包括大气污染物的生物监测和水体污染的生物监测两大

类。大气污染物的生物监测方法有：利用指示植物的伤害症状对大气污染作出定性、定量的判断；测定植物体内污染物的含量，作出判断；观察植物的生理生化反应，如酶系统的变化、发芽率的变化等，对大气污染的长期效应作出判断；测定树木的生长量和年轮，估测大气污染的现状；利用某些敏感植物，如地衣、苔藓等作为大气污染的植物监测器。水体污染的生物监测方法有：利用指示生物监测水体污染状况；利用水生物群落结构变化进行监测，同时可引用生物指数和生物种的多样性指数等数学手段；水污染的生物测试，即选用水生物受到污染物的毒害作用所产生的生理机能变化，测定水质的污染状况。

三、环境监测的手段

为加强污染源监管，实施污染物排放总量控制与排污许可证制度和排污收费制度，预防污染事故，提高环境管理科学化、信息化水平，提高政府应对涉及公共危机的突发环境事件的能力，近年来各级环保部门在加强实验室仪器监测的同时，逐渐加大投入，开展了重点污染源水污染物、大气污染物排放和噪声自动监测、应急快速监测，一些监测机构还建立了遥感监测系统，从技术上大大提升了监测能力。

1. 应急快速监测

突发性环境污染事故不同于一般的环境污染，没有固定的排放方式和排放途径，都是突然发生，在瞬时或短时间内大量地排放污染物质，对环境造成严重污染和破坏，给人民的生命安全和国家财产造成重大损失。为了加强应急监测能力，确保在紧急情况下能迅速反应、准确监测，及时提供监测结果，各地区环境监测机构应制定环境事件应急监测预案，并配备必要的特征污染物固定监测设备和现场监测仪器。根据突发环境事件污染物的扩散速度和事件发生地的气象和地域特点，确定污染物扩散范围；根据监测结果，综合分析突发环境事件污染变化趋势，并通过专家咨询和讨论的方式，预测并报告突发环境事件的发展情况和污染物的变化情况，作为突发环境事件应急决策的依据。

应急环境监测仪器是为开展突发环境污染事故监测，实施污染事故应急救援和政府决策提供决策依据的基础条件。为适应新时期环境监测能力建设的需要，加快建设先进的环境监测预警体系，2007 年 4 月国家环保总局发布了《全国环境监测站建设标准》，其中规定了各级环境监测机构必须配置的应急环境监测仪器配置标准。

2. 在线自动监测

环境中污染物质的浓度和分布是随时间、空间、气象条件及污染源排放情况等因素的变化而不断改变的，定点、定时的人工采样测定结果不能确切反映污染物质的动态变化，不能及时提供污染现状和预测发展趋势。为了及时获得污染物质在环境中的动态变化信息，正确评价污染状况，并为研究污染物扩散、转移和转化规律提供依据，必须采用和发展在线自动监测技术。

目前，较为常见的有大气污染自动监测系统和水污染自动监测系统。

大气污染自动监测系统　这种系统由若干个固定监测站、一个中心监测站和数据通信系统三部分组成。中心监测站还与排放污染源的监测点相连，以便及时监督指挥。固定监测站的布局可按几何图形（如方格坐标）平均布点，也可按城市功能分区随机布点。固定监测站设置的密度取决于区域污染程度、污染面积、人口数量、气象条件、地形地貌等因素。每个固定监测站内设有自动采样装置、各种污染物浓度的自动检测仪器、气象参数自动测定仪器、发送接收信号装置等。监测站的监测项目依设置监测系统的任务而定。通常监测项目有二氧化硫、飘尘、一氧化碳、氮氧化物、臭氧以及风向、风速、温度、湿度、日照等。各监测站测出的污染浓度和气象数据经数据通信系统定时传输到监测中心。监测中心设有电子计算机和多种外围设备，完成数据收集、数据运算（计算时、日、月的平均浓度，超额频数等）、数据显示（列表，绘图及屏幕显示等）、数据存储等项工作，并且向各监测站发出开机、停机、校正零点等指令和向各污染源、行政管理部门发出警报。系统还设有流动监测站，以补充固定站的不足；设置垂直监测站监测垂直分布，了解远距离污染物的迁移情况。

水污染自动监测系统　它对污染源排放的废水（经处理过的）以及地表水和地下水被污染情况进行自动监测。水污染自动监测系统按流域和水域划分。每个水污染自动监测系统由若干个水污染固定监测站、数据通信系统和一个监测中心三部分组成。水污染固定监测站一般设在河流两岸，湖泊水库的出入口，工厂废水排出口，污水处理厂的排水口，河流、湖泊的入海口，国际省际水域边界，给水厂取水点的上游等处。监测站内设有自动采样装置、水污染监测仪器、水文与气象参数测定仪器、水样存储装置和收发信号装置等。水污染自动监测系统主要检测一些反映水质污染的综合性指标，如pH、电导率、溶解氧、浊度、化学需氧量等。检测数据经数据通信系统传输到监测中心，通过电子计算机及其外围设备进行数据处理，计算各种平均值，估计污染扩散情况，存储数据，显示数据，列表打印数据，以及向监测站发出警报和遥控指令。

3. 卫星遥感监测

近年来，遥感技术在大气污染监测、水体污染监测以及植物生态调查等方面显示出其优越性，是地面逐点定期测定所无法相比的。

环境遥感监测系统可将空间遥感卫星、地面定点监测站、数据传输与处理系统、GIS（地理信息系统）相结合，实现准确、客观、动态、简便、快速地对环境质量进行监测评价与发展趋势预报。

采用卫星遥感技术是环境科学研究的必要途径，它不仅可以提供大面积、全天时、全天候的环境监测手段，更重要的是能够提供常规环境监测手段难以获得的全球性的环境遥感数据，这些数据可成为环境监测、预报和科学研究不可缺少的基础。

在大气环境的遥感监测中应用较多的是对沙尘天气的监测、气溶胶和风场的反演监测。图 10-1 是利用气象卫星监测沙尘天气的一例图像。

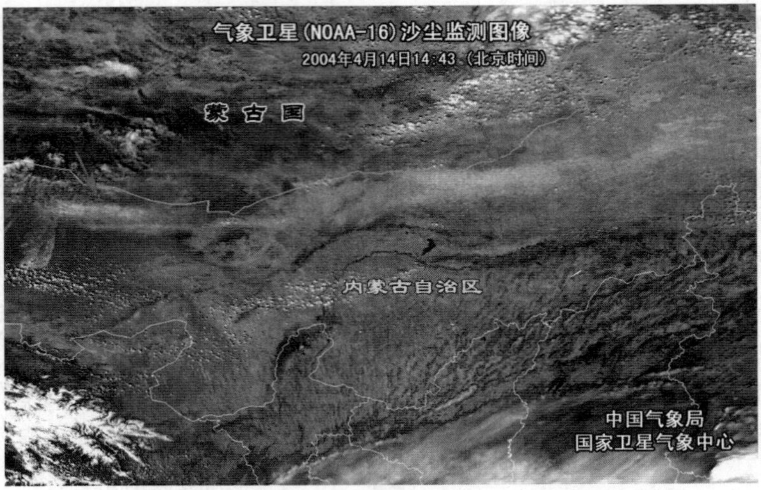

图 10-1　利用气象卫星进行沙尘监测的图像

遥感在水质指标中的研究应用，从最初单纯的水域识别发展到目前对水质指标进行遥感监测、制图和预测。其中，对于水环境的灾害性事件监测，如水华或赤潮等，遥感可以发挥出其大范围、实时、同步和连续监测的特点，以最少的投资，发挥最大的作用。图 10-2 是 EOS 卫星 2004 年 8 月对太湖蓝藻的监测。

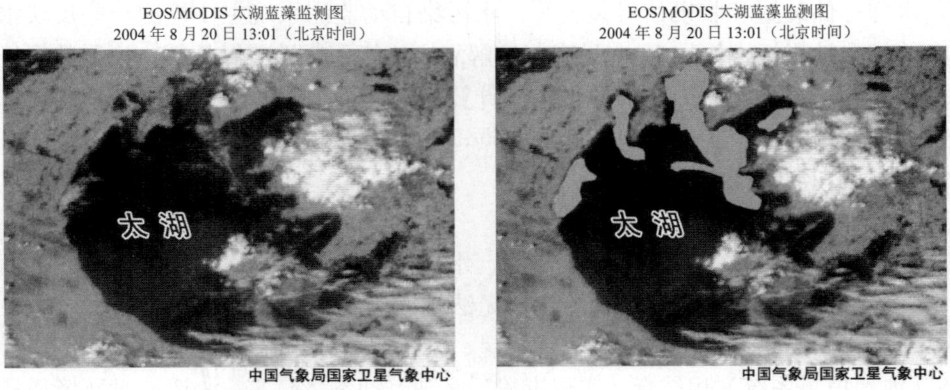

图 10-2　EOS 卫星对太湖蓝藻的监测图

我国有七大水系，2 300 个面积在 1 km^2 以上的湖泊。尽管有 2 131 个环境监测站和万余个水环境监测断面，这只能反映某一点或城市主要断面的水环境状况，但难以反映城市之间或者无人区域水环境状况，更不能全面反映水环境的动态变化。建立准确、客观、动态、快速的全国水环境质量监测、评价及趋势预报系统对我国水环境污染治理决策的宏观管理有重要的意义。

利用卫星遥感对自然生态进行监测的内容有：森林覆盖状况及生态功能动态变化监测、草地覆盖状况及动态变化监测、湿地资源状况及动态变化监测、生物多样性状况及动态变化监测、农村生态变化监测、矿资源开发的生态破坏监测、城市开发建设状况和城市保护的监测等。

随着环境保护的发展和科技水平的提高，卫星遥感监测将在环境保护工作中发挥越来越重要的作用。

四、环境监测质量保证

环境监测对象成分复杂，时间、空间、量级上分布广泛且多变，不易准确测定。特别在大规模的环境调查中，常需要在同一时间内由多个实验室同时参加、同时测定。这就要求各个实验室从采样到监测结果所提供的数据有规定的准确性和可比性，以便作出正确的结论。环境监测由多个环节组成，只有各个环节的质量都予以了保证，才能获得代表环境质量的各种标志数据，才能反映真实的环境质量。因此，必须加强环境监测过程的质量保证。

1．质量保证的目的

质量保证的目的是使监测数据达到以下五个方面的要求：

① 准确性　测量数据的平均值与真实值的接近程度；

② 精确性　测量数据的离散程度；

③ 完整性　测量数据与预期的或计划要求的符合；

④ 可比性　不同地区、不同时期所得的测量数据与处理结果要能够进行比较研究；

⑤ 代表性　要求所监测的结果能表示所测的要素在一定空间内和一定时期中的情况。

2．质量保证的内容

① 采样的质量控制　采样的质量控制包括以下几方面的内容：审查采样点的布设和采样时间、时段选择；审查样品数量的总量；审查采样仪器和分析仪器是否合乎标准和经过校准，运转是否正常。

② 样品运送和储存中的质量控制　样品运送和储存中的质量控制主要包括：样品的包装情况、运输条件和运输时间是否符合规定的技术要求。防止样品在运输和保存过程中发生变化。

③ 数据处理的质量控制　数据处理的质量控制主要包括：数据分析、数据精确、数据提炼、数据表达等一系列的过程是否符合技术规范要求。

3. 实验室的质量控制

监测的质量控制从大的方面可分为采样系统和测定系统两部分。实验室质量控制是测定系统中的重要部分，它分为实验室内质量控制和实验室间质量控制，目的是保证测量结果有一定的精密度和准确度。实验室质量保证必须建立在完善的实验室基础工作之上，实验室的各种条件和分析人员须符合一定要求。

① 实验室内质量控制　实验室内部质量控制是实验室分析人员对分析质量进行的自我控制的过程。一般通过分析和应用某种质量控制图或其他方法来控制分析质量。

② 实验室间质量控制　实验室间质量控制是针对使用同一种分析方法时，由于实验室与实验室之间条件不同（如试剂、蒸馏水、玻璃器皿、分析仪器等）和操作人员不同引起测定误差而提出的。进行这类质量控制通常采用测定标准样品或统一样品、测定加标样品、测定空白平行等方法。

第二节　环境质量现状评价

环境评价实际上是对环境质量的评价，但根据环境评价的目的、要求和重点不同，目前常具体称其为环境质量评价和环境影响评价。

一、环境质量评价的分类

环境质量评价是按照一定的程序和方法，对环境质量进行的定性和定量的分析、评估和描述，它应客观地反映环境质量，为环境规划和管理提供科学的依据。

环境质量评价按时间因素可分为环境质量回顾评价、环境质量现状评价和环境质量影响评价三种类型。

① 环境质量回顾评价是指根据有关资料对区域过去较长时期环境质量的历史性变化的评价。通过回顾评价可以了解区域环境污染的发展变化过程。

② 环境质量现状评价一般是根据近几年的环境监测资料对某地区的环境质量进行评价。通过现状评价，可以阐明环境污染现状，为区域环境污染综合防治、区域规划提供科学依据。我国开展的环境质量评价工作多为这种类型。

③ 环境质量影响评价是指对区域今后的开发活动将会给环境质量带来的影响进行评价。这不仅要研究开发项目在开发、建设和生产中对自然环境的影响，也要研究对社会和经济的影响。要求提出环境影响报告书，并制定防止环境破坏的对策，为项目的设计和管理部门提出科学依据。

常按环境要素分为大气环境质量评价、水环境质量评价、土壤环境质量评价和噪声环境质量评价等；或按评价内容分为健康影响评价、经济影响评价、生态影响评价、风险评价和美学景观评价等。

在实际工作中，目前环境质量评价的重点是对环境现状的研究、评价和探讨改善环境质量的方法与途径。

二、环境质量评价方法

环境质量评价实际上是对环境质量优劣的评定过程。这个过程包含许多层次，评价方法也有很多，如专家评价法、指数评价法、模糊数学评价法、经济分析法等。以下仅就目前环境质量现状评价中使用比较多的指数评价法作简要介绍。

1. 指数的基本形式

根据不同评价的需要，环境质量指数可以设计为随环境质量提高而递增，也可以设计为随污染程度的提高而递增。

对只有一种污染物作用于环境因素的情况下，其环境质量指数的公式可写为：

$$I=\frac{c}{s} \tag{10-1}$$

式中：I—— 环境质量指数；

c—— 该污染物在环境中的浓度，mg/m^3 或 mg/L；

s—— 该污染物对人类影响程度的某一数值或标准。

如果一个地区某一种环境因素中的污染物是单一的或某一种污染物占明显优势，则上述计算求得的环境质量指数大体可以反映出环境质量的概况。

若某一环境因素中有多种污染物，并且这些污染物之间并没有明显的激发或抑制作用，这时，可以近似地认为它们基本上是各自独立发挥作用，那么环境质量指数计算公式可写为：

$$I=\frac{c_1}{s_1}+\frac{c_2}{s_2}+\cdots+\frac{c_n}{s_n}=\sum_{i=1}^{n}\frac{c_i}{s_i} \tag{10-2}$$

2. 指数评价法的主要环节

（1）收集、整理数据和资料

在收集和整理资料的基础上分析所要评价的区域环境要素背景的监测数据和资料。在现有监测数据不足时，要组织环境背景特征的调查，设计监测网络系统，确定本地区环境中污染物和各种有关参数的背景值。监测计划的内容、监测网点的设置，应根据区域环境质量现状评价的目的、任务及评价区域自然环境特点、污染源分布的具体情况来确定。

（2）确定所要评价的环境要素及其评价因子

确定评价环境要素及其评价因子的依据是：

① 所选择的评价要素及评价因子应能满足预定的目的和要求。一般来说，在做

环境质量现状评价时，选择的因子应是例行监测浓度较高以及对人群健康已经有影响的因子；在做环境影响评价时，应选择可能受拟议行动影响的要素和因子；做区域环境质量综合评价时，要求选择较多的环境要素及其因子参加评价，以利作出较全面、确切的评价结论。

② 已开展的区域污染源调查和评价所确定的主要污染源和主要污染物。

③ 尽可能选择环境质量标准所规定的因子。

④ 评价单位可能提供的监测和测试条件。

（3）评价指数的选用和综合

选用的评价指数要做到有可比性。做环境质量评价应尽可能选择国内或地区范围内外使用较多、较成熟的指数。在必要的情况下才自行设计指数。新设计的指数要求物理概念明确、易于计算。

从单元指数式（10-1）变成分指数，再从分指数转成总指数，都有一个指数综合的问题。综合的基本目的在于能从整体上描述环境质量。综合的方法常用的有三种：

① 代数叠加：即把每个分指数的权值按 1 考虑叠加，例如北京西郊环境质量的综合指数为：

$$I = \frac{1}{n}\sum_{i=1}^{n}\frac{c_i}{s_i} \tag{10-3}$$

② 加权平均：可以是用分指数和权值的乘积加和取平均，如南京城区环境质量的综合指数为：

$$I = \frac{1}{n}\sum_{i=1}^{n}W_i\frac{c_i}{s_i} \tag{10-4}$$

式中：W_i—— 污染物 i 的加权系数；也可以用分指数的幂函数与数值乘积加和再开方取平均来求得。

③ 加权平均兼顾极值：在分指数中往往有个别极大值对环境质量的变化有重要影响。因此，在考虑平均值外还需兼顾极值的情况。这类指数中比较有代表性的是内梅罗（N.L.Nemrow，1974）提出的水质指数：

$$I = \sqrt{\frac{\left[\max(I_i)^2 + (\bar{I}_i)^2\right]}{2}} \tag{10-5}$$

以及姚志麒提出的上海大气质量指数：

$$I = \sqrt{\max(I_i)\cdot(\bar{I}_i)} \tag{10-6}$$

式中：max（I_i）和（$\bar{I}_i$）—— 分别代表（c_i/s_i）最大值和（c_i/s_i）平均值。

（4）环境质量分级

为了评价环境质量的现状，需将指数值与环境质量状况联系起来，建立分级系统。分级系统是依据环境质量评价的目的，根据历史和现在的环境质量状况，经过汇总分析，在找出环境质量指数与实际环境污染的定量关系基础上建立起来的。环境质量分级系统应在实用中不断检验、修订、逐步完善，使之较为客观地反映环境质量状况。

一个环境质量分级系统是评价方法的重要组成部分，实际上是如何使评价结果更准确地反映环境质量的一种手段和标准。一般均按一定的指标对环境指数范围进行客观分段，其分段依据通常是污染物浓度超标倍数、超标污染物的种数，以及不同污染物浓度对应的环境影响程度等。

环境质量高低主要是从生态状况，尤其是人群健康状况出发。环境质量分级应力求使划分的质量级别与生物、人群健康受环境污染影响的程度相联系。这方面的实例已有很多，表 10-1 是研究人员参照美国 PSI（污染物标准指数）值对应的浓度和人体健康的关系对上海大气质量指数值进行的大气污染分级。

表 10-1 上海大气污染指数分级

分级	清洁	轻污染	中污染	重污染	极重
I	<0.6	0.6～1	1～1.9	1.9～2.8	>2.8
大气污染水平	清洁	大气污染指数三级标准	警戒水平	警告水平	紧急水平

三、污染源调查与评价

污染源是引起环境污染的主要原因。要了解环境污染的历史和现状，预测环境污染的发展趋势，污染源调查与评价是一项必不可少的工作。它是环境评价的首要部分，是环境保护工作的基础。

污染源调查的目的是弄清污染物的种类、数量，排放方式、途径及污染源的类型和位置，在此基础上判断出主要污染物和主要污染源，为环境评价与环境管理提供依据。

1. 污染源调查的内容

污染源的调查包括自然污染源和人为污染源的调查，其中人为污染源又包括工业污染源、生活污染源、农业污染源和交通污染源等。以下简要介绍其调查的主要内容。

（1）工业污染源

工业污染源的调查内容有以下几项：

① 企业概况 企业名称、位置、所有制性质、占地面积、职工总数及构成、工厂规模、投产时间、产品种类、产量、产值、生产水平、企业环保机构等。

② 生产工艺 工艺原理、工艺流程、工艺水平和设备水平，生产中的污染产生

环节。

③ 原材料和能源消耗　原材料和燃料的种类、产地、成分、消耗量、单耗、资源利用率、电耗、供水量、供水类型、水的循环率和重复利用率等。

④ 生产布局　原料、燃料堆放场、车间、办公室、厂区、居住区、堆渣区、排污口、绿化带等的位置，并绘制布局图。

⑤ 管理状况　管理体制、编制、管理制度、管理水平。

⑥ 污染物排放的种类、数量、浓度、性质、排放方式、控制方法、污染物排放情况。

⑦ 污染防治调查　废水、废气和固体废物处理、处置方法、方法来源、投资、运行费用、效果。

⑧ 污染危害调查　污染对人体、生物和生态系统工程影响的调查。

（2）农业污染源

农业污染源的调查内容是：

① 农药使用　调查施用的农药品种、数量、使用方法、有效成分含量、时间、农作物品种、使用的年限。

② 化肥使用　施用化肥的品种、数量、方式、时间。

③ 农业废弃物　作物茎、秆、牲畜粪便的产量及其处理和处置方式及综合利用情况。

④ 其他。

（3）生活污染源

生活污染源的调查内容有：

① 城市居民人口调查　总人口、总户数、流动人口、年龄结构、密度。

② 居民用水排水状况　居民用水类型（集中供水或分散自备水源）、居民生活人均用水量、办公、旅馆、餐馆、医院、学校等的用水量、排水量、排水方式及污水出路。

③ 生活垃圾　数量、种类、收集和清运方式。

④ 民用燃料　燃料构成（煤、煤气、液化气等）、消耗量、使用方式、分布情况。

⑤ 城市污水和垃圾的处理和处置　城市污水总量，污水处理率，污水处理厂的个数、分布、处理方法、投资、运行和维护费，处理后的水质；城市垃圾总量、处置方式、处置点分布，处置场位置、采用的技术、投资和运行费。

2. 污染源调查的方法

污染源调查的基本方法是社会调查，包括印发各种调查表，召开各种类型的座谈会，进行调查、访问、采样测试等。在污染源调查工作中应做到“了解一般，抓住重点”，因此，调查工作可分普查和详查两种方法。

（1）污染源普查

污染源的普查工作首先从有关部门查清调查范围内的工矿企事业单位名称，然后通过发放调查表的方法对这些单位的规模、性质和排污量进行一次概略的调查，在此基础上筛选出重点污染源，以备进行评查。

（2）污染源详查

在污染源普查的基础上，选择规模大、污染物量大、影响范围广、危害程度大的污染源作为详查对象。污染源详查要求工作人员深入到污染源现场，进行污染状况的实地调查、污染源的实际采样监测，并配合必要的计算。通过详查，要完成污染源调查的全部内容，并总结出行业的排污系数，同行业之间的排污系数比较，就可以了解本企业的经营管理水平和经济效益。

3．污染物排放量的估算

（1）实测法

实测法是对污染源进行现场测定，得到污染物的排放浓度和流量，然后计算出排放量。

$$Q = C L \tag{10-7}$$

式中：C—— 实测的污染物算术平均浓度；

L—— 烟气或废气的流量。

这种方法只适用于已投产的污染源，并且容易受到采样频次的限制。如果实测的数据没有代表性，也不易得到真实的排放量。

（2）物料平衡法

根据物质不灭定律，在生产过程中投入的物料量 T，等于产品所含这种物料的量 P 与物料流失量 Q 的总和。如果物料的流失量全部转化为污染物，则污染物排放量（或称源强）就等于物料流失量，即

$$T = P + Q \tag{10-8}$$

$$Q = T - P \tag{10-9}$$

如果物料流失量只有部分转化为污染物，其他部分以别的形态存在，则排放量 Q' 应由物料流失量 Q 乘以修正系数 R 得到

$$Q' = R Q \tag{10-10}$$

（3）排污系数法

污染物的排放量可根据生产过程中单位产品的经验排污系数进行计算。计算公式为

$$Q = K W \tag{10-11}$$

式中：K—— 单位产品的经验排放系数；

W—— 某种产品的单位时间产量。

污染物的排放系数是在特定条件下产生的，随区域、生产技术条件的不同，污染物排放系数和实际排放系数可能有很大差别，在选择时应根据实际情况加以修正。

4．污染源评价

污染源评价是在污染源和污染物调查的基础上进行的，其任务是采用一定的方法确定主要污染物和主要污染源。目前多采用等标污染负荷法。

（1）等标污染负荷与等标污染负荷比

污染物的等标污染负荷定义为

$$P_i = \frac{C_i}{C_{0i}} Q_i \times 10^{-6} \tag{10-12}$$

式中：Q_i—— 某种污染物的排放量，对污水为 m^3/d；

C_i—— 某种污染物的排放浓度，对液体为 mg/L；

C_{0i}—— 某种污染物评价标准（对水 mg/L，对气 mg/m^3），一般取排放标准。

某污染源的总等标污染负荷为

$$P_n = \sum P_i \tag{10-13}$$

某区域的等标污染负荷（P）为该区域（或流域）内所有污染源的等标污染负荷之和。

$$P = \sum P_n \tag{10-14}$$

某污染物占污染源的等标污染负荷比

$$K_i = \frac{P_i}{\sum P_i} = \frac{P_i}{P_n} \tag{10-15}$$

某污染源占区域的等标污染负荷比

$$K_n = \frac{P_n}{\sum P_n} \tag{10-16}$$

（2）评价方法

主要污染物的确定　将污染物等标污染负荷的大小排列，从小到大计算累计百分比，将累计百分比大于 80%的污染物列为主要污染物。

主要污染源的确定　将污染源按等标污染负荷排列，计算累计百分比，将累计百分比大于 80%的污染源列为主要污染源。

第三节 环境影响评价

一、环境影响评价概述

1. 环境影响

环境影响是指人类活动（经济活动、政治活动和社会活动）导致的环境变化以及由此引起的对人类社会的效应。人类活动对环境产生的影响可以是有害的，也可以是有利的；可以是长期的，也可以是短期的；可以是潜在的，也可以是现实的。要识别这些影响，并制定出减轻对环境不利影响的对策措施，是一项技术性极强的工作。

2. 环境影响评价及其类型

环境影响评价是指对拟议中的建设项目、区域开发计划和国家政策实施后可能产生的影响（后果）进行的系统性识别、预测和评估，其根本目的是鼓励在规划和决策中考虑环境因素，使得人类活动更具环境相容性。根据目前人类活动的类型及其对环境的影响程度，可以将环境影响评价分为三种类型。

（1）单个建设项目的环境影响评价

这是环境影响评价体系中的基础，具有评价内容和评价结论针对性强的特点。例如，根据某一建设项目的建议书，开始对建设项目的选址和确定项目的性质、规模进行环境影响评价以及提出减缓不利影响的措施。它与建设项目的可行性研究同时进行。

（2）区域开发的环境影响评价

它与单个建设项目的环境影响评价不同，区域开发的环境影响评价更具有战略性，它着眼于在一个区域内如何合理地进行建设，强调把整个区域作为一个整体来考虑，评价的重点在于区域内未来的建设项目的布局、结构和时序。同时，也根据区域环境的特点，对区域的开发规划提出建议，并为开展单个建设项目的环境影响评价提供依据。例如根据地方规划，在一定的时期内，在某个区域中将进行一系列开发建设活动，这些项目的建设与运行将对本地区的环境产生相当大的复合影响。因此，需要对区域内建设项目的合理布局、性质、规模、排污总量的控制以及发展的时序进行分析和评价。

（3）公共政策的环境影响评价

针对国家权力机构发布的公共政策，主要是指国家的发展政策和各行业的发展政策。这一类的环境影响评价是一项战略性极强的环境保护工作内容。它与前两种评价类型不同之处在于，评价的区域是地区性的，识别的影响是潜在的、宏观的，评价的方法多为定性的和半定量的各种综合判断、分析的方法。总之，公共政策的环境影响评价是在最高层次上进行的环境影响评价，是为最高层次的开发建设决策服务的。

3．环境影响评价制度

中国的环境影响评价制度始于1979年的《中华人民共和国环境保护法(试行)》。该法规定："一切企业、事业单位的选址、设计、建设和生产，都必须充分注意防止对环境的污染和破坏。在进行新建、改建和扩建工程时，必须提出环境影响的报告书，经环境保护主管部门和其他有关部门审查批准后才能进行设计。"在30多年的实践中，我国先后出台了许多有关规定、办法和条例，使这项制度得到了规范、完善和提高，如今，它已发展为环境影响评价法。

2002年10月28日，九届全国人大常委会第三十次会议审议通过了《中华人民共和国环境影响评价法》。该法与过去的规章和条例已有很大区别。首先，在评价范围上突破了过去仅对建设项目的环境影响评价，增添了对发展规划的环评，并且规定了评价规划的范围，包括土地利用、城市建设和区域、流域、海域的建设开发利用，以及工业、农业、交通、林业、能源等的开发，这大大提升了环境保护参与综合决策的程度。其次，把环境影响评价列为各项发展规划和建设项目的重要依据，未经过环境影响评价，这些规划和建设项目不能审批；同时还规定了环境影响评价、审查到批准的一整套程序，使环境影响评价更加规范。再次，把听取公众、专家的意见明确写进了法律中，并且规定公众和专家的意见如果不被采纳，规划编制或项目建设单位要说明理由，确保了环境保护的透明度。最后，为保证环境影响评价制度得到切实执行并产生效果，《环境影响评价法》中增添了规划实施或项目建设后的跟踪评价，将有利于提高环境影响评价的质量。

二、环境影响评价的工作程序

不同国家由于经济发展水平不一，因而环境影响评价的工作程序略有不同，但基本步骤如下：

① 制定所需要的参数及评价的深度；

② 对基本情况的收集及实地考察；

③ 通过对资料的分析，给出工程项目对环境的影响及进行定量或定性的分析；

④ 应用评价结果以确定工程建设项目如何进行修正，最大限度地减少不利的环境影响。

我国环境影响评价工作大体分为三个阶段（图10-3）。第一阶段为准备阶段，主要工作为研究有关文件，进行初步的工程分析和环境现状调查，筛选重点评价项目，确定各单项环境影响评价的工作等级，编制评价大纲；第二阶段为正式工作阶段，其主要工作是进一步做工程分析和环境现状调查，并进行环境影响预测和评价环境影响；第三阶段为报告书编制阶段，其主要工作是汇总、分析第二阶段工作所得的各种资料、数据，给出结论，完成环境影响报告书的编制。

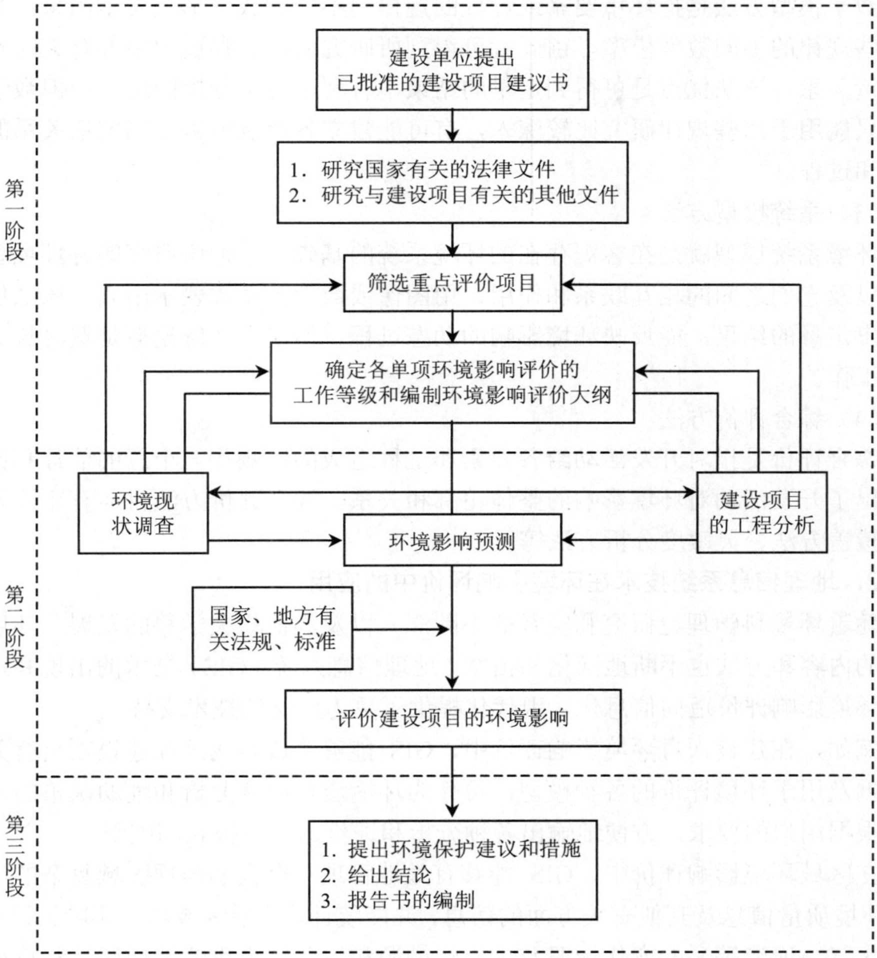

图 10-3 环境影响评价的工作程序

三、环境影响评价的方法和技术

1. 环境影响评价的方法

（1）定性分析方法

定性分析方法是环境影响评价工作中广泛应用的方法，这种方法主要用于不能得到定量结果的情况。该法优点是相对简单，可用于无法进行定量预测和分析的情况，只要运用得当，其结果也有相当的可靠性。但该法不能给出较精确的预测和分析结果，其结果的可靠性程度直接取决于使用者的因素，使其应用受到较大限制。

（2）数学模型方法

数学模型方法是把环境要素或过程的规律用不同的数学形式表示出来，得到反映这些规律的不同数学模型，由此就可得到所研究的要素和过程中各有关因素之间的定量关系。该法优点是可得到定量的结果，有利于对策分析的进行。但数学模型方法只能用于那些规律研究比较深入，有可能建立各影响因素之间定量关系的那些要素和过程。

（3）系统模型方法

环境系统模型就是在客观存在的环境系统的基础上，把所研究的各环境要素或过程以及它们之间的相互联系和作用，用图像或数学关系式表示出来。该法优点是可给出定量的结果，能反映环境影响的动态过程。但建立系统模型是费时长、花钱多的工作。

（4）综合评价方法

综合评价是指对开发活动给各要素和过程造成的影响作一个总的估计和比较，勾画出了开发活动对环境影响的整体轮廓和关系。综合评价方法目前有矩阵方法、地图覆盖方法、灵敏度分析方法等。

2．地理信息系统技术在环境影响评价中的应用

随着环境科学理论研究和实践的不断深入以及其他相关学科的发展，环境影响评价的内容和方法也不断地深化和拓宽。地理信息系统（GIS）技术的出现和逐步完善为环境影响评价迈向信息化、现代化提供了更为广泛的技术支持。

例如，在建设项目环境影响评价中，GIS 能够集成与场地和建设项目有关的各种数据及用于环境评价的各种模型，可作为环境质量现状分析和辅助决策的工具，并能根据用户的要求，方便地输出各种分析和评价结果、报表和图形。

在区域环境影响评价中，GIS 能够有效地管理一个大的地理区域复杂的污染信息、环境质量信息及其他有关方面的信息，并能统计、分析区域环境影响诸因素（水质、大气、河流等）的变化情况及主要污染源和主要污染物的地理属性和特征等；可以将区域的污染源数据库和环境特征数据库（地形、气象等）与各种环境预测模型相关联，采用模型预测法对区域的环境质量进行预测。利用 GIS 不仅可显示有数据的地图，还可以建立分析结果的地图。

随着计算机技术的发展和普及，GIS 将在环境影响评价工作中发挥越来越大的作用。

四、环境影响报告书的主要内容

环境影响评价工作最终以报告书的形式反映出来，国家对报告书的内容有详细的规定。根据国家《环境影响评价技术导则》的规定，环境影响报告书的主要内容如下：

①总则　包括编制环境影响报告书的目的、依据、采用标准以及控制污染与保护环境的主要目标。

②建设项目概况　包括建设项目的名称、地点、性质、规模、产品方案、生产方法、土地利用情况及发展规划。

③工程分析　包括主要原料、燃料及水的消耗量分析；工艺过程、排污过程；污染物的回收利用、综合利用和处理方案；工程分析的结论性意见。

④建设项目周围地区的环境现状　包括地形、地貌、地质、土壤、大气、地面水、地下水、矿藏、森林、植物、农作物等情况。

⑤环境影响预测　包括预测环境影响的时段、范围、内容以及对预测结果的表达及其说明和解释。

⑥评价建设项目的环境影响　包括建设项目环境影响的特征、范围、大小程度和途径。

⑦环境保护措施的评述及技术经济论证，提出各项措施的投资估算。

⑧环境影响经济损益分析。

⑨环境监测制度及环境管理、环境规划的建议。

⑩环境影响评价结论。

五、环境影响评价的新进展

随着环境影响评价（EIA）研究和实践的深入，EIA 顺应可持续发展的要求，在理论和实践上有了许多新进展。

1. 战略环境影响评价（SEA）

SEA 是 EIA 在战略层次上的应用，是指对政策、计划或规划及其替代方案的环境影响进行系统评价的过程。战略环境影响评价的范围可以是部门、国家甚至全球，识别的影响是宏观的和综合的，评价的方法多为定性的或半定量的各种综合判断、分析的方法。

在我国，《中国 21 世纪议程》中已明确提出要“开展对现行政策和法规的全面评价”。1993 年，在上海召开的“影响评价国际联合会第十三届年会”上，正式提出要开展战略和发展政策的 EIA。当前，我国开展的 SEA 并不多，其方法还并不成熟，但是随着社会、经济的发展以及可持续发展的需要，我国 SEA 有在更广泛的范围内展开的迫切要求和趋势。

2. 规划环评

“规划环评”就是在政策法规制定之后、项目实施之前，对有关规划的资源环境的可承载能力进行科学评价。其中一个重要内容是分析规划中对环境资源的需求，根据环境资源对规划实施过程中的实际支撑能力提出相应措施。因此，通过规划环评，能够有效设定整个区域的环境容量，限定区域内的排污总量。

从理论上讲，政策战略环评应先行，区域与行业的规划环评次之，而建设项目的环评则再次之。但由于我国环评法中只规定了规划环评，因此现阶段只能将规划环评作为战略环评与综合决策的落脚点。

规划环评和项目环评一样，早在2003年9月1日开始实施的《中华人民共和国环境影响评价法》中就已确定，即对土地利用规划，区域、流域、海域开发规划和十类专项规划进行环境影响评价。

根据国家环境保护法的有关规定，规划必须进行环境影响评价，对规划实施可能造成的环境影响进行分析、预测和评价，并提出预防或减轻不良环境影响的对策和措施，进一步修改和完善规划。

3．生命周期评价（LCA）

生命周期评价是指对产品从最初的原材料采掘到原材料生产、产品制造、产品使用，以及产品用后处理的全过程进行跟踪和定量分析（所谓的从摇篮到坟墓）与定性评价。生命周期评价是从产品这一特殊的角度，研究其“从摇篮到坟墓”的全过程对环境的影响。当前生命周期评价已形成了基本的概念框架和技术框架，成为产业生态学的主要理论和方法。国际标准化组织（ISO）制定的ISO 14000环境管理体系亦将生命周期评价作为该体系的一个重要步骤。

4．环境风险评价（ERA）

环境风险是指可能对环境构成危害后果的概率事件。这种事件的发生有不确定性，其后果往往是严重的，可导致一定范围环境条件恶化，破坏人群正常生产和生活活动，引起局部生态系统的破坏和毁灭。环境风险评价，广义上讲是指人类的各种开发行动所引发的或面临的危害（包括自然灾害）对人体健康、社会经济发展、生态系统等所造成的风险可能带来的损失进行评价，并据此进行管理和决策的过程。狭义上常指对有毒化学物质危害人体健康的影响程度进行概率估计，并提出减小环境风险的方案和对策。

5．累积影响评价（CIA）

累积影响评价是指对累积影响的产生、发展过程进行系统的识别和评价，并提出适当的预防或减缓措施的过程。累积影响评价在空间上将分析范围扩展到区域或全球水平，考虑多项活动的相互关系，时间上则不只是考虑预测的影响，还要考虑过去和当前的影响，明显地体现出评价的动态性。目前，我国许多环境工作者和环境管理人员已认识到累积影响评价的重要性，一些环境科学研究已开展了CIA的研究工作。

6．公众参与

公众参与可定义为一种连续的、双向的交流过程，包括提高人们对环境保护机构如何调查、解决环境问题的过程和机制的认识，使公众对拟议的工程、区域开发和公共政策有充分的了解。同时，环境保护机构积极听取有关的公众对资源的利用和开发、环境管理战略方案，以及各种决策的任何意见、建议和要求。因此，从本质上讲，公众参与包括信息的传播和反馈两个过程，前者是指信息从环境保护机构到达关注公共政策的民众，后者是指从公众到制定政策的政府或官员，获得有益的信息反馈。公众参与在环境影响评价全过程中的作用十分明显，以我国现行环评的重点——建设项目环评为例，公众参与能给项目和项目所在地区带来好处，对这一点项目拟议方应该有充分的认识。公众对项目的各种意见和看法会体现在公众参与的结论中，因此公众参与能使规划设计更完善和合理，从而有利于最大限度地发挥该项目的综合效益和长远效益。

思考与讨论

1. 环境监测在环境保护中有何作用？主要分几类？
2. 环境监测的基本程序是什么？
3. 环境监测的质量保证要求监测数据必须达到哪五个方面的要求？
4. 环境评价按时间要素可分为几类？
5. 污染源调查的目的是什么？
6. 环境监测的作用。
7. 环境影响评价的意义。

阅读与咨询

1. 水质自动监测系统

水质自动监测系统是一套以在线自动分析仪器为核心，运用现代传感器技术、自动测量技术、自动控制技术、计算机应用技术以及相关的专用分析软件和通信网络所组成的一个综合性的在线自动监测体系，见图 10-4。这套系统能连续、及时、准确地监测目标水域的水质及其变化状况。中心控制室可随时取得各子站的实时监测数据，统计、处理监测数据，可打印输出日、周、月、季、年平均数据以及日、周、月、季、年最大值、最小值等各种监测、统计报告图表（棒状图、曲线图、多轨迹图、对比图等），并可输入中心数据库或上网。

实施水质自动监测，可以实现水质的实时连续监测和远程监控，做到及时掌握主要流域重点断面水体的实质状况、预警预报重大流域性水质污染事故、解决跨行政区域的水污染事故纠纷、监督总量控制制度落实情况、排放达标情况等。

在水质自动监测系统网络中，中心站通过卫星和电话拨号两种通信方式实现对各子站的实时监视、远程控制及数据传输功能，托管站也可以通过电话拨号方式实现对托管子站的实时监视、远程控制及数据传输功能。其他经授权的相关部门可以通过电话拨号方式实现对相关子站的实时监视和数据传输功能。

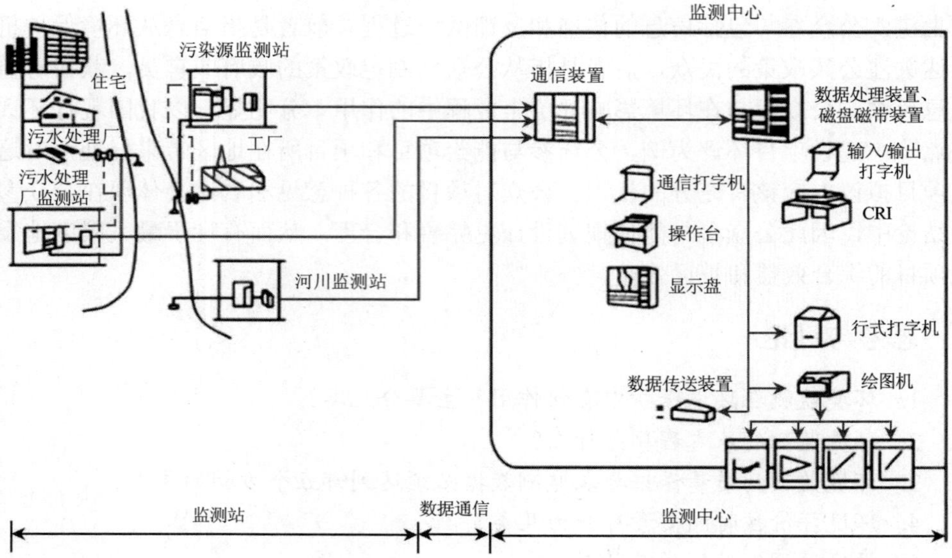

图 10-4 水质连续自动监测系统的组成

每个子站是一个独立完整的水质自动监测系统，一般由 6 个主要子系统构成，包括：采样系统、预处理系统、监测仪器系统、控制系统、数据采集、处理与传输子系统及远程数据管理中心、监测站房或监测小屋。水质自动监测系统中的子站的构成方式大致有三种：① 由一台小型的多参数自动分析仪组成的子站，其特点是仪器可直接放入水中测量，系统构成灵活方便；② 固定式子站，是较传统的组成方式，其特点是监测项目的选择范围宽；③ 流动式子站，固定式子站的仪器设备全部装于一辆拖车（监测小屋）上，可根据需要迁移场所，特点是组成成本高。

目前水质自动监测分析仪器仍在发展中，比较成熟的常规监测项目有：水温、溶解氧（DO）、电导率、浊度、氧化还原电位（ORP）、流速和水位等。常用的监测项目有：COD、高锰酸钾指数、TOC、氨氮、总氮、总磷。

2. 突发性环境污染事故应急监测

突发性环境污染事故是指社会生产和生活中使用的危险品在其产生、运输、使用和消亡的整个生命周期过程中，人为的疏忽或错误操作造成泄漏，引起环境的污染和人体健康受到危害。其特点为：

突发性环境污染事故没有固定的排放方式和排放途径，事故发生的时间、地点、环境具有很大的不确定性，发生突然、来势凶猛，在瞬时或短时间内大量的排出污染物质，对环境造成严重污染和破坏，给国家和人民财产造成重大损失。

应急监测是突发性环境污染事故处置中的首要环节，是对污染事故及时、正确地进行应急处理、减轻事故危害和制定恢复措施的根本依据。应急监测一般意义上的作用，就是当事故发生后，应急监测人员以最快的速度赶赴事故现场，并通过监测仪器和一定的技术装备及实验室手段，在尽可能短的时间内提供污染物的种类、浓度、剂量、污染的范围及其可能的危害等重要信息。

应急监测工作原则：

（1）统一领导，服从指挥的原则

在应急监测的全过程中，各科室及其人员必须打破科室界限，在站应急监测领导小组的统一指挥下，完成应急监测所需的各项工作任务。

（2）有备无患的原则

平时做好装备、技术、人员等各项储备工作，加强应急监测的技术培训和实战演练，对可能发生的污染事故隐患做到心中有数。特别是每逢重大的节假日和“两会”期间，以及每年的汛期，必须在思想上和组织上主动进入应急监测的工作状态。

（3）快速反应的原则

一旦发生突发性污染事故，必须迅速到达现场，利用一切必要的监测手段和技术，尽快判明污染物的种类、污染物的浓度和其影响的范围，以及可能造成的危害，并迅速作出评价和按规定的时间向上级作出报告。

（4）应急监测手段与常规监测手段相结合的原则

尽量采用和利用国内外现有的应急监测技术和手段，以完善监测站的应急监测系统，把常规监测方法和手段与应急监测手段有机地结合在一起。

（5）应急监测网络协作的原则

根据突发性污染事故发生的地域和专业特点，必要时可请网络成员单位和（或）行业性的专业单位共同参加应急监测。

3．相关网站

中国环境监测总站 http://www.cnemc.cn/

中国生态环境监测中心 http://www.eemc.org.cn/

中国环境影响评价网 http://www.china-iei.com/

环境遥感 http://www.ers.ac.cn/

4．网上咨询

环境在线监测系统

环境影响评价导则

《产业结构调整指导目录》

专题活动及实践

专题一　水域污染调查

一、调查目的

了解所在地区河流及湖泊分布情况；学习污染源调查的方法，培养学生的实践能力。

二、调查内容

① 查看网上水污染地图（www.ipe.org.cn/water），调查所在地区水质信息，包括：污染源信息（不达标企业名单、不达标污水处理厂名单、污染事件排放综述、污水处理厂建设、运行情况）、排污信息、水质信息等。

② 根据了解的信息制订现场调查计划。

③ 沿河（湖）考察，综合描述考察情况。

④ 分析主要污染源和主要污染物。

三、成果形式

完成调查报告，提出防治水体污染的建议。

专题二　城镇垃圾分类及处理情况的调查

一、调查背景

垃圾分类设施已推广很久，但是不少地方分类垃圾箱并没有发挥实质作用。为此，有必要对垃圾分类设施的使用情况及垃圾处理情况进行实地调查，分析原因，提出改进意见。

二、调查目的

通过调查，具体了解所在地区垃圾分类设施不能充分利用的原因并寻求相关对策，以便向有关部门反映，使人们对垃圾分类设施更加重视并能合理利用。了解垃圾分类设施的意义和重要性。锻炼学生的实践能力，增强社会责任感。

三、调查内容

① 问卷设计，小组分工，确定调查人群及地点。

② 现场调查。

③ 对问卷结果进行分析和讨论。

四、成果形式

以图、文、表多种表达形式完成一份城市垃圾分类及处理情况的调查报告，并对报告内容进行分析，提出利用垃圾分类设施的相关建议。

专题三　办公室废纸回收

一、活动目的

将办公室可回收再造废纸收集并提供给废纸公司或造纸厂，以节约资源、减少污染，进一步提高学生的环保意识。

二、活动具体实施方案

① 认识现有的垃圾收集办法、运作方式；对办公室用纸量和类型进行调查。

② 与清洁服务部门合作，商议收集废纸的时间和地方，然后共同推行计划。

③ 设计多个收集办法，选择其中一个实施。

④ 注意联系安排废纸收购公司在适当时间前来搬走废纸，以免过多的废纸在房内堆积。

⑤ 加强宣传，按办公区或居住区选派联络员，解释计划的内容，确保废纸收集设施完好，并及时处理计划展开后出现的问题。

三、活动总结

该项活动的意义、方案比较、活动情况、开展该项活动的困难及下一步计划。

说明：并非所有纸张都可以回收再造。实际情况须视不同造纸厂的需要而定。

专题四　垃圾分类的策划

一、活动背景

目前我国采用的垃圾收集方法是混合收集，在垃圾中除了有机物、无机物，还有可回收的废品。这种收集方法使任何一种处置方法都难以轻而易举地使混合垃圾全面地实现无害化、最大限度地减量化和资源化。只有将不同性质的垃圾采用不同的处理方法，才能有效地处理各种垃圾。实行垃圾源头分类收集，是实现上述方法的有效途径。

二、活动目的

将学校生活区作为垃圾分类的试点，帮助管理部门建立完善的垃圾分类系统，解决生活垃圾处理难的问题。

三、实施方案

1．前期准备

2．垃圾分类方案

现有垃圾处理设施，垃圾分类收集试点规模，垃圾分类收集方式。

3．活动具体实施

结合实际情况提出“无害化”“减量化”“资源化”的生活垃圾分类收集、处理流程图。

四、活动总结

通过新闻稿或其他渠道向全市宣传。统计分类垃圾收集量，作为宣传资料，解决收集中发现的问题，总结经验，用于以后开展类似的活动。

专题五　参观污水处理厂

一、参观目的

通过参观使学生了解环境治理过程中存在的问题和解决方法，通过撰写报告，使学生学会综合应用所学知识，提高分析和解决问题的能力。

二、参观内容

1. 污水处理厂概况
2. 处理工艺：了解污水处理方法
3. 主要设备
4. 主要运行方式
5. 主要构筑物
6. 主要化验项目

三、报告

完成参观报告，用图、文、表多种形式表达污水处理厂情况，并提出你所关心的问题和建议。

专题六　快餐盒的生命周期

一、活动背景

过度包装是对资源的浪费，包装废弃物同时也会对环境造成污染。

二、活动目的

基于绿色包装概念，从原材料、制造工艺、回收系统、处理技术及相关的生命周期评价、费用效益分析和法律法规等各方面进行系统分析，选择合适的一次性中式快餐包装，并提出建议。

三、活动内容

1. 调查快餐盒的类型
2. 各类餐盒分析
3. 生产环节费用—效益分析
4. 回收处置的费用—效益分析
5. 环境影响综合分析

四、成果形式

完成报告，内容应包含调查、方案可行性分析。

专题七　酸雨形成及危害的模拟实验

一、研究背景

在全球性的环境问题中，酸雨已成为重大危害之一，给工农业生产和人类生活造成巨大的损失。因此，进一步认识、研究酸雨的形成及危害，对保护人类赖以生存的环境有着十分重要的意义。

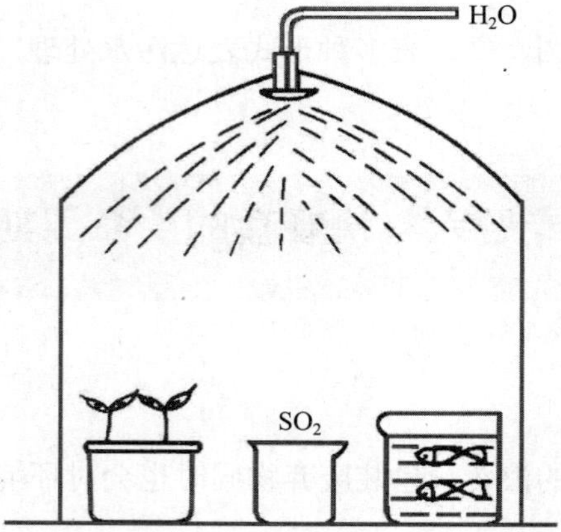

酸雨危害模拟装置示意图

二、研究目的

通过模拟实验可以使学生了解酸雨形成的原因，培养学生科学研究的探索精神，提高学生分析问题和操作动手的能力。

三、研究内容

1．背景调查与分析

收集资料：有关部门—大气污染—酸雨—酸雨的危害—酸雨的防治。

2．实验模拟酸雨的形成及危害

实验装置如上图所示。

① 在小烧杯中放入少量 Na_2SO_3，滴入一滴水后加入 2 mL 浓 H_2SO_4，立即罩上玻璃钟罩，同时罩住植物苗和小鱼（底部一托盘）。

② 几分钟后，经钟罩顶部加水使形成喷淋状，观察现象，最后测水、土的 pH。

并记录现象。

四、成果形式

完成实验报告，并通过查阅资料及调查弄清下列问题：

① 酸雨是如何形成的？其危害是什么？

② 本地区能源结构是怎样的？

③ 本地区汽车交通量及汽车尾气排放状况如何？

④ 本地区大气的工业污染源都有哪些？

⑤ 本地区采取哪些措施防治大气污染？

专题八　实施清洁生产的企业情况调查

一、调查目的

对本地区不同行业开展清洁生产的企业进行调查，了解开展清洁生产取得的效益。

二、调查内容

① 企业的性质、规模、基本概况。

② 企业的产品、规格、用途、销售状况。

③ 企业的生产工艺、技术指标及“三废”排放、处理状况。

④ 开展清洁生产所取得的效益，包括经济效益、环境效益和社会效益。

⑤ 企业采取哪些清洁生产技术？

⑥ 调查相近企业没有开展清洁生产的状况。

⑦ 走访企业上级主管部门、清洁生产推广部门、评价部门、环境管理部门。

三、成果形式

完成调查报告，着重比较有无开展清洁生产的两类企业的经济、环境、社会效益状况，分析本地区没有开展清洁生产的原因是什么，并提出本地企业开展清洁生产的合理建议。

专题九 校园环境监测与环境质量评价

一、活动目的

使学生了解环境监测的目的和基本类型，并能够与学校的实际情况相结合，评价学校的环境现状，为促进学校环境质量的改善作出自己的努力。

二、实施方案

① 从环境监测部门和新闻媒体上的环境公报了解自己学校所在城市或区域的常规监测状况，按时间顺序（年度或季节或每日）分析空气、水质、噪声和固体废物的变化，总结环境质量现状。

② 按照下表对校园进行评价，综合分析和评定校园环境质量的现状及主要的环境问题。

③ 可以根据所学内容、掌握的资料及测试条件改进活动方案，重点对一些场所（如教室、寝室、图书馆和食堂等）进行监测和调查。

④ 通过教师或适当的方式将调查结果和改进方案提交给学校管理者和有关部门。

三、成果形式

完成报告，内容应包调查表、问题分析、改进建议。

校园环境调查表

评价内容	空 气	水 质	噪 声	固体废物	校园绿化景观
优秀	API≤20	Ⅰ、Ⅱ类水质	图书馆、教室为静音区，校园安静	分类回收	视觉美，感觉心里舒适
中等	50＞API＞20	Ⅲ水质	校园很少的噪声	部分分类回收	感觉一般
差	TSP 等超标 90＞API＞50	Ⅳ水质	校园嘈杂	没有分类回收	视觉不美
极差	TSP 等严重超标 API＞90	Ⅴ或超Ⅴ类水质	校园及图书馆、教室嘈杂	没有管理，垃圾随处可见	心里不舒适，视觉效果极差

专题十　绿色学校的环境管理

一、活动目的

通过学习和调查的过程，了解学校环境管理的现状，了解为建成绿色学校还需要改善的方面，可以和学校有关部门共同制订改进学校环境措施实施的时间表。

二、活动内容

参与者分为若干个小组，分别负责调查学校园艺管理、清洁用品使用、能源使用、一次性用品和环保再生纸使用、固体废物的处理、经济核算和法律支援。不同小组的工作重点如下：

① 校园园艺小组重点调查：学校是否重视校园绿化，是否鼓励在走廊和教室种植植物；学校内有无使用化学肥料、杀虫剂和除草剂。上述产品虽然不能够致命，但是对人及其生态系统有哪些不利影响。

② 清洁用品小组重点调查：学校现在采购的清洁用品目录及其成分，分析这些清洁用品对环境是否有害；市场上有无有利于环境的产品；学校有没有替代的方案。

③ 能源使用小组重点调查：学校现在的能源使用状况，如煤、电力、煤气和太阳能等；学校能源的用量；学校有没有浪费能源的现象；学校有没有积极减少能源消耗的措施。根据学校的现状尝试寻找节约能源的方法。

④ 一次性用品和环保再生纸小组重点调查：一次性饭盒、纸杯、筷子等一次性物品在学校的使用情况，是否符合环保原则；学校和各部门的采购政策及其变化趋势；在节约用纸方面有没有实际的行动；有没有购买环保型的纸张、信封；收集有关造纸及一次性物品的生产过程和分析与森林、石油资源消耗的关系；如何在学校日常学习和生活中节约资源。例如，贺年卡是否必要，能否用旧物自制；论述地球资源的有限性和节约资源的必要性。

⑤ 固体废物的处理小组重点调查：在学校每天产生多少垃圾，垃圾中生活垃圾、塑料、纸张、玻璃和金属各占多少比例；垃圾的去向；学校有没有推行垃圾分类回收计划；有没有收集可以循环利用的垃圾；论述在学校实行垃圾分类的可行性和必要性。

三、成果形式

完成调查报告，内容包括调查情况和调查组的结论建议。

专题十一　生态农业项目分析

一、活动目的

通过调查，了解有机废物的综合利用；了解“沼气”这一新型生物质能源的生产、使用状况；了解环保型无公害蔬菜生产、销售、食用等情况。提出合理化建议。

二、调查项目

1．工业企业（如酒厂、糖厂）的有机废物利用

包括：有机废物的来源、成分；有机废物的转化技术、工艺；生成新的有益的物质利用状况；产生的经济效益、环境效益等的分析；应用所学知识提出有机废物处理利用的合理化建议。

2．农村沼气系统的工艺流程、设备以及利用

包括：本地农村沼气系统的建设概况；典型沼气系统的工艺流程、设备；沼气利用的经济、环境效益分析；发展本地沼气的合理化建议。

3．环保型无公害蔬菜生产、销售及食用

包括：本地区无公害蔬菜基地的建设概况；本地区无公害蔬菜的品种、价格及销售情况；市民食用无公害蔬菜情况调查；对无公害蔬菜基地建设（品种、销售）等提出合理化建议。

三、研究方式

① 对上述项目可分组进行、分别完成。

② 查阅有关文献，如某些工业企业的生产过程及排废情况；沼气的生产技术；蔬菜的种植技术等。

③ 走访有关科研单位、生产单位，如酒厂、糖厂、酿造厂、农村清洁能源推广办公室、蔬菜研究所、各类食品超市。

四、成果形式

完成调查报告，内容应包括：所调查项目的内容、目的和意义；针对生产技术或工艺、设备提出改进措施；针对所研究的项目进行经济、环境效益分析；对所研究的项目提出合理化建议。

专题十二　节能减排活动方案

一、活动背景

能源是人类社会赖以生存和发展的重要物质基础。中国是目前世界上第二位能源生产国和消费国，能源供应持续增长，实现节能减排目标面临的形势十分严峻。为实现经济社会发展，实现能源的可持续利用，节能已刻不容缓。自“节能减排”成为“十一五”规划纲要中的重要内容后，全国各地纷纷提倡在节能中求发展，在减排中实现生活水平的提高。

二、活动目的

节能减排是一项惠及全民的事业，更是一项需要全民参与的事业，作为高校的学生，尤其要关注节能减排。通过在大学校园中开展节水、节电行动，宣传贯彻落实“节能减排”政策，培养当代大学生的环保意识、节能意识，用切实的行动支持环保节能，体现当代大学生对社会和环境的责任感。

三、活动内容

结合不同专业或同学的兴趣，推荐新颖、有创意或预期效果显著的项目参与活动，内容可参考以下方面：

① 开展环保宣传活动：中国能源消费情况，能源从哪里来？电力生产的影响，家中哪些地方用得着能源？电器使用节电知识，绿色建筑；低碳行动，从我做起等。

② 节能技巧和小发明：例如应用新的节电技术，节水节电的技巧和发明，绿色设计，使用绿色材料、新能源技术等。

③ 切实可行的创意，可以改变人们生活中不注意的陋习或坏的习惯。例如：如何高效地重复利用水资源，使用节水装置，绿色办公，制定有关管理制度等。

④ 开展社会调查，通过调查周边的水资源、土地资源、能源结构、空气质量等从而了解环境究竟受到了怎样的威胁。例如：通过调查一条河流的水质，发现其受到了特定的污染，从而确定污染的源头，为相关部门决策提供参考。

⑤ 废物利用保护环境方面的创新实验，废弃物分类回收，废旧物品的重复使用，变废为宝，秸秆综合利用，危险品专门回收。

四、成果形式

① 将活动方案和总结以 PPT 形式进行交流、宣传。

② 通过活动向大家宣传节能减排生活理念，促进当代大学生生活习惯的改变，增强绿色生活的概念，同时积极通过微博和博客等网络资源的宣传，影响人们生活观念的转变。

附　录

附录 1

中华人民共和国环境保护法

（1989 年 12 月 26 日第七届全国人民代表大会第十一次会议通过）

第一章　总　则

第一条　为保护和改善生活环境与生态环境，防治污染和其他公害，保障人体健康，促进社会主义现代业化建设的发展，制定本法。

第二条　本法所称环境，是指影响人类社会生存和发展的各种天然的和经过人工改造的自然因素总体，包括大气、水、海洋、土地、矿藏、森林、草原、野生动物、自然古迹、人文遗迹、自然保护区、风景名胜区、城市和乡村等。

第三条　本法适用于中华人民共和国领域和中华人民共和国管辖的其他海域。

第四条　国家制定的环境保护规划必须纳入国民经济和社会发展计划，国家采取有利于环境保护的经济、技术政策和措施，使环境保护工作同经济建设和社会发展相协调。

第五条　国家鼓励环境保护科学教育事业的发展，加强环境保护科学技术的研究和开发，提高环境保护科学技术水平，普及环境保护的科学知识。

第六条　一切单位和个人都有保护环境的义务，并有权对污染和破坏环境单位和个人进行检举和控告。

县级以上地方人民政府环境保护行政主管部门，对本辖区的环境保护工作实施统一管理。

第七条　国家海洋行政主管部门港务监督、渔政渔港监督、军队环境保护部门和各级公安、交通、铁道、民航管理部门，依照有关法律的规定对环境污染防治实施监督管理。

县级以上人民政府的土地、矿产、林业、水利行政主管部门，依照有关法律的规定对资源的保护实施监督管理。

第八条　对保护和改善环境有显著成绩的单位和个人，由人民政府给予奖励。

第二章 环境监督管理

第九条 国务院环境保护行政主管部门制定国家环境质量标准。

省、自治区、直辖市人民政府对国家环境质量标准中未作规定的项目，可以制定地方环境标准，并报国务院环境保护行政主管部门备案。

第十条 国务院环境保护行政主管部门根据国家环境质量标准和国家经济、技术条件，制定国家污染物排放标准。

省、自治区、直辖市人民政府对国家污染物排放标准中未作规定的项目，可以制定地方污染物排放标准；对国家污染物排放标准中已作规定的项目，可以制定严于国家污染物排放标准。地方污染物排放标准需报国务院环境保护行政主管部门备案。

凡是向已有地方污染物排放标准的区域排放污染物的，应当执行地方污染物排放标准。

第十一条 国务院环境保护行政主管部门建立监测制度，制定监测规范，会同有关部门组织监测网络，加强对环境监测的管理。

国务院和省、自治区、直辖市人民政府的环境保护行政主管部门，应当定期发布环境公报。

第十二条 县级以上人民政府的环境保护行政主管部门，应当会同有关部门对管辖范围内的环境状况进行调查和评价，拟订环境保护计划，经计划部门综合平衡后，报同级人民政府批准实施。

第十三条 建设污染环境项目，必须遵守国家有关建设项目环境保护管理的规定。

建设项目的环境影响报告书，必须对建设项目产生的污染和对环境的影响作出评价，规定防治措施，经项目主管部门预审并依照规定的程序报环境保护行政主管部门批准。环境影响报告书经批准后，计划部门方可批准建设项目设计书。

第十四条 县级以上人民政府环境保护行政主管部门或者其他依照法律规定行使环境监督管理权的部门，有权对管辖范围内的排污单位进行现场检查。被检查的单位应当如实反映情况，提供必要的资料。检查机关应为被检查机关保守技术秘密和业务秘密。

第十五条 跨行政区的环境污染和环境破坏的防治工作，由有关地方人民政府协商解决，或者由上级人民政府协调解决，作出决定。

第三章 保护和改善环境

第十六条 地方各级人民政府，应当对本辖区的环境质量负责，采取措施改善环境质量。

第十七条 各级人民政府对具有代表性的各种类型的自然生态系统区域，珍稀、濒危的野生动物自然分布区域，重要的水源涵养区域，具有重大科学文化价值的地质构造、著名的溶洞和化石分布区、冰川、火山、温泉等自然遗迹，以及人文遗迹、古树名木，应当采取措施加以保护，严禁破坏。

第十八条 在国务院、国务院有关部门和省、自治区、直辖市人民政府规定的风景名胜区、自然保护区和其他需要特别保护的区域内，不得建设污染环境的工业生产设施；建设其他设施，其污染物排放不得超过规定的排放标准。已经建成的设施，其污染物排放超过规定排放标准的，限期治理。

第十九条 开发利用自然资源，必须采取措施保护生态环境。

第二十条 各级人民政府应当加强对农业环境的保护，防治土壤污染、土地沙化、盐渍化、贫瘠化、沼泽化、地面沉降和防治植被破坏、水土流失、水源枯竭、种源灭绝以及其他生态失调现象的发生和发展，推广植物病虫害的综合防治，合理利用化肥、农药及植物生长激素。

第二十一条 国务院和沿海地方人民政府应当加强对海洋环境的保护。向海洋排放污染物、倾倒废弃物，进行海岸工程建设和海洋石油勘探开发，必须依照法律的规定，防止对海洋环境的污染损害。

第二十二条 制订城市规划，应当确定保护和改善环境的目标和任务。

第二十三条 城乡建设应当结合当地自然环境的特点，保护植被、水域和自然景观，加强城市园林、绿地和风景名胜区的建设。

第四章 防治环境污染和其他公害

第二十四条 产生环境污染和其他公害的单位，必须把环境保护工作纳入计划，建立环境保护责任制度；采取有效措施，防治在生产建设或者其他活动中产生的废气、废水、废渣、粉尘、恶臭气体、放射性物质以及噪声振动、电磁波辐射等对环境的污染和危害。

第二十五条 新建工业企业和现有工业企业的技术改造，应当采用资源利用率高、污染物排放量少的设备和工艺，采用经济合理的废弃物综合利用技术和污染物处理技术。

第二十六条 建设项目中防治污染的措施，必须与主体工程同时设计、同时施工、同时投产使用。防治污染的设施必须经原审批环境影响报告书的环境保护行政主管部门验收合格后，该建设项目方可投入生产或者使用。

防治污染的设施不得擅自拆除或者闲置，确有必要拆除或者闲置的，必须征得所在地的环境保护行政主管部门的同意。

第二十七条 排放污染物的企业事业单位，必须依照国务院环境保护行政主管部门的规定申报登记。

第二十八条 排放污染物超过国家或者地方规定的污染物排放标准的企业事业单位，依照国家规定缴纳超标准排污费，并负责治理。水污染防治法另有规定的，依照水污染防治法的规定执行。

征收的超标准排污费必须用于污染的防治，不得挪作他用，具体使用办法由国务院规定。

第二十九条 对造成环境严重污染的企业事业单位，限期治理。

中央或省、自治区、直辖市人民政府直接管辖的企业事业单位的限期治理，由省、自治区、直辖市人民政府决定。市、县或者市、县以下人民政府管辖的企业事业单位的限期治理，由市、县人民政府决定。被限期治理的企业事业单位必须如期完成治理任务。

第三十条 禁止引进不符合我国环境保护规定要求的技术和设备。

第三十一条 因发生事故或者其他突然性事件，造成或者可能造成污染事故的单位，必须立即采取措施处理，及时通报可能受到污染危害的单位和居民，并向当地环境保护行政主管部门和有关部门报告，接受调查处理。

可能发生重大污染事故的企业事业单位，应当采取措施，加强防范。

第三十二条 县级以上人民政府环境保护行政主管部门，在环境受到严重污染威胁居民生命财产安全时，必须立即向当地人民政府报告，由人民政府采取有效措施，解除或者减轻危害。

第三十三条 生产、储存、运输、销售、使用有毒化学物品和含有放射性物质的物品，必须遵守国家有关规定，防止污染环境。

第三十四条 任何单位不得将产生严重污染的生产设备转移给没有污染防治能力的单位使用。

第五章 法律责任

第三十五条 违反本法规定，有下列行为之一的，环境保护行政主管部门或者其他依照法律规定行使环境监督管理权的部门可以根据不同情节，给予警告或者处以罚款。

（一）拒绝环境保护行政主管部门或者其他依照法律规定行使环境监督管理权的部门现场检查或者在被检查时弄虚作假的。

（二）拒报或者谎报国务院环境保护行政主管部门规定的有关污染物排放申报事项的。

（三）不按国家规定缴纳超标准排污费的。

（四）引进不符合我国环境保护规定要求的技术和设备的。

（五）将产生严重污染的生产设备转移给没有污染防治能力的单位使用的。

第三十六条 建设项目的防止污染设施没有建成或者没有达到国家规定的要求，投入生产或者使用的，由批准该建设项目的环境影响报告书的环境保护行政主管部门责令停止生产或者使用，可以并处罚款。

第三十七条 未经环境保护行政主管部门同意，擅自拆除或者闲置防治污染的设施，污染物排放超过规定的排放标准的，由环境保护行政主管部门责令重新安装使用，并处罚款。

第三十八条 对违反本法规定，造成环境污染事故的企业事业单位，由环境保护行政主管部门或者其他依照法律规定行使环境监督管理权的部门根据所造成的危害后果处以罚款；情节严重的，对有关责任人员由其所在单位或者政府主管机关给予行政处分。

第三十九条 对经限期治理逾期未完成治理任务的企业事业单位，除依照国家规定加收超标准排污费外，可以根据所造成的危害后果处以罚款，或者责令停业、关闭。

前款规定的罚款由环境保护行政主管部门决定。责令停业、关闭，由作出限期治理决定的人民政府决定；责令中央直接管辖的企业事业单位停业、关闭，需报国务院批准。

第四十条 当事人对行政处罚不服的，可以在接到处罚通知之日起 15 日内，向作出处罚决定的机关的上一级机关申请复议；对复议决定不服的，可以在接到复议通知之日起 15 日内，向人民法院起诉。当事人也可以在接到处罚通知之日起 15 日内，直接向人民法院起诉。当事人逾期不申请复议、也不向人民法院起诉、又不履行处罚决定的，由作出处罚决定的机关申请人民法院强制执行。

第四十一条 造成环境污染危害的，有责任排除危害，并对直接受到损害的单位或者个人赔偿损失。

赔偿责任和赔偿金额的纠纷，可以根据当事人的请求，由环境保护行政主管部门或者其他依照法律规定行使环境监督管理权的部门处理，当事人对处理决定不服的，可以向人民法院起诉。当事人也可以直接向人民法院起诉。

完全由于不可抗拒的自然灾害，并经及时采取合理措施，仍然不能避免造成环境污染损害的，免予承担责任。

第四十二条 因环境污染损害赔偿提起诉讼的时效期间为 3 年，从当事人知道或者应当知道受到污染损害起时计算。

第四十三条 违反本法规定，造成重大环境污染事故，导致公私财产重大损失或者人身伤亡的严重后果的，对直接责任人员依法追究刑事责任。

第四十四条 违反本法规定，造成土地、森林、草原、水、矿产、渔业、野生动物等资源的破坏的，依照有关法律的规定承担法律责任。

第四十五条 环境保护监督管理人员滥用职权、玩忽职守、徇私舞弊的，由其所在单位或者上级主管机关给予行政处分；构成犯罪的，依法追究刑事责任。

第六章 附 则

第四十六条 中华人民共和国缔结或者参加的与环境保护有关的国际公约，同中华人民共和国的法律有不同规定的，适用国际公约的规定，但中华人民共和国声明保留的条款除外。

第四十七条 本法自发布之日起施行。《中华人民共和国环境保护法（试行）》同时废止。

附录 2

《环境空气质量标准》（GB 3095—2012）摘录

1．适用范围

本标准规定了环境空气功能区分类、标准分级、污染物项目、平均时间及浓度限值、监测方法、数据统计的有效性规定及实施与监督等内容。

本标准适用于环境空气质量评价与管理。

2．术语和定义

下列术语和定义适用于本标准。

2.1 环境空气 ambient air：指人群、植物、动物和建筑物所暴露的室外空气。

2.2 总悬浮颗粒物 total suspended particle（TSP）：指环境空气中空气动力学当量直径小于等于 100 μm 的颗粒物。

2.3 颗粒物（粒径小于等于 10 μm）particulate matter（PM_{10}）：指环境空气中空气动力学当量直径小于等于 10 μm 的颗粒物，也称可吸入颗粒物。

2.4 颗粒物（粒径小于等于 2.5 μm）particulate matter（$PM_{2.5}$）：指环境空气中空气动力学当量直径小于等于 2.5 μm 的颗粒物，也称细颗粒物。

2.5 铅 lead：指存在于总悬浮颗粒物中的铅及其化合物。

2.6 苯并[*a*]芘 benzo[*a*]pyrene（B*a*P）：指存在于颗粒物（粒径小于等于 10 μm）中的苯并[*a*]芘。

2.7 氟化物 fluoride：指以气态和颗粒态形式存在的无机氟化物。

2.8 1 小时平均 1-hour average：指任何 1 小时污染物浓度的算术平均值。

2.9 8 时平均 8-hour average：指连续 8 小时平均浓度的算术平均值，也称 8 小时滑动平均。

2.10 24 小时平均 24-hour average：指一个自然日 24 小时平均浓度的算术平均值，也称为日平均。

2.11 月平均 monthly average：指一个日历月内各日平均浓度的算术平均值。

2.12 季平均 quarterly average：指一个日历季内各日平均浓度的算术平均值。

2.13 年平均 annual mean：指一个日历年内各日平均浓度的算术平均值。

2.14 标准状态 standard state：指温度为 273 K，压力为 101.325 kPa 时的状态。本标准中的污染物浓度均为标准状态下的浓度。

3．环境空气功能区分类和质量要求

3.1 环境空气功能区分类

环境空气功能区分为二类：一类区为自然保护区、风景名胜区和其他需要特殊保护的区域；二类区为居住区、商业交通居民混合区、文化区、工业区和农村地区。

3.2 环境空气功能区质量要求

一类区适用一级浓度限值，二类区适用二级浓度限值。一、二类环境空气功能区质量要求见附表 2-1 和附表 2-2。

附表 2-1 环境空气污染物基本项目浓度限值

序号	污染物项目	平均时间	浓度限值		单位
			一级	二级	
1	二氧化硫（SO_2）	年平均	20	60	μg/m^3
		24 小时平均	50	150	
		1 小时平均	150	500	
2	二氧化硫（NO_2）	年平均	40	40	
		24 小时平均	80	80	
		1 小时平均	200	200	
3	一氧化碳（CO）	24 小时平均	4	4	mg/m^3
		1 小时平均	10	10	
4	臭氧（O_3）	日最大 8 小时平均	100	160	μg/m^3
		1 小时平均	160	200	
5	颗粒物（粒径小于等于 10 μm）	年平均	4	70	
		24 小时平均	50	150	
6	颗粒物（粒径小于等于 2.5 μm）	年平均	15	35	
		24 小时平均	35	75	

附表 2-2 环境空气污染物基本项目浓度限值

序号	污染物项目	平均时间	浓度限值		单位
			一级	二级	
1	总悬浮颗粒物（TSP）	年平均	80	200	μg/m^3
		24 小时平均	120	300	
2	氮氧化物（NO_x）	年平均	50	50	
		24 小时平均	100	100	
		1 小时平均	250	250	
3	铅（Pb）	年平均	0.5	0.5	
		季平均	1	1	
4	苯并[*a*]芘（B*a*P）	年平均	0.001	0.001	
		24 小时平均	0.002 5	0.002 5	

3.3 本标准自2016年1月1日起在全国实施。基本项目（附表2-1）在全国范围内由国务院环境保护行政主管部门或者省级人民政府根据实际情况，确定具体实施方式。

3.4 在全国实施本标准之前，国务院环境保护行政主管部门可根据《关于推进大气污染联防联控工作改善区域空气质量的指导意见》等文件要求指定部分地区提前实施本标准，具体实施方案（包括地域范围、时间等）另行公告；各省级人民政府也可根据实际情况和当地环境保护的需要提前实施本标准。

4．数据统计的有效性规定

4.1 应采取措施保证监测数据的准确性、连续性和完整性，确保全面、客观地反映监测结果。所有有效数据均应参加统计和评价，不得选择性地舍弃不利数据以及人为干预监测和评价结果。

4.2 采用自动监测设备监测时，监测仪器应全年365天（闰年366天）连续运行。在监测仪器校准、停电和设备故障，以及其他不可抗拒的因素导致不能获得连续监测数据时，应采取有效措施及时恢复。

4.3 异常值的判断和处理应符合HJ 630的规定。对于监测过程中缺失和删除的数据均应说明原因，并保留详细的原始数据记录，以备数据审核。

4.4 任何情况下，有效的污染物浓度数据均应符合附表2-3中的最低要求，否则应视为无效数据。

附表2-3 污染物浓度数据有效性的最低要求

污染物项目	平均时间	数据有效性规定
二氧化硫（SO_2）、二氧化氮（NO_2）、颗粒物（粒径小于等于10 μm）、颗粒物（粒径小于等于2.5 μm）、氮氧化物（NO_x）	年平均	每年至少有324个日平均浓度值 每月至少有27个日平均浓度值（二月至少有25个日平均浓度值）
二氧化硫（SO_2）、二氧化氮（NO_2）、一氧化碳（CO）、颗粒物（粒径小于等于10 μm）、颗粒物（粒径小于等于2.5 μm）、氮氧化物（NO_x）	24小时平均	每日至少有20小时平均浓度值或采样时间
臭氧（O_3）	8小时平均	每8小时至少有6小时平均浓度值
二氧化硫（SO_2）、二氧化氮（NO_2）、一氧化碳（CO）、臭氧（O_3）、氮氧化物（NO_x）	1小时平均	每小时至少有45分钟的采样时间
总悬浮颗粒物（TSP）、苯并[*a*]芘（B*a*P）、铅（Pb）	年平均	每年至少有分布均匀的60个日平均浓度值 每月至少有分布均匀的5个日平均浓度值
铅（Pb）	季平均	每季至少有分布均匀的15个日平均浓度值 每月至少有分布均匀的5个日平均浓度值
总悬浮颗粒物（TSP）、苯并[*a*]芘（B*a*P）、铅（Pb）	24小时平均	每日应有24小时的采样时间

5. 实施与监督

5.1 本标准由各级环境保护行政主管部门负责监督实施。

5.2 各类环境空气功能区的范围由县级以上（含县级）人民政府环境保护行政主管部门划分，报本级人民政府批准实施。

5.3 按照《中华人民共和国大气污染防治法》的规定，未达到本标准的大气污染防治重点城市，应当按照国务院或者国务院环境保护行政主管部门规定的期限，达到本标准。该城市人民政府应当制定限期达标规划，并可以根据国务院的授权或者规定，采取更严格的措施，按期实现达标规划。

附录 3

《地表水环境质量标准》(GB 3838—2002) 摘录

1. 范围

1.1 本标准按照地表水环境功能分类和保护目标，规定了水环境质量应控制的项目及限值，以及水质评价、水质项目的分析方法和标准的实施与监督。

1.2 本标准适用于中华人民共和国领域内江河、湖泊、运河、渠道、水库等具有使用功能的地表水水域。具有特定功能的水域，执行相应的专业用水水质标准。

2. 水域功能和标准分类

依据地表水水域环境功能和保护目标，按功能高低依次划分为五类：

Ⅰ类 主要适用于源头水、国家自然保护区；

Ⅱ类 主要适用于集中式生活饮用水地表水源地一级保护区、珍稀水生生物栖息地、鱼虾类产卵场、仔稚幼鱼的索饵场等；

Ⅲ类 主要适用于集中式生活饮用水地表水源地二级保护区、鱼虾类越冬场、洄游通道、水产养殖区等渔业水域及游泳区；

Ⅳ类 主要适用于一般工业用水区及人体非直接接触的娱乐用水区；

Ⅴ类 主要适用于农业用水区及一般景观要求水域。

对应地表水上述五类水域功能，将地表水环境质量标准基本项目标准值分为五类，不同功能类别分别执行相应类别的标准值。水域功能类别高的标准值严于水域功能类别低的标准值。同一水域兼有多类使用功能的，执行最高功能类别对应的标准值。实现水域功能与达标功能类别标准为同一含义。

3. 标准值

3.1 地表水环境质量标准基本项目标准限制见附表 3-1。

3.2 集中式生活饮用水地表水源地补充项目标准限值见附表 3-2。

3.3 集中式生活饮用水地表水源地特定项目标准限值见附表 3-3。

4. 水质评价

4.1 地表水环境质量评价应根据应实现的水域功能类别，选取相应类别标准，进行单因子评价，评价结果应说明水质达标情况，超标的应说明超标项目和超标倍数。

4.2 丰、平、枯水期特征明显的水域，应分水期进行水质评价。

4.3 集中式生活饮用水地表水源地水质评价的项目应包括附表 3-1 中的基本项目、附表 3-2 中的补充项目以及由县级以上人民政府环境保护行政主管部门从附表 3-1 中选择确定的特定项目。

附表 3-1 地表水环境质量标准基本项目标准限值

序号	项目		标准值/（mg/L）				
			Ⅰ类	Ⅱ类	Ⅲ类	Ⅳ类	Ⅴ类
1	水温		人为造成的环境水温变化应限制在： 周平均最大温升≤1℃ 周平均最大温降≤2℃				
2	pH（无量纲）		6～9				
3	溶解氧	≥	饱和率 90%（或 7.5）	6	5	3	2
4	高锰酸盐指数	≤	2	4	6	10	15
5	化学需氧量（COD）	≤	15	15	20	30	40
6	五日生化需氧量（BOD_5）	≤	3	3	4	6	10
7	氨氮（NH_3-N）	≤	0.15	0.5	1.0	1.5	2.0
8	总磷（以 P 计）	≤	0.02（湖、库 0.01）	0.1（湖、库 0.025）	0.2（湖、库 0.05）	0.3（湖、库 0.1）	0.4（湖、库 0.2）
9	总氮（湖、库，以 N 计）	≤	0.2	0.5	1.0	1.5	2.0
10	铜	≤	0.01	1.0	1.0	1.0	1.0
11	锌	≤	0.05	1.0	1.0	2.0	2.0
12	氟化物（以 F^- 计）	≤	1.0	1.0	1.0	1.5	1.5
13	硒	≤	0.01	0.01	0.01	0.02	0.02
14	砷	≤	0.05	0.05	0.05	0.1	0.1
15	汞	≤	0.000 05	0.000 05	0.000 1	0.001	0.001
16	镉	≤	0.001	0.005	0.005	0.005	0.01
17	铬（六价）	≤	0.01	0.05	0.05	0.05	0.1
18	铅	≤	0.01	0.01	0.05	0.05	0.1
19	氰化物	≤	0.005	0.05	0.2	0.2	0.2
20	挥发酚	≤	0.002	0.002	0.005	0.01	0.1
21	石油类	≤	0.05	0.05	0.05	0.5	1.0
22	阴离子表面活性剂	≤	0.2	0.2	0.2	0.3	0.3
23	硫化物	≤	0.05	0.1	0.05	0.5	1.0
24	粪大肠菌群（个/L）	≤	200	2 000	10 000	20 000	40 000

附表 3-2 集中式生活饮用水地表水源地补充项目标准限值　　单位：mg/L

序号	项目	标准值
1	硫酸盐（以 SO_4^{2-} 计）	250
2	氯化物（以 Cl^- 计）	250
3	硝酸盐（以 N 计）	10
4	铁	0.3
5	锰	0.1

附表 3-3 集中式生活饮用水地表水源地特定项目标准限值 单位：mg/L

序号	项目	标准值	序号	项目	标准值
1	三氯甲烷	0.06	41	丙烯酰胺	0.000 5
2	四氯化碳	0.002	42	丙烯腈	0.1
3	三溴甲烷	0.1	43	邻苯二甲酸二丁酯	0.003
4	二氯甲烷	0.02	44	邻苯二甲酸二（2-乙基己基）酯	0.008
5	1,2-二氯乙烷	0.03	45	水合肼	0.01
6	环氧氯丙烷	0.02	46	四乙基铅	0.000 1
7	氯乙烯	0.005	47	吡啶	0.2
8	1,1-二氯乙烯	0.03	48	松节油	0.2
9	1,2-二氯乙烯	0.05	49	苦味酸	0.5
10	三氯乙烯	0.07	50	丁基黄原酸	0.005
11	四氯乙烯	0.04	51	活性氯	0.01
12	氯丁二烯	0.002	52	滴滴涕	0.001
13	六氯丁二烯	0.000 6	53	林丹	0.002
14	苯乙烯	0.02	54	环氧七氯	0.000 2
15	甲醛	0.9	55	对硫磷	0.003
16	乙醛	0.05	56	甲基对硫磷	0.002
17	丙烯醛	0.1	57	马拉硫磷	0.05
18	三氯乙醛	0.01	58	乐果	0.08
19	苯	0.01	59	敌敌畏	0.05
20	甲苯	0.7	60	敌百虫	0.05
21	乙苯	0.3	61	内吸磷	0.03
22	二甲苯①	0.5	62	百菌清	0.01
23	异丙苯	0.25	63	甲萘威	0.05
24	氯苯	0.3	64	溴清菊酯	0.02
25	1,2-二氯苯	1.0	65	阿特拉津	0.003
26	1,4-二氯苯	0.3	66	苯并[a]芘	2.8×10^{-6}
27	三氯苯②	0.02	67	甲基汞	1.0×10^{-6}
28	四氯苯③	0.02	68	多氯联苯⑥	2.0×10^{-5}
29	六氯苯	0.05	69	微囊藻毒素-LR	0.001
30	硝基苯	0.017	70	黄磷	0.003
31	二硝基苯④	0.5	71	钼	0.07
32	2,4-二硝基甲苯	0.000 3	72	钴	1.0
33	2,4,6-三硝基甲苯	0.5	73	铍	0.002
34	硝基氯苯⑤	0.05	74	硼	0.5
35	2,4-二硝基氯苯	0.5	75	锑	0.005
36	2,4-二氯苯酚	0.093	76	镍	0.02
37	2,4,6-三氯苯酚	0.2	77	钡	0.7
38	五氯酚	0.009	78	钒	0.05
39	苯胺	0.1	79	钛	0.1
40	联苯胺	0.000 2	80	铊	0.000 1

注：① 二甲苯：指对-二甲苯、间-二甲苯、邻-二甲苯。

② 三氯苯：指 1,2,3-三氯苯、1,2,4-三氯苯、1,3,5-三氯苯。

③ 四氯苯：指 1,2,3,4-四氯苯、1,2,3,5-四氯苯、1,2,4,5-四氯苯。

④ 二硝基苯：指对-二硝基苯、间-二硝基苯、邻-二硝基苯。

⑤ 硝基氯苯：指对-硝基氯苯、间-硝基氯苯、邻-硝基氯苯。

⑥ 多氯联苯：指 PCB-1016、PCB-1221、PCB-1232、PCB-1242、PCB-1248、PCB-1254、PCB-1260。

附录 4

《声环境质量标准》
（GB 3096—2008）摘录

为贯彻《中华人民共和国环境噪声污染防治法》，防治噪声污染，保障城乡居民正常生活、工作和学习的声环境质量，制定本标准。

1. 适用范围

本标准规定了五类声环境功能区的环境噪声限值及测量方法。

本标准适用于声环境质量评价与管理。

机场周围区域受飞机通过（起飞、降落、低空飞越）噪声的影响，不适用于本标准。

2. 环境噪声限值

各类声环境功能区适用附表 4-1 规定的环境噪声等效声级限值。

附表 4-1 环境噪声限值 单位：dB（A）

声环境功能区类别		时段	
		昼间	夜间
0 类		50	40
1 类		55	45
2 类		60	50
3 类		65	55
4 类	4a 类	70	55
	4b 类	70	60

附表 4-1 中 4b 类声环境功能区环境噪声限值，适用于 2011 年 1 月 1 日起环境影响评价文件通过审批的新建铁路（含新开廊道的增建铁路）干线建设项目两侧区域；在下列情况下，铁路干线两侧区域不通过列车时的环境背景噪声限值，按昼间 70 dB（A）、夜间 55 dB（A）执行：

a）穿越城区的既有铁路干线；

b）对穿越城区的既有铁路干线进行改建、扩建的铁路建设项目。

既有铁路是指 2010 年 12 月 31 日前已建成运营的铁路或环境影响评价文件已通过审批的铁路建设项目。

各类声环境功能区夜间突发噪声，其最大声级超过环境噪声限值的幅度不得高于 15 dB（A）。

3．声环境功能区分类

按区域的使用功能特点和环境质量要求，声环境功能区分为以下五种类型：

0 类声环境功能区：指康复疗养区等特别需要安静的区域。

1 类声环境功能区：指以居民住宅、医疗卫生、文化教育、科研设计、行政办公为主要功能，需要保持安静的区域。

2 类声环境功能区：指以商业金融、集市贸易为主要功能，或者居住、商业、工业混杂，需要维护住宅安静的区域。

3 类声环境功能区：指以工业生产、仓储物流为主要功能，需要防止工业噪声对周围环境产生严重影响的区域。

4 类声环境功能区：指交通干线两侧一定距离之内，需要防止交通噪声对周围环境产生严重影响的区域，包括 4a 类和 4b 类两种类型。4a 类为高速公路、一级公路、二级公路、城市快速路、城市主干路、城市次干路、城市轨道交通（地面段）、内河航道两侧区域；4b 类为铁路干线两侧区域。

4．环境噪声监测要求

（1）测量仪器

测量仪器精度为 2 型及 2 型以上的积分平均声级计或环境噪声自动监测仪器，其性能需符合 GB 3785 和 GB/T 17181 的规定，并定期校验。测量前后使用声校准器校准测量仪器的示值偏差不得大于 0.5 dB，否则测量无效。声校准器应满足 GB/T 15173 对 1 级或 2 级声校准器的要求。测量时传声器应加防风罩。

（2）测点选择

根据监测对象和目的，可选择以下三种测点条件（指传声器所置位置）进行环境噪声的测量：

a）一般户外

距离任何反射物（地面除外）至少 3.5m 外测量，距地面高度 1.2m 以上。必要时可置于高层建筑上，以扩大监测受声范围。使用监测车辆测量，传声器应固定在车顶部 1.2m 高度处。

b）噪声敏感建筑物户外

在噪声敏感建筑物外，距墙壁或窗户 1 m 处，距地面高度 1.2 m 以上。

c）噪声敏感建筑物室内

距离墙面和其他反射面至少 1 m，距窗约 1.5m 处，距地面 1.2～1.5 m 高。

（3）气象条件

测量应在无雨雪、无雷电天气，风速 5 m/s 以下时进行。

（4）监测类型与方法

根据监测对象和目的，环境噪声监测分为声环境功能区监测和噪声敏感建筑物监测两种类型，分别采用相应规定的监测方法。

附录 5

环境标志

环境标志是由政府管理部门、社会和民间团体依据一定的环境标准，向有关申请者颁发其产品或服务符合要求的一种特定的标志。中国环保局于 1993 年 7 月向国家技术监督局申请授权国家环保局组建“中国环境标志产品认证委员会”，1993 年 8 月中国推出了自己的环境标志图形。图形的中心结构表示人类赖以生存的环境，外围的十个环紧密结合，环环紧扣，表示公众参与共同保护环境；同时十个环的“环”字与环境寓意为“全民联合起来，共同保护人类赖以生存的环境”，因此而称为“十环标志”；获准使用该标志的产品不仅质量合格，而且在生产、使用和处理过程中符合特定的环境保护要求，与同类产品相比，具有低毒少害、节约资源等环境优势。

中国环境标志十环Ⅰ型标志　　　　中国环境标志Ⅱ型标志

根据 ISO 对环境标志的定义：环境标志和声明是出现在产品或包装标签上，或在产品文字资料、技术公告、广告或出版物等中的说明、符号和范围。目前市场上出现各种绿色标识都属于环境标志和声明的范畴。根据 ISO 对不同环境标志的分类，环境标志应分为环境标志（Ⅰ型）、自我环境声明（Ⅱ型）、环境产品声明（Ⅲ型）。Ⅰ型环境标志的特点是有第三方的参与，如我们常见的十环标识、绿色食品、有机食品等，Ⅱ型环境标志的主体应该是企业，常见的是某个企业宣称自己产品如何环保，Ⅲ型环境标志是基于全生命周期评价基础上的环境声明，声明的是产品对于全球环境产生的影响。应该讲，我国目前并无全面开展Ⅲ型环境标志的基础条件，所以目前市场所见到绿色标志只有两类，一种是由第三方颁发的，另一种是由企业自己声明的，并不存在所谓的标准符合性标志，这是因为 ISO 14020 系列标准并不是产品标准，在产品上贴这样的标志消费者是无法分清该产品符合什么样的要求，是不是绿色产品。可以说，中国的十环环境标志计划是真正意义上的Ⅰ型环境标志。判断一种环境标志要看是否符合 ISO 14021、ISO 14024、ISO 14025 所规定的原则和要求，并不是看标志中是否出现 ISO 14021、ISO 14024、ISO 14025 的字样，而是要看符不符合相关标准的规定。

Ⅰ型环境标志（ISO 14024）　Ⅱ型环境标志（ISO 14021）　Ⅲ型环境标志（ISO 14025）

绿色选择标志　有机产品标志　中国绿色食品标志

参考文献

[1] 钱易，唐孝炎. 环境保护与可持续发展概论. 北京：高等教育出版社，2000.

[2] 马光. 环境与可持续发展导论. 北京：科学出版社，2000.

[3] 林肇信，刘天齐，刘逸农. 环境保护概论（修订版）. 北京：高等教育出版社，1999.

[4] 刘天齐，黄小林，邢联壁，等. 环境保护（第二版）. 北京：化学工业出版社，2000.

[5] 程胜高，但德忠. 环境与健康. 北京：中国环境科学出版社，2006.

[6] 郭新彪. 环境健康学基础. 北京：高等教育出版社，2011.

[7] 国家环保局计划司环境规划指南编写组. 环境规划指南. 北京：清华大学出版社，1994.

[8] 朱庚申. 环境管理学. 北京：中国环境科学出版社，2000.

[9] 环境保护全书编委会. 环境保护全书. 北京：中国环境科学出版社，1997.

[10] 孔昌俊，杨凤林. 环境科学与工程概论. 北京：科学出版社，2004.

[11] 郭怀成. 环境规划学. 北京：高等教育出版社，2001.

[12] 刘天齐. 区域环境规划方法指南. 北京：化学工业出版社，2001.

[13] 杨丽芬，李友虎. 环境保护工作者实用手册. 北京：冶金工业出版社，2001.

[14] 魏振枢. 环境保护概论. 北京：化学工业出版社，2003.

[15] 中国可持续发展战略研究组. 中国可持续发展战略报告. 北京：科学出版社，2003.

[16] 《中华人民共和国国民经济和社会发展第十一个五年规划纲要》. 2006.

[17] 徐炎华. 环境保护概论. 北京：水利水电出版社，2003.

[18] 何强，井文涌，王翊亭.环境学导论（第二版）. 北京：清华大学出版社，2004.

[19] 刘培桐. 环境学概论（第二版）. 北京：高等教育出版社，1995.

[20] 柳劲松，王丽华，宋秀娟. 环境生态学基础. 北京：化学工业出版社，2003.

[21] 卢升高，吕军. 环境生态学. 杭州：浙江大学出版社，2004.

[22] 张合平，刘云国. 环境生态学. 北京：中国林业出版社，2002.

[23] 程胜高，罗泽娇，曾克峰. 环境生态学. 北京：化学工业出版社，2003.

[24] 刘超臣，蒋辉. 环境学基础. 北京：化学工业出版社，2003.

[25] 鞠美庭，池勇志，李洪远，等. 环境学基础. 北京：化学工业出版社，2004.

[26] 盛连喜，曾宝强，刘静玲，等. 现代环境科学导论. 北京：化学工业出版社，2002.

[27] 张明顺. 环境管理. 武汉：武汉大学出版社，2003.

[28] 邵孝侯，陈巍，杨永岗，等. 农业环境学. 南京：河海大学出版社，2005.

[29] 金岚，王振堂，朱秀丽. 环境生态学. 北京：高等教育出版社，1992.

[30] 陈立人，吴人坚，戴星翼. 环境学原理. 北京：科学出版社，2003.

[31] 战友，宋志伟，刘彦飞，等. 环境保护概论. 北京：化学工业出版社，2004.

[32] 程发良，常慧. 环境保护基础. 北京：清华大学出版社，2002.
[33] 孔繁德，冯雨峰，刘传才. 生态学基础. 北京：中国环境科学出版社，2006.
[34] 张从，肖玲，张宝莉，等. 农业环境保护概论. 北京：中国农业大学出版社，1999.
[35] 徐新华，吴忠标，陈红. 环境保护与可持续发展. 北京：化学工业出版社，2000.
[36] 李博，杨持，林鹏. 生态学. 北京：高等教育出版社，2004.
[37] Pimentel D，Lach L，Zuniga R，et al. Environmental and Economic Costs of Non-indigenous Species in the United States. BioSci，2000，50：53-65.
[38] 陈兵，康乐. 生物入侵及其与全球变化的关系. 生态学杂志，2003，22（1）：31-34.
[39] 郝吉明，马广大. 大气污染物控制工程. 北京：高等教育出版社，2002.
[40] 王淑莹，高春娣. 环境导论. 北京：中国建筑工业出版社，2004.
[41] 苏琴，吴连成. 环境工程概论. 北京：国防工业出版社，2004.
[42] 吴忠标. 大气环境和污染控制基础. 北京：化学工业出版社，2002.
[43] 王敬国. 资源和环境概论. 北京：中国农业大学出版社，2000.
[44] 王岩. 环境科学概论. 北京：化学工业出版社，2003.
[45] 周国强. 环境保护与可持续发展概论. 北京：中国环境科学出版社，2005.
[46] 朱颜明，何岩. 环境地理学导论. 北京：科学出版社，2002.
[47] 陈英旭. 环境学. 北京：中国环境科学出版社，2001.
[48] 郭怀成，陆根法. 环境科学基础教程（第二版）. 北京：中国环境科学出版社，2003.
[49] 林培英，杨国栋，潘淑敏. 环境问题案例教程. 北京：中国环境科学出版社，2002.
[50] 惠秀娟. 环境毒理学. 北京：化学工业出版社，2003.
[51] 尚昌玉. 普通生态学（第二版）. 北京：北京大学出版社，2002.
[52] 陆书玉. 环境影响评价. 北京：高等教育出版社，2002.
[53] 叶文虎. 环境管理学. 北京：高等教育出版社，2000.
[54] 谭见安. 地球环境与健康. 北京：化学工业出版社，2004.
[55] 黄昌勇. 土壤学. 北京：中国农业出版社，2000.
[56] 牟树青，青长乐. 环境土壤学. 北京：中国农业出版社，1993.
[57] 龚荐，吴恭谦，刘臣辉，等. 农业环境保护导论. 南京：东南大学出版社，1994.
[58] 严健汉，詹重慈. 环境土壤学. 武汉：华中师范大学出版社，1985.
[59] 陈维新. 农业环境保护. 北京：中国农业出版社，1993.
[60] 林成谷. 土壤污染与防治. 北京：中国农业出版社，1996.
[61] 夏立江，王宏康. 土壤污染及其防治. 上海：华东理工大学出版社，2001.
[62] 杨景辉. 土壤污染与防治. 北京：科学出版社，1995.
[63] 买永彬，顾方乔，陶战. 农业环境学. 北京：中国农业出版社，1994.
[64] 林强. 我国的土壤污染现状及防治对策. 福建水土保持，2004，16（1）：25-28.
[65] 高翔云，汤志云，李建和，等. 国内土壤环境污染现状与防治措施. 江苏环境科技，2006，2

（19）：52-55.

[66] 曹启民，王华，张黎明，等. 中国持久性有机污染物污染现状及治理技术进展. 中国农学通报，2006，2（22）：361-365.

[67] 刘长江，门万杰，刘彦军，等. 农药对土壤的污染及污染土壤的生物修复. 农业系统科学与综合研究，2002，18（4）：291-292.

[68] 魏翔，李占斌. 土壤侵蚀对生态系统的影响. 水土保持研究，2006，13（1）：245-248.

[69] 肖军，赵景波. 农田塑料地膜污染及防治. 四川环境，2005，24（1）：102-105.

[70] 郭中军. 污染土壤修复技术研究. 化工管理，2005（5）：46-47.

[71] 顾红，李建东，赵煊赫. 土壤重金属污染防治技术研究进展. 中国农学通报，2005，21（8）：397-400.

[72] 奚旦立. 清洁生产与循环经济. 北京：化学工业出版社，2005.

[73] 隋红，李鑫钢，黄国强. 土壤有机污染的原位修复技术. 环境污染治理技术与设备，2003，4（8）：41-45.

[74] 汪小勇，张超兰，姜文. 污染土壤的修复技术研究进展. 安徽农业科学，2005，33（1）：128-129.

[75] 汤莉莉，缪启龙，刘海建. 土壤有机污染的生物修复研究综述. 气象教育与科技，2004，26（1）：7-11.

[76] 骆永明，腾应，过园. 土壤修复——新兴的土壤科学分支学科. 土壤，2005，37（3）：230-235.

[77] 卫士美，武小平，李润植. 有机污染的植物修复. 中国农学通报，2006，22（5）：384-388.

[78] 陈希荣. 降解塑料：塑材发展的重中之重. 中国包装工业，2006（5）：14-17.

[79] 刘少康. 环境与环境保护导论. 北京：清华大学出版社，2002.

[80] 李国学. 固体废物处理与资源化. 北京：中国环境科学出版社，2005.

[81] 汪群慧. 固体废物处理与资源化. 北京：化学工业出版社，2004.

[82] 芈振明，高忠爱. 固体废物的处理与处置（修订版）. 北京：高等教育出版社，1993.

[83] 杨慧芳，张强. 固体废物资源化. 北京：化学工业出版社，2004.

[84] 娄性义. 固体废物处理与利用. 北京：化学工业出版社，1996.

[85] 张益，赵由才. 生活垃圾焚烧技术. 北京：化学工业出版社，2000.

[86] 赵由才. 生活垃圾资源化原理与技术. 北京：化学工业出版社，2002.

[87] 危险废物管理培训与技术转让中心. 危险废物管理与处理处置技术. 北京：化学工业出版社，2003.

[88] 李耀中. 噪声控制工程. 北京：化学工业出版社，2004.

[89] 顾强. 噪声控制工程. 北京：煤炭工业出版社，2002.

[90] 国家环保总局监督管理司. 中国环境影响评价培训教材. 北京：化学工业出版社，2000.

[91] 丁桑岚. 环境评价概论. 北京：化学工业出版社，2001.

[92] 叶文虎，栾胜基. 环境质量评价学. 北京：高等教育出版社，1994.

[93] 杨永杰. 环境保护与清洁生产. 北京：化学工业出版社，2002.

[94] 梁耀开. 环境评价与管理. 北京：中国轻工业出版社，2002.
[95] 熊文强. 绿色环保与清洁生产概论. 北京：化学工业出版社，2002.
[96] 王守兰. 清洁生产理论与实务. 北京：机械工业出版社，2002.
[97] 吴季松. 循环经济——全面建设小康社会的必由之路. 北京：北京出版社，2003.
[98] 朱庚申. 环境管理实训. 北京：科学出版社，2011.
[99] 刘晓冰. 环境影响评价. 北京：中国环境科学出版社，2007.